全国中医药行业高等教育“十三五”创新教材

中药新药开发学

（供中药学、药学类专业用）

主　　编　李　江（贵阳中医学院）

副 主 编　王桐生（安徽中医药大学）

　　　　　杜守颖（北京中医药大学）

　　　　　肖学凤（天津中医药大学）

　　　　　孙明瑜（上海中医药大学）

　　　　　陈卫东（安徽中医药大学）

主　　审　邱德文（贵阳中医学院）

　　　　　林亚平（贵州省食品药品监督管理局）

中国中医药出版社

·北　京·

图书在版编目（CIP）数据

中药新药开发学/李江主编. —北京：中国中医药出版社，2017.5（2022.7重印）

（全国中医药行业高等教育“十三五”创新教材）

ISBN 978－7－5132－3947－9

Ⅰ.①中…　Ⅱ.①李…　Ⅲ.①中成药－产品开发　Ⅳ.①TQ461

中国版本图书馆CIP数据核字（2017）第001410号

中国中医药出版社出版

北京经济技术开发区科创十三街31号院二区8号楼

邮政编码　100176

传真　010－64405721

河北品睿印刷有限公司印刷

各地新华书店经销

开本 787×1092　1/16　印张 24　字数 554 千字

2017年5月第1版　2022年7月第2次印刷

书　号　ISBN 978-7-5132-3947-9

定价　88.00 元

网址　www.cptcm.com

服务热线　010-64405510

购书热线　010-89535836

维权打假　010-64405753

微信服务号　zgzyycbs

微商城网址　https://kdt.im/LIdUGr

官方微博　http://e.weibo.com/cptcm

天猫旗舰店网址　https://zgzyycbs.tmall.com

新世纪全国高等中医药院校创新教材

《中药新药开发学》编委会

主　编　李　江（贵阳中医学院）

副主编　王桐生（安徽中医药大学）
杜守颖（北京中医药大学）
肖学凤（天津中医药大学）
孙明瑜（上海中医药大学）
陈卫东（安徽中医药大学）

编　委（以姓氏笔画为序）
冯　果（贵阳中医学院）
刘　毅（贵阳中医学院）
许　刚（鲁南制药集团股份有限公司）
李　姗（黔南州中医医院）
吴静澜（贵阳中医学院）
陆　杨（北京中医药大学）
陈晓兰（贵阳中医学院）
周　宁（贵州同济堂制药股份有限公司）
秦　剑（重庆市食品药品检验所）
梁　琦（山西中医学院）
麻秀萍（贵阳中医学院）
潘定举（贵阳中医学院第一附属医院）

主　审　邱德文（贵阳中医学院）
林亚平（贵州省食品药品监督管理局）

编写说明

目前，国内药品生产企业对于人才的需求主要在生产、销售和研发三个方面。随着时代的发展，创新药物是药品生产企业二次发展的原动力，因此新药开发人才必将深受企业的青睐。

中药新药开发学是以中医药理论为指导，遵循《中华人民共和国药品管理法》《药品注册管理办法》等法律法规及《中华人民共和国药典》，以药品安全、有效、稳定、经济为前提，运用现代科学技术与方法，研究和开发中药新药的学科。它是以中药药剂学和其他相关学科理论与技术为基础，研究中药新药的处方、制剂工艺、质量标准、稳定性、药理毒理及临床应用等的整体设计的综合性应用课程。

本书是为了适应中药现代发展的需要而编写的专著，也是为了满足高等院校药学专业学生对中药新药研发知识的学习需要而编写的教材，因此本书主要突出中药新药开发“创新”“规范”和“实用”的特点。另外，新药开发领域中化学新药、生物新药与中药新药的研发思路、程序与方法有很大的区别，本书只涉及中药新药开发的相关内容。

本书是在全国高等中医药学会教材建设研究会和中国中医药出版社的指导下，由贵阳中医学院发起并组织北京中医药大学、上海中医药大学、天津中医药大学、安徽中医药大学、山西中医学院、重庆市食品药品检验所、鲁南制药集团股份有限公司、贵州同济堂制药股份有限公司的一线教学和研发人员共同编写的。全书总计十五章，其中绪论和中药新药选题、立项与经费筹措由李江编写，中药新药注册管理由刘毅编写，中药新药开发的处方研究由孙明瑜和梁琦编写，中药新药研究中的常用数学方法及应用由陈卫东编写，中药新药制备工艺研究由杜守颖、陈晓兰和陆杨编写，中药新药质量标准研究由麻秀萍和许刚编写，中药新药稳定性研究由秦剑编写，中药新药的药理研究和中药新药的毒理学及安全性研究由王桐生和李姗编写，中药新药的药代动力学研究由肖学凤编写，中药新药的临床研究由潘定举编写，中药新药使用说明书及包装设计由吴静澜编写，中药新药的申报资料撰写整理要求及申报过程、中药新药的知识产权保护及技术转让由冯果撰写，教材中的中药新药开发举例由周宁编写。全书由邱德文教授和林亚平教授审定。

本教材主要供全国高等中医药院校中药学、药学类专业学生和新药研发人员使用，也可以供临床医学、中医学专业学生选修课使用。

目前，中药新药开发的法规和技术日新月异，鉴于编者水平有限，加之时间仓促，书中难免存在疏漏和错误，恳请使用该书的读者提出宝贵意见，以便再版时修订提高。

编委会

2017年2月

目 录

第一章　绪论

创新是以新思维、新发明和新描述为特征的一种概念化过程，创新是人类特有的认识能力和实践能力，是人类主观能动性的高级表现形式，是推动社会进步发展的不竭动力，是一个学科得以发展的灵魂。而创新药物同样是人类在与疾病做斗争时的产物，无论是原始社会时不自觉寻找治疗疾病的物质，还是现代社会有组织地开发新药，从人类出现就伴随新药的发现，以解除患者的病痛，并逐渐形成中医药学这一专门学科。现在，随着人们对生活品质的更高追求，从中医药这一伟大宝库中挖掘并开发新药也就成为必然的选择。随着中药新药开发工作的深入，多学科的交叉渗透，整个研究与开发过程的系统设计使得中药新药研发上升为一门应用学科。

一、中药新药开发学的含义与特点

中药新药开发学是一门既古老又新兴的学科，是以中医药理论为指导，遵循药品管理的法律法规，运用现代科学技术与方法，研究和开发中药新药的学科。它是以中药药剂学和其他相关学科理论与技术为基础，研究中药新药的处方、制剂工艺、质量标准、稳定性、药理毒理及临床应用等的整体设计的应用学科。

中药新药与化药和生物制品相比，最大的区别就是以中医药理论为指导，选用天然的动、植、矿物为主要原料，安全性较高。中药新药大多有较为坚实的临床基础，因此开发的周期大大缩短，研发经费投入也较少。

二、新药研究与开发的意义

创新是现代社会发展的原动力，同样，发现并开发新药也是人类健康努力追求的方向，无论社会怎样发展，总有这种情况，老的难治性疾病还没有攻克，新的疾病层出不穷，因此无论现在还是未来，新药研究和开发是医学界一直要进行的工作，具有现实和长远意义。

三、中药新药研究与开发的现状

已经开发的中成药多数为中药复方，在中国药品市场中占据了近半壁江山，这些中成药是针对疾病的复杂性选方研制而成，也是中医药的特色所在。还有部分中药制剂是通过富集中药材的有效部位开发而成的，如地奥心血康胶囊是提取薯蓣科植物黄山药中甾体总皂苷而开发成功的中药制剂，是第一个在欧盟注册上市的治疗性中成药。有效成分开发的中药新药是亮点，如女科学家屠呦呦从东晋葛洪撰写的《肘后备急方》中得到启发，从青蒿中提取出抗疟药物青蒿素。另外一个例子是参一胶囊，即从人参中提取出来的人参皂苷Rg3，具有培元固本、补益气血的功效，改善肿瘤患者的气虚症状，提高机体免疫功能，与化疗配合用药，有助于提高原发性肺癌、肝癌的疗效。

中成药的疗效不稳定，可重复性较差，多数中成药至今未能用现代科学去阐明作用机制，因此被国际认同的现状不尽如人意。在中药新药研制和评审中，重基础轻临床的现象比较普遍，中药新药临床实验的重要性经常被忽视，新药上市后的临床再评价也因周期长、费用高而未被企业重点关注。临床疗效评价标准和临床试验规范（GCP）的应用对实现药品的最终价值是极其重要的，由于我国传统中医药的辨证论治理论重视整体的反应及其症状的改善，病与证、症，病种和病类，证名与证候等概念的称谓非常复杂，常常引起理解各异，难于与国际接轨。比如，国外有个研究小组选择正常人为研究对象来证实人参是否具有传统的强壮作用，因为没有依据中医“证”去选择气虚的患者，结果自然让人沮丧。西方医学研究者没有真正理解中医药所导致的认识误区，是中医药走向世界的重要瓶颈。

我国近年来的新药临床研究在技术和政策方面都取得了长足发展，但与欧美发达国家相比仍处于较低水平，中药新药临床研究更是困难重重，主要表现在监督和管理机构按照美国FDA的要求来规范中药新药临床研究，忽视了中药新药自身的特点，最终导致通过中药新药临床后获得新药证书的品种几乎为零。

四、中药新药的发展方向与趋势

1. 挖掘祖国医药宝库，筛选出有效方剂，采用科学的方法制成现代制剂，发挥中医药特有的治疗优势，解决现有的难治性疾病。比如针对病毒感染类疾病、精神类或内分泌紊乱疾患，中医药积累了大量的临床经验，也具有较好的治疗效果及优势。

2. 寻找民间验方、秘方，提高治疗效果。我国民间散落着很多有效的验方、秘方，因为医药行业的特殊性，有很多验方或秘方都遗失了，还有很多验方或秘方的知识产权问题没有很好的解决方案，至今仍然处于较原始的开发状态。因此，采用保护性开发模式去保证验方或秘方持有人的知识产权和利益是提高新开发中药治疗效果的解决方案之一。云南白药的成功上市就是验方、秘方开发成新药可以借鉴的范例。

3. 少数民族药物的开发也是具有中国特色的中药新药发展方向之一。藏药、蒙药、维药、苗药等都是极具民族特色的药物，目前在临床广泛应用的品种也有很多，在广大人民群众中有着良好的口碑，因此从民族医药中挖掘出特色处方并研发成新药也必将成为新药开发的重要趋势。

4. 学习植物化学的研究经验和丰富成果，应用先进的提取与纯化技术，最大限度地保证有效物质的转移和富集，从中药中筛选出新的有效成分或有效部位，提高药物效价，明确治疗机制，为中药新药走入国际治疗性药品市场做好充分的准备。

5. 引入国外在制剂方面的最新技术与新辅料，开发中药新剂型，提高患者应用的顺应性。传统“黑、大、粗”的中药剂型通过对先进技术的吸收与融合，一定会提高中药剂型的应用价值，努力实现“优美药剂”的国际品质。

6. 采用更先进可靠的质控技术，提高中药新制剂的稳定性。这里的稳定性包括疗效的稳定性和质量的稳定性。

总之，在中药新药研发过程中，应在保持中医药特色的前提条件下，尽快与国际接轨，尊重国际临床疗效判定标准，实事求是，以疗效为中心，加快建立和推广能被认同的中成药国际标准，使我国中药早日打入国际治疗性药品市场，为全人类造福。

五、中药新药研究与开发的依据

（一）《中华人民共和国药典》

药典是一个国家收录记载药品规格、制剂工艺、检验标准的法典，由国家组织专门的药典编纂委员会编写，具有法律约束力。一般来说，一个国家的药典只收录那些药效确切、副作用小、质量稳定的药物及其制剂，并对其质量标准、置备要求、鉴别、杂质检查、含量测定做出具有法律效力的规定，作为药品生产、检验、供应与使用的法律依据。由于涉及药品的生产工艺质量标准和检测技术，所以一个国家药典的水平直接反映了这个国家医药工业的发展水平。

目前，中国的大部分药学专业技术人员认为，世界上最早的全国性药典是中国历史上出现的《唐本草》（又名《新修本草》，成书于唐显庆四年，即公元659年）。中国最早的官方颁布的成方规范是《太平惠民和剂局方》，收录了处方788种。

1949年中华人民共和国成立后，已编订了《中华人民共和国药典》（简称《中国药典》）1953、1963、1977、1985、1990、1995、2000、2005、2010、2015年版共10个版次。《中国药典》的特色之一即在于它继承发扬了传统医药学的成果，并实现了中西医药学的结合。2015版《中国药典》于2015年12月1日正式实施，为现行版药典。

（二）部颁（局颁）标准

为了促进药品生产，提高药品质量和保证用药安全，除《中国药典》规定了全国药品标准外，尚有《中华人民共和国卫生部药品标准》（《部颁药品标准》）、《国家食品药品监督管理局国家药品标准》（简称《局颁药品标准》），收载了国内已生产、疗效较好、需要统一标准但尚未载入药典的品种。现有《中华人民共和国卫生部药品标准》中药成方制剂1～20册，其中16与18册为保护品种；《中华人民共和国卫生部药品标准》新药转正标准1～17册；《国家食品药品监督管理局国家药品标准》新药转正标准148册；《国家食品药品监督管理局国家药品标准》国家中成药标准汇编（中成药地方标准升国家标准部分），按病种分册，如内科分册、妇科分册、外科分册等。

（三）地方药材标准

各省、自治区、直辖市卫生厅（局）审批的药材标准称地方药材标准。此标准收载《中国药典》及部颁（局颁）标准中未收载的中药材或民族药材，或虽有收载但规格有所不同的本省、自治区、直辖市生产的药品，它具有本地区性的约束力。凡是在全国经销的药材或生产中成药所用的药材，必须符合药典和部颁标准。地方药材标准只能在本地区使用。市场上经销的药材必须经各省、市、县药品检验所鉴定方有效。

（四）中华人民共和国药品管理法及实施条例

《中华人民共和国药品管理法》是为加强药品监督管理，保证药品质量，保障人体用药安全，维护人民身体健康和用药的合法权益，规范药品研制、生产、经营、使用和监督管理的根本大法，自1985年7月1日起施行，现行版本为2015年4月24日修正版。《中华人民共和国药品管理法实施条例》是对《中华人民共和国药品管理法》的细化和补充，更有效地规范药品的研制、生产、经营、使用和监督管理，为行政性法规，自2002年9月15日起施行。

（五）药品注册管理办法

《药品注册管理办法》自2007年10月1日起施行。该办法是为保证药品的安全、有效和质量可控，规范药品注册行为所制定。在中华人民共和国境内申请药物临床试验、药品生产和药品进口，以及进行药品审批、注册检验和监督管理，依据本办法办理。

（六）药品非临床研究质量管理规范

《药物非临床研究质量管理规范》自2003年9月1日起施行，其英文名称为Good Laboratory Practice（GLP），为提高药物非临床研究的质量，确保实验资料的真实性、完整性和可靠性，保障人民用药安全，并与国际上的新药管理相接轨而制定。它是为申请药品注册而进行的非临床研究必须遵守的规定。要求药物研究过程中，药物非临床安全性评价研究机构必须执行药物非临床研究质量管理规范。药物非临床研究是指为评价药物安全性，在实验室条件下，用实验系统进行的各种毒性试验，包括单独给药的毒性试验、反复给药的毒性试验、致癌试验、生殖毒性试验、致突变试验、依赖性试验、局部用药的毒性试验及与评价药物安全性有关的其他毒性试验。原国家食品药品监督管理局要求：自2007年1月1日起，未在国内上市销售的化学原料药及其制剂、生物制品，未在国内上市销售的从植物、动物、矿物等物质中提取的有效成分、有效部位及其制剂和从中药、天然药物中提取的有效成分及其制剂，中药注射剂的新药非临床安全性评价研究必须在经过GLP认证，符合GLP要求的实验室进行。

（七）药品临床试验管理规范

《药物临床试验质量管理规范》自2003年9月1日起正式实施，英文名称为Good Clinical Practice（GCP），是为了保证药物临床试验过程规范，结果科学可靠，保护受试者的权益并保障其安全而制定的规范。该规范是临床试验全过程的标准规定，包括方案设计、组织实施、监查、稽查、记录、分析总结和报告。凡进行各期临床试验、人体生物利用度或生物等效性试验，均须按该规范执行。

（八）药品生产质量管理规范

《药品生产质量管理规范》简称GMP，是英文Good Manufacturing Practice的缩写，是一种特别注重在生产过程中实施对产品质量与卫生安全自主性管理的制度。它是一套适用于制药、食品等行业的强制性标准，要求企业从原料、人员、设施设备、生产过程、包装运输、质量控制等方面按国家有关法规达到卫生质量要求，形成一套可操作的作业规范，帮助企业改善企业卫生环境，及时发现生产过程中存在的问题，并加以改善。

（九）中药提取质量管理规范

《中药提取物与植物药提取质量管理规范》简称 GEP，是英文 Good Extracting Practice 的缩写。GEP 和 GMP 一样，是一套系统、科学的管理制度，适用于以中药材（植物药）为原料的提取加工生产过程。GEP 的实施可使中药（植物药）提取加工生产的全过程都得到科学、全面的管理和全方位的质量控制，使中药（植物药）提取加工生产达到预期的要求。

第二章 中药新药注册管理

在中药新药的研制和注册过程中，了解我国药品注册管理的法规政策和技术要求，并密切关注其变化非常必要。

药品注册，是指国家食品药品监督管理总局根据药品注册申请人（以下简称申请人）的申请，依照法定程序，对拟上市销售药品的安全性、有效性、质量可控性等进行审查，并决定是否同意其申请的审批过程。申请人拟将其研发的药品上市销售，必须进行药品注册的申报并获得批准。作为药品管理的一种手段，药品注册是确保人体用药安全有效所采取的必要控制措施。我国的药品注册申请包括新药申请、仿制药申请、进口药品申请及其补充申请和再注册申请。

本章主要介绍中药、天然药新药及已上市药品改变剂型、改变给药途径、增加新适应证的药品申请的注册管理。

第一节 药品注册管理相关法律法规

《中华人民共和国药品管理法》（以下简称《药品管理法》）的立法依据是《中华人民共和国宪法》，立法宗旨为加强药品监督管理、保证药品质量、保障人体用药安全、维护人民身体健康和用药的合法权益，是一部规范药品研制、生产、经营、使用和监督管理的基本法律，自1985年7月1日起施行，现行版本为2015年4月24日修正版。

《中华人民共和国药品管理法实施条例》（以下简称《药品管理法实施条例》）依据《药品管理法》制定，是对《药品管理法》的细化和补充，属行政法规，自2002年9月15日起施行。

《药品注册管理办法》的立法依据是《药品管理法》《中华人民共和国行政许可法》和《药品管理法实施条例》，立法宗旨为保证药品的安全、有效和质量可控，规范药品注册行为，是药品注册申报主要遵循的规范性文件。现行《药品注册管理办法》自2007年10月1日起正式实施，在中华人民共和国境内申请药物临床试验、药品生产和药品进口，以及进行药品审批、注册检验和监督管理，均适用本办法。

《药品管理法》《药品管理法实施条例》《药品注册管理办法》分三个层次——法律、法规、规章构筑起我国药品注册管理的法律体系框架。

此外，药品注册申报还应符合一系列规范性文件的规定，如《新药注册特殊审批管理规定》《中药注册管理补充规定》《直接接触药品的包装材料和容器管理办法》《药品说明书和标签管理规定》《药物临床试验质量管理规范》《药物非临床试验质量管理规范》《药品注册现场核查管理规定》《药品生产质量管理规范》，以及《药物Ⅰ期临床试验管理指导原则（试行）》《药物临床试验生物样本分析实验室管理指南（试行）》等。

第二节　中药新药研制的技术要求及指导原则

为规范中药、天然药物的研究，确保药品安全有效、质量可控，国家食品药品监督管理局（现国家食品药品监督管理总局）相继制定出台了一系列技术规范。这些技术规范主要表现形式为药物研究的技术要求和药物研究的技术指导原则。

国家药品监督管理局1999年11月颁布的《中药新药研究的技术要求》是关于中药新药制备工艺、质量标准、质量稳定性、质量标准用对照品、药理毒理、临床及注射剂研究的基本技术要求。此外，根据中药、天然药物的特点，结合国际上药物安全性评价的要求和我国药物安全性评价研究现状，陆续制定和修订了一系列研究技术指导原则。

与药学研究有关的技术指导原则有：《中药、天然药物原料的前处理技术指导原则》《中药、天然药物提取纯化工艺研究的技术指导原则》《中药、天然制剂研究的技术指导原则》《中药、天然药物中试研究技术指导原则》《中药、天然药物稳定性研究技术指导原则》《中药工艺相关问题的处理原则》《中药改剂型品种、剂型选择合理性的技术要求》《中药外用制剂相关问题的处理原则》《吸入制剂质量控制研究技术指导原则》《中药质量控制研究相关问题的处理原则》等。

与药理、毒理研究有关的技术指导原则有：《中药、天然药物一般药理学的技术指导原则》《中药、天然药物急性毒性研究技术指导原则》《中药、天然药物长期毒性研究技术指导原则》《中药、天然药物刺激性和溶血性研究技术指导原则》《中药、天然药物免疫毒性（过敏性、光敏性反应）研究技术指导原则》《药物生殖毒性研究技术指导原则》《药物遗传毒性研究技术指导原则》《药物致癌试验必要性的技术指导原则》《药物非临床依赖性研究技术指导原则》等。

与申报资料撰写有关的技术指导原则有：《中药、天然药物综述资料撰写的格式和内容的技术指导原则——药学研究资料综述》《中药、天然药物综述资料撰写的格式和内容的技术指导原则——药理毒理研究资料综述》《中药、天然药物综述资料撰写的格式和内容的技术指导原则——临床试验资料综述》《中药、天然药物综述资料撰写的格式和内容的技术指导原则——对主要研究结果的总结及评价》《中药、天然药物申请临床研究的医学理论及文献资料撰写原则》《中药、天然药物临床试验报告的撰写原则》《中药、天然药物药品说明书撰写指导原则》等。

其他与特殊剂型和病症有关的技术指导原则有：《中药、天然药物注射剂基本技术要求》《中药、天然药物治疗冠心病心绞痛临床研究技术指导原则》《中药、天然药物治疗女性更年期综合征临床研究技术指导原则》等。

此外，与已上市药品的变更有关的技术指导原则有《已上市中药变更研究技术指导原则（一）》（变更内容主要包括药品规格或包装规格、药品处方中已有药用要求的辅料、生产工艺、药品有效期或贮藏条件、药品包装材料和容器等）、《已上市吸入气雾剂变更抛射剂研究技术要求》等。

第三节　药品注册和审评的管理机构

国家食品药品监督管理总局药品化妆品注册管理司（中药民族药监管司）和各省、自治区、直辖市食品药品监督管理局药品注册处是药品注册的管理机构。前者承担药品、直接接触药品的包装材料和容器、药用辅料的注册工作，组织拟订药品、药用辅料的国家标准和研究指导原则，组织拟订直接接触药品的包装材料和容器产品目录、药用要求、标准和研究指导原则，组织拟订药物非临床研究、药物临床试验质量管理规范并监督实施，负责组织和管理药品注册现场核查工作。后者负责对辖区内新药注册、已有国家标准药品注册、药品补充申请、体外生物诊断试剂、直接接触药品的包装材料和容器的初审，监督实施国家药品标准、国家药物非临床研究及药物临床试验的质量管理规范。

国家食品药品监督管理总局药品审评中心是国家食品药品监督管理总局药品注册的技术审评机构，负责对新药、仿制药、进口药品申报资料的技术审评。此外，国家药典委员会负责国家药品标准的制定、修订，新药、仿制药标准的修订完善，组织标准制定、修订中的实验室复核。中国食品药品检定研究院负责新生物制品、进口药品及部分新药的注册检验（药品标准复核及其样品检验），负责标定、管理和组织协作药品标准物质。各省级食品药品检验机构负责进行其余部分新药的药品标准复核及其样品检验。

符合中药品种保护条件的，由国家中药品种保护委员会办公室组织审评。

第四节　中药新药的注册分类及申报资料要求

根据属性，药品可分为中药、天然药物、化学药品和生物制品。不同类别药品的注册分类及其申报资料要求不同。下面介绍中药新药的注册分类及其申报资料要求。

一、中药与天然药物

中药是指在我国传统医药理论指导下使用的药用物质及其制剂。

天然药物是指在现代医药理论指导下使用的天然药用物质及其制剂。

二、中药、天然药物注册分类

按现行《药品注册管理办法》，中药、天然药物分为以下9类。

1. 未在国内上市销售的从植物、动物、矿物等物质中提取的有效成分及其制剂：指国家药品标准中未收载的从植物、动物、矿物等物质中提取得到的天然的单一成分及其制剂，其单一成分的含量应当占总提取物的90%以上。

2. 新发现的药材及其制剂：指未被国家药品标准或省、自治区、直辖市地方药材规范（统称“法定标准”）收载的药材及其制剂。

3. 新的中药材代用品：指替代国家药品标准中药成方制剂处方中的毒性药材或处于濒危状态药材的未被法定标准收载的药用物质。

4. 药材新的药用部位及其制剂：指具有法定标准药材的原动、植物新的药用部位及其制剂。

5. 未在国内上市销售的从植物、动物、矿物等物质中提取的有效部位及其制剂：指国家药品标准中未收载的从单一植物、动物、矿物等物质中提取的一类或数类成分组成的有效部位及其制剂，其有效部位含量应占提取物的50%以上。

6. 未在国内上市销售的中药、天然药物复方制剂：指中药组成的复方制剂，天然药物组成的复方制剂和中药、天然药物和化学药品组成的复方制剂。

其中，中药复方制剂应在传统医药理论指导下组方，这类制剂主要包括来源于古代经典名方的中药复方制剂、主治为证候的中药复方制剂、主治为病证结合的中药复方制剂等。天然药物复方制剂应在现代医药理论指导下组方，其适应证用现代医学术语表述。

中药、天然药物和化学药品组成的复方制剂包括中药和化学药品、天然药物和化学药品，以及中药、天然药物和化学药品三者组成的复方制剂。

7. 改变国内已上市销售中药、天然药物给药途径的制剂：指不同给药途径或吸收部位之间相互改变的制剂。

8. 改变国内已上市销售中药、天然药物剂型的制剂：指在给药途径不变的情况下改变剂型的制剂。

9. 仿制药：指申请注册我国已批准上市销售的中药或天然药物。

以上注册分类1～6的品种为新药，注册分类7、8按新药申请程序申报。

三、申报资料

（一）申报资料项目

药品注册的申报资料分为综述资料、药学研究资料、药理毒理研究资料及临床研究资料4个大类，但不同类别药品、不同注册分类的申报资料项目和要求不同。现行《药品注册管理办法》中，中药、天然药物注册申报资料共计有33项，详见表2－1。

表2-1 中药、天然药物注册申报资料

申报资料类别	申报资料序号及名称
综述资料	1. 药品名称 2. 证明性文件 3. 立题目的与依据 4. 对主要研究结果的总结及评价 5. 药品说明书样稿、起草说明及最新参考文献 6. 包装、标签设计样稿
药学研究资料	7. 药学研究资料综述 8. 药材来源及鉴定依据 9. 药材生态环境、生长特征、形态描述、栽培或培植（培育）技术、产地加工和炮制方法等 10. 药材标准草案及起草说明，并提供药品标准物质及有关资料 11. 提供植物、矿物标本，植物标本应当包括花、果实、种子等 12. 生产工艺的研究资料、工艺验证资料及文献资料，辅料来源及质量标准 13. 化学成分研究的试验资料及文献资料 14. 质量研究工作的试验资料及文献资料 15. 药品标准草案及起草说明，并提供药品标准物质及有关资料 16. 样品检验报告书 17. 药物稳定性研究的试验资料及文献资料 18. 直接接触药品的包装材料和容器的选择依据及质量标准
药理毒理研究资料	19. 药理毒理研究资料综述 20. 主要药效学试验资料及文献资料 21. 一般药理研究的试验资料及文献资料 22. 急性毒性试验资料及文献资料 23. 长期毒性试验资料及文献资料 24. 过敏性（局部、全身和光敏毒性）、溶血性和局部（血管、皮肤、黏膜、肌肉等）刺激性、依赖性等主要与局部、全身给药相关的特殊安全性试验资料和文献资料 25. 遗传毒性试验资料及文献资料 26. 生殖毒性试验资料及文献资料 27. 致癌试验资料及文献资料 28. 动物药代动力学试验资料及文献资料
临床试验资料	29. 临床试验资料综述 30. 临床试验计划与方案 31. 临床研究者手册 32. 知情同意书样稿、伦理委员会批准件 33. 临床试验报告

下面逐项进行简要说明。

1. 药品名称

药品名称包括中文名、汉语拼音名和命名依据，应符合《中国药品通用名称命名原则》的要求。

2. 证明性文件

（1）申请人合法登记证明文件、《药品生产许可证》及《药品生产质量管理规范》认证证书复印件。申请新药生产时应当提供样品制备车间的《药品生产质量管理规范》认证证书复印件。

（2）申请的药物或者使用的处方、工艺、用途等在中国的专利及其权属状态的说明，以及对他人的专利不构成侵权的声明。

（3）麻醉药品、精神药品、医用毒性药品研制立项批复文件复印件。

（4）申请新药生产时应当提供《药物临床试验批件》复印件。

（5）直接接触药品的包装材料（或容器）的《药品包装材料和容器注册证》或《进口包装材料和容器注册证》复印件。

（6）其他证明文件。

3. 立题目的与依据

中药、天然药物应当提供有关的古代、现代文献资料综述。中药、天然药物制剂应当提供处方来源和选题依据，国内外研究现状或生产、使用情况的综述，以及对该品种创新性、可行性、剂型的合理性和临床使用的必要性等的分析，包括和已有国家标准的同类品种的比较。中药还应提供有关的传统医药理论依据及古籍文献资料综述等。可依据《中药、天然药物申请临床研究的医学理论及文献资料撰写原则》进行整理撰写。

4. 对主要研究结果的总结及评价

该资料是对药学、药理毒理和临床研究综述资料的进一步总结和提炼，强调对各项研究结果及其相互联系的综合分析与评价。注册申请人需在“安全、有效、质量可控”这一药物研究和技术评价共同遵守的原则指导下，对申报品种进行综合分析与评价，以期得出科学、客观的结论。应按《中药、天然药物综述资料撰写的格式和内容的技术指导原则——对主要研究结果的总结及评价》进行整理撰写。

5. 药品说明书样稿、起草说明及最新参考文献

药品说明书是指药品生产企业印制并提供给医生和患者的载有与药物应用相关的所有重要信息的文书，主要包括药品的安全性和有效性等重要科学数据、结论及其他相关信息。该资料应包括按有关规定起草的药品说明书样稿、说明书各项内容的起草说明、有关安全性和有效性等方面的最新文献，并按《药品说明书和标签管理规定》及《中药、天然药物综述资料撰写的格式和内容的技术指导原则——对主要研究结果的总结及评价》进行整理撰写。

6. 包装、标签设计样稿

药品包装中的标签应当以说明书为依据，其内容不得超出说明书的范围，并不得印有暗示疗效、误导使用和不适当宣传产品的文字和标识。标签样稿应符合《药品说明书和标签管理规定》的要求。

7. 药学研究资料综述

药学研究内容主要包括原料药［包括药材（含饮片）、提取物（含有效部位、有效成分）、化学药等］的鉴定与前处理、剂型选择、制备工艺研究、中试研究、质量研究及质量标准的制定、稳定性研究（包括直接接触药品的包装材料或容器的选择）等。药学研究资料综述是申请人对所进行的上述药学研究结果的总结、分析和评价，同时应对药学研究结果及药学与药理毒理、临床等相关研究之间的相互联系进行分析与评价，关注药品研究的科学性和系统性，从而提高药品研究开发的水平。应按《中药、天然药物综述资料撰写的格式和内容的技术指导原则——药学研究资料综述》进行整理撰写。

8. 药材来源及鉴定依据

药材来源包括原植（动）物的科名、中文名、拉丁学名、药用部位、采收季节和产地加工等，矿物药则包括矿物的类、族、矿石名或岩石名，主要成分及产地加工。已有法定标准的药材，其鉴定依据主要是国家药品标准和省级药材标准。对新发现的中药材，《中国植物志》、《中国动物志》、各省级植物志等公认、权威的专著和公开发表的研究论文等常作为鉴定依据。该项资料要求提供原植（动、矿）物经有关单位鉴定的详细资料，以确认原植（动）物的科名、中文名及拉丁学名或矿物的中文名及拉丁名。

提供资料时，应注意：①中药材（植物、动物、矿物等）均应固定其产地；②多来源的药材除必须符合质量标准要求外，一般应固定品种；品种不同而质量差异较大的药材，必须固定品种，并提供品种选用的依据；药材质量随产地不同而有较大变化时，应固定产地；药材质量随采收期不同而明显变化时，应注意采收期。③对列入《医疗用毒性药品管理办法》中的28种毒性药材，应提供自检报告；④濒危物种的药材还应符合国家的有关规定并特别注意来源的合法性。

9. 药材生态环境、生长特征、形态描述、栽培或培植（培育）技术、产地加工和炮制方法等

应通过查阅文献资料或实地调查，尽可能说明药材生长的自然环境、气象学资料、土壤状况及植被类型等相关生态环境。通过文献资料或研究，描述药材的生长特征、外观形态，叙述产地加工和炮制原理方法等。如果是栽培或培植（培育）品种，则应详细列出栽培或培植（培育）的技术方法。

10. 药材标准草案及起草说明，并提供药品标准物质及有关资料

药材标准草案包括名称、汉语拼音、药材拉丁名、来源、性状、鉴别、检查、浸出物、含量测定、炮制、性味与归经、功能与主治、用法与用量、注意及贮藏等项。起草说明用于说明质量标准中制定各个项目的理由，规定各项目指标的依据、技术条件和注意事项等，既要有理论解释，又要有实践工作的总结及试验数据。药品标准物质系指用于药物及其制剂的鉴别、检查、含量测定的标准物质，包括药品标准品、对照品。质量标准中所需对照品，如为现行国家药品标准收载并由中国药品生物制品检定所提供者，可直接按类别采用，但应注明所用化学对照品的批号、类别等，否则应按化学对照品、对照药材的相关技术要求提供资料。该项资料应符合《中药新药质量标准研究的技术要求》《中药新药质量标准

用对照品的技术要求》。

11. 提供植物、矿物标本，植物标本应当包括花、果实、种子等

要提供处方中药材的完整标本。

12. 生产工艺的研究资料、工艺验证资料及文献资料，辅料来源及质量标准

中药制备工艺研究应以中医药理论为指导，在对方剂中药物进行方药分析的基础上，应用现代科学技术和方法进行剂型选择、工艺路线设计、工艺技术条件筛选和中试（工艺验证）等系列研究，使制备工艺科学、合理、先进、可行，使研制的新药安全、有效、可控和稳定。制备工艺研究应尽可能采用新技术、新工艺、新辅料、新设备，以提高中药制剂研究水平。应遵循《中药新药制备工艺研究的技术要求》的基本原则开展相关研究，并据此对研究资料进行整理和总结。同时，该项资料应说明符合药用要求的辅料的来源及其质量标准。

13. 化学成分研究的试验资料及文献资料

该项资料通过试验研究或文献资料，阐述中药、天然药物中化学成分研究的情况，为明确中药、天然药物药效物质基础，确定提取、纯化处理方法和技术，制定质量标准的鉴别和定量检测等项目提供依据。

14. 质量研究工作的试验资料及文献资料

药物的质量研究是制定质量标准的基础。广义的药物质量研究还包括原料来源、辅料、剂型、制备工艺、贮藏条件、直接接触药品的包装材料甚至生产规模等对产品质量的影响。质量研究的内容应尽可能充分地反映产品的特性及质量变化的情况。该项资料应尽可能提供上述研究的试验资料及文献资料。

15. 药品标准草案及起草说明，并提供药品标准物质及有关资料

药品标准草案即申请人通过研究所起草的质量标准。中药材的质量标准一般包括名称、汉语拼音、药材拉丁名、来源、性状、鉴别、检查、浸出物、含量测定、炮制、性味与归经、功能与主治、用法与用量、注意及贮藏等项目。中药制剂的质量标准一般包括名称、汉语拼音、处方、制法、性状、鉴别、检查、浸出物、含量测定、功能与主治、用法与用量、注意、规格、贮藏、有效期等项目。质量标准草案必须在处方固定和原料（净药材、饮片、提取物）质量、制备工艺稳定的前提下方可研究拟订。且应确实反映和控制最终产品质量。

药品标准草案的起草说明是对制定制剂质量标准的详细注释，以便通过充分反映质量标准的制定过程，审核判断所制定质量标准的科学性、合理性及各种检测方法的可靠性、可行性。起草说明需要就制定质量标准中设立各个项目的理由，规定各项目指标的依据、技术条件和注意事项等进行阐述，要求既要有理论解释，又要有实践工作的总结及试验数据。

该项研究及其报送资料应符合《中药新药质量标准研究的技术要求》。药品标准草案可参照现行《中国药典》撰写。

16. 样品检验报告书

样品检验报告书是指对申报样品的自检报告。临床试验前报送资料时提供至少 1 批样品的自检报告，完成临床试验后报送资料时提供连续 3 批样品的自检报告。

17. 药物稳定性研究的试验资料及文献资料

中药、天然药物的稳定性是指中药、天然药物（原料或制剂）的化学、物理及生物学特性发生变化的程度，是评价药品质量的主要内容之一，是确定药品生产、包装、贮存、运输条件和有效期的主要依据。新药在申请临床试验时需报送初步稳定性试验资料及文献资料，在申请生产时需报送稳定性试验资料及文献资料。该项研究及其资料应符合《中药、天然药物稳定性研究技术指导原则》的要求。

18. 直接接触药品的包装材料和容器的选择依据及质量标准

药品包装用材料、容器（简称“药包材”）产品分为Ⅰ、Ⅱ、Ⅲ三类。其中，生产Ⅰ类药包材——直接接触药品且直接使用的药品包装用材料、容器，需经国家食品药品监督管理总局批准注册，并发给《药包材注册证》。该项资料要求申请人提供直接接触药品的包装材料和容器的选择依据及质量标准，并应符合《直接接触药品的包装材料和容器管理办法》的相关要求。

19. 药理毒理研究资料综述

资料综述内容分为药理毒理主要研究结果的综述及分析与评价两部分。包括申请人对药理毒理主要研究结果进行的总结，对安全性、有效性的分析与评价，以及药代动力学特征（如有）、与其他专业和与临床研究的相关性分析等。应按《中药、天然药物综述资料撰写的格式和内容的技术指导原则——药理毒理研究资料综述》进行整理撰写。

20. 主要药效学试验资料及文献资料

中药新药的主要药效学研究的目的是对新药的有效性评价提供科学依据。应以中医药理论为指导，运用现代科学方法，制定具有中医药特点的试验方案，并根据新药的功能主治，选用或建立相应的动物模型和试验方法。主要药效学研究应在受试药物处方固定、制备工艺及质量基本稳定的基础上进行。其试验方法、观测指标、实验动物、给药剂量、给药途径的选择及对照组设置等，均应符合《中药新药药理毒理研究的技术要求》。

21. 一般药理研究的试验资料及文献资料

一般药理研究通过与主要药效试验相同的给药途径，观察药物至少在神经系统、心血管系统、呼吸系统方面的作用和影响，考察主要药效学作用以外的广泛药理学作用，尤其是安全药理学作用，为临床研究和安全用药提供信息，也可为长期毒性试验设计和开发新的适应证提供参考。该项研究的进行和资料撰写应符合《中药、天然药物一般药理学研究技术指导原则》的要求。

22. 急性毒性试验资料及文献资料

急性毒性是指动物一次或 24 小时内多次接受一定剂量的受试物，在一定时间内出现的毒性反应。一般测定最大给药量、最大无毒性反应剂量、最大耐受量、致死量等反应剂量，其研究目的是为新药的研发提供参考信息。该项研究的组织和资料撰写应符合《中药、天然药物急性毒性研究技术指导原则》的要求。同时，急性毒性试验必须执行《药物非临床研究质量管理规范》。

23. 长期毒性试验资料及文献资料

长期毒性试验是重复给药的毒性试验的总称，描述动物重复接受受试物后的毒性特征，是非临床安全性评价的重要内容。长期毒性试验的主要目的应包括以下五个方面：①预测受试物可能引起的临床不良反应，包括不良反应的性质、程度、剂量 - 反应和时间 - 反应关系、可逆性等；②推测受试物重复给药的临床毒性靶器官或靶组织；③预测临床试验的起始剂量和重复用药的安全剂量范围；④提示临床试验中需重点监测的指标；⑤为临床试验中的解毒或解救措施提供参考信息。

该项研究的组织和资料撰写应符合《中药、天然药物长期毒性研究技术指导原则》的要求。

24. 过敏性（局部、全身和光敏毒性）、溶血性和局部（血管、皮肤、黏膜、肌肉等）刺激性、依赖性等主要与局部、全身给药相关的特殊安全性试验资料和文献资料

该项资料是根据药物给药途径及制剂特点而提供的安全性试验资料。研究应遵循《中药、天然药物免疫毒性（过敏性、光过敏反应）研究的技术指导原则》《中药、天然药物刺激性和溶血性研究的技术指导原则》。具有依赖性倾向的新药，应按《药物非临床依赖性研究技术指导原则》提供药物依赖性试验资料。

25. 遗传毒性试验资料及文献资料

如果处方中含有无法定标准的药材，或来源于无法定标准药材的有效部位，以及用于育龄人群并可能对生殖系统产生影响的药物（如避孕药、性激素、治疗性功能障碍药、促精子生成药、保胎药或有细胞毒作用等的新药），应报送遗传毒性试验及文献资料，并应符合《药物遗传毒性研究技术指导原则》的要求。

26. 生殖毒性试验资料及文献资料

用于育龄人群并可能对生殖系统产生影响的新药（如避孕药、性激素、治疗性功能障碍药、促精子生成药、保胎药及遗传毒性试验阳性或有细胞毒作用等的新药），应根据具体情况提供相应的生殖毒性研究及文献资料，并应符合《药物生殖毒性研究技术指导原则》的要求。

27. 致癌试验资料及文献资料

在长期毒性试验中，发现新药有细胞毒作用或者对某些脏器组织生长有异常促进作用，以及致突变试验结果为阳性的，必须提供致癌试验资料及文献资料，并应符合《药物致癌试验必要性的技术指导原则》的要求。

28. 动物药代动力学试验资料及文献资料

有效成分明确的一类新药，可参照化学药品的药代动力学研究方法，研究其在动物体内的吸收、分布、代谢及排泄，并计算各项参数。其研究及资料整理可依据《中药新药药理毒理研究的技术要求》并参照《化学药物非临床药代动力学研究技术指导原则》进行。

29. 临床试验资料综述

本部分包括主要研究内容与分析与评价两部分。申请临床试验的综述资料，应简要介绍为支持进入临床试验的所有与临床有关的理论与试验研究资料，应围绕适应病症对处方合理性、创新性及临床试验的科学性、可行性进行简明扼要的论述。申请生产的综述资料，应概要总结支持新药生产上市的所有临床试验资料，以临床试验报告为重点内容，在提供临床试验设计、试验过程、试验结果的重要内容的基础上，对受试药物的疗效和安全性以及风险和受益之间的关系做出评价。应按《中药、天然药物综述资料撰写的格式和内容的技术指导原则——临床试验资料综述》整理撰写。

30. 临床试验计划与方案

临床试验计划与方案应明确拟进行的临床试验各期的试验目的，概述试验方案要点，以反映临床试验的整体思路及实施方法。例如：简述试验目的、纳入标准和排除标准的关键内容，诊断标准出处或依据，临床试验设计方法，数据管理与统计学分析的原则，试验药物和对照药物的给药途径、剂量、给药次数、疗程和有关合并用药的规定，明确是否进行随访及相关规定，明确主要疗效指标和次要疗效指标、安全性指标、可能出现的不良反应、疗效评价方法及依据。该项资料可参照《中药、天然药物综述资料撰写的格式和内容的技术指导原则——临床试验资料综述》撰写。

31. 临床研究者手册

临床研究者手册是有关试验药物在进行人体研究时已有的临床与非临床研究资料。包含试验药物的物理、化学和药理性质；动物实验及已经进行的临床试验资料；试验可能的风险及不良反应；特殊的试验方法、观测方法及注意事项；过量使用时，可能出现的后果及治疗方法等内容。

32. 知情同意书样稿、伦理委员会批准件

知情同意书是每位受试者表示自愿参加某一试验的文件证明。研究者需向受试者说明试验性质、试验目的、可能的受益和风险、可供选用的其他治疗方法及符合《赫尔辛基宣言》规定的受试者的权利和义务等，使受试者充分了解后表达其同意。伦理委员会是由医学专业人员、法律专家及非医务人员组成的独立组织，其职责为核查临床试验方案及附件是否合乎道德，并为之提供公众保证，确保受试者的安全、健康和权益受到保护。每位参加临床试验的受试者都要签署知情同意书并经伦理委员会批准。申请人在药物临床试验实施前，应当将已确定的临床试验方案和临床试验负责单位的主要研究者姓名、参加研究单位及其研究者名单、伦理委员会审核同意书、知情同意书样本等报送国家食品药品监督管理总局备案，并抄送临床试验单位所在地和受理该申请的省、自治区、直辖市药品监督管理部门。

33. 临床试验报告

药物临床试验报告是反映药物临床试验研究设计、实施过程，并对试验结果做出分析、评价的总结性文件，是正确评价药物是否具有临床实用价值（有效性和安全性）的重要依据，是药品注册所需的重要技术资料。临床试验报告应按照《中药、天然药物临床试验报告的撰写原则》整理撰写。同时应注意：报告撰写者负有职业道义和法律责任。

（二）注册分类及资料项目要求

不同注册分类的中药、天然药物，其申报所需的资料项目不同，详见表 2－2。

表 2-2　中药、天然药物不同注册分类需提交的申报资料

资料分类	资料项目	注册分类及资料项目要求										
		1	2	3	4	5	6			7	8	9
							6.1	6.2	6.3			
综述资料	1	+	+	+	+	+	+	+	+	+	+	−
	2	+	+	+	+	+	+	+	+	+	+	+
	3	+	+	+	+	+	+	+	+	+	+	+
	4	+	+	+	+	+	+	+	+	+	+	+
	5	+	+	+	+	+	+	+	+	+	+	+
	6	+	+	+	+	+	+	+	+	+	+	+
药学资料	7	+	+	+	+	+	+	+	+	+	+	+
	8	+	+	+	+	+	+	+	+	+	+	+
	9	−	+	+	−	▲	▲	▲	▲	−	−	−
	10	−	+	+	+	▲	▲	▲	▲	−	−	−
	11	−	+	+	−	▲	▲	▲	▲	−	−	−
	12	+	+	+	+	+	+	+	+	+	+	+
	13	+	+	±	+	+	+	+	+	+	+	−
药学资料	14	+	+	±	+	+	+	±	±	±	±	−
	15	+	+	+	+	+	+	+	+	+	+	+
	16	+	+	+	+	+	+	+	+	+	+	+
	17	+	+	+	+	+	+	+	+	+	+	+
	18	+	+	+	+	+	+	+	+	+	+	+
药理毒理资料	19	+	+	*	+	+	+	+	+	+	±	−
	20	+	+	*	+	+	±	+	+	+	±	−
	21	+	+	*	+	+	±	+	+	−	−	−
	22	+	+	*	+	+	+	+	+	+	±	−
	23	+	+	±	+	+	+	+	+	+	±	−
	24	*	*	*	*	*	*	*	*	*	*	*
	25	+	+	▲	+	*	*	*	*	*	−	−
	26	+	+	*	*	*	*	*	*	*	−	−
	27	*	*	*	*	*	*	*	*	*	−	−
	28	+	−	*	−	−	−	−	−	−	−	−

续表

资料分类	资料项目	注册分类及资料项目要求										
		1	2	3	4	5	6			7	8	9
							6.1	6.2	6.3			
临床资料	29	+	+	+	+	+	+	+	+	+	+	-
	30	+	+	+	+	+	+	+	+	+	*	-
	31	+	+	+	+	+	+	+	+	+	*	-
	32	+	+	+	+	+	+	+	+	+	*	-
	33	+	+	+	+	+	+	+	+	+	*	-

说明：1. “+”指必须报送的资料。

2. “-”指可以免报的资料。

3. “±”指可以用文献综述代替试验研究或按规定可减免试验研究的资料。

4. “▲”具有法定标准的中药材、天然药物可以不提供，否则必须提供资料。

5. “*”按照申报资料项目说明和申报资料具体要求。

一般申请新药临床试验，应报送资料项目1~4、7~31；完成临床试验后申请新药生产，应报送资料项目1~33及其他变更和补充的资料，并详细说明变更的理由和依据；申请仿制药（中药、天然药物注射剂等需进行临床试验的除外），应报送资料项目2~8、12、15~18。

四、申报资料的一些特殊要求

1. 新的中药、天然药物制剂

由于中药、天然药物的多样性和复杂性，新的中药、天然药物制剂在申报时，应当结合具体品种的特点，进行必要的相应研究并提供相应资料。如果减免了试验，则应充分说明理由。此外，还有如下一些特殊要求：

（1）申请新的有效成分及其制剂，如有由同类成分组成的已上市有效部位及其制剂，应当与该有效部位进行药效学及其他方面的比较，以证明其优势和特点。

（2）申请由同类成分组成的新的有效部位及其制剂，如其中含有已上市有效成分，应当与该有效成分进行药效学及其他方面的比较，以证明其优势和特点。

（3）对新的有效部位及其制剂，除按要求提供申报资料外，尚需提供以下资料：有效部位筛选、有效部位主要化学成分的研究资料或文献资料；由数类成分组成的有效部位，应当提供测定每类成分含量的资料，以及对每类成分中代表成分进行含量测定且规定下限（对有毒性的成分还应该增加上限控制）的资料。

（4）天然药物复方制剂应当提供多组分药效、毒理相互影响的试验资料及文献资料。

（5）处方中如果含有无法定标准的药用物质，应当参照相应注册分类中的要求提供相关的申报资料。

需要指出，中药、天然药物和化学药品组成的复方制剂是一类比较特殊的制剂，《药品注册管理办法》对其制定了特别的要求：中药、天然药物和化学药品组成的复方制剂中的药用物质必须具有法定标准；申报临床试验时应当提供中药、天然药物和化学药品间药效、毒理相互影响（增效、减毒或互补作用）的比较性研究试验资料及文献资料，以及中药、天然药物对化学药品生物利用度影响的试验资料；申报生产时应当通过临床试验证明其组方的必要性，并提供中药、天然药物对化学药品人体生物利用度影响的试验资料；处方中含有的化学药品（单方或复方）必须被国家药品标准收载。

2. 中药、天然药物注射剂

中药、天然药物注射剂的研制和申报还必须遵循国家食品药品监督管理局2007年12月颁发的《中药、天然药物注射剂基本技术要求》。

需要指出，由于中药、天然药物注射剂的给药途径不同于传统剂型，大多数情况下，传统用药经验对注射剂处方组成的配伍及配比的指导作用有限。因此，中药、天然药物注射剂的开发需要通过研究充分说明其安全性、有效性及必要性并保证其质量的可控性。同时，根据临床用药安全、有效、方便的原则，注射给药途径应该是解决口服等其他非注射给药途径不能有效发挥作用时的剂型选择，即应提供充分依据，说明：注射给药优于其他非注射给药途径；与已上市的其他同一给药途径、同类功能主治（适应证）的注射剂在有效性或安全性等方面的优势或特色。此外，根据需要，进行药代动力学（探索性）研究或各组分组方合理性的相关研究等。

3. 致癌性试验

对于新的有效成分及其制剂，当有效成分或其代谢产物与已知致癌物质有关或相似，或预期连续用药6个月以上，或治疗慢性反复发作性疾病而需经常间歇使用时，必须提供致癌性试验资料。

4. 新的中药材代用品

新的中药材代用品除按注册分类2“新发现的药材及其制剂”的要求提供临床前的相应申报资料外，还应当提供与被替代药材进行药效学对比的试验资料，并应提供进行人体耐受性试验及通过相关制剂进行临床等效性研究的试验资料，如果代用品为单一成分，尚应当提供药代动力学试验资料及文献资料。

新的中药材代用品获得批准后，申请使用该代用品的制剂应当按补充申请办理，但应严格限定在被批准的可替代的功能范围内。

5. 改变药物剂型与仿制药

申报改变药物剂型的新制剂，应当说明新制剂的优势和特点。新制剂的功能主治或适应证原则上应与原制剂相同，其中无法通过药效或临床试验证实的，应当提供相应的资料。

仿制药应与被仿制品种一致，必要时还应当提高质量标准。

6. 临床试验

临床试验的病例数应当符合统计学要求和最低病例数要求，其中，最低病例数（试验组）据临床试验的阶段不同而不同。一般Ⅰ期为20~30例，Ⅱ期为100例，Ⅲ期为300例，Ⅳ期为2000例。属注册分类1、2、4、5、6的新药，以及7类和工艺路线、溶媒等有明显改变的改剂型品种，应当进行Ⅳ期临床试验。

此外，还有如下一些特殊要求：

(1) 生物利用度试验一般为18~24例。

(2) 避孕药Ⅰ期临床试验应当按照本办法的规定进行，Ⅱ期临床试验应当完成至少100对6个月经周期的随机对照试验，Ⅲ期临床试验应当完成至少1000例12个月经周期的开放试验，Ⅳ期临床试验应当充分考虑该类药品的可变因素，完成足够样本量的研究工作。

(3) 新的中药材代用品的功能替代，除了应当从国家药品标准中选取能够充分反映被代用药材功效特征的中药制剂作为对照药进行比较研究外，每个功能或主治病证需经过2种以上中药制剂进行验证，每种制剂临床验证的病例数不少于100对。

(4) 改剂型品种应根据工艺变化的情况和药品的特点，免除或进行不少于100对的临床试验。

(5) 仿制药视情况需要，进行不少于100对的临床试验。

对进口中药、天然药物制剂，除了按注册分类中的相应要求提供申报资料，还应提供在国内进行的人体药代动力学研究资料和临床试验资料，病例数不少于100对；多个主治病症或适应证的，每个主要适应证的病例数不少于60对。

值得注意的还有，《药品注册管理办法》规定："药品注册申报资料应当一次性提交，药品注册申请受理后不得自行补充新的技术资料；进入特殊审批程序的注册申请或者涉及药品安全性的新发现，以及按要求补充资料的除外。申请人认为必须补充新的技术资料的，应当撤回其药品注册申请。申请人重新申报的，应当符合本办法有关规定且尚无同品种进入新药监测期。"

第五节　中药新药注册审批程序

一、新药注册审批程序

研制开发中药新药，一般按临床前研究、申报临床研究、临床试验、申报生产的程序进行。下面简要介绍新药注册申报与审批的程序。

（一）新药临床试验审批程序

申请人按中药（天然药物）新药研究技术要求等，完成临床前研究后，可申报药品临床研究，程序如下：

1. 填写《药品注册申请表》并报送有关资料

申请人填写《药品注册申请表》，向所在地省、自治区、直辖市药品监督管理部门如实报送有关资料。

2. 申报资料的审查、审评与审批

(1) 省级（食品）药品监督管理部门对申报资料进行形式审查，符合要求的，出具药品注册申请受理通知书；不符合要求的，出具药品注册申请不予受理通知书，并说明理由。

同时，省级（食品）药品监督管理部门自受理申请之日起5日内，组织对药物研制情况及原始资料进行现场核查，对申报资料进行初步审查并提出审查意见，在规定时限内将审查意见、现场核查报告以及申报资料送交国家食品药品监督管理总局药品审评中心，并通知申请人。

（2）国家食品药品监督管理总局药品审评中心收到申报资料后，在规定时间内组织药学、医学及其他技术人员对申报资料进行技术审评，必要时可以要求申请人补充资料，并说明理由。完成技术审评后，提出技术审评意见，连同有关资料报送国家食品药品监督管理总局。

（3）国家食品药品监督管理总局依据技术审评意见做出审批决定。符合规定的，发给《药物临床试验批件》；不符合规定的，发给《审批意见通知件》，并说明理由。

（二）新药生产审批程序

1. 填写《药品注册申请表》并报送相关资料

申请人完成药物临床试验后，填写《药品注册申请表》，向所在地省、自治区、直辖市药品监督管理部门报送申请生产的申报资料，并同时向中国食品药品检定研究院报送制备标准品的原材料及有关标准物质的研究资料。

2. 申报资料的审查、审评与审批

（1）省级（食品）药品监督管理部门对申报资料进行形式审查，符合要求的，出具药品注册申请受理通知书；不符合要求的，出具药品注册申请不予受理通知书，并说明理由。同时，省级（食品）药品监督管理部门自受理申请之日起5日内组织对临床试验情况及有关原始资料进行现场核查，对申报资料进行初步审查，提出审查意见，抽取3批样品向相关药品检验机构发出标准复核的通知，在规定时限内将审查意见、现场核查报告及申报资料送交国家食品药品监督管理总局药品审评中心，并通知申请人。

注意，抽取的3批样品应当在取得《药品生产质量管理规范》认证证书的车间生产；若为新开办药品生产企业、药品生产企业新建药品生产车间或者新增生产剂型的，其样品生产过程应当符合《药品生产质量管理规范》的要求。

（2）药品检验机构应对申报的药品标准进行技术复核，并在规定的时间内将复核意见送交国家食品药品监督管理总局药品审评中心，同时抄送通知其复核的省级（食品）药品监督管理部门和申请人。

（3）国家食品药品监督管理总局药品审评中心收到申报资料后，在规定时间内组织药学、医学及其他技术人员对申报资料进行审评，必要时可以要求申请人补充资料，并说明理由。经审评符合规定的，国家食品药品监督管理总局药品审评中心通知申请人申请生产现场检查，并告知国家食品药品监督管理总局药品审核查验中心；经审评不符合规定的，国家食品药品监督管理总局药品审评中心将审评意见和有关资料报送国家食品药品监督管理总局，国家食品药品监督管理总局依据技术审评意见，做出不予批准的决定，发给《审批意见通知件》，并说明理由。

（4）申请人应当自收到生产现场检查通知之日起6个月内向国家食品药品监督管理总局药品审核查验中心提出现场检查的申请。国家食品药品监督管理总局药品审核查验中心

在收到生产现场检查的申请后，在30日内组织对样品批量生产过程等进行现场检查，确认核定生产工艺的可行性，同时抽取一批样品，送进行该药品标准复核的药品检验机构检验，并在完成现场检查后10日内将生产现场检查报告送交国家食品药品监督管理总局药品审评中心。

药品检验机构应当依据核定的药品标准对抽取的样品进行检验，并在规定的时间内将药品注册检验报告送交国家食品药品监督管理总局药品审评中心，同时抄送相关省级（食品）药品监督管理部门和申请人。

国家食品药品监督管理总局药品审评中心依据技术审评意见、样品生产现场检查报告和样品检验结果，形成综合意见，连同有关资料报送国家食品药品监督管理总局。

（5）国家食品药品监督管理总局依据综合意见，做出审批决定。符合规定的，发给新药证书，申请人已持有《药品生产许可证》并具备生产条件的，同时发给药品批准文号；不符合规定的，发给《审批意见通知件》，并说明理由。

二、新药注册特殊审批程序

为鼓励研究创制新药，有效控制风险，根据《药品注册管理办法》的规定，国家食品药品监督管理总局对符合下列情形的新药注册申请实行特殊审批：①未在国内上市销售的从植物、动物、矿物等物质中提取的有效成分及其制剂，新发现的药材及其制剂；②未在国内外获准上市的化学原料药及其制剂、生物制品；③治疗艾滋病、恶性肿瘤、罕见病等疾病且具有明显临床治疗优势的新药；④治疗尚无有效治疗手段的疾病的新药。主治病证未收载在国家批准的中成药的功能主治中的新药，可以视为治疗尚无有效治疗手段的疾病的新药。

符合注册特殊审批的新药在注册过程中予以优先办理，程序如下：

1. 新药临床试验特殊审批与生产特殊审批

（1）属于①、②项情形的，申请人可以在提交新药临床试验申请时提出特殊审批的申请，国家食品药品监督管理总局药品审评中心应在收到特殊审批申请后5日内进行审查确定。

（2）属于③、④项情形的，申请人在申报生产时方可提出特殊审批的申请，国家食品药品监督管理总局药品审评中心应在收到特殊审批申请后20日内组织专家会议进行审查确定。

2. 申请注册特殊审批与审查确定

（1）填写《新药注册特殊审批申请表》并提交相关资料。《新药注册特殊审批申请表》和相关资料应单独立卷，与《药品注册管理办法》规定的申报资料一并报送药品注册受理部门。

（2）药品注册受理部门受理后，将特殊审批申请的相关资料随注册申报资料一并送交国家食品药品监督管理总局药品审评中心。

（3）国家食品药品监督管理总局药品审评中心负责对特殊审批申请组织审查确定，并将审查结果告知申请人，同时在国家食品药品监督管理总局药品审评中心网站上予以公布。

（4）国家食品药品监督管理总局药品审评中心对获准实行特殊审批的注册申请，按照相应的技术审评程序及要求开展工作。负责现场核查、检验的部门对获准实行特殊审批的注册申请予以优先办理。

（5）对在申报临床试验时已获准实行特殊审批的注册申请，申请人在申报生产时直接实行特殊审批。

（6）属于下列情形的，国家食品药品监督管理总局可终止特殊审批并在药品审评中心网站上予以公布：①申请人主动要求终止的；②申请人未按规定的时间及要求履行义务的；③经专家会议讨论确定不宜再按照特殊审批管理的。

已获准实行特殊审批的注册申请，国家食品药品监督管理总局药品审评中心通过与申请人沟通交流的工作机制，共同讨论相关技术问题。申请人提出沟通交流申请的，应填写《新药注册特殊审批沟通交流申请表》并提交相关资料。国家食品药品监督管理总局药品审评中心进行审查并将审查结果告知申请人。

此外，当存在发生突发公共卫生事件的威胁时，以及突发公共卫生事件发生后，对突发公共卫生事件应急处理所需药品的注册管理按照《国家食品药品监督管理总局药品特别审批程序》办理。

三、新药监测期

根据保护公众健康的要求，国家食品药品监督管理总局对批准生产的新药品种设立不超过5年的监测期。监测期自新药批准生产之日起计算。

新药进入监测期之日起，不再受理其他申请人的同品种注册申请；已经受理但尚未批准进行药物临床试验的其他申请人同品种申请予以退回；已经批准其他申请人进行药物临床试验的，可按照药品注册申报与审批程序继续办理该申请，符合规定的，国家食品药品监督管理总局批准该新药的生产或者进口，并对境内药品生产企业生产的该新药一并进行监测。

对处于监测期内的新药，有关药品生产企业应当考察其生产工艺、质量、稳定性、疗效及不良反应等情况，并每年向所在地省级药品监督管理部门报告。同时，企业从获准生产之日起2年内未组织生产的，国家食品药品监督管理总局可以批准其他药品生产企业提出的生产该新药的申请，并重新对该新药进行监测。

第三章 中药新药选题、立项与经费筹措

新药研究是属于高科技领域，它是一个国家基础研究和各前沿学科研究进展的具体体现。它涉及分子生物学、细胞生物学、生物工程学、组合化学、计算机科学等多学科，又是超微量分离分析技术、细胞培养技术、基因重组技术、标准化技术等多种技术的联合应用，因此新药研究不是哪一个单位、哪几个人能独立完成的，它既需要发挥个体的创造性，又要有组织地发挥群体的协同作用。新药研究又是一项系统工程，它受到来自经济、社会、管理和技术等方面的制约和影响。它在国民经济中占有重要地位，又遵循基础科学－发明－开发－注册－患者－商业化－利润－投资－基础研究这一个不以人的意志为转移的客观规律，因此要使我国新药研究开发走入良性循环，政府各有关部门要相互协调，从宏观上做好调控，各有关单位要在具体内容上加以落实，使我国新药自主研究开发体系能逐步形成和完善。

中药新药的研究和开发，是人类卫生保健事业的重要组成部分，是当代中医药发展的重要内容之一，它集传统中医理论、科学研究、医疗临床、生产经营于一体，因此，不可避免地受到理论、药物、临床、政策等方面的限制。

传统中医理论是中药新药开发的理论基础和核心，中药新制剂的开发必须以传统中医药理论为依据，脱离中医药理论的指导而生产的中药制剂不能被称之为中药新药；药物是中药新药的主体组成部分，中药新药的研发过程必须根据药物性质而论，同时要注意中药资源的考量，这些均不以人的主观意志为转移；市场的需求是中药新药的原始动力，在临床需要的前提下，根据不同的需求选择合适的剂型、剂量和给药途径；国家的政策法规是中药新制剂规范、合理、稳定、安全、有效的保证，中药新药的研发必须遵循国家相关政策的规定。

第一节 中药新药选题

科研选题是指在研究项目范围内选择本项研究课题的过程。立题是指经论证后对本研究课题的确定。科研选题和立题必须集科学性、创新性、可行性为一体，并要承担一定的技术和经济风险。因此，对选题和立题的讨论至关重要。中药新药立题包含选题、预试、研究方案设计、专家论证、填表申报和批准立项等全过程。

一、选题原则

中药新药的选题必须坚持科学性、创新性、有效性、可行性和效益性的指导原则。

（一）科学性

中药新药的科学依据即是传统的中医药理论，无论是选方和组方、剂型设计和工艺、质量标准和药效，还是临床研究，均必须以中医药理论为指导。中医理论强调整体观念和辨证论治。中医的“证”往往包括现代医学诊断的一种或几种“病”，而现代所谓的同一种“病”中有可能被中医认为是不同的“证”，这就要求中药新药的开发必须有具备传统中医理论知识的研究者参与选题，以保证选题的科学性。组方应以中医药理论为指导，同时还应结合现代药理研究结果，确认该药味的有效成分，可与现代医学的“病”“症”对照观察。在研究过程中，既不固守原方，又根据剂型特点合理组方。选择适宜的剂型和工艺是使合理的处方发挥应有疗效的关键。根据药物性质和临床需要选择适宜的剂型，确认组方中的有效成分，制定合理的制备工艺及相关参数，去粗取精。可以利用组方的有效成分来确定合理的剂型和制剂工艺。确保有效成分的稳定是保证临床安全有效的前提，必须建立合理的质量标准来控制药品生产的全过程。在原料、半成品、成品三个环节进行质量控制，建立科学合理、稳定、重现性好的质量标准。强调以中医药理论为指导，在设计药效学指标时，也要结合中医“证”的特点来验证治疗作用和毒副作用。中药新制剂的临床试验同样强调中医药理论指导下的辨“证”论治，即设计中医“证”的诊断项目及指标、用药剂量和方法、疗效制定标准等。

（二）创新性

创新性是所谓“新药”必须具备的特点，中药新药的研发同样要有所创新、有所发明。如发现新的药物或新的组合体以填补目前治疗疾病谱的空白，制剂工艺方面的创新，新技术、新辅料、新设备、新成果等的引入。

（三）有效性

有效性是注册申请人研发新药的动力。在立题之初，研究者对拟开发的受试物的有效性一般都有一定的认识。因为中药在立题时的有效性依据充分，中药的开发目的性更明确，成功的可能性也非常大。

（四）可行性

在中药新药选题时，一定要结合实际，综合人力、设备、经费、情报等情况客观进行，由于中药新药的研究与一般科研课题不同，它必须要求得到正结果，也就是研制一个安全、有效、适用的产品，这就对研究课题的可行性有很强的要求。

（五）效益性

项目投资和预期成果的综合效益是否得当，对中药新药研发而言，衡量的标准就是有无临床使用价值，是否具备一定的社会和经济效益。故在选题时即要考虑到因势利导、因地制宜，对用药对象的需求、市场的前景等进行大量的调查，同时加强新信息的捕捉，才能确定选题。

二、选题思路

1. 从常见病、多发病入手

如流感、消化系统疾病等。选择常见病、多发病为研发方向，也就意味顺应巨大的患者需求和市场空间，会有很好的预期。但是这类新药的研究必须保证新开发的产品明显优于现有的产品。

2. 从临床急需的重大疾病入手

如国家目前主要关注的十个严重危害人民的重大疾病，包括恶性肿瘤、心脑血管疾病、神经退行性疾病、糖尿病、精神性疾病、自身免疫性疾病、耐药性病原菌感染、肺结核、病毒感染性疾病。顺应国家对重大疾病新药的需求就会获得国家在政策、研发资金等多方面的扶持，项目成功的可能性也就大大提高。

3. 从中医药治疗有优势的疾病入手

如内分泌失调疾病、病毒感染性疾病等。这类处方主要依据市场需求及近年来某一疾病的临床研究现状，根据当今大多数中医师的临床用药经验，是在中医药理论指导下组成的新的处方。中医药学是一门经验医学，其已形成的理论是在过去的经验上总结出来的，运用该理论指导临床用药有很大的指导意义，但由此组成的处方未经过长期的临床观察，往往有较大的开发风险。方中各味药的配伍及配比的合理性往往需在临床应用后，经反复调整才能加以确认。如无临床应用基础，则应在立题之初对各味药的比例进行研究。中药复方制剂的成分极为复杂，靶点多，对某一疾病的疗效往往是通过多途径而产生的，如单独从某一方面的药理作用活性比较，其临床治疗作用的价值往往都不大。对于以中医药理论组成的复方制剂，为了考察其临床的应用价值，应根据所选择的适应证，通过多方面的药理活性及作用靶点的观察，综合分析其开发价值。

4. 从古方中挖掘

人类应用中医药有几千年的历史，并在此基础上总结形成了独特的理论体系。古人对于中医药的认识，是当今中成药新药研发的丰富宝库，大量的中国古代医学宝典是当今中药新药研究取之不竭的源泉，许多的中成药是在挖掘中医药古籍的基础上开发而成的，如宋末金初《窦氏外科全书》中的万应膏、宋代《和剂局方》中的逍遥散、清代《医林改错》中的血府逐瘀汤等，均已通过现代制备工艺，制成了不同的现代制剂，在临床中发挥了极大的作用。也有许多的古方，或是由于当初对其组方中某些药味认识的偏差，或由于生长环境的改变，或由于疾病谱的变化，已不适合制成现代中药复方制剂。源于古方的中药新药研究，其有效性依据一般较为充分，但新的制备工艺可能对其有效的物质基础产生影响，为了增加研发成功率，应选择主要药效学指标与传统工艺进行对比研究，并通过广泛的人群加以验证。

5. 从民族、民间验方或秘方中选题

许多长期在一线工作的临床中医师，根据自己多年来的潜心研究与观察，形成了对某一疾病有独特效果的经验处方。这类处方有些是在古方的基础上化裁而来，多数符合中医药理论；有些是祖传经验方，这些组方中经常含有较少应用的中药材，其性味、归经等药

理特性尚不够明确，中医药理论难以解释。这类处方的有效性基础是肯定的，但又是相对的，一人、一地的经验，不一定适合大规模的人群。对于依据临床应用经验的复方制剂，如组方符合中医药理论，又有一定的临床应用经验，其有效性依据一般也较充分，研发成功的几率也较高。但新的制备工艺也可能对其有效的物质基础产生影响，应选择主要药效学指标与传统工艺进行对比研究，并通过广泛的人群加以验证。如为祖传经验方，且含有较少应用的中药材，中医药理论难以解释，则应进行更为全面的非临床药效学试验观察。

6. 从医院制剂或协定方中选题

医院制剂是主要针对现代临床需要而开发的一类新制剂，这类制剂具有较好的临床基础，针对的疾病较明确，组方药材来源也较广泛，最重要的是医院制剂的工艺和剂型基本是最终开发的工艺和剂型，可以基本保证最终开发制剂的安全性、有效性和稳定性。

7. 从现有的中成药中选题，进行二次开发

二次开发包括剂型改进、工艺革新、提取有效成分、缩小服用剂量；质量标准提高研究，确保药效的稳定；老药新用，增加适应证。这类选题一定要做好充分的调研，要选择患者和市场认可、安全性和有效性非常明确的品种。比如，六味地黄丸、藿香正气水等。

8. 加强天然产物活性成分与中药有效部位研究

加强天然产物活性成分研究，从中寻找一类新药；加强中药有效部位研究，提高中药新药研制水平。药物治疗疾病一定有其物质基础，产生治疗作用也一定有其原理，要让中成药以治疗性药品的性质进入国际市场，项目组可以多研发一类中药新药和五类中药新药，找到治疗疾病的物质基础并明确其作用机理，让中成药更多地惠及全人类。

三、选题步骤

（一）初定题目

首先在选题原则的指导下，以正确选题思路指引并结合项目组自身的条件，初步选定一个题目，从初定题目中筛出关键词进行初步文献研究。

（二）初步文献研究

根据初定题目和关键词进行初步文献研究，在借鉴和综合前人或前期发明创造的过程中，确定研究方向和内容，并从现实条件出发，选择难度大小适宜的新药课题。调查研究是选题方法中的重要内容。目前调查研究的方法主要有两种：一是查阅文献，科技图书、期刊、学术报告、学位论文、专利文献、报纸新闻等均是文献检索应包含的范围。随着计算机技术的发展，计算机检索已经成为当今文献检索的主要手段，而且目前申报科研课题时，要求经认可的检索单位赋予检索证明，以表明申报课题的可行性、创新性。另一种办法即是市场和信息咨询，新药前景的调研和预测、专家的交流咨询等会给中药的研发提供一定的启示。

（三）深入文献研究

在初步文献研究的基础上修正题目，并基本确定新药研究过程中几个关键点：

1. 基本确定处方

处方是新药开发中的核心，是安全和有效的关键因素，因此在尊重传统用药经验的基

础上最好保持相对的稳定性。

2. 拟订剂型与工艺

为了保证疗效的可靠性和稳定性，临床处方最终是要变成制剂处方的，因此文献研究后应根据剂型的选择原则初步拟定合理的制剂工艺和剂型。

3. 确定检测指标和方法

拟开发的新药是否安全、有效、稳定需要相应检测指标的数据给予证实，因此必须选定产品可能产生毒性的检测指标与相应方法、主要药效学指标及实验方法、有效成分含量测定指标和检测方法。

（四）预实验与预立项

在经过充分的前期调研的基础上，慎重选择了拟进行开发的项目，为了保证选题的可靠性，一般都要进行预实验，其目的是按照设计要求，初步验证选择方案的可行性。中药新制剂的预试，多是针对处方剂型工艺，当验证工艺可行，并可提供小样供药理、毒理研究，确定安全有效后，再完善其他实验方案。应通过各种途径、各种层次的新药选题，包括处方阶段（种子），完成临床前研究并获得临床研究批件（青苗），以及完成临床研究并获得生产批件（成熟产品）。首先组织一个团队，这个团队包括临床研究专家、市场营销专家、注册专家等，通过团队会商，对这些选题进行初步筛选，选出一小部分进行主要药效学验证和初步毒理学观察，再筛出最后进行临床验证的选题。最后，在伦理学指导下进行初步的临床验证以确定预立项的选题。

四、选题思路与新药注册的协调

通过梳理现行版《药品注册管理办法》中涉及中药新药研究开发和注册审评审批的法规条文，分析现行药品注册框架下有关中药新药开发立题依据的规定，建议做好如下协调工作：

1. 以中医药理论为指导，重视临床应用基础

《药品注册管理办法》中明确提到："中药是指在我国传统医药理论指导下使用的药用物质及其制剂"，同时还明确了中药复方制剂应在传统医药理论指导下组方。《中药注册管理补充规定》第二条规定，"中药新药的研制应当符合中医药理论，注重临床实践基础"。同时，其明确规定中药复方制剂要在中医理论指导下组方，并充分重视临床应用基础；规定了中药复方制剂如果有充分的临床应用基础，且生产工艺、用法用量与既往临床应用基本一致的，可以减免部分实验研究。中医治疗学中强调"辨证论治、随证加减"，强调"因人、因时、因地制宜"，亦即强调根据疾病变化和个体情况"动态用药"。这恰恰是中药成方制剂难以弥补的缺陷，也说明了并不是所有病症都适合使用中成药，并不是所有的中药处方都适合开发成中成药。中成药的研发应从群体化用药的角度考虑中医治疗学的要求进行立题。针对某一适应证进行的中药新药研发需要基于中医对该适应证病因病机、治则治法、预后转归等的认知，不应存在偏颇或偏离基本的传统认识方向。中药新药的组方配伍和具体药味的选择确定，不应背离理法方药原则及对传统中药药性、归经、功效特点的认识。对疾病证候、中药药性、组方原则等的创新性认识，如果要作为药物研究开发的依据，这些认识应该是已得到有关学术领域公认的，因为只有成熟、公认的学术依据方能用于支持药物的研发上市。中药新药上市后使用于临床，不能脱离中医理论对药物性质及疾病本身的认识。因此，上市前临床试验设计，包括疾病诊断、病例入选标准、疗程、疗效指标、疗效判定标准等都不可背离中医药理论对于具体中药应用于具体病证的原则性认识。也只有在这样设计前提下的临床试验方案，其得出的试验结果才足以评估中药新药的临床获益。对于从植物、动物、矿物等物质中提取纯化的有效部位或有效成分，如果是已具备公认的中药属性的，可以按中医药理论组方和使用；如果是尚无公认中药属性的新的有效部位和有效成分，先应研究和确证其中药特性，方可按中医药理论组方和使用。

2. 以临床需求为导向

现行的《药品注册管理办法》对于中药新药研发要以临床需求为导向的要求首先体现在对新药临床价值的强调方面。其规定国家药品监管部门可以组织对药品的“上市价值”进行评估，另在第四十五条中关于实行特殊审批的第三类品种强调应是“具有明显临床治疗优势的新药”。《中药注册管理补充规定》第二条则规定，新药的研制应当具有临床应用价值。

新药开发要以解决临床需求为首要目的，这可以被认为是药物研究和评价的根本原则之一。以解决临床需求为首要目的，更侧重于对新药安全性、有效性的临床要求考虑，避免将工艺可行、质量可控作为新药研发立题的首要依据。质量可控作为药品的基本要求，不能突出体现药品的优势和特点，也不能成为中药新药研发立题的首要依据。充足的立题依据在于紧密结合临床实际，发现并解决临床过程中存在的主要问题，满足临床实际需求。解决临床需求的考虑主要包括：明确拟解决的治疗问题，确定临床定位和具体适应证，就有效性和安全性方面进行全面考察并与现有治疗方法进行综合比较等。在后期的临床前研究和临床试验设计中，也要严格遵循这一思路，充分考虑为患者带来的效益，包括临床应用价值、治疗费用等。以临床为导向设计新药的整体研究，包括处方、工艺的筛选确定，药效学与毒理学研究，以及临床试验方案的设计和实施等，均应以最终的临床应用和临床获益目标为导向。

3. 关注资源、环境保护和可持续发展

中药产业是以自然资源为原料主要来源的产业，中药材资源与中药产业化发展存在着制约影响关系，是矛盾的统一体。不当的开发利用很可能导致资源匮乏和环境破坏。因此，要对所用药材的资源状况、质量情况等进行调研，形成调查研究报告，必要时固定药材产地，还对新药处方所用药材的可持续利用情况进行调查研究，提供研究报告，并对药材获取、药材处理、提取纯化工艺等可能影响环保的方面进行详细说明。处方中含有来源于濒危野生动植物药材的新药研究，必须符合国家的有关规定。

立题是中药新药研发的根基和轴心，后续所有的研究工作都要基于并围绕立题进行；立题是否合理，立题依据是否符合相关要求是关乎中药新药开发成败的关键。一个具体中药新药品种的开发立题源于深入的调查研究和综合的分析思考，其本身是一个系统、科学、严谨的工作过程。

第二节　中药新药立项

一、顶层设计

新药研究是一个系统工程，涉及学科众多，包括方剂学、中药药剂学、分析化学、药理学、毒理学、临床各科、伦理学及数理统计等，而且整个研究过程环环相扣，其中任何一个环节出错都有可能导致整个项目失败，甚至从头再来，因此顶层设计非常重要。

顶层设计这一概念来自于“系统工程学”，其字面含义是自高端开始的总体构想。换句话说，在系统工程学中，顶层设计是指理念与实践之间的“蓝图”，总的特点是具有“整体的明确性”和“具体的可操作性”，在实践过程中能够“按图施工”，避免各自为政造成工程建设过程的混乱无序。新药研究同样是一个复杂的系统工程，时间和经费的投入都是巨大的，为了科学进行，必须在项目初始阶段做好顶层设计，以避免摸着石头过河，在研究过程中走弯路甚至出现原则性或方向性的错误，造成时间和经费的极大浪费。因此顶层设计十分必要，也十分重要。

从我国新药研究实际情况出发，中药新药开发也是一项系统工程，顶层设计的应用，可以让复杂的新药研发变得目标明确、规划具体、战略得当。

顶层设计在新药研发中的运用，也可以理解为项目组的“战略管理”。我们知道，战略一词的核心意思就是整体性、全局性、长远性、重大性目标的设定。战略管理这一概念包含三个内涵：一是战略目标的规划与设计，二是战略过程的组织与控制，三是战略执行与实施。新药研发的顶层设计就是要从战略管理的高度统筹整个研究和申报过程，并按照预期目标收获临床研究批件和生产批件。

二、研究方案撰写

科学研究的过程，是一种追本溯源的过程。由于医学研究的对象是人体，科研过程即是依靠研究人员利用严密的科学方法和设备，去验证或解释人体生命活动规律和疾病发生发展的规律，从而进一步去研发药物防治疾病。所以，当研究人员确定要研究的课题后，应该设计一个完整的研究方案，或者结合课题的申报书、计划任务书或合同书，按规定的目标要求将技术途径、方法和步骤、经费预算等以书面的形式整理出来，以更好地指导研究工作。通过合理的研究方案设计，可以保证研究工作的顺利进行，提高研究水平，降低科研成本。一个合理的研究方案是根据现有的条件确定研究方向，集中构思，描绘将采取的技术路线、要采取的实验方法及具体的实验步骤，确定阶段目标和最终目标，以明确地指导科研实际。

中药、天然药物与化学合成药物的新药研究与开发有很大的不同。一般而言，在进行药学、药理和临床等试验研究前，在安全性和有效性方面已经具有一定的研究基础，而这些支持药物安全性和有效性的研究基础是影响药物研究与开发前景、开发风险的重要因素，也是药品审评中比较关注的问题。认真研究、总结和分析已有的研究基础，是中药、天然药物研发工作的重要内容，也是药品审评机构结合药物临床前药学、药理研究结果综合判断药物能否进入临床研究的重要依据之一，因此，有必要明确中药、天然药物医学理论及文献资料撰写的基本要求。撰写医学理论及文献资料的目的在于说明已有研究基础对研制药物拟主治病症（适应证）安全性、有效性的支持程度，应反映其研究基础、研究目的、研究思路和研究过程，应该突出中医药特色、强调中医药理论的指导作用和中医临床应用经验的支持作用。

按照课题申报的要求，合作项目或指导研究工作的不同要求，目前，研究方案的总体都包括以下几个部分：

（一）项目或研究内容的科学依据和意义，以及预期目标

应明确该品种的研发目的，其论述应该明确、具体。拟定主治病症（适应证）或适用人群应考虑新药研究的可操作性，并符合临床实际。应提供所拟定的适应病症的流行病学资料，目前的治疗现状，存在的问题，本品拟解决的问题、作用特点和立题的意义。主要是阐述项目研究的领域背景、必要性，项目的理论依据、创新性、可行性及可以达到的水平、预期产生的社会和经济效益。就中药新药开发而言，主要应论述国内外对该“证”或“症”的研究现状、研究水平和存在的问题，如尚没有理想的诊疗药物或现有的药物需要进一步改良，由此引申出本项目的必要性，提出项目的理论依据，所采用方法的合理性、先进行，存在的突破点等。还可以说明课题与专项、项目目标和任务的相关性，课题与示范工程及其他课题的关系，课题预期解决的重大问题。还应明确总体研究目标，考核指标（如技术和经济效益，示范基地、中试线、试验平台和基地、生产线及其模式等相关产业化指标等），联合单位任务分工情况。

立项依据重点强调如下：

1. 处方来源

应详细说明处方来源、应用、筛选或演变过程及筛选的依据等情况。来源于古方的应该详细说明其具体出处、演变情况，现在的认识及其依据。已有临床应用经验的应该根据实际应用情况提供有效性和安全性方面的信息，根据不同的申报类别和品种可应用动物或（和）人体的药效、毒理和临床的文献资料或正式的新药研究前的处方筛选中的试验研究资料来说明。

2. 对主治病证病因病机、治法与处方的论述

中药制剂应用中医药理论对主治病证的病因病机、治法进行论述，并对处方的基本配伍原则（如君、臣、佐、使等）及组成药物或成分加以分析，以说明组方的合理性。

天然药物制剂应结合已有的研究资料对拟定适应证提供依据并加以阐述。注意药物作用特点应与适应证的病情、分期、分型等方面相适应，说明拟定适应证的合理性，并反映其下一步临床研究的思路。

3. 文献综述

应围绕制剂的研究目的，从主治病症（适应证）、处方用药等方面进行古今文献综述，以进一步说明立题依据的科学性。应注意引用文献资料的真实性及针对性，并注明出处，

注意文献的可信度和资料的可靠性。

申报中药材、新的药用部位制成的制剂、中药材代用品、天然药物等应重点围绕立题依据提供其古今文献综述。

（二）研究内容和技术路线

这是方案设计的核心部分。中药新药的研究内容应包括基础研究、申报临床试验、申报生产等步骤。由于新药研发需要时间长，难度大，故应该将基础研究（制剂研究、药理研究、毒理研究）和申报临床（小样本临床预试方案设计）作为研究方案的重点内容，精心设计和安排。在基础研究方面要注意实验内容或方法的创新性和先进性，并详细阐明具体步骤，所选用的技术指标，所需要的实验试剂、器材，数据采集和处理方法等。课题技术路线及其先进性和可行性分析（含技术引进消化吸收方案），说明其主要技术创新点，知识产权和技术标准分析及对策（含国际竞争力分析），预期产品的市场分析或技术成果应用分析。

（三）基础条件和优势

1. 课题责任和联合单位、团队的基本情况

基本情况包括实力和基础，以往的业绩和成就，承担相关课题情况。

2. 课题责任及联合单位与国内外同类机构的优势比较分析

此项包括完成课题预期目标的技术、人才、机制、设施设备优势等。

3. 参加课题的主要人员列表

4. 课题负责人及主要骨干人员的情况

人员情况包括从事过的主要研究及所负责任和作用，主要研究和产业化成果、发明专利和获奖情况，在国内外主要刊物上发表论文情况，特别是与本课题相关的研究成果情况等。

（四）对申报品种的创新性、可行性分析

1. 国内外相关品种研究、生产、使用现状的分析

应提供国内外与本品主治病症（适应证）相同或相近品种的研究、生产、使用现状的分析资料，以及与本品的处方组成相近药物的国内外研究、生产、使用现状的分析资料，以说明其创新性。

2. 和已有国家标准的同类品种的比较

应提供和已有国家标准的同类品种的比较资料，以说明其特点和开发意义。

3. 可行性分析

应从本项研究理论依据的科学性、处方组成的合理性、进一步研究的可操作性及市场前景的预测等方面加以论述。

（五）课题组织方式及管理机制

1. 课题的组织管理

组织管理包括组织方式和机制、产学研结合、创新人才队伍的凝聚和培养等。

2. 课题与其他专项课题、其他科技计划的衔接方案

衔接方案应包括技术和产品研发链、产业化链、基础设施共享共用等方面。

（六）课题预算及筹资方案

1. 课题经费预算

经费预算包括总经费和申请专项经费的支出和来源概算。

2. 预算说明

应说明市场、技术、投融资、政策等方面的风险分析及其对策。

（七）工作进度：课题年度任务和考核指标

工作条件、人员、设备、经费等的安排是项目内容得以实施的具体保证。首先要保证具备相应的工作条件，本单位无法提供的条件和设备有何相应的处理办法；无论是单位内还是跨地区的合作，均应该做到分工明确，协调合作。经费预算和工作进度的安排是保证科学研究切实、公正、按计划进行的重要保证。

三、立题

立题，即是审定确立课题的过程。在经过资料调研、选题、预试、设计研究方案之后，还必须经过申请或申报，获得审批之后，才是立题。由于课题的来源不同，立题的程序也有一定差异，但立题的过程可以在更大程度上保证项目的必要性和可行性。

四、中药新药立题和设计中需要注意的问题

中药新药开发的根本目的是为了临床运用，但目前在中药新药的申报工作中存在以下一些共性问题，值得在科研立题和设计中予以注意。

1. 临床应用定位不明确。如肿瘤适应证药物，在临床试验实施前未能明确是辅助用药还是单纯抗肿瘤药。

2. 适应证过于宽泛，缺乏研究依据。如有些品种将适应证定为慢性肝炎，但是提供的非临床药效学研究资料仅就保肝降酶方面做了考察，不但现有的研究结果尚不足以支持，而且过于宽泛的适应证使得后续临床试验难以开展。

3. 适应证明确，但不符合现阶段医学界治疗学的共识。如中药复方制剂在没有自身突出特点的前提下定位于消化性溃疡一线治疗用药。

4. 与已上市品种或已有治疗方法比较无明显优势，具体研究比较未落实到药效及临床设计中。主要常见于一些改变剂型或改变给药途径的品种，以及一些进行二次开发的品种。

目前的课题大体有指令性课题、指导性课题和自选课题三个来源。所谓指令性课题是国家、地区或部门根据事业发展的规划要求，以行政命令方式下达的研究任务，如攻关课题等，多以招标和中标的形式进行；指导性课题也被称为基金资助课题，设立专门基金，按研究项目进行同行评议、择优支持，如自然基金等。自选课题则比较灵活，是研究者自己在医、教、研的实践中自行选择的研究课题。不同的课题来源有不同的要求，选题应把握不同课题来源的倾向设定选题。

第三节 经费的筹措

立项的目的，也是最重要的环节，是筹措到与项目匹配的研究经费。可以通过以下一些渠道获得研发经费：

一、国家各级科研经费

1. 科技部新药创制重大专项。
2. 国家自然科学基金。
3. 教育部科研专项。
4. 国家卫生和计划生育委员会新药研究专项。
5. 国家中医药管理局新药研究专项。

二、地方各级科研经费

1. 各省、自治区、直辖市及市级、区级（县级）科技部门的专项基金。
2. 各省、自治区、直辖市及市级、区级（县级）卫生部门的专项基金。
3. 各省、自治区、直辖市教育部门的专项基金。

三、私募基金

“私募基金”来自英文 private equity。金融市场中常说的“私募基金”往往是相对于受中国政府主管部门监管的，向不特定投资人公开发行受益凭证的证券投资基金而言，是一种非公开宣传的，私下向特定投资人募集资金进行的一种集合投资。其方式基本有两种，一是基于签订委托投资合同的契约型集合投资基金，二是基于共同出资入股成立股份公司的公司型集合投资基金。私募股权基金的运作方式是股权投资，即通过增资扩股或股份转让的方式获得非上市公司股份，并通过股份增值转让获利。

四、风险投资

风险投资（venture capital）简称 VC，或称为创业投资更为妥当。广义的风险投资泛指一切具有高风险、高潜在收益的投资；狭义的风险投资是指以高新技术为基础，生产与经营技术密集型产品的投资。根据美国全美风险投资协会的定义，风险投资是由职业金融家投入到新兴的、迅速发展的、具有巨大竞争潜力的企业中的一种权益资本。从投资行为的角度来讲，风险投资是把资本投向蕴藏着失败风险的高新技术及其产品的研究开发领域，旨在促使高新技术成果尽快商品化、产业化，以取得高资本收益的一种投资过程。从运作方式来看，风险投资是指专业化人才管理下的投资中介向特别具有潜能的高新技术企业投入风险资本的过程，也是协调风险投资家、技术专家、投资者的关系，利益共享，风险共担的一种投资方式。

五、自主投资或医药企业横向合作

利用个人或医药企业的资本积累，断续投资在自己看中的中药新药开发项目中。

六、合同研究单位（CRO）

新药的研究与开发是一种耗资大、周期长、风险高的事业。将一个中药开发成为药品上市需要 3～5 年时间，耗资近千万人民币。由于新药专利期的限制，如果能缩短这一开发周期，制药公司就可以更快收回其研究与开发的投资并在专利期满前获得丰厚的利润。鉴于此传统的药物研究与开发方式正越来越受到挑战，除了极少数大的制药企业合并垄断，建立全球性企业，另外一部分医药单位适应社会分工越来越细的趋势，走联合协作、合同研究、共同发展的道路。这就造就了许多新的专做合作研究的企业，称合同单位（Contract Research Organization），由这些单位所做的研究称为合同研究。来自制药界的信息表明，利用 CRO 和有组织的临床研究基地，配以先进的信息管理系统，可以使药品开发所需的时间减少 30%。合同研究组织在 80 年代早期出现，其目的是协助制药公司从事日益增多的药物开发工作，业务范围包括从立项调研评价、临床前的研究直至新药的报批事务。历来这些工作由制药公司进行，因而有一支庞大的职工队伍。但是有 3 种因素促使制药公司把他们的新药开发工作推向公司外部：①制药和生物技术公司把精力更集中地投入在业务的研究而不是业务的开发。②在新药研发数量不多的情况下，企业如果面面俱到，设置各种岗位，必然提高研发成本，许多厂商宁愿把开发部门的规模缩小，因此以外包形式与 CRO 合作已成为大多数企业的首选。③新药审批部门对新药申报的规定越来越多，CRO 会提供更专业化的服务，大大提高申报资料的质量。CRO 具有专业化、规范化、高可变性、多种服务和低成本等优点，并且善于将高新技术与专业知识结合起来，这使 CRO 的服务越来越受到制药企业，尤其是中型制药企业、医药流通企业的青睐。只要企业将一部分研究工作交给 CRO 完成，既可以保证工作的质量，也可以降低研究开发成本和企业自身的管理费用；既可弥补药物开发高峰期企业内部资源严重不足的缺点，又可避免药物开发低潮时企业在研发部门的资源浪费，同时也保持了企业自身的灵活性；更可以借用 CRO 丰富的经验和对新药注册程序的熟悉，保证新产品注册速度，争取药物早日占领市场。在市场招标等现行政策下，时间是制药企业利润实现最重要的保证。由于制药企业认识到与 CRO 合作所带来的明显利益，越来越多的大型制药企业选择多家 CRO 作为自己的长期合作伙伴，共同开发市场。

第四章 中药新药开发的处方研究

随着社会的发展，人类疾病谱发生了明显的变化，对新药物的需求谱也在不断扩大。同时，药物作为治疗疾病的手段，高疗效已经不是唯一目的，毒副作用小、质量稳定、价格适中等成为必须同时具备的要求。而且，随着人们健康意识的不断提高，保健品等也成为当今人类的生活需求，因此，新药物的不断问世，传统药物新工艺、新辅料、新技术的二次开发，优质保健品、食品及用品的开发均成为新药开发的重要内容。

中药新药的研究和开发是人类卫生保健事业的重要组成部分，是当代中医药发展的重要内容之一，它集传统中医理论、科学研究、医疗临床、生产经营于一体，因此，不可避免地受到理论、药物、临床、政策等方面的限制。

传统中医理论是中药新药开发的理论基础和核心，中药新制剂的开发必须以传统中医药理论为依据，脱离中医药理论的指导而生产的中药制剂不能被称为中药新药；药物是中药新药的主体组成部分，中药新药的研发过程必须根据药物性质而论，同时要注意中药资源的考量，这些均不以人的主观意志为转移；市场的需求是中药新药的原始动力，在临床需要的前提下，根据不同的需求选择合适的剂型、剂量和给药途径；国家的政策法规是中药新制剂规范、合理、稳定、安全、有效的保证，中药新药的研发必须遵循国家相关政策的规定。

中药新药的研发是在中医药理论指导下，突出中医药特色，利用现代科学技术方法，在继承的基础上不断创新。处方是中药新药开发的源头，系统、科学的处方研究是中药新药开发能否成功的关键。

第一节 中药新药研制的处方来源

一、处方选择的原则

近些年来，我国中药新药的研制开发工作如火如荼。许多制剂工艺先进、疗效确切、安全的中药新药纷纷面市，为广大患者提供了既保持中医传统用药特色，又较中医汤剂更为方便的新型药物。在短短的几年中，中药新药的研制开发工作取得巨大的成就，究其原因，关键的一点在于研制开发成功的新药处方均来源于临床有效方剂，可见新药研究的起始环节即为处方筛选。在传统中医理论中，处方并不是一群药物的罗列和整合，它具有严格的规定，是对主治病证进行审证求因，确定治法后，选择合适的药物，按照君臣佐使的规则，通过合理配伍，并酌定药量、剂型、用法等经过一系列过程而完成的药方，还应写明需要注意的事项，如果有特殊禁忌的问题，也必须一并注明。

可以看到，中医方剂具有严格的规定性，同时由于辨证论治的要求，中医临床很少选用完整的原方，多会进行一定的加减，所以处方同时还存在一定的灵活性。从中药新药的角度来讲，应该在遵循处方规定性和灵活性的基础上，结合新药适应范围比较广的特点，选择具备一定的规律性和普遍性的方剂。

1. 组方符合中医药理论，有浓厚的中医药特色

中药新药的研制必须在中医理论指导下进行，符合中医辨证论治精神。也就是说，辨证是关键，无论是针对中医病或西医病，中药新药的研制都离不开辨证。切忌简单对症选药，或根据单味药的药效药理作用遴选药物，堆砌成方。这类处方背离了中医药学的基本原理，即古人所批的“有药无方”，当然不会有理想的疗效，自然也难以开发成新药。

2. 处方应同时具有安全性和有效性

在筛选处方之时，要明确处方中的药味是否含有毒性成分，或者药味的配伍运用是否违反了中医药的基本理论，如“相恶”和“相反”等，确定在规定用法和用量范围内是安全的，这在中药新药研制开发过程中非常重要，也贯穿在药物研发过程的始终。对于有效性的强调，不能简单理解为对某一种病证有一定疗效就可以了。新药的开发应该是在前人的基础上有所突破，而且比现有的药物疗效好或者有特色，这种特色可以体现在疗效、制剂等多方面，显著的疗效是在中药新药开发过程中的不锲追求。

3. 处方精炼，避免雷同

在保证安全有效的前提下，用于新药开发的方剂应尽量做到处方精炼，药物作用及药味间的关系清晰明确，避免药味的庞杂繁复。药少力专、功能主治明确，可为制剂工艺的确定、药品质量的控制和来源的保证提供极大方便，同时也有利于深层次的药效机制的探讨。并且可以避免药材的浪费，保护生态。

此外，中药治疗有自己的优势病种，这既是中药自身的特点和优势所在，也易使新药开发时的选题过于集中。这样最直接的结果就是针对某些病证、功效相同或相近，甚至处方相类的中药反复被研制，难免会造成低水平的重复，妨碍了中药新药研制工作的合理、全面发展，也没有达到国家在批准新药时提出的“必须优于同类药品的疗效，对疑难病症的治疗填补空白或具现代化剂型等”要求，并对资源造成了不必要的浪费。

二、选择处方的途径与方法

传统的处方多来源于经典著作，或名老中医的效验方，随着科技的发展，中医药科学研究的进展，许多现代科研成果也可以作为处方筛选的依据之一。处方选择具体有以下几种：

1. 传统古方、经方

传统古方、经方一般指被古典医籍收载，并被后世广为沿用而有效的处方。这种处方是经典名方，组方的理论性强，并以长期大量的临床实践为基础，历经千百年而不衰，且绝大部分药物均为现代药典和药物学专著所收载，故在中药剂型改造的研制开发过程中占有重要地位，普遍受到研究者们的注意。如“藿香正气软胶囊”“人参健脾丸”“银翘解毒片”等。

2. 名老中医经验方

名老中医验方一般指由医药世家人员掌握，有明显的家族自传性的处方，这类处方通常不外传，又称祖传秘方。此类处方有以下特点：①集几代人的临床实践经验，对某一种或几种病证有良好疗效；②符合中医理论或可用中医理论加以诠释；③有独到的用药经验和特殊的制剂方法，处方相对固定。但此类处方的应用指导经验性成分较大，对病证的诊断和疗效判定缺乏统一规范的标准，应用范围的局限性很大，推广时有一定难度，但开发风险小，成功的几率高。如“王氏保赤丸”“正骨水”等。

3. 实用方或经验方

实用方、经验方一般指由医生或医疗单位在临床实践过程中，辨病与辨证相结合，遵循中医的基本理论，针对临床实际所形成的一些自主组方或协定处方。如许多医疗单位的专科或专科医生都掌握着一些有效且有特色的处方。此类处方以组方针对性强、主治病证较专一、疗效好、有反复临床研究和观察数据为基础等特点，且其选药多在常规范围内，故作为新药研究的对象通常难度不大，较适宜开发成新药。如“脑心舒”“复方丹参注射液”“救心丹”等。

4. 民间单方、验方、少数民族药

民间流传的单方、验方中，凡来源可靠，组方合理，有临床基础，药效确切，能用中医药理论阐明组方合理性的，均可作为选方依据。如果毒副作用比较大，应除去其有害成分，或以制剂手段减少毒副作用，以确保用药安全。

5. 现代科研成果

这类处方是临床研究和实验室研究成果紧密结合的成果。一般由药物研制者根据临床经验或者单味药物的有效成分及其药理作用，并结合传统的药物学理论对药物进行筛选，再结合临床有关的病理生理内容组合而成的处方，经过“复方－单药－复方”，“临床－实验－再临床”的反复求证，最终揭示配方的作用机理，阐明了其组方原理和物质基础。如“心宝”“双宝素口服液”“玉楂冲剂”“扶正化瘀胶囊”等。此类处方有实验研究资料翔实、有单味药或有效成分的药理作用为基础、组方药物较少、主治病专一、应用时可不必辨证等特点。由于本类处方较多来源于研制者，故其基础详于实验而略于临床，因此，在开发性研究前，有必要对其临床实际疗效进行观察和验证。这类处方在目前已开发成功的新药中占有一定比例，但其中有一部分的组方原则和应用指导已经超出了中医理论体系的基本原则，这亦是有待深入研究的课题。

6. 老药更新或者二次开发

这类处方的来源和疗效比较肯定可靠，有一定的临床基础，加强药学研究、改变剂型可以使其更符合临床需要；或通过长期临床实践使用，发现新的有价值的适应证，扩大其适应范围。可选用古代医书中的有效原处方，药味剂量不变或对其略为加减，再运用现代

药理、化学方法进行拆方研究，结合当今用药经验，确定其主治功能，通过剂型改革研制出具有完善质量标准、疗效更佳的中药新剂型。如由宋代古方苏合香丸制成治疗冠心病的苏冰滴丸，安宫牛黄丸改革成清开灵注射液等。这种方式风险小，研发周期较短，前景明确。

第二节　处方筛选研究

筛选处方应规范表述处方组成，各药味剂量、功能、主治（适应证），拟定的用法用量。中药制剂应根据本品的组方特点和中医药组方理论，确定其合理的功能、主治，用中医术语表述。拟定的主治病证（适应证）一般应注意对中西医疾病、病情、分期、分型、中医证候等方面的合理限定。

处方确定之后，还有以下几个方面的问题需要进行研究。

一、药味筛选

1. 药味数量

规律性、广适性是成药的一般要求，所以一些疗效确切但药味复杂的处方，可以以成药的功能主治为依据，在中医药理论的指导下，将方中作用雷同的、次要的或导致成药功效多维的药物去掉，保留其最精华的部分。这不仅可以保证药物功效的明确，而且可以使研制新药更为可行。如用于引产的天花粉注射剂是由民间验方筛选而来，原方共有八味药，后发现真正具有强引产作用的只有方中的天花粉与猪牙皂两味，于是将此二味制成天皂合剂，发现有效但作用缓慢，后经剂型改革改为注射剂，之后又因猪牙皂有效成分有强溶血作用而将其去掉，然后用特殊工艺提取出天花粉蛋白配成注射剂。进一步而言，过多的药味常常给制剂研究带来困难。一是药味多，其不同成分会发生化学反应，从而降低有效成分含量，如众所周知的黄连与黄芩共煎，其小檗碱与黄芩苷发生反应而产生沉淀，在煎煮过程中有效成分损失很多；二是药味多成分就更多，在研究制剂质量标准时难度很大；三是药味多则提供原料难度大，中成药生产由于原料和辅料使用品种多、数量大，常常致使无法投产，有些很有销路的品种一年中也仅能生产一两批。

处方药味的筛选一定要以中医药理论为指导，以新药的功能主治为中心来进行，也并非药味越少越好，提取单体可能毒副作用会更加明显。

2. 药味配伍

中药处方来自中医临床，具有很强的针对性，但新药的研制应针对一些共性的病机，才能适用于更多的人群，故在筛选方剂之后，要注意处方药味配伍严谨性和灵活性的结合。如《丹溪心法》中的越鞠丸，方由香附、川芎、苍术、神曲、栀子组成，具有行气解郁之功，主治气郁所致之六郁证，症见胸膈痞闷、脘腹胀满或疼痛、嗳腐吞酸、恶心呕吐、饮食不消。如果需要针对气郁偏重的患者，可重用香附；肝郁偏重见胁肋胀痛者，加青皮、川楝子以疏肝行气；脾胃气滞见脘腹胀满的患者，加木香、枳壳、厚朴等以宽中行气；血郁而瘀，见胁肋刺痛、舌质瘀暗的患者，重用川芎，并酌加红花、赤芍等以助活血祛瘀；湿郁偏重，见舌苔白腻的患者，重用苍术，酌加茯苓、泽泻等以助健脾祛湿；食郁偏重，见恶心厌食、脘痞嗳腐的患者，重用神曲，酌加山楂、麦芽等以助消食化滞；火郁偏重，见心烦口渴、舌红苔黄的患者，重用山栀，酌加黄芩、黄连等以助清热泻火；痰郁偏重，见咳嗽吐痰、苔腻脉滑的患者，酌加半夏、陈皮、瓜蒌等以燥湿化痰。

3. 药味质量

质量稳定的原料是生产出质量稳定的产品的先决条件，没有质量稳定的中药材，难以生产出质量稳定的中成药。净药材投料是中药制剂的传统方法，最具中药复方特色，用有效部位投料，能保证质检结果的一致性。但由于中药材栽培和质量控制的特殊性，中药材生产规范和质量还没有得到有效的控制，其质量呈下降的趋势。因此我们不仅要精选药味，还要精选每味药材的质量。中药活性成分大部分为生物体内次生代谢产物，如生物碱、黄酮、苷类、香豆素类等，含量甚微，少数为初生代谢产物。由于受产地、气候、生态环境、栽培或养殖技术等因素影响，相同种类的生物体内的代谢产物往往有一定的区别，有些有明显的区别。另外，大部分中药材因需要经炮制、加工后再入药，而不同的炮制、加工方法对中药材的成分也有明显的影响，由此造成中药材的质量不稳定。目前常用中药材大部分为野生品，野生中药材的质量受产地和环境因素影响更大。如黄芪，不同产地的药材所含的有效成分黄芪甲苷和总皂苷的含量差异都很大。目前，中药材仍以农户的各家各户栽培为主，所产的药材质量有明显的差异。

二、剂量筛选

剂量指药物用于机体后发生特定生物效应而产生治疗作用的成人一日平均量。中药复方的剂量包括组成处方各药的用量和整个处方的成人一日用总量。剂量对于中药处方的疗效在一定程度上具有决定作用，这正是所谓的“中医不传之秘在于量”。如“左金丸”由六份黄连、一份吴茱萸组成，具清泻肝火、降逆止呕之功，用于肝火犯胃，症见胁肋胀痛、嘈杂吞酸、呕吐口苦、脘痞嗳气、舌红苔黄、脉弦数等，效果良好。如果用一份黄连、六份吴茱萸组成，则成为“反左金丸”，又称萸连丸，是温胃散寒、疏肝止痛之品。可以看到，一般中成药书籍或临床中成药的说明书上都列出处方的全部或大部分药味，但都不标出每味药的剂量，《中国药典》一部收藏的保密品种，如养血生发胶囊、麝香保心丸等也只公布了药味而未公布剂量。以上既说明了剂量的重要性，也说明了中药组方时，剂量选择具有相当的特殊性。

而且从服量中有效成分的含量和保证疗效的治疗量角度看，中药复方制剂剂量受许多因素的影响，难以控制，且不稳定，故研究时必须要做剂量的筛选。

新药研究的剂量筛选工作目的主要有两个方面：①找出能适应不同地区、不同人群使用的安全、有效剂量。中药复方一般作用较缓和，毒副作用较小，可以不明确筛出其最小治疗量、常用量、极量、中毒量等。但应着眼于全国各地，甚至世界各地不同地区、气候、人群能使用的剂量，且用后皆安全、有效。②找出成年人、婴幼儿及儿童、妇女的用量折算比例。筛选剂量是为了安全有效，故最终目标是以临床为准，其研究方法可从以下几个方面入手。

从文献材料中了解古今医家用药的经验，以日服用量作为一个基本的参考数据，在具体研究中折算为各种给药对象的用量。

化学方法：采取测定药物中主要有效成分含量的方法，定出一个能保证疗效的含量标准。一般一类、五类新药可用此法。

药理方法：通过毒理试验研究半数致死量（LD_{50}），在 LD_{50}数据的基础上确定半数有效量（ED_{50}），找到能呈现明显药效作用的剂量以供参考。

三、功能主治的确定

中药、天然药物制剂应当提供处方来源和选题依据，有关传统中医理论、古籍文献资料、国内外研究现状或生产、使用情况的综述，以及对该品种创新性、可行性等的分析，包括和已有国家标准的同类品种的比较。功能主治的确定与方义分析部分的资料主要说明研制新药处方的组成及功能主治，并阐述适应病症的病因、病机、治法及方解。主题分为“处方组成”“功能主治”“方解”三部分。

1. “处方组成”部分

除了国家保密处方，其他中药新药必须列出处方中的全部药味，并按照君、臣、佐、使的顺序依次排列。处方各药味的名称，要使用《中国药典》的正名，《中国药典》未收载的品种，采用地方药材标准或专著中习用的正名。需要特殊炮制的药物，应当加以注明。各药的用量应当是各种干燥饮片（或炮制品）的成人一日服用量；儿科专用药品则应分年龄段逐一说明；外用药有特殊用量要求者，亦应说明。

2. “功能主治”部分

首先明确主要功能和重要的次要功能，一般不要超过三个，而且应简明扼要，一些兼有的次要功能不必一一列出，避免过于繁杂，主次难分，这样也可以降低药效学研究时的难度和工作量。

主治与功能是不同的概念，在确定新药的主治时，应先列出其适应的证候名称，然后适当列出其主要症状。不宜过于简略，也不宜过于繁杂。

3. “方解”部分

方解主要由两个方面的内容构成：一是应用中医理论，对方剂主治病证的病因、病机、进行较为深入而全面的分析阐述，并进而针对其病因、病机，兼顾其证候缓急等特点，提出相应的治法。该部分应贯穿“法随证出”的原则，使辨证分型与确立治法融为一体。二是严格按照君臣佐使原则，分清方中药物的主次，并依次分析各药在方中的作用。最后加以小结，概括方中药物怎样体现其治法要求，并说明全方的组方特点。使方解既有具体的分析介绍，更有理、法与方、药的联系，反映出中医药治疗相应病证的特色。在这一部分中，要始终体现“方随法立”和“依方选药”的原则。

《方剂学》教材为处方的分析提供了典型的范例，但其所阐述的内容一般都比较精炼，难免过于简略。在写方解时，必须结合证的病因、病机，根据处方的主要功能对不同中药功能进行取舍，既不能忽略其有针对性的作用，又不能将与主治无关的作用混入其中。分析药物时，引用文献资料必须准确、精炼，切忌引文过多，导致杂乱，尤其不可引用与所研方关系不大甚至毫无关系的内容。在中药新药的研发过程中，为了方便质量标准的制定，不能人为地违背中医药理论，将方中容易进行含量测定的药物定为君药，造成方解时顾此失彼。

四、剂型的筛选

剂型是中医处方的核心要素之一。传统的中医处方若组成药物与剂量相同，但配制的剂型不同，其功效和适应证也有很大的区别。这种差异就口服剂型而言，主要表现为药力强弱峻缓之别，所治证候轻重缓急之异。例如，传统上认为，“汤者，荡也；丸者，缓也”，意即汤剂作用快而力峻，丸剂作用慢而力缓，临床常据此择宜而用。如理中丸和人参汤，两方组成与用量完全相同，但前方研末炼蜜为丸，治疗脾胃虚寒，脘腹疼痛，纳差便溏，虚寒较轻，病势较缓，取丸以缓治；后方水煎作汤内服，主治中上二焦虚寒之胸痹，症见心胸痞闷，自觉气从胁下上逆，虚寒较重，病势较急，取汤以速治。但是，由于汤剂与丸剂的制剂工艺不同，有效成分及其生物利用度也存在着差异，因而二者在功效方面还存在着质的差异，因而汤丸剂型的改变也有可能改变方剂的功效与主治，提示我们在理解不同剂型的作用差异时必须予以综合考虑。

近年来，随着传统剂型的改革和制剂工艺的发展，除了丸、散、膏、丹、汤剂外，又出现了注射剂、气雾剂、片剂等许多新的制剂。由于制备工艺和给药途径不同，尤其是静脉给药，不同剂型功效的差异更为显著。例如，清热解毒中药静脉给药，其效应较肌肉给药增强 8 倍，较口服则增强 20 倍以上。再如黄连解毒汤中黄连与黄柏的有效成分盐酸小檗碱可与黄芩中的黄芩苷产生沉淀反应，若制成注射剂去除沉淀后则影响药效；而传统的黄连解毒汤剂中黄连、黄柏与黄芩、栀子等共同煎煮后，其药液中的沉淀混悬物经胃肠道吸收还原后仍可发挥作用，因此药效不受影响。

由此可以看出，不同的剂型对处方功效的影响很大，所以在选择传统古方、验方时，原方的剂型是在新药研发过程中必须要考虑到的一点。

除了从方剂角度考虑，在研制新药的时候，不同的剂型可以直接影响中药制剂质量的稳定性、有效成分的溶出和吸收等，而且不同的给药途径对药物的显效快慢、强弱乃至药物的功效都会有不同的影响。剂型筛选有以下方法：

1. 根据药物及其有效成分的性质

中药制剂多由复方组成，而其中的每味中药都含有许多成分，所以复方制剂成分的复杂程度可想而知，而且不同的成分，如生物碱、黄酮、挥发油、甾体、氨基酸、蛋白质、鞣质等，性质又各有不同，尤其是溶解性、化学稳定性、在体内转运过程及其吸收、代谢、分布、排泄情况等皆不相同。比如某方剂由川芎、当归、黄芪、何首乌、炮姜组成，如果做成汤剂，非常容易发酵变质，如果做成口服液，虽不受微生物的影响，但黄芪和何首乌所含的某些成分在放置过程中容易发生反应，产生黏壁的沉淀物，使有效成分含量明显降低，如果做成散剂，容易吸潮，且川芎和当归等所含的挥发油成分易散失，所以最佳的选择是做成冲剂或者包衣颗粒剂。所以，研发新药应该在尊重传统方剂剂型的基础上结合药物及其有效成分的性质进行不同的选择。

2. 根据临床的需求

剂型不同，其载药量、释放药物成分的条件、数量、方式皆不一样，在体内运转过程也不同。故新药的研制应根据临床需要，制成恰当的剂型。如是皮肤用药，可以多制成软膏、洗剂等；急症用药，多制成注射剂、气雾剂等，如安宫牛黄丸传统为丸剂，主要用于邪热内陷心包，窍闭神昏等症，而这类患者服用丸剂非常困难，当今在科研条件允许的情况下，即研制成清开灵注射液、滴鼻剂等，可以直接注射或者局部给药，吸收快，显效就更好。

3. 结合处方规定的日服剂量

第一、二类药物是提取的有效成分和有效部位及有效部位群，体积小，便于成型。而三、四类药物属于粗制剂，虽经提取，但溶剂一般多用水或者醇，溶解范围广，提出的总固体物多。且目前中药复方水煎液除杂工艺效果欠佳，收膏率较高。一般水煎煮或者乙醇回流提取收膏率可以达到20%～25%，经过高速离心或者醇沉也在15%以上，所以，要做成胶囊或者片剂，处方量一般不能超过30g，而多数处方日服用剂量都在60g左右，更适于制成颗粒剂、丸剂、口服液等。

第三节　中药新药的命名原则与方法

中药新药的处方和剂型确定后，就可以命名了，命名也有大学问，好的名字往往朗朗上口，患者容易记忆，也具有潜在的市场价值。同时，中药新药的命名也必须在下述原则下确定。

一、第二、三、四类中药新药（新中药材或代用品或新药用部位）命名原则与方法

其名称应包括中文名（附汉语拼音）和拉丁名。

1. 中药材的中文名

（1）一般应以全国多数地区习用的名称命名。如各地习用名称不一致或难以定出比较合适的名称时，可选用植物名命名。

（2）增加药用部位的中药材中文名应明确药用部位。如：白茅根。

（3）中药材的人工制成品，其中文名称应与天然品的中文名称有所区别。如：人工麝香、培植牛黄。

2. 中药材的拉丁名

（1）除少数中药材可不标明药用部位外，需要标明药用部位的，其拉丁名先写药名，用第一格，后写药用部位，用第二格，如有形容词，则列于最后。

（2）一种中药材包括两个不同药用部位时，把主要的或多数地区习用的药用部位列在前面，用“ET”相连接。

（3）一种中药材的来源为不同科、属的两种植（动）物或同一植（动）物的不同药用部位，须列为并列的两个拉丁名。如：大蓟 HERBA CIRSII JAPONICI 和 RADIX CIRSII JAPONICI。

（4）中药材的拉丁名一般采用属名或属种名命名。

（5）以属名命名：在同属中只有一个品种作药用，或这个属有几个品种来源，但作为一个中药材使用的，以属名命名。有些中药材的植（动）物来源虽然同属中有几个植物品种作不同的中药材使用，但习惯已采用属名作拉丁名的，一般不改动，应将来源为同属其他植物品种的中药材加上种名，使之区分。

（6）以属种名命名：同属中有几个品种来源，分别作为不同中药材使用的，按此法命名如：当归 RADIX ANGELICAE SINENSIS。

（7）以种名命名：为习惯用法，应少用。如：石榴子 SEMEN GRANATI，柿蒂 CALYX KAKI，红豆蔻 FRUCTUS GALANGAE。

（8）以有代表性的属种名命名：同属几个品种来源同作为一个中药材使用，但又不能用属名作为中药材的拉丁名时，则以有代表性的一个属种名命名。如：辣蓼有水辣蓼 *Polygonum hydropiperl* 与旱辣蓼 *P. fiaccidum* Meisn 两种，而蓼属的药材还有何首乌、水炭母等，不能以属名做辣蓼的药材拉丁名，故用使用面较广的水辣蓼的学名，定为 HEBRA POLYGONI HYDROPIPERIS。

（9）国际上已有通常用的名称做拉丁名的中药材，品种来源与国外相同的，可直接采用。如：全蝎 SCORPIO 不用 BUTHUS，芥子 SEMEN SINAPIS 不用 SEMEN BRASSICAE。但阿魏在国际上用 Asafoetida，而我国产的品种来源不同，所以改用 RESINA FERULAE。

二、第一类与第五类中药新药（有效成分或有效部位）命名方法与原则

1. 已提纯至大类成分（有效部位）的应以该药材有效部位的中文名+剂型名，如参一胶囊。

2. 已提纯至某一类成分（有效成分）的应以该药材名加有效部位的中文名+剂型名，如青蒿素片。

3. 有效部位（有效成分）名+功能+剂型名，如钩藤碱降压缓释胶囊。

4. 功能+剂型名，如地奥心血康胶囊。

三、第六类中药新药（中成药）命名

1. 命名原则

（1）剂型应放在名称之后。

（2）不应采用人名、地名、企业名称。如：同仁乌鸡白凤丸、云南红药等。

（3）不应采用固有特定含义名词的谐音。如：名人名字的谐音等。

（4）不应采用夸大、自诩、不切实际的用语，如“宝”“灵”“精”“强力”“速效”等，如飞龙夺命丸、男宝胶囊、心舒宝片、软脉灵口服液、治糜灵栓、感特灵胶囊、雏凤精、强力感冒片、速效牛黄丸、中华跌打丸、中华肝灵胶囊、东方活血膏。名称中不应没

有明确剂型，如紫雪、一捻金、龟龄集、健延龄。名称不应含有“御制”“秘制”“精制”等溢美之词，如御制平安丸、秘制舒肝丸、精制银翘解毒片。不应采用受保护动物命名。

（5）不应采用具有封建迷信色彩及不健康内容的用语。如：媚灵丸、雪山金罗汉止痛涂膜剂。

（6）一般不采用“复方”二字命名。如：复方丹参片等。

（7）一般字数不超过8个字。

2. 单味制剂命名

一般采用中药材、中药饮片或中药提取物加剂型命名。

3. 复方制剂命名

根据处方组成的不同情况可酌情采用下列方法命名。

（1）由中药材、中药饮片及中药提取物制成的复方制剂的命名

①可采用处方中的药味数、中药材名称、药性、功能等并加剂型命名。鼓励在遵照命名原则条件下采用具有中医文化内涵的名称。如：六味地黄（滋阴）丸。

②源自古方的品种，如不违反命名原则，可采用古方名称。如：四逆汤（口服液）。

③某一类成分或单一成分的复方制剂应采用成分加剂型命名。如：丹参口服液、蛹虫草菌粉胶囊、云芝糖肽胶囊、西红花多苷片等。单味制剂（含提取物）必要时可用药材拉丁名或其缩写命名，如康莱特注射液。

④采用处方主要药材名称的缩写并结合剂型命名。如香连丸由木香、黄连二味药材组成，桂附地黄丸由肉桂、附子、熟地黄、山药、山茱萸、茯苓、丹皮、泽泻等八味药组成，葛根芩连片由葛根、黄芩、黄连、甘草等四味药材组成。

⑤注意药材名称的缩写应选主要药材，其缩写不能组合成违反其他命名要求的含义。

⑥采用主要功能加剂型命名。如：补中益气合剂、除痰止嗽丸、大补阴丸。

⑦采用主要药材名和功能结合并加剂型命名。如牛黄清心丸、龙胆泻肝丸、琥珀安神丸等。

⑧采用药味数与主要药材名称或药味数与功能并结合剂型命名。如：六味地黄丸、十全大补丸等。

⑨由两味药材组方者，可采用方内药物剂量比例加剂型命名。如：六一散，由滑石粉、甘草组成，药材剂量比例为6∶1；九一散，由石膏（煅）、红粉组成，药材剂量比例为9∶1。

⑩采用象形比喻结合剂型命名。如：玉屏风散，本方治表虚自汗，形容固表作用像一扇屏风。

⑪采用主要药材和药引结合并加剂型命名。如川芎茶调散，以茶水调服。

⑫必要时可加该药适用的临床分科名，如小儿消食片、妇科千金片、伤科七味片。

⑬必要时可在命名中加该药的用法，如小儿敷脐止泻散、含化上清片、外用紫金锭。

（2）中药与其他药物组成的复方制剂的命名：应符合中药复方制剂命名基本原则，兼顾其他药物名称。

第五章 中药新药研究中的常用数学方法及应用

新药研制主要使用的是实验方法，但数学方法也渗透其中。总的来讲，常用的数学方法有两大类：统计分析方法和数学模型方法。治疗方法的效果、新药的疗效等，都要通过临床试验，产生大量的数据，然后通过统计分析，得出相应的结果加以评判。大量的医学研究从头至尾都用到统计方法，包括实验设计（正交设计、均匀设计等）、数据采集与整理、数据分析（参数估计、假设检验、回归分析、统计描述等）等的方法。统计分析方法是新药研制中用得最多、最深入也很有效的数学方法。但另一方面，在对某些药学问题进行机理分析时，数学模型的方法用得较多，而且十分有效。

第一节 中药新药研究中的常用数学方法简介

中药新药研制中常用到诸多数学方法，本节主要介绍常用的几种，例如 t 检验、方差分析、卡方检验（χ^2 检验）、非参数检验等。

一、t 检验

t 检验是用于比较小样本（样本容量小于 40）的两个平均值的差异程度的检验方法。它是用 t 分布理论来推断差异发生的概率，从而判定两个平均数的差异是否显著。

（一）单样本 t 检验

单样本 t 检验又称单样本均数 t 检验，其目的是为了比较样本均数所代表的未知总体均数 μ 和已知总体均数 μ_0。统计量 t 计算公式：

$$t=\frac{|\overline{X}-\mu_0|}{S_{\overline{X}}}=\frac{\overline{X}-\mu_0}{s/\sqrt{n}}$$

自由度：$v=n-1$

适用条件：①已知一个总体均数；②可得到一个样本均数及该样本标准误；③样本来自正态或近似正态总体。

（二）配对样本均数 t 检验

配对样品均数 t 检验又称非独立两样本均数 t 检验，适用于配对设计计量资料均数的比较，其比较目的是检验两相关样本均数所代表的未知总体是否有差别。

配对设计是将受试对象的某些重要特征按相近的原则配成对子，目的是消除混杂因素的影响，一对观察对象之间除了处理因素/研究因素之外，其他因素基本齐同，每对中的两个个体随机给予两种处理。配对设计处理分配方式主要有三种情况：①两种同质对象分别接受两种不同的处理，如性别、年龄、体重、病情程度相同配成对。②同一受试对象或同一样本的两个部分，分别接受两种不同的处理。③自身对比。即同一受试对象处理前后的结果进行比较。

配对设计的资料具有对子内数据一一对应的特征，研究者应关心对子的效应差值而不是各自的效应值。统计量 t 计算公式及意义：

$$t=\frac{\bar{d}}{S_d/\sqrt{n}}$$

自由度：$v=n-1$。

除此之外，还有两独立样本均数 t 检验、方差不齐时两样本均数的 t' 检验、u 检验等。

（三）t 检验中的注意事项

1. 假设检验结论正确的前提

假设检验用的样本资料，要求有严密的实验设计和抽样设计，必须能代表相应的总体，同时各对比组具有良好的组间均衡性，才能得出有意义的统计结论和有价值的专业结论。

2. 检验方法的选用及其适用条件

应根据分析目的、研究设计、资料类型、样本量大小等选用适当的检验方法。t 检验是以正态分布为基础的，资料的正态性可用正态性检验方法检验，或直观地通过频数表以相应的直方图予以判断。若资料为非正态分布，可采用数据变换的方法，尝试将资料变换成正态分布资料后进行分析；若数据变换后仍为非正态分布，则可选用非参数检验。

3. 假设检验的结论不能绝对化

假设检验统计结论的正确性是以概率论做保证的，统计结论不能绝对化。在报告结论时，最好列出概率 P 的确切数值或给出 P 值的范围，以便读者与同类研究进行比较。当 P 接近临界值时，下结论应慎重。

4. 正确理解 P 值的统计意义

P 是指在无差别假设 H_0 的总体中进行随机抽样，所观察到的等于或大于现有统计量值的概率。其推断的基础是小概率事件的原理，即概率很小的事件在一次抽样研究中几乎是不可能发生的，如发生则拒绝 H_0。因此，$P\leqslant 0.05$ 只能说明统计学意义的“显著”，并不表示其差异具有实际意义。从 t 检验的计算公式可以看出，假设检验的结论与样本大小有关，当样本量足够大时，标准误差趋于零，无论两样本均数相差多少，都能得到足以拒绝 H_0 的 t 值和 P 值。

5. 假设检验与可信区间的区别

假设检验用以推断总体均数间是否相同，而可信区间则用以估计总体均数所在的范围。

二、方差分析

对一个或两个样本进行平均数的假设检验，可以采用 u 检验或 t 检验来检验它们之间的差异显著性。而当试验的样本数 $k \geqslant 3$ 时，上述方法已不宜应用。其原因是当 $k \geqslant 3$ 时，就要进行 $k(k-1)/2$ 次检验比较，不仅工作量大，而且精确度降低。因此，对多个样本平均数的假设检验，需要采用一种更加适宜的统计方法，即方差分析法。方差分析法是科学研究工作中一个十分重要的工具。

方差分析（analysis of variance，ANOVA）就是将试验数据的总变异分解为来源于不同因素的相应变异，并做出数量估计，从而发现各个因素在总变异中所占的重要程度。即将试验的总变异方差分解成各变因方差，并以其中误差方差作为和其他变因方差比较的标准，以推断其他变因所引起变异量是否真实的一种统计分析方法。方差分析适用于定类变量、定序变量与定距变量的关系的两类因素（可控制因素与不可控制因素），旨在分析控制变量的不同水平是否对观察变量产生了显著的影响。

单因素方差分析是研究观察变量在一个控制变量中的若干不同水平下，其各个总体在分布上是否有显著性的差异。其使用的前提条件为：①方差相等；②正态分布（此条件不是很严格）。统计分析公式如下。

总平方和：

$$TSS = \sum_{i=1}^{m} \sum_{j=1}^{n_i} (y_{ij} - \bar{y})^2$$

组内平方和：

$$RSS = \sum_{i=1}^{m} \sum_{j=1}^{n_i} (y_{ij} - \bar{y}_i)^2$$

组间平方和：

$$BSS = \sum_{i=1}^{m} \sum_{j=1}^{n_i} (\bar{y}_i - \bar{y})^2$$

$$TSS = RSS + BSS$$

统计量分布 H_0：$\mu_1 = \mu_2 = \cdots = \mu_m$

$$F = \frac{BSS/(m-1)}{RSS/(n-m)} \sim F_{(m-1,n-m)}$$

三、χ^2 检验

χ^2 检验（chi-square test）是一种用途较广的假设检验方法，主要检验两个（或多个）样本率或构成比之间的差别是否有统计学意义，从而推断两个（或多个）总体率或构成比之间是否有统计学意义。若 $P<0.05$，拒绝无效假设 H_0，得出总体上差异有统计学意义的结论。多组间的两两比较，必须重新规定检验水准。现在主要用于：①两个率或两个构成比的比较；②多个率或多个构成比的比较；③两个分类变量的相关关系；④频数分布的拟合优度检验。

(一) 基本公式

$$\chi^2=\sum\frac{(A-T)^2}{T}$$

A 为实际频数（actual frequency），T 为理论频数（theoretical frequency）。四格表 χ^2 检验的专用公式正是由此公式推导出来的，用专用公式与用基本公式计算出的卡方值是一致的。

(二) 率的抽样误差与可信区间

1. 率的抽样误差与标准误

样本率与总体率之间存在抽样误差，其度量方法为：

$$\sigma_p=\sqrt{\frac{\pi(1-\pi)}{n}}$$

上式中，π 为总体率。或用样本率 p 来代替总体率：

$$S_p=\sqrt{\frac{p(1-p)}{n}}$$

2. 总体率的可信区间

当 n 足够大，且 p 和 $1-p$ 均不太小，p 的抽样分布接近正态分布。

总体率的可信区间：$(p-u_{a/2}\times S_p,\ p+u_{a/2}\times S_p)$。

(三) χ^2 检验的基本计算

χ^2 检验用于以下三种形式：四格表、$R\times C$ 表、频数分布表。各形式具体计算方法见表 5-1。

表 5-1 χ^2 检验的用途、假设的设立及基本计算公式

资料形式	用途	H_0、H_1 的设立与计算公式	自由度
四格表	①独立资料两样本率的比较 ②配对资料两样本率的比较	H_0：两总体率相等 H_1：两总体率不等 ①专用公式： $\chi^2=\frac{(ad-bc)^2n}{(a+b)(c+d)(a+c)(b+d)}$ ②当 $n\geqslant 40$ 但 $1\leqslant T<5$ 时，校正公式： $\chi^2=\frac{(\lvert ad-bc\rvert-n/2)^2n}{(a+b)(c+d)(a+c)(b+d)}$ ③配对设计：$\chi^2=\frac{(\lvert b-c\rvert-1)^2}{b+c}$	1
$R\times C$ 表	①多个样本率、构成比的比较 ②两个变量之间关联性分析	H_0：多个总体率（构成比）相等 H_1：多个总体率（构成比）不全相等 $\chi^2=n\left(\sum\frac{A^2}{n_Rn_C}-1\right)$	$(R-1)(C-1)$

续表

资料形式	用途	H_0、H_1 的设立与计算公式	自由度
频数分布表	频数分布的拟合优度检验	H_0：资料服从某已知的理论分布 H_1：资料不服从某已知的理论分布 $\chi^2=\sum\frac{(A-T)^2}{T}$	据频数表的组数而定

（四）四格表的确切概率法

当四格表有理论数小于 1 或 $n<40$ 时，宜用四格表的确切概率法。

（五）χ^2 检验的应用条件及注意事项

分析四格表资料时，应注意连续性校正的问题，当 $1<T<5$，$n>40$ 时，用连续性校正 χ^2 检验；$T\leqslant 1$，或 $n\leqslant 40$ 时，用 Fisher 精确概率法。

对于 $R\times C$ 表资料应注意以下两点：①理论频数不宜太小，一般要求理论频数 <5 的格子数不应超过全部格子的 1/5；②注意考察是否存在有序变量。对于单向有序 $R\times C$ 表资料，当指标分组变量有序时，宜用秩和检验；对于双向有序且属性不同的 $R\times C$ 表资料，若希望弄清两有序变量之间是否存在线性相关关系或存在线性变化趋势，应选用定性资料的相关分析或线性趋势检验；对于双向有序且属性相同的 $R\times C$ 表资料，为考察两种方法检测的一致性，应选用 Kappa 检验。

四、非参数检验

假设检验分为参数检验和非参数检验。参数检验是在已知总体分布的条件下（一般要求总体服从正态分布）对一些主要的参数（如均值、百分数、方差、相关系数等）进行的检验，有时还要求某些总体参数满足一定条件。如独立样本的 t 检验和方差分析不仅要求总体符合正态分布，还要求各总体方差齐性。非参数检验则不考虑总体分布是否已知，常常也不是针对总体参数，而是针对总体的某些一般性假设（如总体分布的位置是否相同，总体分布是否正态）进行检验。

非参数检验方法简便，不依赖于总体分布的具体形式，因而适用性强，但灵敏度和精确度不如参数检验。一般而言，非参数检验适用于以下三种情况：①顺序类型的数据资料，这类数据的分布形态一般是未知的；②虽然是连续数据，但总体分布形态未知或者非正态，这和卡方检验一样，称自由分布检验；③总体分布虽然正态，数据也是连续类型，但样本容量极小，如 10 以下（虽然 t 检验被称为小样本统计方法，但样本容量太小时，代表性毕竟很差，最好不要用要求较严格的参数检验法）。因为这些特点，加上非参数检验法一般原理和计算比较简单，因此常用于一些为正式研究进行探路的预备性研究的数据统计中。当然，由于非参数检验许多牵涉不到参数计算，对数据中的信息利用不够，因而其统计检验力相对参数检验也差得多。

（一）符号检验

符号检验针对的是观察结果之差的符号。在单一实验组的实验中，对于样本中每个个体的前测与后测，如果我们并不关心（X_1-X_0）的具体数值，而只关心是增大了还是减小了，可用符号检验。

符号检验的零假设就是配对观察结果的差平均起来等于零。人们期望这些差中有一半小于零（负号），而另一半大于零（正号），因此符号检验就是对差分布之中位数为零的零假设检验。

符号检验是二项检验的一种实际应用，即先假设 $p=0.5$，按二项分布计算正号“+”出现次数之抽样分布，然后以样本中正号“+”出现的次数 x 作为检验统计量。如果它是 B（x；n，0.5）下的小概率事件，便否定对差分布之中位数为零的零假设，即认为两总体存在平均水平上的差别。像符号检验这样的非参数值验，在分布自由检验中称为简便检验（或快速检验）。这类检验方法的特点不仅在于其计算方法具有简捷性，而且在于其应用范围十分广泛。其缺点是检验效力低，因为在统计决策中它仅利用了数据中的部分信息。同有关的最佳参数或非参数检验相比，简便检验的统计决策是保守的，即它接受零假设已远远超过了必要程度，它拒绝零假设则需要有更大的样本容量。

（二）配对符号秩检验

对于配对样本，至此我们已经接触了两种检验，即符号检验和 t 检验。在符号检验中，只考虑差值 d 的符号而不管其大小，并且应用二项分布检验零假设。另一方面，最有力的检验——t 检验，则不仅需要定距尺度，而且还要求假定差值 d 服从正态分布。配对符号秩检验兼备了上述两种检验的某些特征，其效力也介乎两者之间。

配对符号秩检验对于非正态分布的 d 值是最佳检验，其检验效力大大高于符号检验。如果 t 检验的假定成立，配对符号秩检验的检验效力对于大、小样本都近乎为95%。因此，在定距尺度测量的水平上，若由于样本容量太小而不能假定正态分布的时候，配对符号秩检验特别有用。配对符号秩检验的零假设基本上和符号检验及用于配对样本的 t 检验的零假设相同。

（三）秩和检验

符号检验和配对符号秩检验都只适用于配对样本，当样本为独立样本时，可采用秩和检验法。其具体步骤为：

（1）设从两个未知的总体1和总体2中分别独立、随机地各抽取1个样本，样本1的容量为 n_1，样本2的容量为 n_2，两样本的数据分别列示如下：

样本1：X_1，X_2，…，X_{n1}

样本2：Y_1，Y_2，…，Y_{n2}

（2）把样本1和样本2混合起来，并按数值从小到大顺序编号，每个数据的编号即为它的秩。如果混合样本中有相同数值的数据，则将它们应得的秩均分。

（3）分别计算两样本的秩和：样本1中所有 X_1，X_2，…，X_{n1} 的秩和记作 R_1；样本2中所有 Y_1，Y_2，…，Y_{n2} 的秩和记作 R_2。

（4）秩和检验是针对两个总体具有完全相同的形式的零假设而进行的。在均值差检验中，研究的重点放在中心趋势的差异上，而不是离差的差异或形式的差异。秩和检验的零假设则可以用任何差异形式表示。

（5）计算检验统计量 U：检验统计量 U 是对混合样本中 n_1+n_2 个元素根据它们的秩和和它们所属的总体标出的双重指标

$$U_1=n_1n_2+\frac{n_1(n_1+1)}{2}-R_1$$

$$U_2=n_1n_2+\frac{n_2(n_2+1)}{2}-R_2$$

检验统计量 U 是 U_1 和 U_2 中较小的一个，即 $U=min(U_1, U_2)$，然后用 $U_1+U_2=n_1n_2$ 核对计算。

（6）给出显著性水平 α，从秩和检验表中查出临界值 U_α，如果计算出的 U 值小于或等于从表中查出的临界值 $U_\alpha(n_1, n_2)$，则零假设被拒绝。

以上简单叙述了几种常用的数学方法，在中药新药研发中，针对具体的检测内容使用哪种方法需要做出选择，下面做简要介绍。

①一组样本资料：若来自正态总体，可用 t 检验；若来自非正态总体或总体分布无法确定，可用符号秩和检验。

②配对设计资料：二分类变量可用 McNemar 检验；有序多分类变量可用符号秩和检验；连续型变量若来自正态总体，可用配对 t 检验，否则可用符号秩和检验。

③两组独立样本：连续型变量值若来自正态总体，可用 t 检验，否则可用符号秩和检验；二分类变量可用 χ^2 检验；无序多分类变量可用 χ^2 检验；有序多分类变量宜用符号秩和检验。

④多组独立样本：连续型变量值来自正态总体且方差相等，可用方差分析；否则，进行数据变换使其满足正态性或方差齐性的要求后，采用方差分析；数据变换仍不能满足条件时，可用秩和检验。二分类变量或无序多分类变量可用 χ^2 检验。有序多分类变量宜用秩和检验。

⑤随机区组设计：连续型变量来自正态总体且方差相等，可用随机区组设计的方差分析；否则，进行数据变换使其满足正态性或方差齐性的要求后，采用方差分析；数据变换仍不能满足条件时，可用秩和检验。

第二节　中药新药研究中的试验设计方法

在中药新药研究中，经常需要考察多个（2 个或 2 个以上）因素（因子）、类别（水平）对试验的影响，同时要分析多个因素及水平之间的交互作用的影响。设在一项研究中考察 s 个因素，根据实际的需要分别取了 q_1，…，q_s 个水平，则全部的水平组合共有 $N=q_1$，…，q_s 个。当 s 及 q_1，…，q_s 都不是很大时，有可能对所有 N 个水平组合都做同样次数的试验，这种试验方法称为全面试验（或全因子试验）。当全部水平组合数太大时，可从 N 个水平组合中抽取部分有代表性的水平组合来做试验，这种方法称为部分因子设计。部分因子设计的方法很多，正交设计和均匀设计都是较好的部分因子设计。下面就对正交设计和均匀设计进行简要介绍。

一、正交试验设计法

（一）正交试验设计的含义

正交试验设计（orthogonal experimental design）是研究多因素多水平的又一种设计方法，它是根据正交性从全面试验中挑选出部分有代表性的点进行试验，这些有代表性的点具备了“均匀分散，齐整可比”的特点，正交试验设计是分式析因设计的主要方法，是一种高效率、快速、经济的实验设计方法。日本著名的统计学家田口玄一将正交试验选择的水平组合列成表格，称为正交表。例如做一个三因素三水平的实验，按全面实验要求，需进行 $3^3=27$ 种组合的实验，且尚未考虑每一组合的重复数。若按 L_9（3^3）正交表安排实验，只需做 9 次，按 L_{18}（3^7）正交表进行 18 次实验，显然大大减少了工作量。因而正交实验设计在很多领域的研究中已经得到广泛应用。

利用因果图来设计测试用例时，作为输入条件的原因与输出结果之间的因果关系，有时很难从软件需求规格说明中得到。往往因果关系非常庞大，以至于据此因果图得到的测试用例数目惊人，给软件测试带来沉重的负担，为了有效合理地减少测试的工时与费用，可利用正交实验设计方法进行测试用例的设计。

正交实验设计方法：依据 Galois 理论，从大量的（实验）数据（测试例）中挑选适量的、有代表性的点（例），从而合理地安排实验（测试）的一种科学实验设计方法。正交试验法与黄金分割法一样，是为了提高试验效率而又不丢失重要数据的试验方法。当我们做一项实验时，总希望能把所有的因素都考虑到，并且通过试验加以验证，这种将所有因素的所有状态都进行试验的方法，就是全因子实验法。全因子法由于考虑了所有可能的组合，且都加以深究，信息全面，可以提供很全面的参考，但相当耗费时间、金钱，例如对一项有 7 个因素、每个因素有 2 种水平的全因子实验，共须做 128 次实验。如果一项试验有 13 因子、每个因子有 3 种水平，就必须做 1 594 323 次实验，如果每个实验花 3 分钟，每天 8 小时，一年 250 个工作日，共需做 40 年的时间，这在实际生产生活中是根本不可能做到的。如何将这种多因素和多水平的试验进行优选，使试验的次数大大减少的同时而不丢失重要的试验信息，就要用到一些先进的数理统计的方法，正交法就是这样一种优选的试验方法。

正交试验是能够大幅度减少试验次数而又不会降低试验可信度的方法。这种方法有一系列可供选用的正交试验表，这些表是数学家根据各种可能的因素和水平设计好了的，我们只需找到对应你需要的就可以了。这种正交试验表，也就是一套经过周密计算得出的现成的试验方案，告诉你每次试验时，用哪几个水平互相匹配进行试验，这套方案的总试验次数是远小于每种情况都考虑到的全因子法的试验次数的。比如 3 水平 4 因素表就只有 9 行，远小于全部遍历试验的 81 次；我们同理可推算出，如果因素水平越多，试验的精简程度会越高。

建立好试验表后，根据表格做试验，然后就是数据处理了。由于试验次数大大减少，使得试验数据处理非常重要。首先可以从所有的试验数据中找到最优的一个数据，当然，这个数据肯定不是最佳匹配数据，但是肯定是最接近最佳的了。这时能得到一组因素，也是最直观、最佳的一组因素。接下来将各个因素当中同水平的试验值加和（注：正交表的一个特点就是每个水平在整个试验中出现的次数是相同的），就得到了各个水平的试验结果表，从这个表当中又可以得到一组最优的因素，通过比较前一个因素，可以获得因素变化的趋势，指导更进一步的试验。各个因素中不同水平试验值之间也可以进行极差、方差等计算，可以获知这个因素的敏感度等，然后再根据统计数据，确定下一步的试验，这次试验的范围就很小了，目的就是确定最终的最优值。当然，如果因素水平很多，这种寻优过程可能不止一次。

采用什么样的实验设计方案能够做到简便、快捷、提取率高？要使实验顺利进行，应该改进哪些实验条件？由于实验结果是受许多方面的因素的影响，往往需要进行试验来增加对具体实验的认识，以便摸索其中的规律性。

凡是要做试验就存在着如何安排试验和如何分析试验结果的问题。科学的实验安排应做到两点：①在试验安排上尽可能地减少试验次数；②在进行较少次数试验的基础上，能够利用所得到的试验数据，分析出指导下一步实验的正确结论，并得到较好的结果。

"正交试验法"就是一种科学安排与分析多因素试验的方法。下面通过一个例子初步说明一下它是解决什么问题的。

例1. 研究人参皂苷的提取工艺试验

根据经验，乙醇用量、乙醇浓度、提取时间、回流次数等对人参皂苷的提取有显著影响。所以在提取过程中需要考察乙醇用量（A）、乙醇浓度（B）、回流时间（C）、回流次数（D）这4个因素，每个因素比较3种不同的条件（见表5-2）。

表5-2 正交试验因素水平表

水平＼因素		乙醇用量（A单位：倍）	乙醇浓度（B单位：%）	回流时间（C单位：min）	回流次数（D单位：次）
试验比较条件	1	4	60	30	4
	2	5	65	45	6
	3	6	70	60	8

类似这样的问题，在实验中经常遇到。这类问题称为多因素试验问题，"正交试验法"正是解决这类问题的行之有效的一种方法。

为了叙述的方便，下面介绍一下涉及的术语和符号。一般，把试验需要考察的结果称为指标。如产品的性能、质量、成本、产量等均可作为衡量试验效果的指标。本例中的人参皂苷的量就是试验的指标。把在试验中要考察的对试验指标可能有影响的因素简称为因素。本例中的乙醇用量（A）、乙醇浓度（B）、回流时间（C）、回流次数（D）就是四个因素。把每个因素在试验中要比较的具体条件称为水平。如4、5、6就是乙醇用量这个因素的三个水平，60、65、70就是乙醇浓度这个因素的三个水平。

例1中共有4个因素，每个因素都是3个水平，称之为3水平4因素试验，简记为3^4型试验。为了书写方便，我们引入了一些符号。通常用大写字母A、B、C、D等代表因素。在字母右下方加足标1、2……等表示因素的不同水平。本例中，A_1表示A因素取“1”水平，即取4，B_2表示B因素取“2”水平，即取65，以此类推，这样，可以把例1中的因素水平写成：$A_1=4$，$A_2=5$，$A_3=6$。在选定了因素、水平之后，很自然地要考虑试验怎样进行的问题。在我们所举的例题中共有4个3水平的因素，各因素所取的水平之间全部可能的搭配有$3\times3\times3\times3=3^4=81$种。当然，我们如把各因素所取水平间全部可能搭配的全面试验做完，就可以选出其中最好的试验条件。但是，每次都做全面试验不仅不必要，而且当因素、水平取得较多时，往往也是不可能做到的。因此，我们希望只选做其中的一部分试验，就能相当好地反映全面试验可能出现的各种情况，以便从中选出较好方案。

那么，究竟选择哪一部分试验才能反映全面的情况呢？显然，随手拈来几个试验是不可能满足上述要求的。“正交试验法”就能够帮助我们选择一部分有代表性的试验方案，并给出了科学地分析试验结果的方法。

利用“正交试验法”可以解决多因素、多水平及多指标这一类的试验问题。采用“正交试验法”虽然试验次数比较少，但同样能够明确回答下面的几个问题：

（1）因素的主次。如例1中所考察的4个因素中哪个是影响产量的主要因素，哪个是比较次要的，哪些是影响很小的。

（2）因素与指标的关系。如例1中每个因素各取不同水平时产量是怎样变化的。

（3）什么是较好的生产条件。也就是例1中所考察的4个因素各取什么水平能获得较满意的产量。

（4）进一步试验的方向。因素水平确定之后，全面试验的次数可由各因素水平数的乘积算得。如本例中有3水平因素4个，所以全面试验的次数为$3\times3\times3\times3=81$。如另一试验为2水平5因素试验那么全面试验的次数应为$2\times2\times2\times2\times2=32$。

（二）用正交法安排试验

前面介绍了“正交试验法是解决什么样问题的。“正交试验法”是用正交表安排试验的。这部分叙述如何用正交表安排试验。

根据试验的目的，确定了试验指标，例1中指标为人参皂苷产量，又分析了可能影响指标的因素，选取了各因素的水平，于是可以列出因素水平表。例1的因素水平表（见表5-3）如下。

表5-3　因素水平表

水平	因素			
	A（倍）	B（%）	C（min）	D（次）
1	4	60	30	4
2	5	65	45	6
3	6	70	60	8

在确定了因素、水平之后，就要选一张合适的正交表来安排试验方案。为此，先介绍一下正交表。表5-4是一张正交表，记为L_9（3^4）。

正交表是用于安排多因素试验的一类特别的表格，每个正文表有一个代号$L_n(q^m)$，其符号和数字的含义如下：

L：表示正交表。

n：试验总数。

q：因素的水平数。

m：表的列数，表示最多能容纳因素个数。

L_9（3^4）表示用该正交表可安排最多4个因素，每个因素均为3水平，总共要做9次试验。除了L_9（3^4）之外，还有一些常用的正交表，如2水平表有L_4（2^3）、L_8（2^7）、L_{16}（2^{15}），3水平表还有L_{27}（3^{18}）等，其中的符号和数字的含义与L_9（3^4）类似。

例1是一个3水平试验，应该从3水平表L_9（3^4）、L_{27}（3^{18}）中选一张比较合适的表。例1中只有4个因素，这两张表都至少有4个列，因此都可用来安排这个试验。选用它们则分别要做9次、27次试验。我们要求尽量少做试验，L_9（3^4）表正好可以安排4个因素，所以就选用这张表。

表5-4　L_9（3^4）正交表

试验号＼列号	1	2	3	4
1	1	1	1	1
2	1	2	2	2
3	1	3	3	3
4	2	1	2	3
5	2	2	3	1
6	2	3	1	2
7	3	1	3	2
8	3	2	1	3
9	3	3	2	1

怎样用正交表来安排试验呢？具体做法很方便，只要把A、B、C、D四个因素分别填在表中的1、2、3、4列的上方就行了，这叫作排表头。一般说来，一列只排一个因素，不要排两个，就是说不要“混杂”，至于哪一个因素排在哪一列上是可以任意的。但是，表头一旦排定，试验方案也就由正交表完全确定了。表5-5给出了例1中四个因素的一种排法。

表 5-5

试验号＼因素	1	2	3	4
	A	B	C	D
1	1	1	1	1
2	1	2	2	2
3	1	3	3	3
4	2	1	2	3
5	2	2	3	1
6	2	3	1	2
7	3	1	3	2
8	3	2	1	3
9	3	3	2	1

把表 5-5 中各列的数字“1”“2”“3”分别看作所填因素在各号试验中的水平，就可以写出这个方案所要做的九次试验的具体条件了。例如，第一行就是第一号试验，A 因素下面表中的数字为“1”（见表 5-6），就是说 A 因素应取“1”水平 A_1。其他因素下面表中的数字均为“1”，就是说共余因素也应取“1”水平 $B_1C_1D_1$。所以第一号试验的条件就是 $A_1B_1C_1D_1$。

表 5-6

试验号＼因素	1	2	3	4
	A	B	C	D
1	1	1	1	1

同样，可以写出其余各号试验的条件。我们将这九次试验的条件分别写出是：

1. $A_1B_1C_1D_1$；2. $A_1B_2C_2D_2$；3. $A_1B_3C_3D_3$；4. $A_2B_1C_2D_3$；5. $A_2B_2C_3D_1$；6. $A_2B_3C_1D_2$；7. $A_3B_1C_3D_2$；8. $A_3B_2C_1D_3$；9. $A_3B_3C_2D_1$。

我们把翻译好的试验条件列成试验方案表（见表 5-7）。

表 5-7　试验方案表

试验号＼因素	乙醇用量（A 单位：倍）	乙醇浓度（B 单位：%）	回流时间（C 单位：min）	回流次数（D 单位：次）
1	4	60	30	4
2	4	65	45	6

续表

因素 试验号	乙醇用量 (A单位：倍)	乙醇浓度 (B单位:%)	回流时间 (C单位：min)	回流次数 (D单位：次)
3	4	70	60	8
4	5	60	45	8
5	5	65	60	4
6	5	70	30	6
7	6	60	60	6
8	6	65	30	8
9	6	70	45	4

从表5－5决定的试验方案可以看出，用正交表安排试验有下述两个特点：

(1) 每个因素的各个不同水平在试验中出现了相同的次数。

例如A因素的“1”水平出现在第1、2、3号试验中，“2”水平出现在第4、5、6号试验中，“3”水平出现在第7、8、9号试验中，每个水平各出现3次。又如C因素的“1”水平出现在第1、6、8号试验中，“2”水平出现在第2、4、9号试验中，“3”水平出现在第3、5、7号试验中，每个水平各出现3次。其他因素也是一样。

(2) 任何两个因素的各种不同水平的搭配在试验中都出现了，并且出现了相同的次数。

例如A与B两个因素的不同水平的全部搭配A_1B_1、A_1B_2、A_1B_3、A_2B_1、A_2B_2、A_2B_3、A_3B_1、A_3B_2、A_3B_3，分别出现在第1至第9号试验里，每种搭配只出现一次。同样，B与D两个因素的不同水平的全部搭配B_1D_1、B_1D_2、B_1D_3，B_2D_1、B_2D_2，B_2D_3、B_3D_2、B_3D_3，分别出现在第1、7、4、5、2、8、9、6、3号试验中，每种搭配只出现一次。表中的任何两个因素均满足。

由于上述特点，“正交试验法”安排的试验方案是有代表性的，能够比较全面地反映各因素各水平对指标的大致影响情况。因此，用“正交试验法”安排试验就能够减少试验次数。

根据试验的目的、要求确定指标、因素和水平后，选择合适的正交表排表头，写出试验方案表，以上是整个试验的第一阶段，叫安排试验。

(三) 用正交表分析试验结果——极差分析

根据表5－7排好的试验方案，按各号试验规定的试验条件，进行了人参皂苷的提取工艺试验，并把收口后的组合件进行拉脱试验后，得到了9个拉脱力数据。将它们填入$L_9(3^4)$表右侧数据拦内（见表5－8）。现在，我们从9个试验数据出发，利用正交表来分析试验结果。

表 5 - 8

试验号 \ 因素	1	2	3	4	人参皂苷提取率
	A	B	C	D	(%)
1	1.00	1.00	1.00	1.00	3.27
2	1.00	2.00	2.00	2.00	4.14
3	1.00	3.00	3.00	3.00	4.30
4	2.00	1.00	2.00	3.00	4.36
5	2.00	2.00	3.00	1.00	4.29
6	2.00	3.00	1.00	2.00	4.39
7	3.00	1.00	3.00	2.00	5.15
8	3.00	2.00	1.00	3.00	5.22
9	3.00	3.00	2.00	1.00	5.52
K1	11.71	12.78	12.88	13.08	
K2	13.04	13.65	14.02	13.68	
K3	15.89	14.21	13.74	13.88	
	3.90	4.26	4.29	4.36	
	4.35	4.55	4.67	4.56	
	5.30	4.74	4.58	4.63	
R	1.39	0.48	0.38	0.27	

首先分析因素 A。因素 A 排在第 1 例，所以要从第 1 列来分析。如果把包含 A 因素“1”水平的三次试验（第 1、2、3 号试验）算作第一组，同样，把包含 A 因素“2”水平、“3”水平的各三次试验（第 4、5、6 号及第 7、8、9 号试验）分别算第二组、第三组。那么，九次试验就分成了三组。在这三组试验中，各因素的水平出现的情况见表 5 -9，

表 5 - 9

试验号 \ 因素	1	2	3	4
	A	B	C	D
1、2、3	全是 A_1	B_1 一次	C_1 一次	D_1 一次
		B_2 一次	C_2 一次	D_2 一次
		B_3 一次	C_3 一次	D_3 一次

续表

试验号＼因素	1	2	3	4
	A	B	C	D
4、5、6	全是 A_2	B_1 一次	C_1 一次	D_1 一次
		B_2 一次	C_2 一次	D_2 一次
		B_3 一次	C_3 一次	D_3 一次
7、8、9	全是 A_3	B_1 一次	C_1 一次	D_1 一次
		B_2 一次	C_2 一次	D_2 一次
		B_3 一次	C_3 一次	D_3 一次

由表5－9可以看出，在 A_1、A_2、A_3 各自所在的那组试验中，其他因素（B、C、D）的1、2、3水平部分别出现了一次。把第一组试验得到的试验数据相加，即将第一列1水平所对应的第1、2、3号试验数据相加（见表5－8），其和记作Ⅰ。

Ⅰ＝3.27＋4.14＋4.30＝11.71

把第二组试验得到的数据相加，即将第一列2水平所对应的第4、5、6号试验数据相加，其和记作Ⅱ。

Ⅱ＝4.36＋4.29＋4.39＝13.04

同样，将第一列3水平所对应的第7、8、9号试验数据相加，其和记作Ⅲ。

Ⅲ＝5.15＋5.22＋5.52＝15.89

于是，就可以将Ⅰ看作是这样三次试验的数据和，即在这三次试验中，只有 A_1 水平出现三次，而B、C、D三个因素的1、2、3水平各出现一次（见表5－9），数据和Ⅰ反映了三次 A_1 水平的影响，和B、C、D每个因素的1、2、3水平各一次的影响。同样，Ⅱ（Ⅲ）反映了三次 A_2（A_3）水平及B、C、D每个因素的三个水平各一次的影响。

比较Ⅰ、Ⅱ、Ⅲ的大小时，可以认为B、C、D对Ⅰ、Ⅱ、Ⅲ的影响大体相同。因此，可以把Ⅰ、Ⅱ、Ⅲ之间的差异看作是由于A取了三个不同的水平而引起的。用同样的方法分析因素B。B因素排在第2列，所以要从第2列来分析。把包含 B_1 水平的第1、4、7号试验数据相加记作Ⅰ，把包含 B_2 水平的第2、5、8号试验数据相加记作Ⅱ。把包含 B_3 水平的第3、6、9号试验数据相加记作Ⅲ。计算结果如下：

Ⅰ＝3.27＋4.36＋5.15＝12.78

Ⅱ＝4.14＋4.29＋5.22＝13.65

Ⅲ＝4.30＋4.39＋5.52＝14.21

同样，在B因素取某一水平的三次试验中，其他A、C、D的三个水平也是各出现一次。所以，按第二列计算的Ⅰ、Ⅱ、Ⅲ之间的差异同样是由于B取了三个不同的水平而引起的。

按照这个方法，我们便可把各因素的Ⅰ、Ⅱ、Ⅲ计算出来。总之，按正交表各列计算的Ⅰ、Ⅱ、Ⅲ数值的差异，就反映了各列所排因素取了不同水平对指标的影响。

在计算完各列的Ⅰ、Ⅱ、Ⅲ之后，还要把每一列的Ⅰ、Ⅱ、Ⅲ中最大值和最小值之差算出来，我们把这个差值叫作极差，记作R。这样，可算出这四列（即四个因素）的极差，结果如下：

第一列（A因素）$R=15.89-11.71=4.18$

第二列（B因素）$R=14.21-12.78=1.43$

第三列（C因素）$R=14.02-12.88=1.14$

第四列（D因素）$R=13.88-13.08=0.8$

每一列算出的极差大小、反映了该列所排因素选取的水平变动对指标影响的大小。至此，计算了各列的Ⅰ、Ⅱ、Ⅲ及R，并把这些结果填入表5-8的相应位置上。这样，就完成了试验数据的计算这一步。

根据这些计算结果，就可以回答在前面提出的四个问题。

①各因素对指标的影响谁主谁次呢？

根据极差R这一栏的数据可知，第1列A较大，第四列D最小。这反映了因素A水平变动时，指标波动最大，因素D的水平变动时，指标波动很小。由此可根据极差的大小顺序排出因素的主次顺序，主⟶次：A；B、C；D（这里，R值相近的因素用“、”隔开，而R值相差较大的因素用“；”隔开；另外，还可以用图形直观地描述这些关系）。

②各因素取什么水平好呢？

选取因素的水平是与要求的指标有关的。若要求的指标越大越好，应该取使指标增大的水平，即各因素Ⅰ、Ⅱ、Ⅲ中最大的那个水平。反之，要求的指标越小越好，则取其中最小的那个水平。例1的试验目的是提高产量，所以应该挑选每个因素Ⅰ、Ⅱ、Ⅲ中最大的那个水平，即A_3、B_3、C_3、D_3（也可取所作的图上挑出各因素图形中最高点的水平）。

③什么是较好的生产条件？

各因素的好水平加在一起，是否就是较优生产条件？从Ⅰ、Ⅱ、Ⅲ的计算可以看出，各因素选取的水平变动时，指标变动的大小，实际上是不受其他因素的水平变动影响的。所以，把各因素的好水平简单地组合起来就是较好生产条件。但是，实际上选取较好生产条件时，还要考虑因素的主次，以便在同样满足指标要求的情况下，对于一些比较次要的因素按照优质、高产、低消耗的原则选取水平，得到更为符合生产实际要求的较好生产条件。

对于主要因素，一定要按有利于指标的要求选取水平（即取计算结果选出的好水平）。而次要因素可同时考虑其他指标。例1中对于次要因素D，就可根据其他方面的要求选取水平，最后决定选D_2。较优生产条件是$A_3B_3C_3D_2$，即：最佳提取工艺为药材加6倍量70%乙醇，提取6次，每次45min。

需要指出的是，例1中得到的较好生产条件，恰恰不包括在已做过的九次试验中。这是由于使用正交表安排的九个试验是有代表性的，能够比较全面地反映四个因素各个水平对产量的影响，在对试验数据进行计算分析后，再从较好的搭配中挑出更好的生产条件，这样就不会漏掉。

④各因素的水平变化时，指标的变化规律怎样呢？

从数据或图中分析可以看出，因素 A、B、D 随着值的增加产量是逐渐提高的。其中，A、B 增加较显著，因此进一步做试验还有希望进一步提高；而 D 的影响到 D_3 时已经不够明显，且增加了试验的烦琐程度和耗材。因此，通过计算分析为进一步试验指明了方向。

二、均匀试验设计法

均匀设计也称均匀试验设计（uniform experimental design），是由国际数理统计学会唯一的中国大陆会士、中国科学院应用数学研究所原副所长方开泰和中国科学院学部委员、著名数学家王元教授，将深奥的数论理论成功地用于数理统计，于 1978 年共同创造的。它是根据数论在多维数值积分中的应用原理，将数论和多元统计结合的一种安排多因素多水平的试验设计，这种设计是利用均匀设计表安排试验可减少试验次数，构造一套均匀设计表，而让试验点在试验范围内均匀分散、具有更好的代表性，进行均匀试验设计。

（一）概述

全面实验法是让每个因素的每个水平都有配合的机会，并且配合的次数一样多。一般全面实验的次数至少是各因素水平数的乘积。该法的优点是可以分析出事物变化的内在规律，结论较精确，但由于试验次数较多，在多因素多水平的情况下常常是不可想象的。如 5 因素 4 水平的试验次数为 $4^5=1024$ 次，而 6 因素 5 水平的试验次数为 $5^6=15625$ 次，这在实际中很难做到。

均匀设计是通过一套精心设计的表来进行试验设计的，对于每一个均匀设计表都有一个使用表，可指导如何从均匀设计表中选用适当的列来安排试验。均匀设计表简称 U 表，它是按“均匀分散”的特性构造的表格，每个表有一个代号 U_n（n^m）或 U_n^*（n^m）。其中 U 是均匀设计表的代写符号；n 是因素水平数，也表示行数，也就是试验次数；m 为均匀表的列数，表示最多可安排的因素数。U 的右上角加和不加“＊”代表两种不同类型的均匀设计表。通常加“＊”的均匀设计表有更好的均匀性，应优先应用。例如 U_6^*（6^4）表示要做 6 次试验，每个因素有 6 个水平，该表有 4 列，见表 5－10。

表 5－10　4 因素 6 水平均匀试验设计表 $U_6{}^*$（6^4）

序号	1	2	3	4
1	1	2	3	6
2	2	4	6	5
3	3	6	2	4
4	4	1	5	3
5	5	3	1	2
6	6	5	4	1

1. 均匀性

均匀性原则是试验设计优化重要原则之一。在试验设计的方案设计中，使试验点按一定规律充分均匀地分布在试验区域内，每个试验点都具有一定的代表性，则称该方案具有均匀性。

如前所述，正交表是正交试验设计优化的基本工具。它是利用正交表来安排试验的。正交表具有“均衡分散”“综合可比”两大特点。均衡分散性即均匀性，可使试验点均匀地分布在试验范围内，每个试验点都具有一定的代表性。这样，即使正交表各列均排满，也能得到比较满意的结果；综合可比性即整齐可比性，由于正交表具有正交性，任一列各水平出现的次数都相当，任两列间所有可能的组合出现的次数都相等，这样使每一因素所有水平的试验条件相同，可以综合比较各因素不同水平均数对试验指标的影响，从而可以分析各因素及其交互作用对指标的影响大小及变化规律。

在正交试验设计中，对任意两个因素来说，为保证综合可比性，必须是全面试验，而每个因素的水平必须有重复，这样一来，试验点在试验范围内就不可能充分地均匀分散，试验点的数目就不能过少。显然，用正交表安排试验，均匀性受到一定限制，因而试验点的代表性不够强。若在试验设计中，不考虑综合可比性的要求，完全满足均匀性的要求，让试验点在这种完全从均匀性出发的试验设计方法，称为均匀试验设计。

2. 优点

正交试验为了达到“整齐可比”，试验次数往往比较多，例如一个 9 水平试验，正交试验至少要 9^2 次，试验次数这么多，一般是很难实现的。若不考虑“整齐可比”，让试验点在试验范围内充分地均匀分散，具有更好的代表性，这种从均匀性出发的试验设计称为均匀内设计。它有以下优点：

①均匀设计的最大优点是可以大大减少试验次数。均匀设计让试验点在其试验范围内尽可能地“均匀分散”，试验次数降为与水平数相等。如上所述，如果有 S 个因素，每个因素的水平数为 q，则全面试验的次数至少是 q^s，正交设计的试验次数为 q^2，而均匀设计的试验次数仅为 q。如 3 因素 7 水平试验，用全面试验法需做 $7^3=343$ 次试验；用正交试验，需做 $7^2=49$ 次试验；均匀设计则仅需做 7 次试验即可。

②由于均匀试验充分利用了试验点分布的均匀性，所得的适宜条件虽然不一定是全面试验中的最优条件，但至少也在某种程度上接近最优条件。另外我们可以利用均匀设计中试验次数少的特点，适当增加试验次数，也即增加各种因素水平数。水平数增加，试验点在研究范围内更加均匀分散，代表性也更强，更接近最优条件。

③均匀设计可以处理各因素有不同水平数的试验安排问题。还可以处理某些带约束条件的试验设计问题。

④均匀设计试验分析求得回归方程，便于分析各因素对试验结果的影响，可以定量地预知优化条件及优化结果的区间估计。

3. 应用范围

由于均匀试验设计使试验周期大大缩短，能节省大量的费用。多因素，水平数≥5，特别是水平需从量变关系进行考察分析的试验设计，都可采用均匀设计。由于每个因素的每一个水平只做一次试验，故要求被试因素与非处理因素均易于严格控制，试验条件不宜严格控制或考察因素不宜数量化的不宜用均匀设计。病人个体差异较大，治疗过程中非处理因素的干扰也较难控制，所以，均匀设计不宜应用于临床疗效研究。大动物个体差异较大，也不宜用均匀设计进行试验。而小动物遗传特性及个体条件易做到高度可比性，故以小动物进行多因素多水平试验可用均匀设计。

（二）均匀设计本步骤

进行均匀设计试验的步骤可归纳如下：

（1）精选考察因素，只将既对试验结果影响很大又未明确适宜数量化的水平的因素作为考察因素。

（2）根据文献调查研究和预试验结果，结合实际需要和可能（如溶液量读取的可读性、温度范围的可控制性，固体物料称量仪器的灵敏度等），确定各因素的水平数范围。

（3）根据要考察的因素个数确定均匀表的大小（试验次数），根据均匀表的大小确定各因素应取的水平数。

（4）对号入座，将各因素的相应水平填入均匀设计表内，组成试验方案表，按照试验方案安排的条件进行试验，为了较好地了解试验误差，提高结论的可靠性，在条件允许时，每个试验方案宜重复3～5次，取平均值。

（5）将试验结果进行多元回归分析，求得回归方程式。

（6）结合试验经验及专业知识分析回归方程，寻找优化条件，计算出预测的优化结果及区间估计。

（7）按照优化条件安排试验进行验证，其优化后的结果应在预测范围内，且较做过的试验号为好。

上述各步骤中，最为关键的是怎样根据所研究的因素与水平数选择适宜的均匀设计表，怎样对试验结果进行数据处理两个步骤。下面重点介绍均匀设计表的选择和试验数据的分析。

（三）均匀设计表的选择及试验方案的安排

1. 均匀设计表的选择

在均匀设计表 U_n（n^m）中，行数 n 为水平数，列数 m 表示最多可安排的因素数，且当 n 为素数时，$n=m+1$。均匀设计表只是按均匀原则作为试验点的基础，不能直接使用，必须依据因素个数查其相应的使用表选出因素列，这是因为均匀设计是数论和多元分析相结合的产物，即要考虑到均匀试验的数据分析要按多元统计的要求，依最小二乘法原理进行回归分析。据此要求，数学上可以证明，若均匀设计表有 m 列，则至少去掉 $m-$（$m/2+1$）列，剩下 $m/2+1$ 列已满足要求，故均匀设计表最多自能安排 $m/2+1$ 个因素，所以使用表中的因素少于均匀设计表中的列数。

由此可见，选取均匀设计表时首先根据试验的因素数决定使用哪一个均匀设计表，例如因素数为6时，由 $m/2+1=6$ 得 $m=10$，$n=m+1=11$，可以看出选择 U_{11}（11^{10}）可使实验次数最少。其次再查相应的使用表，此例即 U_{11}（11^{10}）的使用表，确定其中的第1，2，3，5，7，10六列组成 U_{11}（11^6）表，即可安排实验。有些教材直接给出了 U_{11}（11^6）表，这比较方便，但有些情况往往查不到合适的表。例如因素为5时，$m/2+1=5$ 得 $m=8$，

$n=m+1=9$，因无 U_9（9^8）表，只有 U_9（9^6）表，故仍选择 U_{11}（11^{10}），再查相应的使用表，选择1，2，3，5，7列组成 U_{11}（11^5）表安排均匀实验。

另外，根据各因素的考察范围，确定的水平数若太少，可通过拟水平处理（即将水平数少者循环一次或几次达到要求的水平数）。还可以适当地调整因素的水平数，避免因素的高档次（或低档次水平）相遇。

为了考察因素不疏漏的最佳实验条件，可以多做些试验点，如3因素实验，可用 U_5（5^4），也可用 U_7（7^6），甚至可用 U_{11}（11^{10}）。一般来说，试验点划分得愈细，均匀性愈好。

以上是水平数为奇数时的均匀设计，如果水平数为偶数，则无现成的均匀设计表可查，可将高一水平的奇数表去掉最后一行构成偶数表，如 U_{11}（11^{10}）去掉最后一行即成 U_{10}（10^{10}）表，使用表仍为 U_{11}（11^{10}）。

例2. 对中药止咳膏的基质配比及工艺条件进行优选，根据文献调查及预试结果，确定四个考察因素及基本范围分别为：x_1 增稠剂0～25%，x_2 填充剂0～5%，x_3 防腐剂0～0.1%，x_4 反应时间9～24小时。水平数≥6（表5－11）。

表5－11

水平（试验号）	因素			
	增稠剂（%）	填充剂（%）	防腐剂（%）	反应时间（h）
	x_1	x_2	x_3	x_4
1	2.5	0	1	9
2	2	1	0.8	12
3	1.5	2	0.6	15
4	1	3	0.4	18
5	0.5	4	0.2	21
6	0	5	0	24

确定考察因素和水平，选择合适的均匀分布表。

由于因素4，$m/2+1=4$，$m=6$，$n=7$ 选取均匀分布表为 U_7（7^4），而本书均匀设计表中只给出了 U_7（7^6）表，因此此例选取 U_7（7^6）表，从相应的使用表中查得因素为4时列号是1，2，3，6。故选择表中列号为1，2，3，6即可。由于各因素只有6水平，所以 U_7（7^6）表的最后一列可以不要。因此实际的表格只有6行4列构成 U_6（6^4）表。

2. 实验方案的安排

依据上述方法选择好均匀设计表及其使用表后，就可用安排试验方案，只要将各因素的各水平分别对号入座，就构成试验方案。例如上面介绍6因素的均匀设计表为 U_{11}（11^{10}），由其相应的使用表确定其中的6列组成 U_{11}（11^6）表，这样只要列号安排因素，对应的每一列里安排其水平数便可取得试验方案。

如例2试验安排，根据选好的表格，将各因素的相应水平填入表中列出试验方案，如表5－12。测定结果如表中总评值y一列。

表5－12

水平（试验号）	因素				总评值 y
	增稠剂（%）	填充剂（%）	防腐剂（%）	反应时间（h）	
	x_1	x_2	x_3	x_4	
1	1（2.5）	2（1）	3（0.6）	6（24）	9
2	2（2.0）	4（3）	6（0）	5（21）	7.9
3	3（1.5）	6（5）	2（0.8）	4（18）	8.8
4	4（1.0）	1（0）	5（0.2）	3（15）	7
5	5（0.5）	3（2）	1（1.0）	2（12）	8.1
6	6（0）	5（4）	4（0.4）	1（9）	8

注：括号外为水平编号，括号内为水平值。

（四）均匀设计试验的数据分析

均匀设计由于每个因素水平较多，而试验次数又较少，分析试验结果时不能采用一般的方差分析法。因为试验数据统计过程复杂，通常需用电子计算机处理。因素间无交互作用时，用多元线性回归分析；因素间有交互作用时，若考察一级交互作用，用二次回归分析（增加一级交互作用作为考察因素），若考察二级交互作用，用三次回归分析（不仅增加一级交互作用作为考察因素，而且增加二级交互作用作为考察因素）。利用其多因素多水平的特点，用多元回归分析（多用逐步回归方法）建立试验结果与多因素之间的回归方程，结合实践经验及专业知识，分析各因素对试验结果的影响，定量地预测优化条件及优化结果的区间估计。无电子计算机时，可以从试验点中挑一个指标最优的，相应的试验条件即为欲选的工艺条件。这种方法是建立在试验均匀的基础上，由于试验散布均匀，其中最优工艺条件离试验范围内的最优工艺条件下不会太远。这个分析看起来粗糙，但在正交试验中有混杂时常用，证明是有效的。另外用直观分析——对各试验号的结果直接进行比较分析，也可大体判断适宜1件。对例1结果进行分析。

①多元回归分析：利用计算机对表5－12资料进行线性回归分析，因系数矩阵行列式为0，不能建立线性回归方程。考虑到反应时间（x_4）对总评值的贡献小，再对余下的三因素（x_1，x_2，x_3）进行多元线性回归，得三元回归方程：

$$\hat{y}=7.6442+0.7792\ (x_1 \times x_2)\ +0.06571x_3$$

对该回归方程进行方差分析见表5－13，可见该三元回归方程不可信（$P>0.05$），表明线性回归模型不符合本例情况。考虑到可能存在因素间的交互作用，考察 x_1，x_2 两因素的交互作用，记为 $x_1 \times x_2$，进行二次回归分析，得回归方程为：

$$\hat{y}=7.6442+0.7792\ (x_1 \times x_2)\ +0.06571x_3$$

该二次回归方程的方差分析结果见表5－13，可见此方程可信（$P<0.05$）。

表 5－13

方 法	方差来源	平方和	自由度	方差	F
多元线性回归	$SS_{回}$	1.125	3	0.375	3
	$SS_{剩}$	0.25	2	0.125	
二次回归	$SS_{回}$	1.3223	2	0.6612	27.65
	$SS_{剩}$	0.0527	3	0.0175	

注：$F_{0.05(3,2)}=20.2$；$F_{0.05(2,3)}=9.55$；$F_{0.01(2,3)}=30.8$。

②用优化算法求最佳试验条件：上述数据处理结果揭示了 y 与 x_1，x_2……x_n 的数量依存关系，但并未求得回归方程的最佳条件，为此必须用优化算法求最佳试验条件。优化算法需要的数学知识较深，有单纯法、黄金分割法、网络法等，有相应的软件可用。本例用数论网络法进行优化计算，结果显示 x_1，x_2，x_3 取试验范围内的最大值时为“最优”。因 x_4 对 y 无明显作用，从实际出发，宜取最小值，故有 $x_1=2.5$（%），$x_2=5$（%），$x_3=1$（%），$x_4=9$（h），是该试验范围的实际“最优”点。此时 y 的理论预测估计值 $\hat{y}=9.92$，$\mu_{\hat{y}\cap}$ 的95%可信区间为 $\hat{y}_0\pm2\sigma=9.92+0.026$。

③进行验证试验：按最佳条件进行试验，得出总评值 $y=9.93$，这个数值在理论预测值的95%可信区间之内，故可认为求得的最佳试验条件是可信的。

如回归方程难以建立，亦可以采用灰色控制论中的关联度分析法对试验结果影响的次序大小进行分析，详见灰色控制论专著。

混合水平均匀设计的步骤与分析方法亦类似于等水平均匀设计。

（五）均匀设计的注意事项

均匀设计的试验次数较少，故切实保证试验条件的可比性是非常重要的。

务必准确选择考察因素，恰当地确定各因素的考察范围，在正式试验之前，需要进行适量的文献调查研究和预测试验，尽量使优化条件中各因素的水平恰好落在考察范围的中间。若考察范围较大，又需采用更多的水平数时，可选用更大的均匀设计表安排 n 个水平。若考察范围较小，不易分成 n 个水平的方式，可将水平数小者重复一次或几次达到 n 个水平。划分因素水平既要考虑到实际需要，又要保证在实践中试验的误差比较小，保证通过均匀设计试验找到最佳组合的确是最优的，并通过验证予以证实。

第三节　药理毒理研究中常用统计方法及应用

一、药理毒理学研究的数据类型

（一）分类数据

分类数据也称为定性数据，进一步可分为二分类数据和多分类数据。二分类数据最简单的情况是“是”或“否”，又称为0、1变量数据，对每一个观察个体而言，要么为“是”，要么为“否”。多分类数据若类别间没有明显的顺序时可称为名义数据，例如不同给药途径、不同的给药组别等；若类别间有明显的等级时又称为有序数据或等级数据，例如抑菌程度（－、＋、＋＋、＋＋＋）、皮肤水肿程度（无水肿、轻度水肿、中度水肿、重度水肿）等。名义数据经常按类别转变为多个0、1变量，即进行哑变量转换。有序数据虽然多用序列数字表达，但数字间的关系往往不能按数值大小对待，例如“水肿程度”用1、2、3、4表示并不代表“重度水肿”是“轻度水肿”程度的4倍。

（二）连续性数据

体重、血糖等通过测量得到的数据属于连续性数据，又称为定量数据。该类数据的统计方法和分析模型是发展最全面的。测量的准确性和可靠性是做出有效推断的关键所在。连续性数据的分析模型通常认为应该服从正态分布，如不服从正态分布，宜使用数据转换，例如对数转换等达到正态分布后再分析，或者使用非参数统计方法。

（三）截尾数据

当某一观测不能精确获得，而仅仅知道该观测是超过一定的阀值时，则称该观测为截尾。研究中最常见的截尾数据是生存数据，指达到发生某事件的时间长度数据，也称为时间事件（time－to－event）数据。该数据中有些病例由于失访、死于其他疾病、观察终止时患者尚活着等原因，仅知至少存活时间，到底能活多久是一未知数，时间的信息仅为部分知道，即粗活时间出现了尾数。此类数据分布常常不是正态分布，而且因为有截尾数据出现，需要采用一类特殊的统计分析方法。

资料的分类方法是相对而言的，各类间有时可以相互转化。图蛋白含量本是连续性数据，若按其数值大小分为重度贫血、中度贫血、轻度贫血、血红蛋白正常、血红蛋白增高等五个等级则转化为等级数据。不同类型的数据，应选择不同的统计学方法进行分析。

二、统计描述

对各类数据的统计描述一般不外两种形式，一是借助指标来反映，常组织成统计表的形式，使结果简洁且便于比较；二是采用统计图使数字资料形象化，使读者在短时间内获得明显、深刻的印象。数据的统计学分析一般指统计推断，包括对总体参数进行估计，进行假设检验两个方面。

针对不同的数据类型，所使用的统计指标及进行统计推断的内容及方法有所不同。

（一）定性数据

通常给出总例数、各类别的例数及相应部分占总数的百分比（构成比）。常用的统计图有条图、构成图（包括百分构成图和圆图）、线图等。分析资料时可以计算率的可信区间，进行率或构成比的比较一般可用卡方检验。两组间的比较还可以用Fisher精确概率法。等级资料组间的比较可选用卡方检验和秩和检验等。

（二）定量数据

定量数据必备的描述指标是例数、均数和标准差等。如果再给出其他一些描述指标，例如最小值（min）、最大值（max）、25%位数（P_{25}）、50%位数（P_{50}，即中位数M）、75%位数（P_{75}），则能更好地概括数据的分布情况。若分布是对称的，则均数和中位数相等。若均数大于中位数，分布成负偏态；若均数小于中位数，分布成正偏态。计量数据常用的统计图为直方图、相关图等。数据分析时可计算均数的可信区间；用 t 检验、F 检验（方差分析）等进行各组数据间的比较；用相关与回归分析变量间的定量关系。对难以满足这些方法使用条件的计量数据宜采用非参数统计方法。

（三）截尾数据

基本统计指标为生存率、中位生存时间、平均生存时间等，可计算不同时间点的生存率，常用的方法为Kaplan－meiei法，此法可获得按不同的非截尾时点排列的生存率大小。处理这类资料可用专门的生存分析统计方法，例如Logrank检验、Gehan检验和Cox多因素分析模型。

三、参数估计

研究得到的往往是样本，由样本所得结果来估计总体参数即为参数估计。由于存在抽样误差，可按一定的概率100（1－α）%估计总体参数所在的范围，该范围成为100（1－α）%可信区间（confidence interval，CI）。可信区间的下限和上限值称为可信限（confidence limits，CL）。应用中常取95%可信区间或99%可信区间。

鉴于可信区间可提供比假设检验更为丰富的推断信息，其应用越来越多。尤其是在临床试验中进行疗效和安全性评价时，除了提供效应大小的点估计外，通常也要求同时给出可信区间范围的估计。

四、假设检验

假设检验（hypothesis test）又称显著性检验（significance test），一般地说，系在对总体某项或某几项做出假设前提下，根据样本的信息，基于概率意义推断假设是否成立的一类方法。

假设检验使用了一种类似于“反证法”的推理方法，它的特点是：①先假设总体某项假设成立，计算其会导致什么结果产生。若导致不合理现象产生，则拒绝原先的假设。若并不导致不合理的现象产生，则不能拒绝原先假设，从而接受原先假设。②它又不同于一般的反证法。所谓不合理现象产生，并非指形式逻辑上的绝对矛盾，而是基于小概率原理：概率很小的事件在一次试验中几乎是不可能发生的，若发生了，就是不合理的。至于怎样才算是“小概率”呢？通常可将概率不超过0.05的事件称为“小概率事件”，也可视具体情形而取0.1或0.01等。在假设检验中常记这个概率为α，称为显著性水平。而把原先设定的假设成为原假设，记作 H_0。把与 H_0 相反的假设称为备择假设，它是原假设被拒绝时而应接受的假设，记作 H_1。

假设检验一般有三步：①提出检验假设（又称无效假设，符号是 H_0）和备择假设（符号是 H_1）。

H_0：样本与总体或样本与样本间的差异是由抽样误差引起的。

H_1：样本与总体或样本与样本间存在本质差异。

预先设定的检验水准为0.05；当检验假设为真，但被错误地拒绝的概率，记作α，通常取$\alpha=0.05$或$\alpha=0.01$。

②选定统计方法，由样本观察值按相应的公式计算出统计量的大小，如χ^2值、t值等。根据资料的类型和特点，可分别选用t检验，秩和检验和卡方检验等。

③根据统计量的大小及其分布确定检验假设成立的可能性P的大小并判断结果。若$P>\alpha$，结论为按α所取水准不显著，不拒绝H_0，即认为差别很可能是由于抽样误差造成的，在统计上不成立；如果$P\leqslant\alpha$，结论为按所取α水准显著，拒绝H_0，接受H_1，则认为此差别不大，可能仅由抽样误差所致，很可能是实验因素不同造成的，故在统计上成立。P值的大小一般可通过查阅相应的界值表得到。

在进行假设检验时需要注意以下方面：①做假设检验之前，应注意资料本身是否有可比性；②当差别有统计学意义时应注意这样的差别在实际应用中有无意义；③根据资料类型和特点选用正确的假设检验方法；④根据专业及经验确定是选用单侧检验还是双侧检验；⑤当检验结果为拒绝无效假设时，应注意有发生Ⅰ类错误的可能性，即错误地拒绝了本身成立的H_0，发生这种错误的可能性预先是知道的，即检验水准那么大；当检验结果为不拒绝无效假设时，应注意有发生Ⅱ类错误的可能性，即仍有可能错误地接受了本身就不成立的H_0，发生这种错误的可能性预先是不知道的，但与样本含量和Ⅰ类错误的大小有关系。⑥判断结论时不能绝对化，应注意无论接受或拒绝检验假设，都有判断错误的可能性。⑦报告结论时应注意说明所用的统计量，检验的单双侧及P值的确切范围。

第四节　临床研究过程中常用统计方法及应用

统计分析是中药临床研究总结的重要组成部分，统计分析方法选择的恰当与否，以及对统计学结论的正确理解，直接影响对中药临床研究结果评价的客观性。本章针对当前中药临床研究中数据分析方法中出现的一些问题，简要介绍了显著性检验的基本原理和方法，并按资料的类型举例说明。

一、临床研究数据概述

（一）临床资料的类型

临床上的数据通常可简单地分成计量资料、等级资料和分类资料（计数资料）三种类型。

1. 计量资料（measurement data）

在临床研究中，通过对观察单位用定量的办法测量某项指标数量大小所得到的资料，称为计量资料。如测量病人的身高（cm）、体重（kg）、血压（mmHg）、血红蛋白（g/L）、血液中胆固醇含量（mmol/L）、中风病人的出血量、用药后退烧的时间（小时）、住院天数等。对这一类资料常用的描述性指标有平均数、标准差。推断性分析有 t 检验、u 检验、方差分析、相关与回归分析等。

2. 分类资料（categories data）

分类资料也称命名资料，是将观察单位按某种属性或类别分组，然后清点各组的观察单位数目所得到的资料，如性别分男、女，临床试验观察结果分阳性、阴性，血型按 A、B、AB、O 四型分类，中医证候分类等，这一类资料常用的描述性分析指标有构成比、率和相对比及率的标准误等。推断性分析主要有 u 检验、χ^2 检验。

3. 等级资料（ranked data）

将观察单位按某种属性的不同程度分组，统计各组的观察单位数目所得到的资料，如临床疗效判定为痊愈、显效、有效、无效，病情分轻、中、重，实验室检测结果分 -、±、+、++、+++、++++等，它们之间只有等级、程度上的差异。这一类资料常用的推断性分析有 Ridit 分析、秩和检验等。

（二）数据类型转换

根据分析的需要，有时可以进行数据类型的互相转化，例如每个人的血红蛋白属计量资料，若按血红蛋白正常与异常分为两组，计量资料便转换为计数资料；又如病人某证候的记分为分类资料，若将证候分成轻、中、重三型，便转换为等级资料。在多因素分析中，有时需要将定性指标数量化，如将分多项的治疗结果转化为评分，分别用 0、1、2、3…表示，则可按计量资料处理。

（三）观察指标

临床疗效观察结果常用以下相对指标：

①治愈率 =（接受某疗法治愈的病例数/接受该疗法的所有病例数）×100%

②显效率 =（显效例数/接受该疗法的所有病例数）×100%

③有效率 =（有效例数/接受该疗法的所有病例数）×100%

④总有效率 =（痊愈例数 + 显效例数 + 有效例数）/接受该疗法的所有病例数 ×100%

⑤病死率 =（观察期间某病死亡例数/同期该病病例总数）×100%

（四）注意事项

临床研究中常用相对数应用要注意以下事项：

①各疗效等级应有公认的、确切的标准，不同的病证可有不同的疗效等级及标准。

②病死率与死亡率不同，病死率的分母是病人数，而死亡率的分母是平均人口数，不要将两个概念混淆。

③临床上当计算相对数时，注意分母不能太小，如分母太小，最好用绝对数表示。

④注意率与构成比的意义和应用不同，不要将构成比当成率来用。

二、假设检验

（一）假设检验的含义

假设检验（hypothesis testing）也称显著性检验（significance test），它是统计推断的重

要内容。假设检验是先对总体的参数或分布做出某种假设，假设两组样本分别代表的两总体均数（或总体率）相同，然后选择适当的检验方法，根据样本对总体提供的信息，计算统计量 t、u、χ^2、F 等，与临界值（t_α，ν、χ^2_α，ν）比较判断得到概率（P 值），再根据概率的大小推断此假设成立还是不成立，其结果将有助于研究者做出决策，采取措施。由于决策论的思想明确提出无效假设和备择假设，并引入了Ⅰ类错误和Ⅱ类错误的概念，形成了系统的假设检验理论。

在临床试验中，常需要对某药物的疗效做出统计推断结论，根据假设检验的理论，需要推断临床试验结果（指样本均数或样本率）是否来自某一已知总体或两样本均数（或率）是否来自同一总体。当两组均数（或率）有差异时，存在两种可能性：一种可能是造成两均数或率的差异是一种随机误差（抽样误差）；另一种可能是一种真正的差异（非同质总体的）不能完全用抽样误差来解释。如何判断属哪一种可能，这就需要进行显著性检验。

（二）假设检验的步骤

1. 建立无效假设（H_0）和备择假设（H_1）。

2. 根据分析目的及资料类型的不同，检验方法也不同。同时还要考虑是单侧检验（one-sided test）还是双侧检验（two-sided test）。若两组比较，要求推断两组总体均数有无差别，不关心甲组是否高于乙组（或甲组是否低于乙组），应选择双侧检验。若根据专业知识，已知甲组不会低于乙组，应该用单侧检验。一般双侧检验比单侧检验常用，同时还要确定检验的显著性水平 α，一般常用 0.05（或 0.01），特别注意的是在进行两组的均衡性比较时，此时检验的显著性水平可取相对大一点，比如取 $\alpha=0.10$（或 0.20）。

3. 选择显著性检验方法和计算统计量。不同的分析目的和不同的资料类型，需要选择不同的显著性检验方法，其计算统计量的公式不同。一般计量资料常用的统计量有 t、u、F 值，分类资料有 χ^2、u 值，而等级资料有 t、u、Ridit 值等。

4. 确定概率 P。由样本提供的信息计算出来的统计量与显著性水平临界值（如 t_α）比较判断，得到概率的大小，由概率的大小推断假设成立还是不成立。

5. 做出推断性结论。结合专业知识做出符合客观实际的结论，注意统计结论一定要与临床意义相结合。如果统计学有意义，而临床无意义，应以临床结论为主；如统计学无意义，分析是否与观察的样本过小有关，与 α 水平的选择也有关，特别是在显著性界限值附近，下结论要慎重，必要时应增加样本观察数再进行检验；对于一些肿瘤或疑难病种，在样本比较小的时候，可能难于得到有意义的统计学结论，如果临床疗效观察确实有效的，可如实报道临床结果。

（三）假设检验应用注意事项

1. 临床试验结果比较，一定要注意组间的基线状态资料是否具有可比性，即除了研究因素（比如试验用药）外，其他可能影响试验结果的条件（非试验因素）在两组间一定要均衡（齐同可比），例如两组的性别、年龄、病型分类、病情轻重、病程长短等，均应齐同。

2. 选择计算统计量的方法时，一定要注意样本提供的信息条件是否符合公式的适用条件、统计设计和资料的类型等情况，如配对设计与完全随机设计的 t 检验不同，如果将配对设计用成组比较的 t 检验处理，不但浪费资料的信息，还有可能得出错误的结论。

3. 做统计推断时，下结论不能绝对化，因为是否拒绝无效假设，决定被研究事物有无本质差别。当 $t>t_{\alpha,\nu}$时，$P<a$，拒绝了 H_0，但并不一定 H_0 就肯定不成立；当 $t<t_{\alpha,\nu}$，$P>a$，接受了 H_0，并不一定 H_0 就肯定成立。无论是接受或拒绝 H_0，都有可能犯错误，这与样本大小、显著性水平的确定都有关，特别是统计量很接近临界值时下结论要慎重。值得注意的是，对检验结论作出判断时，下结论不能绝对化，因为我们的假设是以同一总体做随机抽样为前提条件的，对于从同一总体做随机抽样，出现大于临界值 $t_{\alpha,\nu}$的 t 值的机会是少的，称为“小概率事件”，小概率事件在一次试验中是不容易出现的（但是也不排除在一次试验中会发生），如果在一次试验中发生了“小概率事件”，自然要怀疑无效假设，而做出无效假设不成立的判断，这时就有可能犯错误，拒绝了真实的假设，这叫犯Ⅰ错误（或称 a 错误）；反过来，也有可能在假设是不真实的而接受了它，这时也会犯错误，这类错误叫Ⅱ错误（或称 b 错误）。无论是接受假设还是拒绝假设都有可能犯错误，所以下结论时不能绝对化。

4. 统计上差异有无“显著性”，是统计术语。两组比较，其差异有统计学意义，并不代表两组的实际差异大小，$P<0.05$（或 $P<0.01$）与事先确定的显著性水平有关，当 $P<0.05$，表示两组来自同一总体的可能性很小，因此拒绝了 H_0。

5. 在进行假设检验时，关于取单侧还是双侧检验，α 水平取多大，都是在试验方案设计时根据分析目的事先确定好；报告结论时一定要结合专业，并写出统计量及概率 P 的确切范围。

三、临床研究常用的统计方法

（一）计量资料常用的检验方法

1. 两小样本（$n<30$）均数的比较

两小样本均数比较的 t 检验要求两样本服从正态分布（normal distribution），方差齐性（homoscedasticity）。见表 5-14。

表 5-14　甲乙两组病人年龄状况

分组	例数	(n)	S
甲组	29	44.7	17.1
乙组	27	45.7	16.1

先对甲、乙两组病人的年龄进行方差齐性检验（homoscedasticity test），$F=17.12\div16.12=1.13$，$F<F_{0.05(27,26)}=2.16$［本例查 $F_{0.05(30,26)}$］，$P>0.05$ 表示甲、乙两组方差齐性，可采用两组比较的 t 检验，本例 $t=0.22$，$P>0.05$，差异无显著性，可以认为甲、乙两组病人年龄差异无统计学意义。若两组方差不齐时，可采用变量变换，若变换后可能解

决方差不齐的问题，可进行 t 检验；否则可采用 t 检验，也可用秩和检验（rank sum test）。见表 5－15。

表 5－15 甲、乙两组治疗前症候指标计分值

分组	例数	(n)	S
甲组	29	36.5	9.7
乙组	27	34.1	5.1

两组症候指标计分值经方差齐性检验 $F=3.62$，$P<0.05$，两组方差不齐，改用 t 检验（或秩和检验），经 t 检验，$t=1.17$，$t_{0.05}=2.05$，$P>0.05$，可以认为两组症候计分值差异无统计学意义。

2. 两大样本（$n>30$）均数比较

当样本含量较大时，t 分布趋向于正态分布，此时可采用两组比较的 u 检验。见表 5－16。

表 5－16 甲、乙两组红细胞均数比较

分组	例数	(n)	S
甲组	150	4.65×10^{12}/L	0.548×10^{12}/L
乙组	100	4.18×10^{12}/L	0.601×10^{12}/L

经 u 检验，$u=6.27$，$P<0.01$，差异有显著性，可以认为甲、乙两组红细胞均数差异有统计学意义。

3. 配对资料的 t 检验

在临床试验中，经常用到配对 t 检验（paired t test），常见的配对设计有：同一批受试对象试验前后的配对数据；同一批受试者身体的两个部位如左、右臂皮肤上做敏感试验测得的一对数据；同一批受试对象用两种方法（两种仪器、两种条件）检测的结果；病例－对照研究，如将同性别、同年龄、同病型、同病程的病人配成对子（临床试验很难办到），分别用两种疗法治疗，观察其疗效。当该疾病不属自愈性疾病，对同一受试对象治疗前后的数据分析，经用配对 t 检验处理，所推导的结论仍具有一定价值。

在做自身对照（自身前后配对）的 t 检验时，下结论一定要慎重，因为同一个体在经历一段时间后，即使不做任何处理（治疗），或处理（治疗）毫无作用，所得指标也可能有变化，甚至有上升或下降的倾向性，为了鉴别这种情况，临床试验中设立了一个平行对照组，这样试验组和对照组在试验完成后就有 4 组数据，即试验组观察前后和对照组观察前后的数据，为了比较客观的评价试验组与对照组的疗效，可分别求出两组的变化值（差值）或变化率［（疗前值－疗后值）/疗前值］、平均变化值或平均变化率及标准差，再进行两组间的 t 检验，也可用两组前后差值（变化值）的均数进行 t 检验，如果用两组治疗后的均数进行 t 检验，下结论时一定要慎重，因为这种处理没有利用治疗前和前后变化的信息。用前后差值的平均变化率比较，比用前后变化值（差值）的均数比较更能提高检验效能，但必须注意进行变化率的组间比较，随着检验效能的提高，假阳性的可能性也会增大。

4. 多组样本均数比较及两两比较

临床试验中，有时用某种新药的不同剂量与对照组比较时，就构成了多组均数的比较，此时可采用方差分析（analysis of variance，ANOVA）。使用方差分析时，仍然要考虑各组样本均数是否服从正态分布、方差是否齐性，可先用χ^2检验做多组间的方差齐性检验，若方差齐性（$P>0.05$），可进一步计算F值，当$P<0.05$时，再进行各组间的两两比较。进行各组间的两两比较，常用q检验。若进行多个试验组（如不同剂量）与一个对照组均数间的两两比较，可采用最小显著差法（侧重在减少Ⅱ错误）或新复极差法（侧重在减少Ⅰ错误）；进行方差齐性检验时，当结果为$P<0.05$，表示各组方差不齐，此时可对各组变量进行代换，使方差齐，再进行方差分析，但有时数据代换后方差仍不齐，这时可选择多组资料的秩和检验及两两比较。

（二）分类资料常用的检验方法

1. 试验组与对照组率的比较

临床试验中，常需比较试验组与对照组之间总有效率的差异，当两组样本较大（$n>100$），而率又不太小时（比如n_p或n_{1-p}均大于5，此时率的分布近似正态分布），可选择两率比较的u检验或χ^2检验（见表5－17）。

表5－17　甲、乙两组总有效率比较

组别	总有效数	无效数	合计	总有效率（%）
甲组	288	18	306	94.12
乙组	90	50	140	64.29
合计	378	68	446	84.75

$u=8.13$，$P<0.01$，差异有显著性意义，可认为甲、乙两组总有效率不同，甲组总有效率高于乙组。也可用χ^2检验，$\chi^2=66.15$，$P<0.01$，结果与u检验相同。由此可见u检验适用于大样本资料两率的比较，而四格表χ^2检验大、小样本均适用，但四格表χ^2检验公式的选择有其适用条件：

（1）当总例数$n>40$，各组理论数$T>5$时，可直接计算χ^2值。

（2）当总例数$n>40$，$1<T<5$时，由于理论数偏小，往往使得χ^2值偏大，此时可应用四格表χ^2值校正公式。

（3）当总例数$n>40$，但有理论数$0<T<1$，或总例数$n<40$，有实际观察数为0的情况，此时应采用确切概率法直接算出概率P。

2. 多个样本率的比较

当行数或列数大于2，或行列数均大于2时，称行×列表或$R\times C$表。$R\times C$表计算χ^2值时，要求小于5的理论数的个数不能超过基本格子的1/5。例如，一个三组试验的样本率比较见表5－18。

表 5－18　三组疗法有效率比较

组别	有效数	无效数	合计	有效率（%）
中西药结合组	46	12	58	79.31
中药组	28	60	88	31.82
西药组	6	16	22	27.27
合计	80	88	168	47.62

表 5－18 称 $R \times C$ 表（3×2 表）共有 6 个基本格子，且各格理论数均大于 5，可用下式计算 χ^2 值，$\chi^2 = 168$［462/（58×80）＋122/（58×88）＋…＋162/（22×88）－1］＝35.81，$P < 0.01$，差异有显著性，可以认为三组疗效不同，若要进一步做两两比较，可分成三个四格表再进行检验，分别见表 5－19、5－20 和 5－21。

表 5－19　中西药组合组与中药组疗法有效率比较

组别	有效数	无效数	合计
中西药结合组	46	12	58
中药组	28	60	88
合计	74	72	146

$\chi^2 = 31.55$，$P < 0.01$

表 5－20　中西药结合组和西药组疗法有效率比较

组别	有效数	无效数	合计
中西药结合组	46	12	58
西药组	6	16	22
合计	52	28	80

$\chi^2 = 18.99$，$P < 0.01$

表 5－21　中药组和西药组疗法有效率比较

组别	有效数	无效数	合计
中药组	28	60	88
西药组	6	16	22
合计	34	76	110

$\chi^2 = 0.17$，$P > 0.05$

两两比较结果表明，中西药结合组均比单纯中药组和单纯西药组疗效好，$P < 0.01$，而中药组与西药组差异无统计学意义（$P > 0.05$）。

分类资料常用的检验方法中还有配对资料的比较，这里不做详述。

临床试验中常对两组资料的某项分布特征或两组疗效不同等级构成进行比较，对于两组某项特征的不同分布（或构成比）进行比较时可用 $R \times C$ 表 χ^2 检验，对于两组疗效不同等级的比较不能采用 χ^2 检验，因此类资料为单项有序行×列表，在比较两组不同等级疗效的差异时应采用 Ridit 分析或秩和检验。

（三）等级资料常用的检验方法

1. 非参数统计简介

在临床实际工作中，对于某些资料的总体分布类型往往是不知道的，资料的数据形式往往是按等级分组，处理这类资料就需要借助于另一种不依赖总体分布的具体形式的统计方法，这类方法不需要对总体的参数进行估计，也不需要对总体的参数进行检验，这类方法称非参数统计法，非参数统计方法的主要优点是：不拘于总体分布（总体分布未知或已知）；计算简便；对于不能精确测量的资料，如等级资料或分布极端偏态，预分析等均可采用。非参数统计方法的主要缺点有：若资料适宜用参数方法的，采用了非参数方法处理，常常会损失资料的部分信息，降低检验效率，特别是当用参数法而统计量接近临界值时要慎用。非参数统计适用于假设检验中不涉及总体参数，资料不具备参数统计方法的条件，分布不明或极端偏态，两端无界或等级分组资料。

2. Ridit 分析

Ridit 分析是一种对等级资料进行试验组与标准组比较的假设检验方法，其基本思想是先确定一个标准组，通常为以往积累的资料或样本含量相当大的资料作为特定的总体，标准组 R 值的均数 $\bar{R}$ 标为 0.5，由试验组计算出的可信区间若包括 0.5，则接受假设，可以认为试验组来自标准组总体，差异无显著性，若可信区间不包括 0.5，则拒绝假设，可以认为试验组来自标准组的可能性很小，试验组与标准组间的差异有统计学意义。

3. 秩和检验

（1）两组等级资料比较的秩和检验

临床试验中，当进行组间比较时，由于资料的分布不明、方差不齐，有的又受检验公式条件所限，有的资料按等级分组，此时可采用秩和检验。对于等级大样本资料用 Ridit 分析和用秩和检验在多数情况下检验结果是一致的。

（2）配对资料的符号检验

先将治疗前后差值的绝对值从小到大排秩（差值为 0 去掉）并编秩，差值的绝对值相等时取平均秩并分别给予正负号，分别计算正、负秩和，以绝对值小者作为统计量 T，查表（有关统计书）判断，当对子数 $n>25$ 时，可计算 u 值。由于相同的秩较多，需校正 u，本例 $u=2.35$，$P<0.05$，差异有显著性，可以认为治疗前后辅助性 T 细胞的变化差异有统计学意义，受试者经治疗后辅助性 T 细胞普遍升高。

（四）临床研究结论与统计推断的关系

1. 显著水平 α 的确定

临床试验要求试验组与对照组除了研究因素（受试因素）不同外，其他可能影响研究结果的非试验因素，两组都应相等或相近，以保证两组的均衡性，两组进行试验前的比较，α 可取大一点，一般可取 0.1（或 0.05）；进行两组或多组疗效差异的比较时，为了平衡两类误差，一般统计上 α 取 0.05（或 0.01）。

2. P 值与样本和 α 的关系

P 值是根据统计量与显著性水平 α 相对应的临界值比较得到的概率范围，当 α 确定时，临界值可由统计表查到，若统计量 < 临界值，则 $P>\alpha$；如 $\alpha=0.05$，$P>0.05$，则接受 H_0，表示两组差异无统计学意义，可以认为两组疗效相同（对判定两组疗效是否相同应进行等效性检验）。P 值的大小也与 α 的大小和样本含量的大小有关，当样本含量偏小，α 也偏小时，P 值往往会偏大；当 α 增大，或增加样本含量，可能会出现 $P<\alpha$，差异有统计学意义的结果，这时下结论要慎重，研究者应结合临床实际做出客观的判断。严格讲，α 和样本含量的大小均在试验方案设计时就要确定好，不得在统计分析时人为选定。

（五）等效检验（equivalence test）

在临床试验研究中，要判断两种药物或两种疗法的效果是否接近或相等，可采用等效性检验。等效检验必须规定一个有临床意义且比较合理的等效差值 Δ，且同一资料，选择 Δ 不同，等效检验的结果也不同。Δ 一般由本专业专家结合成本效应来估计，如两率比较一般 Δ 值不应超过对照组样本率的 20%，如对照组样本率为 75%，则 $\Delta<0.15$（$0.75\times0.2=0.15$）；对计量资料，当 Δ 难以确定时，Δ 可用标准差的 1/5 ~ 1/2，Δ 也可用标准均数的1/10。

等效检验有以下两个条件：①必须 $\Delta>\delta$（δ 为两样本率差值）；②应先作一般 u 检验，当 $P>\alpha$ 时，再进行等效检验。等效检验可用于两样本率比较、两样本均数比较等。

四、直线回归与相关

（一）直线回归的概念

线回归是处理两变量（其中至少有一个是随机变量）间线性依存关系的一种统计方法。它是由每一对观察值用数理统计方法求得一直线方程，此直线方程可表达两变量间依存变化的数量关系，但该方程并不像数学上完全确定的函数关系那样一一对应，它是估计的，具有某种不确定性，故称直线回归方程。它的用途是建立两变量间依存关系的直线回归方程，由直线回归方程通过已知变量（容易测定的）估计未知变量（难测定的）等。

例如，人参浓度 X 与淋巴细胞溶解率 Y 这两变量之间关系可由表 5-22 表达。

表 5-22　人参浓度与淋巴细胞溶解率

人参浓度 X	0.000	0.125	0.250	0.500	1.000	2.000	4.000
淋巴细胞溶解率 Y	47.7	46.0	42.7	42.7	35.7	29.4	4.80

（二）直线回归方程的建立及应用

上例中，根据最小二乘法原理求得回归方程的系数：回归系数（regression coefficient）

$b = -10.32$，截距（*intercept*）$a = 47.18$，建立回归方程 $Y = 47.18 - 10.32X$，对回归系数进行假设检验，$F = 61.28$，$P < 0.05$，差异有显著性，可以认为培养液的人参浓度与淋巴细胞溶解率间有直线回归关系。

直线回归方程的应用：①描述两变量间的相互依存关系。②利用回归方程进行预测，将预报因子（测得值即自变量 X）代入回归方程，对预报量（变量 Y）进行估计。③利用回归方程进行统计控制，即利用回归方程进行逆估计，要求应变量 Y 在一定范围内波动，可以通过 Y 控制自变量 X 的取值范围。

（三）直线相关的概念和意义

在分析两个事物间的关系时，研究者常常需要了解两变量是否有相关关系存在，这种关系的密切程度如何？是正相关（随 X 的增大，Y 也相应增大），还是负相关（随 X 的增大，Y 反而减少），这就要由相关分析来回答。相关分析是通过计算相关系数（coefficient of correlation），用相关系数来表达两变量间关系的密切程度和相关方向的。例如，血瘀证患者 TXB_2/6 - K - PGF1α（T/K）值与微循环加权积分值间相关关系见表 5 - 23。

表 5 - 23　血瘀证患者 TXB_2/6 - K - PGF1α（T/K）值与微循环加权积分值的关系

T/K 比值（X）	1.9	2	2.7	2.2	2.1	2.5	2.8	3	3.1	3.3
微循环加权积分值（Y）	1.8	2.2	2.4	2.9	2.8	3.1	3.1	3.8	4.1	4.3

计算出相关系数 $r = 0.881$，经相关系数的检验，$t = 5.26$，$P < 0.01$，差异有显著性，可以认为血瘀证患者 TXB_2/6 - K - PGF1α（T/K）值与微循环加权积分值间有正相关关系。

（四）直线回归与相关的应用注意事项

1. 进行直线回归与相关分析时一定要有实际意义，观察值应是同质的，不能随便对两组毫无关系的观察值做回归与相关分析，这就需要对两变量有充分的认识和了解。

2. 回归分析时，若 X 为自定值（如给药剂量），那么 Y 一定是随机且服从正态分布的变量，若 X 和 Y 都是随机变量，要求 X 和 Y 服从双变量正态分布。

3. 回归方程的适用范围一般以 X 的取值范围为限，超出范围可能会导致严重错误，因此，该范围不能随意外延扩展。

4. 一般进行分析时应先作散点图，观察散点的排布趋势有无直线关系（有的可能是曲线关系），若有，可进一步计算 r、b、a。

5. 临床试验研究数据仅是样本资料，必然存在随机误差（抽样误差），因此对 r、b 应做假设检验。

五、多元统计分析简介

（一）多元分析的概念

多元分析也称多变量分析，是用于研究多因素和多指标的一种统计方法。该方法常用于流行病学、病因学研究、计量诊断研究中疾病与危险因素的关系、病因与疾病的因果联系、疾病的分类及判别等方面。在临床试验研究中，影响药物疗效的因素很多，而这些因素之间有时还有交互作用，影响疗效的因素通常有性别、年龄、病型、病程长短等多种因素，在疾病的诊断方面也要根据病人的很多症状、体征及实验室检查结果而定，疾病的预后与治疗情况及机体状况的关系，这些问题在统计学上可应用多变量分析方法来处理。多元分析不仅可以同时考虑多个因素对人体生理、病理变化及疾病发生、发展的影响，还可以分析多因素间的交互作用。

（二）常用的多元分析方法

1. 多元回归与相关分析（multiple regression and correlation analysis）

主要用于分析变量间的关系的一种分析方法，可用于疾病的影响因素、病因学研究、计量诊断及疾病的预测预报等问题。

2. 因子分析（factor analysis）

是用较少的综合的主要“因子”取代为数较多的原始指标（变量），使其相关信息的损失尽量少，它可利用少数的综合因子揭示大量数据中所蕴藏的某些医学信息（如生理意义、临床意义），从而做出合理的解释。

3. 聚类分析（cluster analysis）

是利用物以类聚方法，对尚不知类别的事物进行分类，为临床疾病分类（或疾病诊断指标归类）提供合理的解释。

4. 判别分析（discriminant analysis）

是根据已经总结出来的类别，建立判别函数，对观察单位应属于哪一已知类别进行判断，提供疾病在计量诊断上的方法。

多元统计方法涉及的数学知识较多，计算比单变量统计分析复杂得多，对样本含量也有一定要求，一般一个自变量应有 5～10 例样本含量，如 5 个自变量，样本含量应为 25～50 例。在分析时还要注意变量的数据类型、分布等，有时还有必要对数据类型进行适当的转换，统计分析的结果应结合专业知识做出合理的解释。一般都是利用计算机来处理数据，随着医学统计学的发展和计算机应用的普及，有一些统计软件包如 SAS、SPSS、EPI、PEMS 等可供多元分析之用。

六、统计表和统计图

临床试验研究中，在进行总结报告时除了文字说明和统计检验外，还经常用统计表和统计图来表达统计结果（指标），统计表和统计图不仅便于阅读，而且便于分析比较。

统计表的结构和编制要求如下：①标题：简明扼要地说明表的主要内容、时间、地点，位于表的上方正中央。②标目：标目有横标目和纵标目。横标目位于表左侧，纵标目位于表的上端。标目的文字应简明，纵标目的指标应标明单位（如%、cm、kg 等）。③线条：不宜过多，有上、下线和隔开合计的横线，表的两侧边线和斜线应省去。④数字：一律用阿拉伯数字，小数位要统一，位数要对齐，表内不应有空格，若有可用“－－－－”或“0”表示，缺失资料可用删节号“…”填入。⑤排列：项目或分组可从小到大（或从高到低）排列，分组要合理，可根据专业情况设定。⑥说明：表内如有说明，可注“＊”，于表的下方说明。

统计图的绘制要求有以下几点：①根据资料的性质和分析目的选择适合的图形。②标题简明扼要，一般放在图的下方正中央，应有时间、地点和主要内容。③图有纵轴和横轴，两轴应有标目，标目应注明单位。横轴尺度自左向右，数字一律从小到大，一般横轴为时间、年龄分组、剂量分组等。纵轴自下而上，数字一律从小到大，一般从0开始（对数图、点图除外），尺度应等距（对数图除外）并标明数值。④图中可用不同线条或颜色表示不同事物，应有图例说明，一般放在图的右上方空白处。⑤图体长宽比例一般以5:7比较美观，但也可灵活掌握。

绘图时一定要根据分析目的和资料性质选择图形。如相互独立的项目，比较某项指标数量的大小可选用直条图；构成比指标可选用圆形图或构成比条图；表示某一现象随另一现象上升或下降的趋势，用于与时间有关的连续性资料，可用普通线图；表示不同分组下频数大小（或面积）可选择直方图，用于连续性资料；表示某一现象随另一现象上升或下降的速度可用半对数线图，用于连续性资料，且数据间呈对数（倍数）关系的数据；对于表示两事物间的相关性和相关方向的用散点图，要求数据有对应关系如血压与年龄的关系。

七、临床科研中统计方法应用的常见错误

应用正确的统计方法可增加研究结果的可信度，而错误的统计方法常导致不正确的研究结论。临床科研中常见的统计方法错误包括以下几种。

1. 构成比的误用

由于医院资料的局限性，临床所获得的数据一般只能计算构成比而不是发病率。构成比通常不能说明事物发生的强度，而且构成比的大小受到很多其他因素的影响，因此比较构成比的大小或应用构成比说明问题时不能滥用。只有纵向随访研究才能得到发病率的资料。

2. 内部构成对统计指标的影响

临床研究中，比较两组药物的疗效或说明两组病人的预后时，常需要注意其他因素对结果的影响。标化或对可能影响结果的因素进行分层是解决这一问题的最好办法，如果影响因素很多，可能需要多因素分析来平衡各种因素的影响。而无视其他因素的影响可能得出错误的结果。

3. 偏态定量数据统计描述和检验方法的误用

偏态定量数据的中心位置应当用中位数来描述（对数正态分布采用几何均数描述），但目前很多研究报道的资料仍只用均数描述。由于均数和标准差唯一刻划了正态分布资料的特征，对于正态分布资料只需表示均数±标准差。但是均数±标准差不是偏态分布资料的特征，通常应该用中位数（25%百分位数～75%百分位数）来描述偏态分布资料的中心位置和分布概况。对明显偏态资料的组间比较，t检验或方差分析也是不正确的，应选择非参数检验。

4. 配对（配伍）比较和成组比较的误用

配对 t 检验与两组比较的 t 检验选用要根据不同研究设计，完全随机设计和配伍组设计也要根据不同研究设计选用。配对研究设计和配伍组设计的资料属于非独立数据，只能采用相应的配对 t 检验或配伍组方差分析，成组设计或完全随机设计的资料不能（也无法）用配对 t 检验或配伍组方差分析方法进行检验。

5. 一揽子比较的错误

对于多组或配伍组比较应当先做方差分析或非参数统计分析，然后再用相应的多重比较，而不应直接做所有两两比较的 t 检验或非参数检验，否则 I 类错误会增大。临床研究和杂志上仍然常可见到这一错误。

6. 统计方法应用的条件不符合

各种统计方法应用有一定的条件，如 t 检验和方差分析要求数据为正态（或近似正态）分布和方差齐性，若研究数据呈明显偏态仍然采用 t 检验或方差分析是不正确的。对于非负值资料，如果标准差远大于均数，常是偏态分布的。方差是否齐性对统计结果影响很大，要特别注意。再如回归分析的方法选择，不能不管因变量是什么性质而乱用回归方法，因变量为定量数据可以用线性回归（或数据经转换后应用），因变量为分类数据可以用 Logistic 回归，而生存时间因变量可以用 Cox 回归。应用不适当的回归分析方法会得出无法解释的结果。

7. 论文中未注明与统计有关的结果

统计所用的方法，比较的样本量、统计量如 χ^2 值、P 值等都应在论文中指明。

最后需要指出的是，研究结果的准确性与研究设计有关，统计方法的选择也与收集资料的方法有关，因此，统计方法应当在研究设计阶段做出正确的选择，而不是等到数据收集好之后再来考虑。否则，研究结果的可信度就受到怀疑，而单纯依赖统计学方法，对研究设计没有考虑的选择性偏倚和测量性偏倚是无法补救的。

八、新药研制中的统计方法错误使用

统计学的内容非常丰富，医学统计的方法很多，每种方法都有其适用条件，每种方法各适用于不同的实验设计类型。我国医学论文统计方法的使用率自 1985 年后呈上升趋势，但医学杂志发表的论文存在不同程度的统计错误，统计方法的应用错误会使整个精确进行的研究得出错误的结论。医学科研论文中统计方法方面经常出现的问题如下：

1. 未使用必要的统计分析方法或仅用统计描述

一些文章没有进行必要的统计分析，或者仅对研究结果的均数、率从样本大小进行比较。

2. 没有写清所用统计方法的具体名称或根本不写

论文中应将所用统计方法交代清楚，如果交代不清或根本不予交代，则审稿者或读者将无法判断论文结论的正确与否。配对设计与成组设计数据的统计方法就不同，如果只说用了 t 检验，则很难判断其正确性；有的文章中只提一句“经统计学处理”后，就写出结论；有的甚至干脆不提“统计”二字，直接用 P 值说明问题了事。

3. 资料严重偏态却使用 t 检验或方差分析

t 检验和方差分析要求数据服从正态分布，而且方差齐，医学研究中大量的数据并不服从正态分布。当分布偏离正态分布不大时，对其结果的影响不大。但对于计量数据还是应当先做正态性检验，如果正态性检验结果认为数据不服从正态分布，可以进行变量变换，或进行非参数统计。有时从论文中的数据可以看出其资料严重偏离了正态分布，但仍然使用 t 检验或方差分析，显然是不正确的。因为医学研究数据不可能是负数，当样本不太小时，平均数减 3 个标准差不应是负数，否则就偏离了正态分布规律。

4. t 检验代替方差分析进行多组间的比较

这种现象还不少见，在统计学上进行多组计量资料的比较时，应当先做总的检验（各组间方差齐用方差分析，方差不齐需用非参数统计方法来处理），在得出差别有统计学意义的基础上，再做多重比较。文章中的常见错误是将资料拆开，对各种组合下的两两均数分别做成组设计两样本比较的 t 检验或配对 t 检验，且每次比较的检验水准仍然为 0.05，这样就会增大犯错误的概率，将本来无统计学意义的差异误判为有统计学意义。

5. 成组 t 检验代替配对 t 检验

随机化分组是保证非处理因素均衡一致的重要手段，增加实验组与对照组间的可比性。配对设计的目的也是减少混杂因素对处理因素的影响，它比成组设计非处理因素更加均衡一致，二者关键是实验设计方案不同，分析目的不同，其统计方法也不同。

6. 区组设计的方差分析代替重复测量设计的方差分析

重复测量设计看似随机区组设计，但其试验结果按时间顺序排列，不像随机区组设计的处理那样经过随机排列，其不同时间之间是相关的、不独立的，不但可以分析两因素各水平间是否有差别，还可分析两因素有无交互作用。

7. 单向有序变量做检验

临床上当疗效或检验结果分成多个等级，如疗效分为痊愈、显效、进步、无效 4 个等级，则 Person 检验只能检验各组构成是否相同，而不能检验各组疗效是否有差别。

8. 误用检验公式

检验中的公式较多，各有其适用条件，稍有不慎，即有误用的可能，应根据实验设计和资料的性质进行正确选择。常见的失误有：

①普通四格表资料，当 $n>40$，但有 $1<T<5$ 时，没有计算校正 Y 值。

②普通四格表资料，当 $n<40$，或有 $T<1$ 时，仍然用检验，没有选用四格表确切概率法。

③$R\times C$ 表资料，有理论数 $T<1$ 的格，或 $1<T<5$ 的格数超过总格数的 1/5，没有采用适当的处理方法，而直接套用 $R\times C$ 表检验的公式，导致分析的偏性。

④将配对四格表资料整理为普通四格表。二者设计方案不同，a、b、c、d 的意义不同，分析目的和方法也不同。

9. 直线相关分析与直线回归分析中的问题

进行直线相关与回归分析时，得出回归方程式或算出了 r 值，得出结论前，应先做假设检验，用以推断变量间是否存在直线性的依存关系或相关关系，至于相关的密切程度还

要看 r 绝对值的大小，因为 r 的假设检验，无论 P 值多么小，只能说明变量间是否相关，而不能提供相关密切程度的信息。r 绝对值越接近，变量间的相关关系越密切。r^2 称为决定系数，表示回归平方和占总平方和的比例。当变量间有相关关系，但不是很大时，提示变量间的相关关系实际意义不大，有些科研工作者对此缺乏了解，在论文中曾发现 r 值为 0.126，$P<0.01$，决定系数为 1.59，而未引起研究者对其实际意义的关心。还有的用直线相关代替曲线相关，用直线相关代替等级相关，应变量为二分类变量却使用线性回归。

10. 多因素分析中的问题

随着计算机的普及，多因素分析已日益广泛地应用于医学研究之中。医学研究中所应用的多因素分析有多元线性回归、Logistic 回归、Cox 比例风险模型、判别分析、聚类分析、主成分和因子分析、典型相关分析、对应分析、多维标度法、Poisson 回归分析等。由于这些分析的复杂性，有些研究者对分析中的准则不十分熟悉，缺乏统计学原理的基本知识，对选用哪些数据，应用哪些计算及怎样解释所得结果等，单靠计算机不可能全部圆满地完成。因为缺乏统计学基本知识，机械使用统计软件，导致拿着计算机给出的结果不知道是什么意思。在进行统计计算时，常常需要灵活地应用统计软件，这就需要对软件的计算方法有较深入的了解。人们在处理“多因素多指标统计资料”方面最常犯的错误是：①多元（或多因素）资料用一元（或单因素）统计分析方法处理：这样会导致资料的利用率低，不能反映资料的整体情况，不能很好地揭示变量之间的交互作用和内在联系，容易得出片面的、甚至歪曲事实的结论。②多因素分析方法的选择错误：对于多因素分析，我国医学论文中使用最多的是多元回归，常用的多元回归方法有多元线性回归、Logistic 回归和 Cox 回归，它们是按照应变量的类型来分类的，其应变量分别为连续型变量、分类变量和生存时间。如果资料中有多个观测指标，但它们之间没有自变量和应变量之分，研究变量之间的远近关系时，可选用变量聚类分析；根据变量之间的关系，想把受试对象进行分类时，可选用样品聚类分析；要降低变量的维数，用少数几个综合变量表达众多原变量所反映的绝大部分信息时，需选用主成分分析或因子分析；将变量和样品同时反映在一个直角坐标系时，应选用对应分析。当资料中有分类变量，还有一系列定量的观测指标，若只想比较分类变量不同水平的在专业上有一定联系的多个定量指标的均数之间的差别是否有统计学意义时，可以用多元方差分析；若分类变量代表的是几个明确分类的总体，希望建立一种方法对未知个体进行归属判断时，应选用判别分析；若在做多元方差分析时，发现还有一个或多个定量的影响因素，希望将其影响扣除后再做多元方差分析，此时，应选用多元协方差分析。③自变量有共线性，用多元线性回归和多元 Logistic 回归：共线性是指自变量之间有相关性，严重的共线性会使回归方程不稳定，如使自变量的作用与实际相反，有统计意义的自变量变为没有统计意义等。对于多元（或多因素）资料，有很多文章用单因素分析方法筛选自变量，然后又建立了多元回归方程。其实，多因素分析本身就可以筛选自变量，用单因素分析筛选自变量是错误的，只用单因素分析更不可取。事实上，人们常面对的是多因素的复杂统计资料，不存在某一种统计方法能利用全部的数据，回答专业上期待解决的全部问题。这就需要结合专业和统计学知识，选择不同的变量子集，进行各种相应的统计分析，使专业知识和统计知识密切结合，对结果做出合理的分析与解释。

综上所述，中药新药研制存在的统计学失误大部分不是因为深奥的数学问题，相当部分是源于统计学基础知识的缺乏。只要我们加强医学统计学学习，打下坚实的统计学基础，就能减少统计学上的失误，使论文撰写更具有科学性和严谨性。

第六章 中药新药制备工艺研究

第一节 概　述

中药新药的研发作为连接和促进中医中药发展的纽带，其基本内涵是立足于中医药的传统理论观点，着眼于临床需求，采用现代制药工艺，将药物制成符合现代社会需求的制剂产品供广大患者使用。制备工艺的研究是中药新药研究的一个重要环节，包括提取、纯化工艺和制剂工艺两部分。新药的研究在处方决定以后，首先就要进行与质量研究相结合的制备工艺研究，在得到稳定的工艺以后，才能制备出质量稳定、能充分发挥疗效的样品，以保证在新药的药理、毒理、临床及稳定性研究中获得可靠的结果。本章主要讨论中药新药的制剂工艺研究。

一、制剂工艺研究的重要性

（一）制剂工艺研究是连接中医和中药的纽带

中药是中医实现其临床疗效的基本物质基础。由于中药来源于自然界的动植物、矿物等，所含成分复杂，中医学为实现定向性的治疗效果，对中药采用了以下的处理方法：其一是炮制加工药材，以控制或改变单味药材的作用趋向、作用强度，以及降低其毒副作用，选用特殊的炮制方法处理药物以与病证相符。其二是组方配伍。在辨证论治的基础上，根据各药的药性及药与药之间的配伍关系，选用一定剂量的药物组成方剂。其三是制剂加工。仅以炮制或组方配伍获得的药物无法满足临床或者日常的治疗需求，必须通过制剂手段有目的地提取某类有效成分，除去无效或有毒副作用的成分，提高疗效，降低副作用，降低用药剂量，控制药物释放速度和释放量。制剂加工将有效的方药变成具有特殊形态和内涵的药品供临床使用，实现临床治病的目的。因此，现代中药制剂应根据临床需要、处方组成、生产条件等选择合适的剂型、合理的工艺、物美价廉的辅料和包装，将传统方剂制成现代制剂，才能符合新时代的需求。简而言之，制剂工艺研究将临床有效方药加工成符合中医传统理论及现代用药要求的药品供临床使用，实现治病救人的目的，发挥其联结中医中药的纽带作用。

（二）制剂工艺研究是中药新药研究的基础

由于复方中所含成分众多，所呈现的作用是多向性的，但临床用药却要求发挥其某方面的作用，且不同的制剂工艺过程会造成不同成分质和量的变化，物质基础发生改变会对其药效、毒理、临床研究影响巨大。如某方中含有大量挥发油类成分，在提取干燥过程中采用常压干燥会造成挥发油的大量损失，而采用减压干燥或者对挥发油进行包合，不仅可以减少挥发油的损失，确保其疗效，而且可以简化后续的制剂工艺，提高最终制剂的稳定性。又如丹参中含有的丹参酮类脂溶性成分及丹酚酸类水溶性成分均为其有效成分，但由于各成分极性相差较大，水溶性有效成分易受热破坏，如果制剂工艺不当则可能导致药效减弱[1]。另外，中药新药研制过程中，药效、毒理、临床研究都要求有质量可控、稳定的样品，制备工艺研究是提供稳定样品的技术基础。因此，研究合理的制剂工艺是确保后续的各项研究顺利有效进行的基础。

（三）制剂工艺研究是中成药行业产生社会效益和经济效益的保证

改革开放以来，已经有数以千计的中医方剂被开发成中成药，为社会提供了很多疗效确切的药品。但是如何在保证药品疗效的同时保证其安全性（如不同厂家生产的清开灵注射液由于其制剂工艺的精细控制不同而引起不同的临床不良反应发生率），如何充分合理利用我国有限的中药材资源，提高产品的产值、利润（复方丹参滴丸是复方丹参片价格的3倍），这些都直接依赖于制剂研究尤其是新工艺研究，新产品研究的速度与水平、制剂工艺水平已经成为广大中成药厂的核心竞争力所在。此外，随着2010年复方丹参滴丸圆满完成了美国Ⅱ期临床试验，经典中药的现代制剂已经离国际市场越来越近，中药新制剂的开发是开拓国内外市场的保证，而制剂工艺研究影响着整个新药研究工作的全局，它与处方是整个研究工作的核心。

二、制剂工艺研究的特点

中药制剂工艺研究必须首先植根于中医药理论，离开了传统医药理论的指导，中药制剂工艺的研究就是无水之源，无本之木。尤其要注意的是，现在许多从中药或者从天然药物中提取出有效成分进行的工艺研究应按照化学药的要求进行申报研究。第二，中药制剂以复方为主，药味少则几味，多则几十味，其成分复杂又不完全清楚，在制剂过程中相互作用复杂，有效成分含量低，这都对制剂工艺的研究带来挑战。第三，中药制剂工艺研究所得的必须是安全有效、质量稳定的中成药产品。在制剂工艺的研究中，涉及处方、辅料、剂型、工艺、包装等一系列的问题，除了考察成药的疗效和毒副作用，市场的前景、工艺的繁简、经济效益的优劣都影响到工艺的设计和安排。所以中药制剂工艺研究是一个高标准、全方位、立体的工程，需要按项目、条件、评选指标进行全面系统的实验设计和研究，并结合其他新药研究结果得出最佳方案。

三、制剂工艺研究的要求

（一）制剂工艺研究必须以中医的辨证论治思想为指导

中药制剂工艺研究是以中药材为原料，脱离开中医理论的指导就不能称之为中药研究。在设计处方组成时必须满足中医的辨证论治、理法方药的原则；在厘清方中君臣佐使关系后，制剂工艺研究应尽量围绕功能主治确定指标成分，提取有效成分，使成品药效与原方尽可能一致；制定质量标准应着重对君臣药物或者毒性药物进行控制，方法应简便可靠。

（二）制剂工艺研究必须充分利用现代新技术、新方法

虽然中药新制剂通常都来源于经方或验方，但通常原制剂工艺相对粗糙。随着现代制药工业的发展和国家“十一五”“十二五”重大新药创制项目的推进，越来越多的新技术新方法已经广泛应用到了中药制剂工艺的研究中。如超细粉碎技术、超临界流体萃取技术、膜分离技术、固体分散技术等，使得许多中药现代剂型如注射剂、滴丸、气雾剂等的开发成为可能。中药制剂工艺必须保持与当今世界科技发展同步，所形成的新产品才能真正走出中国。

（三）制剂工艺研究必须注重社会及经济效益

近年来中药材价格一路走高，如何使开发的中药新制剂满足临床需要，又充分利用中药资源，提高产品的附加值是在进行制剂工艺研究时必须考虑的。此外，如环保等社会效益越来越受到政府和社会的重视，如何减少污染、提高能效，也是制剂工艺研究中应考虑的重大问题。

总之，当今的中药制剂工艺研究已不再停留于膏丹丸散时代，越来越多的中药企业在设计产品时更加注重产品的技术含量，真正形成企业的核心竞争力，以获得更好的经济效益，也能更好地服务于广大人民群众。

四、制剂工艺研究的基本程序

制剂工艺研究的基本程序为：设计并筛选处方→剂型选择→制剂工艺研究→确定内外包装→中试→大生产

在进行处方研究时，应注意考虑药用资源是否丰富可用，方中是否有毒性或争议性较大的药味，充分考虑处方配伍的合理性；在确定最终剂型时，应考虑临床使用的便利程度及剂量的大小，生产和质量的可控性及充分的经济价值，当然必须以药效为首要考虑因素；制剂工艺研究应严格按照国家有关的制度规范进行研究，在确定好工艺路线后，系统全面地进行工艺条件的筛选；根据制剂特性选择合理的包装，设计标签和说明书；根据小试工艺，优化并确定中试及大生产工艺。

第二节　中药新药制备工艺研究的技术要求

详见第二章相关内容

第三节　剂型选择

一、剂型选择的重要性

剂型是为适应诊断、治疗或预防疾病的需要而制备的不同给药形式，是临床使用的最终形式。剂型是药物的传递体，将药物输送到体内发挥疗效。一般来说，一种药物可以制备多种剂型，但给药途径和剂型不同可能产生不同的疗效，应根据药物的性质、不同的治疗目的选择合理的剂型与给药方式。

（一）药物剂型与给药途径

药物剂型的选择与给药途径密切相关。纵观人体，可以找到十余个给药途径，如口腔、舌下、颊部、胃肠道、直肠、子宫、阴道、尿道、耳道、鼻腔、咽喉、支气管、肺部、皮内、皮下、肌肉、静脉、动脉、皮肤、眼等。例如，眼黏膜给药途径以液体、半固体剂型最为方便；直肠给药应选择栓剂；口服给药可以选择多种剂型，如溶液剂、片剂、胶囊剂、乳剂、混悬剂等；皮肤给药多用软膏剂、贴剂、液体制剂；注射给药必须选择液体制剂，包括溶液剂、乳剂、混悬剂等。总之，药物剂型必须与给药途径相适应。

（二）药物剂型选择的重要性

适宜的药物剂型可以发挥出良好的药效，剂型的重要性可叙述如下：

1. 不同剂型改变药物的作用性质

多数药物改变剂型后作用的性质不变，但有些药物能改变作用性质，如硫酸镁口服剂型用做泻下药，但5%注射液静脉滴注，能抑制大脑中枢神经，有镇静、镇痉作用。

2. 不同剂型改变药物的作用速度

例如，注射剂、吸入气雾剂等起效快，常用于急救；丸剂、缓控释制剂、植入剂等作用缓慢，属长效制剂。

3. 不同剂型改变药物的毒副作用

氨茶碱治疗哮喘病效果很好，但有引起心跳加快的副作用，若制成栓剂则可消除这种副作用；缓、控释制剂能保持血药浓度平稳，避免血药浓度的峰谷现象，从而降低药物的毒副作用。

4. 有些剂型可产生靶向作用

含微粒结构的静脉注射剂，如脂质体、微球、微囊等进入血液循环系统后，被网状内皮系统的巨噬细胞所吞噬，从而使药物浓集于肝、脾等器官，起到肝、脾的被动靶向作用。

5. 有些剂型影响疗效

固体剂型，如片剂、颗粒剂、丸剂的制备工艺不同会对药效产生显著的影响，特别是药物的晶型、粒子的大小发生变化时直接影响药物的释放，从而影响药物的治疗效果。

二、剂型选择的原则和依据

中药剂型的选择应以临床需要、药物性质、用药对象与剂量等为依据，通过文献研究和预试验予以确定。应充分发挥各类剂型的特点，尽可能选用新剂型，以达到疗效高、剂量小、毒副作用小，储运、携带、使用方便的目的。

（一）根据防治疾病的需要选择剂型

各类药物剂型要满足医疗、预防的需要。如急性病患者，要求药效迅速，宜用注射剂、气雾剂、舌下片、滴丸等速效剂型；而慢性病患者，用药宜缓和、持久，常选用丸剂、片剂、膏药及长效缓释制剂等；皮肤疾患一般可用软膏剂、膏药、涂膜剂等剂型；而某些腔道病变，可选用栓剂、膜剂等。

（二）根据药物性质选择剂型

在选择药物剂型时，应掌握处方中活性成分的溶解性、稳定性、刺激性及不同成分之间的相互作用等。一般而言，含难溶性或水中不稳定成分的药物及富含挥发油药物不宜制成液体制剂。而药物成分易被胃肠道破坏或不被其吸收，对胃肠道有刺激性，或因肝脏首过作用易失效的药物等均不宜设计为口服剂型。如胰酶遇胃酸易失效，需制成肠溶胶囊或肠溶衣片服用才能使其在肠内发挥消化淀粉、蛋白质和脂肪的效用。成分间易产生沉淀等配伍变化的组方，则不宜制成注射剂和口服液等剂型。

（三）根据处方规定的日服剂量

中药第一类和第五类新药是以有效成分、有效部位及有效部位群入药，剂量相对较小，便于成型。而第六类新药通常剂量较大，虽经提取，但溶剂一般多用水或醇。溶解范围广，提出的总固体物多。一般水煎煮或乙醇回流提取的收膏率可达 20% ~25%。经高速离心或醇沉也在 15% 以上，经特殊处理可达 10% 以下。所以，要做胶囊或片剂，生药日处方量一般不能超过 30g。而多数处方日服量都在 60g 左右，宜选择颗粒剂、丸剂、口服液等剂型进行开发。少数处方日服量很大，甚至超过 100g，即使制备口服液，需要保证 1mL 相当于原生药 4g，其成品的稳定性和有效成分转移率往往难以达到要求，此时，颗粒剂为较好的选择。

（四）根据工厂技术水平和生产条件

药品是用来治病救人的，其质量要求相当严格。剂型不同，所采取工艺路线及条件、所用设备和所处生产环境皆不相同。这不是所有中药厂、中药制剂室皆能满足的。如制备中药注射剂，首先要将其有效成分提取出来，分离杂质以提纯，而不能降低药效。曾有一些中药注射液，为除杂不惜用活性炭反复处理，最后制成浅色澄明的溶液，但这仅是一支“蒸馏水”。其次，应将提取物配成含量合格而稳定的溶液。其配制方法、辅料的加入程序都十分重要。方法要简便，辅料应尽可能少加（包括加入的种类和用量），制备过程中的每一步都需进行检测。第三，注射液生产中切忌被污染，尤其配液区和灌封区，其洁净度应达到 100 级。总的来说，生产中药注射剂，厂房、设备、技术、工人素质等都必须达到要求。

固体制剂虽比液体制剂要求稍低，但也必须要有一定的条件。如颗粒剂的制备，须解决两个最关键的问题：①提取、分离、浓缩的问题。现在的工厂一般都配有多能提取罐，但其油水分离部分的结构不合理，只能提出一些芳香水（油水混合）。挥发油未充分收集，而大量的芳香水又无法妥善加入到固体制剂中。目前分离部分的设备，多不配套，上工序用多能提取罐，下工序用三效浓缩器，中间既无离心机又无板框压滤机，仅用80～100目筛网滤过，所得浓缩液又多又黏，制备颗粒剂十分困难。②干燥问题。制备颗粒剂，若无喷雾干燥器或一步制粒机，或无真空干燥器，仅用一般的烘房、烘箱，则所得浸膏板结，带焦煳味，严重影响疗效。因此，新药研究设计方案之前应对工厂的生产条件进行考察，而工厂购买新品种时应了解其剂型与技术要求，能满足者方可购买。

第四节　制剂工艺路线选择

制剂的工艺路线是以保证实现处方的功能主治为目的，紧紧围绕功能主治的要求，对药物的处理原则、方法和程序所做的最基本的规定。它直接决定着提取物的种类、存在形式、提取物与功能主治之间的吻合程度，决定着制剂质量的优劣，也决定着该制剂大生产的可行性和经济效益。总的说来，中药复方制剂的工艺路线（尤其是原料处理部分）是工艺科学性、合理性和可行性的基础与核心。

一、制剂工艺路线选择研究的前提条件

（一）选料应精良

1. 处方用药应选择既有效又安全的药物

中药虽然来自天然的植物、动物、矿物，成分多，作用缓和，毒副反应较小，但随着科技水平的提高，科研工作的加强，以及对药物认识的加深，人们也逐渐了解中药各方面的作用，包括毒副反应。研究结果表明，“中药无毒”的说法是不准确的。《淮南子·修务训》有“神农……尝百草之滋味，水泉之甘苦……一日而遇七十毒”的记载，表明一些中药有毒，医药经典书上标明了有毒药物，现代又发现了一些过去认为无毒的药物，长期服用可能会导致蓄积中毒。

2. 对原料应辨其真伪

目前各地药材市场较为混乱，有的人有意以伪品充斥市场，如用紫茉莉根充天麻，因此购买时应鉴别其真伪。而且，我国各地广泛存在药材同名异物或同物异名的现象。对此，在确定处方来源时必须使药物品种明确无误，给药时要准确投料，方能保证疗效。如某一治疗脑部疾病的药物，本应用具开窍豁痰、醒神益智之功的天南星科植物石菖蒲的干燥根茎，且工艺规定提取挥发油，而在书写处方时仍按当地习惯呼石菖蒲为九节菖蒲，该项目转给异地研究时，研究者按《卫生部药品标准》第一册规定投料，即投以毛茛科植物阿尔泰银莲花的干燥根茎，结果疗效差异明显。2010年7月，由于涉嫌用苹果皮替代板蓝根，有“普药大王”之称的四川蜀中制药有限公司，在国家药监局的突击检查中，其中成药生

产线被令停产，GMP 证书被收回。

3. 应选用优质原料

中药材由于产地、采收季节、加工方法、入药部位不同，所含有效成分相差甚远，应选用优质原料，以保证药物的疗效。

（二）饮片应规范

饮片规范包含两个方面的意思：①指饮片的规格，中药材虽为一种，但不同炮制品却具有不同的性味、归经和功用，如生地黄、熟地黄。②指饮片的纯度，即应除去非药用部位，以保证处方用药量。

（三）工艺路线应合理

中药复方的功能主治是对处方各药的综合疗效的表述，就是说在提取物里有各药成分的溶解物，也有成分间的反应生成物，所以一个处方的各药是分别单独提取还是全方共提，这需要以疗效为指标进行实验研究，不可草率从事。

（四）工艺条件应最佳

在原料和工艺路线确定后，工艺条件是影响提取效果的最直接因素，即工艺条件决定着提取物所含有效成分的种类、数量及存在形式，故需进行系统而全面的筛选，找到最佳，至少是较佳的工艺条件。

二、原料处理工艺的依据

（一）处方的功能主治

处方的功能主治是中医处方的意图，是中医临床的需要，是中医理论在用药上的体现，也是中药制剂加工的目的、核心内容和依据。制剂加工过程对中药复方的功能主治具有很大影响。

1. 制剂加工的目的

（1）保证中药复方的综合疗效：中药多为植物、动物类药材。每味药皆含有多种成分（包括各种有效成分、辅助成分、无效或有毒成分、构材物质等），具有多向性、多功能的作用。中医治病讲究整体观，辨证施治是按理、法、方、药的原则给药，且多用复方。中药复方不是单纯地用方中每味药进行加和，在临床上不论是复方或是单味都要求具明确的定向作用，由几味甚至几十味药组成的复方皆具有新的功能主治。按处方功能主治规定，突出各药某一或某几方面的作用，而其他的作用则应予弱化或掩盖，这就是中药炮制、配方及制剂加工的根本任务。也就是说，加工后的制剂应完全保持原方的功能主治，不可以“走样”。

（2）降低制剂的毒副作用：中医临床对中药制剂加工的基本要求是制品应安全、有效、稳定、经济，安全是第一位的。因此，在制剂加工过程中，一方面要按功能主治的要求提取出有效成分，保证疗效；另一方面，也必须按功能主治的要求除去或掩盖毒性或有不良反应的成分，以保证用药安全。从临床角度讲，有效成分与毒性成分并非固定不变，它是由功能主治来决定的。如川乌、草乌、附子中所含的乌头碱，在祛风除湿、止痛的方中，它是镇痛的主要成分，为有效成分，是我们必须提取、尽量保存的；而在治疗心血管系统疾病的补益方中，它属有毒成分，需尽量破坏，制剂中含量越低越好。

2. 中药制剂加工的核心内容和依据

一味中药材是一个小复方，含有几十种乃至上百种的成分，且各类成分具有不同的生理活性。如大黄，中医认为它性味苦、寒，归脾、胃、大肠、肝、心包经，具泻热通便、凉血解毒、逐瘀通经之功，用于实热便秘、积滞腹痛、泻痢不爽、湿热黄疸、血热吐衄、目赤、咽肿、肠痈腹痛、痈肿疔疮、瘀血经闭、跌打损伤、外治水火烫伤、上消化道出血等，临床上为内、妇、外各科之常用药物。而根据分析结果，虽一味大黄就含有上百种成分，包括蒽醌衍生物类、苷类、苯丁酮苷类、鞣质类、萘衍生物类、色原酮类及有机酸类、糖类、黏液质、淀粉、蛋白质、挥发油、植物甾醇和无机元素等。实验研究结果表明，大黄中各种成分具有不同的生理活性。如蒽、苷类都具有不同程度的泻下作用，而游离蒽醌类几乎无泻下作用，但大黄酸和芦荟大黄素有抑制多种细菌和小鼠黑色素瘤的作用；大黄素也有抗菌作用，而大黄酚则能促进血小板凝聚，有利于局部止血，并有解痉作用。莲花掌苷具有与阿司匹林相同的抗炎、抗关节炎作用，其镇痛作用也与阿司匹林和保泰松相同。鞣质、丹宁对病态动物过高的血清尿素氮有很强的降低作用，从而能改善肾功能，并有抑制血管紧张素转化酶的作用。大黄的糖蛋白质对胰蛋白酶有抑制作用。大黄多糖具明显的降脂作用。土大黄苷具有雌激素样作用。

然而这么多成分是不需要全部都提出的，不论复方或单味，都应根据功能主治，选择性提取某些部分，即根据功能主治的需要，以控制所提取有效成分的种类、数量以及存在形式。

3. 评价指标选择的依据

在提取过程中，既要尽量充分提取全方药物的有效成分，更要保证主要药物有效成分的种类和含量。因此，必须根据功能主治，明确组方结构——君、臣、佐、使，尽量选择君药、臣药的主要有效成分含量作为工艺筛选研究的评价指标。如四君子汤用人参皂苷含量作为工艺筛选评价指标之一。

（二）处方药物的性质

1. 药材的一般质地

在制剂加工过程中，药材的质地对粉碎、提取、分离都有影响，需区别对待。一般说来，含油脂、糖分、纤维多，含结缔组织多，质地十分致密的药材，以及主要由大型薄壁细胞组成的髓部药材都难以粉碎成细粉；而花叶类、含淀粉很多的根及根茎类药材，在煮提时又极易煮烂或糊化，影响提取，不能一律“同下共煎”。

2. 处方各药所含成分及其理化性质

药物在临床上的性、味、归经、功能、毒副作用都是药物中所含成分对机体作用的体现，所以制剂加工应紧紧围绕功能主治来取舍各药中所含成分的种类、数量、存在形式。

为此，首先要了解方中各药所含成分和它的药理作用，哪些成分与本方功能主治直接相关，以便提取时尽可能地提高其提取率。同时，要能准确地从多成分的中药，尤其是中药复方中提取出所需有效成分。除了解每味药所含成分外，还需要了解各药中所含有效成分、无效成分及有毒成分的理化性质，方能找到科学的提取分离方法。其次，对有效成分的理化性质的掌握，尤其是与制剂工艺直接相关的性质的掌握十分重要。因为，提什么成分由功能主治来决定，如何提取、提取效果还要靠正确利用所提有效成分的性质。

（1）溶解性：提取主要利用的是有效成分的溶解性，要选择适宜的溶媒和方法，否则达不到预期的目的，尤其是不能获得较高的有效成分转移率。转移率由两步所决定：第一步是提取，即有效成分从原料到提取物（溶媒）中转移的程度；第二步是将提取物做成制剂，制剂中所含有效成分百分率。中药材的某些有效成分，如一些生物碱、黄酮、蒽醌、苷类、油脂及某些有机酸类成分，在水中溶解度都较小，若用传统方法——水煎，虽有热力作用和复方的增溶、助溶作用，但仍不能充分提取出来，如定晕丸中的夏枯草用水煎，制成品却无法做齐墩果酸的鉴别和含量测定。目前在中药六类新药研究中许多品种有效成分转移率偏低，究其原因，多为工艺不合理。

除杂也需根据无效成分或有毒成分的性质方能完成。如鞣质普遍存在于植物类药材中，做一般口服制剂时，鞣质的存在仅影响口感和稳定性，但做注射液时，却因与蛋白质结合致使局部坏死和引起疼痛，为有害成分，必须加以除尽（中草药注射剂质量标准规定鞣质检查应为阴性）。根据鞣质的特性，即在碱性（$pH>8$）乙醇溶液中溶解度大大降低，且鞣质与蛋白质反应生成鞣酸蛋白而在水、醇中溶解性皆差，就可以采用醇溶液调 pH 的方法或水溶液中加明胶的方法除去鞣质。

（2）热敏性：中药的提取方法大多采用加热煎煮或回流，这里特别要注意所提成分的耐热性。有些成分受热即破坏，如紫草的活性成分——乙酰紫草素属热敏成分，当温度超过 60℃时，颜色由红变为紫黑，吸收度明显下降，TLC 中乙酰紫草素斑点模糊不清，对人白血病细胞株 K562 的抑制率成倍降低，可见，传统制玉红膏、紫草油时皆用油炸紫草的方法是不合理的，应予以改进。乌头碱加水煎煮时要降解变成乌头次碱和乌头原碱，其毒性作用明显降低；结合性蒽醌类成分在水煎过程中水解成游离蒽醌，其泻下作用减弱或消失。这些性质在提取中应充分利用。

（3）稳定性与配伍禁忌：中医配伍复方是从临床用药角度出发，也考虑到药物间化学的配伍禁忌，故提出了“十八反”“十九畏”规定，但对药物成分间的配伍禁忌认识甚少。随着科技的发展，人们对复方中成分间的关系逐渐有了新的认识。人们发现有些药物如黄连、大黄和黄芩虽然临床常配伍入汤剂，但实际上它们共煎是不合理的，因为它们的成分间会发生沉淀反应，使确切的有效成分——小檗碱、大黄素、黄芩苷明显减少，所以我们在拟定工艺路线时应予以考查，防止有效成分发生反应（如沉淀反应、聚合反应、氧化反应等）而损失。而那些不进行研究，只称“仍沿用汤剂制备方法”的做法，更是不妥。首先，中药复方用的药味多，常常是作用类似的药物 2～3 味列于同一处方中，且用量大；其次仅用直火煎煮一种方法提取，肯定提取不完全，所以它虽有疗效，并不能证明它的工艺就合理。

3. 复方药材的处理

对于中药复方应根据药材的质地、成分与性质采取不同的方法进行分别处理。制液体制剂必须所有原料药材都提取，而制固体制剂及煎膏都可将部分药材打粉，其他大部分药材供提取。

(1) 粉碎：某些药材打成细粉做制剂，既可保存药物的全部成分，又可作为辅料使用而节省材料。但需考虑两个问题：①选择何种药物打粉，必须要全面考虑。既要易于粉碎，又要便于操作，还要节省成本。如将桑菊饮做成袋泡茶时，将菊花打成粗末做载体，其余药物水煎取清膏，膏粉混合时菊花末吸水变得又软又鼓，既不便混匀，也不能成型，无法操作。②选取多少药材打粉，主要考虑剂型和单服剂量所需的膏粉比，一般设计时要考虑安排筛选实验。

(2) 提取：除粉碎外的方中药物及粉碎后的粗头都应提取，其目的在于：①按处方功能主治规定，取其所需要的成分，去其不必要的成分，既保证疗效又使之安全。②中药材体积大，但所含有效成分少，一般含量仅百分之几，高的也只有百分之十几，而低的只有万分之几甚至十万分之几。经过提取将有效成分富集起来，提高其在制剂中的浓度及含量，缩小体积，使加工品更精美，质量更稳定，并保证药品的疗效。过去的一些传统制剂只凭经验鉴别真伪，工艺粗放，质量很不稳定。

4. 提取中需要重点考虑的问题

(1) 溶剂的选择：水是最常用、最廉价的溶剂，中医临床应用最多的是汤剂，而汤剂就是以水为溶剂使用了几千年，实践证明水是一种好的溶剂。中药尤其是植物药和动物药其成分大部分具亲水性，再加上“群药共煎”时热的作用，成分间互相的增溶、助溶作用，以及沸腾的搅拌、助悬作用，使极性大的成分、极性较小的成分及一些分子团都能进入水中，故中药的水煎液皆具确切疗效。但是煎剂也有缺点：①对极性小成分的提取不完全，挥发性的、热敏性的成分损失大。②煎液中杂质太多，致使干膏收率可达30%以上，对成型、保管及服用皆不利，更给除杂工艺增添难度，所以不是所有中药及中药复方都适宜用水提取。用醇提取一些生物碱、有机酸及它们的盐类，或利用稀酸水或稀碱水提取，效果会更好。

(2) 提取方法的选择：提取方法与溶剂都是提取效果的前提。一般挥发油可以用共水蒸馏的方法提取，但多能提取罐必须有好的水油分离装置。用乙醇做溶剂的，可以用渗漉法，也可以用回流法。用水做溶剂的多用煎煮法，但对花叶类、含淀粉多的药材，或打成粗末的药材，或渗漉、蒸馏后的残渣，用煎煮法易于煮烂、糊化，致使煎液中杂质太多而无法过滤，因此采用90℃左右温浸较好。

(三) 剂型加工的需要

药物原料的处理，首先是根据临床的需要，其次还要满足不同剂型成型的要求，否则难以操作，或成品外观性状差，或制剂稳定性差。剂型不同，制剂方法及质量要求皆不同，其工艺路线和中间体皆必须满足其成型的需要。

1. 片剂、丸剂、硬胶囊剂等固体剂型

固体剂型的成型常需加入固体辅料方可完成。这种情况下可用部分药物直接打粉代替辅料，既可保存药效，又可降低成本。如舒胆胶囊（以大黄、金钱草、枳实、柴胡、栀子、延胡索、黄芩、木香、茵陈、薄荷脑为原料），它采取将薄荷脑研成细粉，延胡索、黄芩、大黄各取适量打成细粉，其余药物水煎提取，药液浓缩成清膏，清膏与延胡索等细粉混合，

制粒，烘干，加入薄荷脑粉混匀，装填胶囊的工艺。采用这种工艺一定要注意选择好打粉的药物和确定打粉的量。

2. 合剂、口服液等液体制剂

因要求成品基本澄清或仅有少量沉淀，此时的原料只能直接溶解和进行提取，并且注意所提成分的溶解性和在水溶液中的稳定性。如某处方中有何首乌和黄芪，由于黄芪多糖与首乌的鞣质在水溶液中要发生缓慢的反应，产生黏度较大的附壁性强的絮状沉淀，不论两药分提还是合提，配液后成品在放置过程中都有此现象，故应先将多糖与鞣质除去（但应考虑是否影响疗效）。

3. 中药注射液

《中药新药研究指南》“中药注射剂质量标准的内容及项目要求”项下明确提出：对以净药材为组分配制的单方或复方注射液，其制备过程中用以配制注射剂的半成品，宜先制成相应的干燥品（其主要成分为液态者除外）并制定其内控质量标准，按此检查合格后投料，以确保注射剂的质量稳定。对中药注射剂质量则有特殊要求，［检查］项下规定做澄明度、pH、蛋白质、鞣质、重金属、砷盐、草酸盐、钾离子、树脂、炽灼残渣、热原、无菌、异常毒性等13项检查，而含量测定要做总固体含量测定。

关于有效成分的含量，又规定若以有效部位为原料制成的注射剂“所测定有效部位的含量应不低于总固体量的70%（静脉用不低于80%）”。照此要求，提取物既要有很高的浓度，又要有很高的纯度，并严格控制所含杂质的种类和数量。因此，用作配制注射剂的净药材都需要单独提取，制得合格的中间体后方可使用。

（四）新药类别的要求

中药新药对六类新药的要求仍沿于传统，强调复方的综合疗效，主要利用全方药物有效成分的富集物，而内涵如何、杂质限度皆未做明确要求，只要有疗效，无明显毒副作用即可。所以第六类新药一般采取全方共提，如遇特殊情况，采取部分分提的办法。而中药的第五类新药则需要有效部位，首先是要疗效确切，然后要把具此疗效的部位分出来，成为独立的原料药。即要求这个有效部位所含有效成分清楚，且含量要高（要求50%以上），主要有效成分结构明确，能进行含量测定，且有明确的功能主治（或作用与用途）。

如果对一个中药复方全方一起进行以上研究，实难成功。目前，有些人在做中药复方第五类研究，大多数是选复方或每味药单独研究出有效部位，或用各药的有效部位二次投料做制剂。所以，第二类新药的提取工艺路线多选分提式。

（五）生产可行性与成本

设计时就应该考虑所拟工艺在大生产上可否操作，是否具生产可行性，以及原辅料、工时、能源耗费情况并计算其成本，这些因素都属工艺合理性的范畴。

如能合煎的就不必分别煎煮，能用水煎的不必用醇提，能用低浓度乙醇提取的就不必用高浓度乙醇提取，不用或少用辅料能制成者不必加入大量辅料。比如一个复方中有黄芩，因黄芩药材中既含有苷，又含有能使该苷类水解的酶，若将黄芩放入冷水中煎提，则易受酶的作用而水解，为了保护黄芩苷，必须将其加入沸水中以杀酶保苷，因此，设计工艺时规定黄芩后下。实验时将方中其他药物煮沸以后再将黄芩加入，此操作是可行的。可是，在大生产时，用多能提取罐煮药，当罐中液体沸腾时，若将其上面盖子揭开，因罐内压力大，药液受压会喷射出来，烫伤操作人员，故此工艺不具生产可行性。又如水提醇沉工艺规定为：将药液浓缩至相对密度为 1.10～1.15（80℃测定），加入 95% 乙醇使含醇量达 60%。这种设计也应具体分析，60% 乙醇沉淀除杂只是对乙醇浓度的需要，可酌情用 95% 或 90%、85%、80% 的乙醇，只要它不带入杂质并能达 60% 含醇量，就能达到除杂的基本要求，不必一定用 95%。因此工艺路线的选择必须遵循下列原则：

（1）工艺路线越单纯、不复杂、无交叉，其大生产可行性越大。如“当归补血口服液”方中药物为当归、黄芪。

工艺路线一：

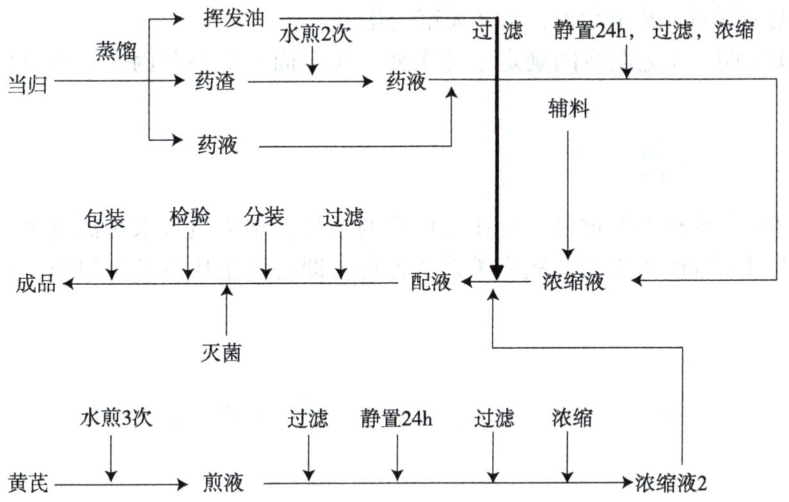

工艺路线二：

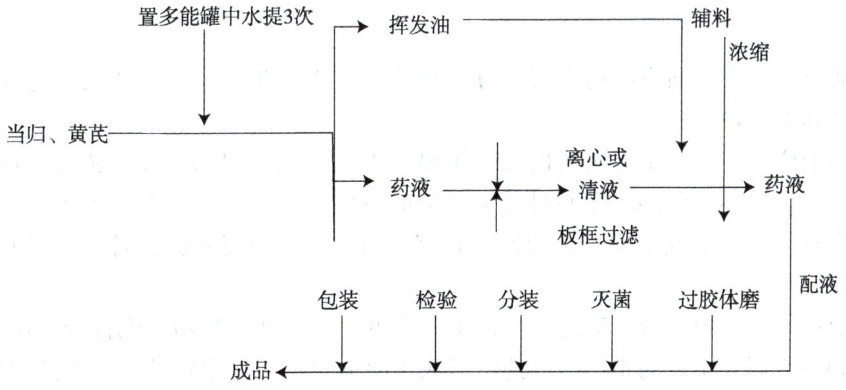

以上两条路线比较：①“路线一”太复杂，不但分两组，而且流程长，有 16 步，而“路线二”只有 8 步。“路线一”多个环节、多次过滤，既因多次吸附损失有效成分，又易污染微生物，尤其在夏天更易变质，而且所占设备多、耗电多、工时也多，成本就高。

②“路线一”工艺复杂，易于混淆，发生事故，增加操作的难度。③“路线一”的产品质量比“路线二”的差，临床疗效不佳，难销售。

（2）工艺路线应具可操作性、安全性大。工艺路线要与工厂生产条件紧密结合，要把生产上每个环节的实际情况考虑进去，如果工艺路线脱离实际，轻则操作困难、增加工时，重则会发生安全事故。

（3）工艺路线应消耗少、成本低。大生产的成本除原辅料以外，还有若干项目（如包装材料、燃料、动力、工资、设备税、流动资金利息、企业管理费、新产品开发费、产品销售费、其他等）。而每个项目分摊到每个药品小包装上仅以分、厘，甚至毫计算。但每日生产上千上万个小包装积累起来是一笔大数目，十分可观，减少一步或每个小包装（如100片）少用10g辅料，或将乙醇重复多用1次，成本就会降低许多，可获得好的利润，反之成本上升，无利可图，甚至亏本，且又无市场竞争力。

以上事实说明，工艺路线的确定十分重要，应全面考虑各种因素，不可偏废，更不可草率。

三、原料处理效果的系统评价

中药制剂原料处理至关重要，它涉及成型的难易、制剂质量水平高低和一致性、药效的强度、毒性减弱程度等方面，故应予系统评价，即对每个环节都要研究，且用多指标做系统评价。

第五节　中药制剂工艺条件的研究

一、工艺条件研究的原则

（一）研究工作具有系统性

工艺研究一定要全面系统地进行，方能找到最佳工艺条件，新形成的工艺才具有科学性、合理性和可行性。

所谓系统研究包括三个层次的内容：①要按工艺路线确定的顺序，依先后次序逐一进行，不可遗漏，也不可颠倒。②要对每个环节的主要影响因素进行全面研究。③对每个影响因素要进行三个水平或更多水平的比较研究。通过实验取得数据，各数据进行统计学处理，确定相应因素的最佳水平。

过去有些人认为煎药或水煎醇沉工艺十分简单，人人都会熬药，也都能写出研究资料。此种观点很不恰当。中成药生产与西药生产根本的不同就在于原料处理，西药原料为单体，基本为纯品，只要检验合格就可以投料，直接成型。而中药原料为药材，即使质量合格，还存在着体积大、成分多、浓度低、规格不统一的问题，再加上复方配伍，成分更多，而又强调复方的综合疗效，问题更大。若采取先固定工艺，制出样品，完成全部试验研究后再补工艺研究；或先随便做一些实验就定出工艺，等审评提出意见后再补个正交试验，都是不妥当的。因为未做系统研究，不知其最佳工艺条件，仅用一般工艺条件甚至不合理的工艺条件进行提取，其提取物所含有效成分的种类、数量、存在形式与最佳工艺条件下的提取物不可能一致，那就是典型的劣药或次品，以此为基础研究出来的质量标准、主要药效、一般药理、毒理及临床效果，同合格品可能完全不同，所以补实验后所选工艺不能与原工艺吻合，则以前所有的研究资料都不能成立。事实证明，后补研究是很难与前期资料相吻合的。

（二）实验研究用原材料要保持一致性

整个工艺条件研究都围绕着有效成分的种类、数量进行，为使研究工作自始至终都具连贯性和可比性，必须要求被研究对象——中药材原料质量保持一致。对此应注意以下几方面的问题：①基原品种药用部位。②产地。③采收季节。④产地加工方法、炮制规格。⑤主要有效成分含量。

一般情况下，供筛选研究用中药材最好一次购足，分次使用。若研究工作进展较慢，前后相距时间较长，各实验数据是零星积累起来的，最好系统地做一次重复实验。这时所用供试药物最好一次投料制出水煎液备用，然后按需分次取用这些药液。

（三）实验操作应规范化

实验的目的是要取得数据，而准确的数据来自正规的实验方法与操作，否则得到的数据不具科学性和可行性。例如：测水提液中的固形物的百分含量（又称干膏收率）时，取煎液 50mL 置蒸发皿中，蒸干，恒重后称量，干膏仅 0.015g。这种实验无法进行操作，因若用分析天平，称这样大的蒸发皿不适当；若用普通台秤，又无法称准 0.015g。

二、原料处理工艺研究

（一）粉碎

应考查粉碎本品药物最宜的粉碎方法和粉碎度，并用 3 批样品考查其收粉率。

（二）提取工艺条件筛选

1. 溶剂选择

（1）选择依据：①被提取的主要有效成分及其性质。②用药经验：生物碱、苷、黄酮在水中溶解度不大，宜用乙醇提取。若作为医院药剂时，用水煎临床疗效好，质检时含量都符合要求，研究时尽量考虑选择水或稀醇做溶剂。③生产可行性：生产可行性要看其可否操作，如提取松萝酸，用苯做溶剂其提取物纯度及收率皆高，但苯有毒、易燃，需特殊的厂房、设备和特别劳动保护方可投产，一般中成药厂皆无此条件。④成本核算：有机溶剂不仅本身价昂，且因特殊生产条件，其设备税、设备折旧费用皆高，劳动保护费用开支也大，都必须综合考虑。

（2）常用溶剂的种类：提取中草药目前使用最多的还是水，因它价廉、无毒，且提取范围广，对某些适应性较差者可经调节 pH 值来改善提取效果。其次是用不同浓度的乙醇提取，其有效成分多、杂质少。但 95% 乙醇做溶剂的可行性较差，因为它对药材的润湿力差、难于循环使用、挥发性强、损失大，而且易燃烧，安全性差。

2. 提取方法选择

（1）选择方法的依据：首先是药物有效成分的性质，若有效成分为芳香挥发性成分，如银花、白芷、藿香、当归、川芎等，应选择蒸馏法提取挥发性成分；若为热敏性成分，最好选择渗漉法或温浸，一般药物可以用煎煮法或回流法。作为中药复方，要以方中所有药材有效成分的提取为目的，不可顾此失彼，其次要计算成本。

（2）常用的提取方法

水煎法：是提取中药材有效成分应用最古老、最常用、最普通的方法，它通过群药共煎可以提出水溶性成分，也可以提出部分水中溶解度较小的成分，操作十分方便，设备条件的要求不高。

水提醇沉法：20 世纪 70 ~ 80 年代此法十分流行，有人说水提醇沉法是提取中药材的常规方法，这种认识欠全面。因为醇沉的目的是除杂，而水提才是从原料中提取有效成分的方法。首先要将有效成分从原料中完全提取出来，然后再将提取时带入的杂质分离出去，否则最后所得提取物所含有效成分、无效成分皆少，药用价值不高。然而，水提时不可能将全方中各药的有效成分都提取出来，如水提浸膏制剂中很难测出夏枯草及女贞子的齐墩果酸、板蓝根及大青叶中的靛玉红。没有或不能全部提取出有效成分，就说明这种提取方法有缺陷。其次用醇沉除杂，常影响疗效，如在研究首安口服液时，将该方的汤剂、浓煎剂、水提醇沉液，在平行条件下做小鼠镇痛实验，结果水提醇沉液镇痛作用最差。药效研究、临床研究方面类似情况不少，究其原因主要有二：一方面是一些有效成分如多糖、肽、蛋白质、氨基酸等不溶于醇而被除去；另一方面就是生物碱、苷、黄酮之类醇溶性成分，受加醇时操作影响而不同程度被裹附，致使含量明显降低。当然也还有生产上对水煎环节不认真，粗制滥造，所提供的醇沉的药液有效成分含量本来就不高等原因。

醇水双提法：许多中药材既含醇溶性有效成分，又含水溶性有效成分。如人参皂苷对中枢神经系统、心血管系统、内分泌系统、物质代谢、机体免疫功能皆有明显影响，可治疗多种疾病，同时还具抗肿瘤、抗衰老、抗应激、抗肝损伤、解毒等作用；人参多糖、人参挥发油亦具抗肿瘤的作用；人参多肽能对抗肾上腺素和胰岛血糖素的作用而增强胰岛素对糖代谢的影响；人参多糖还能增强网状皮质系统吞噬功能，明显提高机体免疫功能，增强机体抗感染力，降低死亡率。可见人参中的皂苷、多糖、多肽、挥发油都属有效成分。黄芪中的黄芪多糖对机体免疫功能有明显增强作用，而黄芪甲苷也能使巨噬细胞表面突起增长，伪足伸出增多，姿态多变且不规则，呈现功能活跃状态；同时，使酸性磷酸酶活性亦增强；除多糖外，其中蛋白质大分子、氨基酸、生物碱及苷类均有促进抗体和免疫反应的作用。也就是多糖、氨基酸、蛋白质、苷类、生物碱都是黄芪的有效成分。板蓝根所含靛苷具抗肿瘤的作用，但水煎液及板蓝根多糖具抗病毒作用和抗菌作用，板蓝根多糖还能提高机体的免疫功能。同一味药材中既含醇溶性有效成分又含水溶性有效成分的不仅有人参、黄芪、板蓝根三味，许多中药都有此情况，这里不再一一列举。为了提高原料的利用率和制剂的疗效，可以将处方药物先用乙醇（应筛选适宜乙醇浓度）回流 1 次，药渣再用水煎煮或温浸 2 次，这样所提取的有效成分较为全面。

3. 提取工艺条件筛选

（1）筛选因素与水平：合理可行的工艺要寻找对它影响较大的因素，并找出最恰当的因素水平，构成工艺条件。若将此工艺利用新技术、新设备加以改进和提高，就可以成为先进的工艺。

（2）筛选项目：有提油、渗漉、煎煮等。

提油：影响蒸馏收油率的主要因素有加水量、浸泡时间和提取时间。

另外，还需考虑两个问题：①所提油的比重：川芎挥发油是重油，油在水的下面，而当归挥发油是轻油，油在水的上面。蒸馏时如将两药同蒸，则油、水难于精确分离，大大影响收油率，一些药厂现仍用老式多功能提取罐，油、水分不开，芳香水不能回到罐体中，且重油、轻油不能同时收集，这样收油率明显下降。有些药材，如鱼腥草之类，要先收集芳香水，如再重蒸一次，其有效成分即遭破坏，影响制剂的疗效。②收油限量确定：为保证制剂质量的一致性，应确定收油量的最低限度，即用最佳条件拟定蒸馏工艺，重复3批，根据3批样品所得数据确定该方药最低收油量（不可过低）。

渗漉：影响渗漉提取效果的主要因素有渗漉用溶剂浓度、溶剂用量及渗漉速度。渗漉用溶剂根据提取药物有效成分的性质，可以选用稀酸、稀碱，但实际上应用最多的是不同浓度的乙醇。

另外，渗漉中还需要考虑的问题：如本来影响渗漉效果的因素有药材的粉碎度、药粉润湿程度及装筒技术，但根据多年积累的经验，这些因素、水平值，各药、各方都很近似，可将其列入基本操作规范中统一要求，不再单独考查。

渗漉法，特别是重渗漉，既节省能源，提取又充分，可使尾液收集到无色、无味、无指标成分渗出为止。但尾液浓度较低或很低，从生产角度来讲回收乙醇不合算。若将尾液留作下批溶剂使用，这种做法是不合理的，因为生产上规定“断批”，即批与批之间的原料、中间体半成品、成品要严格分开，不可以混合。

煎煮：影响煎煮效果的主要因素有加水量、煎煮温度、煎煮时间、煎煮次数等。煎煮中还有两个需要考虑的问题。

①药材的粉碎度：粉碎度与成分的浸出、扩散关系很大。实际应用中有三种形式：一般汤剂和传统大生产及根、根茎、茎木类坚实药材进入提取罐都用饮片，它既有利于提取，又不易煮烂，带入杂质不太多。而现代大生产都用多功能提取罐，因药材量大、煎煮时间长，且罐内压力较大，药材中有效成分易于煎出，但也易于煮烂，故对一般药材的切片需适度提取。若用敞口锅直火煎煮，常将其打成粗末，有利煎煮提取，但夹带细粉多，杂质也多，难于除杂与分离，且提取温度最好在90～95℃。药材粉碎度视药材质地、提取设备及批量而定，若用药材全体，虽扩散慢，但可用提取温度、时间、次数弥补，故不做规定，可视具体情况安排。

②浸泡时间与吸水率：浸泡时间与吸水率对提取很有影响，但此项考查可以直观评价，不用测有效成分含量，故未列入正式筛选项目中，常单独考察。即取适量处方中需煮提药物，称定，加入5倍或6倍水浸泡，每间隔一定时间观察一次浸润程度，待全方药物都浸透为止，记录时间（即为浸泡时间），过滤至尽，药渣称重。

吸水率 =（药料湿重 - 药材干重）/药材干重 × 100%

（3）筛选方法：工艺条件筛选涉及的因素（影响提取效果或直接影响评价指标值的因子）和水平（每个因素所取值的个数）较多，根据多、快、好、省原则，选择恰当的经验方法，以减少试验次数，提高效率，节约时间和经费，而得到准确的结论和最佳工艺条件，目前最常用方法有下列三种。

全面试验法：又称单因素筛选。这种方法只有一个变量，其余条件皆需固定不变，如将煎煮时间、次数、操作方法都固定后考查加水量对提取效果（收膏率或指标成分含量或大类成分含量）的影响。这种方法验证的次数比较多，试验次数 $N = rq^s$ 次（s 为因素个数，q 为水平数，r 为实验重复次数）。如有 3 个因素，每个因素有 5 个水平，其次数最少为 $5^3 = 125$，这样多的试验次数，需要消耗大量的人力、物力、财力及时间，一般新药研究项目都无力承受。由于这种实验方法设计全面，数据可靠，结果可比性强，能分析出事物的内在规律，也常被采用。但需注意：①只有当因素水平较少时才采用此法，所以前面在设计蒸馏、渗漉、煎煮方法的工艺条件筛选中，可另选方法。②单因素试验只能有一个变量，不可两个变量同时考查。

正交试验法：它是根据组合理论，按一定规律构造正交表用来安排多因素试验的方法。正交试验较全面试验所需试验次数少得多，即 3 因素 5 水平只需做 $5^2 = 25$ 次试验。

首先根据实验本身需筛选的因素、水平，选择好正交表头和相对应的正交试验表，将其排列组合好。目前中药新制剂研究中常用的有下列两种 L_9（3^4）和 L_{18}（3^7），见表 6-1、表 6-2。

表 6-1　L_9（3^4）正交表头

水平	A	B	C
	加水量（倍）	提取时间（h）	提取次数（次）
1	30	0.5	1
2	15	1	2
3	10	1.5	3

表 6-2　L_9（3^4）正交试验表

试验号	A	B	C	D（空白）	评价指标
1	1	1	1	1	
2	1	2	2	2	
3	1	3	3	3	
4	2	1	2	3	
5	2	2	3	1	
6	2	3	1	2	
7	3	1	3	2	
8	3	2	1	3	
9	3	3	2	1	

表 6-3　L_{18}（3^7）正交表头

水平	A	B	C	D	E	F
	原料粉碎度				提取时间（h）	提取次数（次）
1	30		5	80	1	1
2	15		7	90	1.5	2
3	10		9	100	2	3

表 6-4　L_{18}（3^7）正交实验表

试验号	因素							评价指标
	A	B	C	D	E	F	G（空白）	
1	1	1	1	1	1	1	1	
2	1	2	2	2	2	2	2	
3	1	3	3	3	3	3	3	
4	2	1	1	2	2	3	3	
5	2	2	2	3	3	1	1	
6	2	3	3	1	1	2	2	
7	3	1	2	1	3	2	3	
8	3	2	3	2	1	3	1	
9	3	3	1	3	2	1	2	
10	1	1	3	3	2	2	1	
11	1	2	1	1	3	3	2	
12	1	3	2	2	1	1	3	
13	2	1	2	3	1	3	2	
14	2	2	3	1	2	1	3	
15	2	3	1	2	3	2	1	
16	3	1	3	2	3	1	2	
17	3	2	1	3	1	2	3	
18	3	3	2	1	2	3	1	

正交试验在构造表时将试验点在试验范围内安排得“均匀分散，整齐可比”。“均匀分散”性是使试验点均衡地分布在试验范围内，使每个试验点有充分的代表性，以减少试验次数；“整齐可比”性使试验结果的分析十分方便，只需进行方差分析便可定量给出因素的主次关系，判断哪些是主要因素，哪些是次要因素，从而可分析各种因素对指标影响大小

及变化规律。该方法试验次数不多，可操作性强，可比性好，所以目前被广泛采用。但若因素水平数不多，最好不使用正交试验，否则会增加工作量。如有人仅仅考查乙醇浓度和药液相对密度两个因素对醇沉的影响，选择 L_9（3^4）的正交表做试验就不合理。

均匀设计：这种方法是根据数论理论设计，只考虑试验点在试验范围内充分“均匀分散”而忽略“整齐可比”性。它为多因素多水平的试验提供了一种试验次数比较少的设计方法，均匀设计要求安排的试验次数为因素所取水平数，如 3 因素 5 水平的试验仅作 5 次试验即可。

（4）筛选试验中评价指标的选择：提取效果的好坏直接关系到产品质量，在研究过程中如何评价提取工作的好坏，用什么做评价指标，便成了研究工作中一个很重要的问题，设计时必须先行选择确定。提取工作的评价指标应是提取有效成分质和量的代表，也是提取物临床作用性质和强度的代表，对于有效成分或有效部位提取物制成的中药新药而言，评价指标较好选择。有效成分可直接测其量，有效部位中的主要有效成分也与疗效有直接量效关系，可以作为代表。但对第六类新药来讲，大复方成分多，各中药成分既不太清楚，作用也不一样，很难选择评价指标。目前提取工艺研究中常有以下评价方法和指标。

①化学方法：用提取物中的成分含量多少来评价提取效果好坏。此法量化程度高，表述清楚，研究时也易于操作，且耗资较少。但在复方提取物或单味药材提取的有效部位里选什么成分才能代表质量呢？药品的提取物的质量即指临床疗效的好坏，所选成分的作用性质、量效关系都应与复方的功能主治保持一致。这点很难做到，中药复方本来就是利用各药的综合疗效，一个复方里有若干成分，很难找到一个作用完全与功能主治一致，能真正代表其综合疗效的成分。一般情况下可以用多指标评价。

水浸出物：《中药新药研究指南》指出“在研究提取工艺中对提取效果的评价，不宜单纯用浸膏中总固体量作为评价指标，因总固体量的高低往往并不代表提取效果的优劣”。众所周知，水的溶解范围很广，加热更促使各种分子运动，以及沸腾的作用，加上直接搅拌的作用，使各种成分及微粒都进入煎液中，相同重量的药材，当药材质地较柔软（如花、叶、全草等），含糖分、淀粉、胶液质较多（如熟地、山药、黄精等），而煎煮时加水量多、温度高、煎熬时间长，其干膏收率一定比常规条件下高得多。实际上有效成分含量并不一定比常规条件下提取的多，所以水浸出物与功能主治的疗效强度不成量效关系，不能仅用它作为提取工艺的评价指标。

但在工艺研究中，水提干膏率这个指标还是需要的，并有它的特殊用途：①做选择剂型的参考指标：如有一处方，一日剂量为 180g，每次服量 60g，而煎煮收膏率在 35% 以上，即一次服量的提取物总固体量有 21g。若将其做成颗粒剂，则一次服量在 20g 以上，做成片剂或胶囊剂则一次量在 40 片（粒）以上，太大。若做成口服液，一次量配成 30mL，其稳定性也很差，这时将其做成内服膏较好。②做考查工艺水平的评价指标：一般中药材，尤其来源于植物、动物的药材，其有效成分含量都不高，而水提收膏率很高，多因提取工艺条件欠妥和除杂工艺落后所致，如用纱布、筛网过滤或普通板框压滤等。③做固体制剂日服量、单服剂量及包装规格确定的依据。如某方药处方一日剂量用药材共 60g，制成胶囊剂。其提取物干膏收率为 10%，则日服量为 6g，若日服 3 次，每次 2g，若装成 0.5g/粒硬胶囊，每次服4粒，一日服12粒，则包装可为每板12粒。所以一般情况，不论单因素筛选或正交试验，都应将水提干膏收率列入，以防漏测。

有机溶剂浸出物：根据中药制剂是应用多种成分的总体作用治病的原则，可根据处方中多数主要药物的主要有效成分溶解性质，选择适当的有机溶剂进行浸提，用此提取物来评价筛选工艺。如处方药物中当归、川芎、荆芥、薄荷等含挥发油，或有生川乌、生草乌等含乌头碱，因它们都易溶于乙醚，则可以用乙醚浸出物作提取工艺评价指标；若处方药物多含生物碱，可用氯仿浸出物做提取工艺评价指标；若处方药物多含皂苷，可用正丁醇浸出物做提取工艺评价指标；但常见的是既含生物碱，又含苷类，也有黄酮、蒽醌等成分，因它们都能溶解于较高浓度的乙醇，所以可用70%或80%或85%乙醇浸出物做提取工艺评价指标。这种指标尽管较粗，专属性不强，但它具备以下特点：①含杂质少，有效成分多，且与疗效有直接关系。②操作简便，不需特殊仪器，易于普及，目前应用较多，如李氏药贴的乙醚浸出物、防痴丹的正丁醇浸出物和清肺口服液的乙醇浸出物。但是，用不同浓度乙醇提取或沉淀除杂时，直接将不同浓度乙醇浸物做评价指标就不妥。因乙醇浓度不同，所提取有效成分种类和数量是有差异的，而这个差异与浸取物收率不成正比关系，也不与疗效成正比关系。如有一方药，原料有黄芩、防风、桔梗、白芥子、板蓝根、甘草等。它采用水提醇沉（50%、60%、70%）工艺，其评价指标有直接用不同浓度乙醇的浸出物、80%乙醇浸出物，但黄芩苷、浸出物干膏率与其内涵不完全一致，可比性差，不能直接使用。

大类成分：以方中主要药物的某类具有一定疗效的成分（如总生物碱、总黄酮、总苷、总蒽醌、总多糖等）的提取量做提取效果的评价指标。如某处方以大黄为君药时，可以1,8－二羟基蒽醌为对照，用比色法测其提取物中总蒽醌含量为评价指标；当处方以黄连、黄柏为主要药物时，可用滴定法测其提取物中总生物碱含量为评价指标；当处方中有银杏叶、槐花、葛根等药物时，可以芦丁为对照，用比色法测其提取物中总黄酮含量为评价指标；当处方中有党参、黄芪、黄精、玉竹时，可将其提取物进一步水解后测其葡萄糖或果糖，以单糖计算其总多糖含量，用总多糖含量作为提取效果的评价指标。这种指标的测定操作简便，不需特殊的大型检测仪器，在普通实验室里都能完成，而且所得数据基本上与疗效有量效关系，在一定程度上可以代表提取物的质量。

指标成分的含量：《中药新药研究指南》对提取工艺研究的评价指标有明确意见“可采用处方内某药味的指标成分在提取物中的总量作为评价指标”。为了节省人力、物力、财力及使时间前后保持一致，使指标成分更具代表性，作为工艺评价指标的成分最好与质量标准中含量测定成分保持一致。根据蓝皮书规定，应首选“处方中君药（主药）、贵重药、毒药”的主要有效成分或指标成分作为评价指标，这种指标表述清楚，评价确切，方法成熟，含量转移率清楚，为制剂质量标准研究打下良好基础。但从复方中测定单体成分含量的技术水平、仪器设备要求高，实验经费使用多，且难于成功。其次，中药复方是利用综合疗效，很难找到某一个成分的作用能代表该复方的功能主治。不过从促进中医药事业的发展和提高中药新药的研究水平出发，这个工作是必须要做的，当前也有不少项目用了这类指标。

②生物学方法：在研究工艺条件时，若各样品间只存在有效成分数量的差距，用化学法评价是比较恰当的，因化学方法对研究工艺的技术人员来说，药剂与分析较接近；在专业技术基础熟练，易于操作，且实验条件基本齐备的条件下，若由于工艺条件差别大，如溶剂不同、提取方法不同及含热敏、光敏成分或有效成分不清楚的药物等，试验中制出的样品间不仅同类有效成分存在量的差别，而且存在不同种类的有效成分，或者复方中成分复杂的某个指标成分不能代表其疗效者，最好用生物学方法作为工艺研究评价指标，因生物学方法不仅体现整个制剂所含全部成分的综合作用，而且在人体试验还包括了对机体的作用，对疗效更具评价力。生物学方法目前应用最多的有微生物学方法和药理学方法。微生物学方法如一些清热解毒的药物或外用消毒杀菌的药物可用最小抑菌浓度来作为提取效果的指标。药理学方法为根据处方功能主治选择最主要药效学指标来评价提取工艺的优劣。

（三）纯化工艺条件筛选

1. 目的与要求

（1）提高浓度：中草药来源于植物、动物和矿物，从原料到制剂成品之间至少要经过三次除去非药用部位和成分的过程。第一步是在做饮片时，将附着在原料上的泥沙和非药用部位除去；第二步提取时又将构材物质（药渣）除去；第三步是提取液除杂。

第一、二步是对肉眼可见的非药用物质进行清除，由于可以清楚辨认，体积又大，操作容易。而要将提取液，尤其是水煎液中的杂质除去，难度就大得多。首先，水提液中所含成分极多，且绝大多数成分的种类、结构、性质都不完全清楚，难于找到专属性强的方法将它除去；其次，中药复方千变万化，一证一方一药，各自的有效成分和杂质概念不同，很难说明哪些成分必须除去。实际上，现阶段的除杂仅将提取液中的混悬物、微粒、分子团和部分大分子物质除去。但是，除杂只能除去非药用成分，充分保留有效成分，使之浓度更高，作用更强，疗效更好。否则，将损失有效成分而降低疗效，所以除杂是影响复方制剂质量的关键环节之一。

（2）缩小体积：中药由于原料中有效成分含量低，用量就大，过去大部分制剂用原生药粉或水煎后未较好除杂的提取物做原料，使制成的成品呈现粗、大、黑的特点。若将提取液中大部分无效成分除去，体积就能缩小。当然，有人用70%乙醇将水溶液中大部分水溶性杂质除去，使收膏率控制在10%以下，可又加3倍以上的辅料来制粒，成品服量仍然很大，这就失去了除杂的意义。

（3）稳定质量：①除去非药用物质使有效成分的种类、数量都控制在一定范围内，由此生产的制品其含量基本一致，疗效稳定。②除去了吸潮的、易氧化变质的、易被微生物污染的杂质，其成品不易变质。产品在贮藏、运输、使用过程中质量稳定。

2. 纯化方法的选择

目前用于中草药提取纯化的方法较多，但各有特点，应根据需要认真选择。

（1）机械除杂：利用筛分的作用或离心力的作用，将溶液中大小不同的微粒、分子分开。这类除杂方法简单、粗糙、专属性差。但对成分多而又不清楚的中药复方来说，可以适当缩小体积而不易损失有效成分太多，影响疗效。机械除杂种类很多，各有不同的作用，可以完成混悬物至分子的分离。目前常用的有以下几种。

普通过滤：用筛网或滤布作滤材，完成细的药渣和药液的分离。

框板压滤：利用多种规格的滤材（如粗细帆布、纯棉滤布、绸布、尼龙滤布等），在板框支持下，进行加压过滤。调节滤材的规格和数量，可以除去水提液中大部分微粒及分子团，且功率大，适宜水煎液进行初步除杂或供一般制备固体制剂的提取除杂。

离心：借助离心力可分离固－液或比重不同的液－液，作为药厂生产上常用的有两类，三足离心机和管式分离机。三足离心机为人工上部出料、间歇操作的离心机，适用于分离含固相颗粒≥0.01mm 的悬浮液，可用于水提液的初步除杂，其作用与板框压滤机差不多。高速管式分离机，转速有 14000r/min、15000r/min、16000r/min、20000r/min、30000r/min 等几种，中成药生产用 14000r/min、16000r/min 的即可，分离效果好，噪音也不大。该机器一般可将水煎液的固形物降至 10% 左右，可供固体制剂和口服液制备。

膜滤：现代高分子膜分离技术研究起源于 20 世纪 50 年代初，于 60～70 年代逐步发展，至 80～90 年代已成为世界各国研究的热点，发展迅速、种类繁多、应用广泛。

膜分离过程实质是物质被透过或被截留于膜的过程，近似于筛分与一般过滤方法，依据滤膜孔径的大小而达到物质分离的目的。膜分离按分离粒子或分子的大小可将其分为六类，其中除透析和电渗析外均以压力为推动力。具体分类：①透析：以浓度差为推动力。在渗透中既有溶剂产生流动，又有溶质产生流动的过程，用于从药液中除去低分子物质。②电渗析：以电位差力为推动力。利用离心交换膜的选择透过性，从溶液中脱除或富集电解质的过程。③过滤：以多孔薄膜为过滤介质，使不溶物浓缩过滤的操作。可从液体混合物（主要是水性悬浊液）中除去 0.05～5μm 的悬浊物质。因处理的对象要求不同，开发了一系列牌号和品种的过滤介质。④超滤：可从液体混合物（主要是水溶液）中除去大小为 0.0012～0.05μm 的溶质分子，与之对应的物质的分子量为 1000～1000 万，主要为大分子化合物、高能化合物、胶体、病毒等，应用极为广泛，尤其在生物工程（用于分离、纯化、浓缩）中是发展最快的膜分离技术。⑤反渗透：从水溶液中除去 0.0003～0.0012μm 大小的溶质分子的膜分离技术，既可除去水溶液中除氢离子、氢氧根离子外的其他无机离子及低分子有机物，主要用于水溶液的脱盐。⑥纳米过滤：从水溶液中分离出分子量为 300～1000 的小分子物质。

应用膜分离技术（选择适宜种类和不同规格的膜）可以除去药液中的微粒和细菌，也可以纯化精制。滤液即可用于配制口服液，或喷干装胶囊、压片，所成制剂体积小、药味浓、口感好、疗效显著。

（2）树脂除杂：利用离子交换树脂或大孔树脂的吸附性能使药液中的成分进行分离而达到除杂的目的。离子交换树脂，主要应用于交换水中无机离子，发挥作用的是树脂的各种功能基，树脂的交换性能基本上是由其功能基的数量和性质决定的。大孔吸附树脂，特别是非极性吸附树脂在用于吸附水中的有机物时则主要是其物理结构（如比表面、孔径等）起作用。而极性吸附树脂和大孔离子交换树脂，既具有一定的比表面和孔径，又具有各种极性或可解离的基团。现大孔树脂的合成与应用发展迅速，已形成了许多品种和型号，常见的有 XAD 系列。

（3）乙醇沉淀法：乙醇是一种常用的有机溶剂，它的溶解性能好，如生物碱及其盐、苷类、挥发油、内酯、树脂、鞣质、有机酸、叶绿素等成分都能被乙醇提取出来。而且，可根据提取成分的性质，采用不同浓度的乙醇，即亲脂性成分可用高浓度的乙醇，亲水性成分可用较低浓度的乙醇。乙醇沉淀法，就是利用上述性质在浓缩的水提取液中，加入一定量的乙醇，不溶于冷乙醇的成分如淀粉、树胶、胶液质、糖类、蛋白质等从溶液中沉淀析出，过滤除去，便可达到除杂的目的。选用此法除杂应考虑以下有关问题。

醇沉方法的确定：由于醇沉沉淀面广、除杂专属性差，有的多糖、蛋白质、氨基酸属有效成分，醇沉时也会被除去。另外，醇沉法的成本高，此法既消耗乙醇，又要增加不少设备（如沉淀池、回收装置、乙醇回收塔等）。因此，除杂时选用方法应十分慎重。一般制备中药粗制剂（如丸刘、片剂、颗粒剂、胶囊剂，甚至糖浆剂、合剂、口服液）时能用其他机械方法除杂，就尽量不用醇沉法除杂。

醇沉工艺条件筛选：乙醇浓度、药液的相对密度、pH 值等因素对醇沉效果影响很大，对不同处方、不同成分都要做专属性筛选试验。

3. 纯化效果评价指标的筛选

纯化是影响制剂外观性状、服量和疗效的重要环节，除了选择恰当的方法工艺条件外，还必须选好评价指标。前述提取环节的各种评价方法与指标也适用于对除杂效果的评价。最常用的有三类：即大类成分或指标成分的定量、半定量（成分），主要药效学指标（疗效），工程学评价（成本）。这里特别强调两个方面的问题。

（1）考虑有效成分的保留率：不论是用超滤、大孔树脂吸附、乙醇沉淀等方法除杂，都应考查除杂前后的有效成分，各药的指标成分量的变化，最易操作的是取沉淀做 TLC 半定量比较。

（2）考察药渣：乙醇沉淀、大孔树脂吸附都有可能损失有效成分，但因中药成分复杂，不可能测定每个有效成分的含量，为此可以选主要药效指标，对比吸附前后药效，只要不降低疗效，除杂的方法及工艺条件可以肯定。

（四）浓缩与干燥

提取液浓度很低，达不到临床需要的剂量要求，应根据剂量需要进行适当浓缩或干燥。浓缩过程若有不当，将会破坏有效成分或影响下一个工序，应选择好浓缩方法，并考查其工艺条件（如温度、真空度）和浓缩的程度。

（五）验证试验

所有提取、除杂、浓缩等工艺条件都筛选出来后，还需考查它们的重现性、可操作性及相互间的连贯性，故需用所有优化工艺条件进行验证试验，一般需重复 3 次。

（六）中间体质量标准的制定

中间体是中药材的提取物，是供制剂成型的原料，用于配制中药制剂。是中药制剂质量和疗效的来源和保证。要使中药制剂的质量稳定，必须要保证中间体的质量稳定。为此，必须制定中间体质量标准。

1. 中间体的质量

中间体的质量包含以下几个方面。

（1）有效性：产生药效的是有效成分，但对中药复方制剂来说，有效性不仅仅是做含量测定的某个成分，而是由全方所含多种有效物质共同产生的作用，中间体的疗效来源于已测含量的某个有效成分，以及未建立含量测定的有效组分。表现为每味药的有效物质或全方的有效浸出物。

（2）安全性：中间体中有害物质的种类、数量等。

（3）一致性：一个中间体不论何时何地制备，所含成分的种类、数量、存在形式应完全一样。这点对中药制剂来说十分重要，但也是中药制剂最难攻克的问题，是制约中成药发展的关键问题之一。

2. 影响中间体质量的主要因素

（1）原料：中药原料有90%以上来源于植物和动物，这些都是生物体，它本身具有显著的个体差异，同时受生态环境影响很大。如中药里使用最多的是植物药材，因品种、产地、药用部位、采收季节、加工方法条件的不同，其成分含量有明显差异。用它们制成的中间体质量差别很大。

（2）炮制：炮制是中药的特色和优势，中药制剂所用净药材包含着按要求经炮制的饮片。但中药炮制不仅方法多、辅料多、规格多，而且至今还是以手工操作为主。就是同一原料清炒，也因火力大小、炒的时间、操作者翻炒力度及判断标准的不同，致使炒制品所含成分各异。这是在生物体差异的基础上人为造成的差异。

（3）制剂的前处理：前已介绍制剂的前半段是中药原料的前处理，而前处理过程中中药材的提取和提取液除杂两道工序是制约中药制剂发展的瓶颈。其中提取工艺路线、提取溶剂、提取方法和提取工艺条件都明显影响有效成分的提取率。除杂工艺又进一步影响它的转移率。所以必须为中间体制定质量标准，严格控制质量。

3. 中间体质量标准

除《中华人民共和国药典》中药材质量需检测的项目外，应增列除有效成分、有效部位及有效部位群（一类、二类中药新药）外的下列有关项目：

（1）有效浸出物或大类成分测定的限（幅）度，以确保疗效。

（2）有害物质检查：包括砷盐、重金属，含氯、磷农药残留量，有毒成分、卫生学检查等。

（3）各剂型的特殊要求：对液体制剂，应控制相对密度、pH值、收率、主要原料定性鉴别、主要有效成分及大类成分的定量；对固体制剂，应控制水分、粒度、收率、休止角、堆密度、临界相对湿度、主要原料定性鉴别，主要有效成分及大类成分的定量。对注射剂，由于注射剂质量要求高，更应加强对中间体的质量控制。除鉴别和有效成分含量外，还应建立“技术要求”规定的各检查项的检验方法与标准。

原料药材通过提取制成中间体，经检查符合所制定的中间体质量标准后，方可进行成型工艺研究。

三、成型工艺研究

原料药必须经过一定的制剂工艺加工成适宜的剂型，才能充分发挥其药效，并用于临床。制型的种类很多，每一种剂型都有其独特的生产工艺。即使是同一种剂型，其生产工艺也不尽相同。尽管如此，同一种剂型的生产工艺仍存在许多相似之处，其基本工艺流程也基本相同。本章分别以口服液、糖浆剂、丸剂、片剂、胶囊剂、注射剂、口服液、粉针剂、气雾剂和颗粒剂为例，介绍典型剂型的成型工艺的研究方法。

（一）口服液的生产工艺

口服液剂的主要生产工序包括称量、配制、过滤、洗瓶和盖、罐装、封口、灭菌、灯检、包装和入库等，其生产工艺流程及区域划分如图6-1所示，其中称量、配制、过滤、精洗瓶和盖、罐装、封口等工序应在D级（新版GMP要求ISO-8）的洁净区内进行。

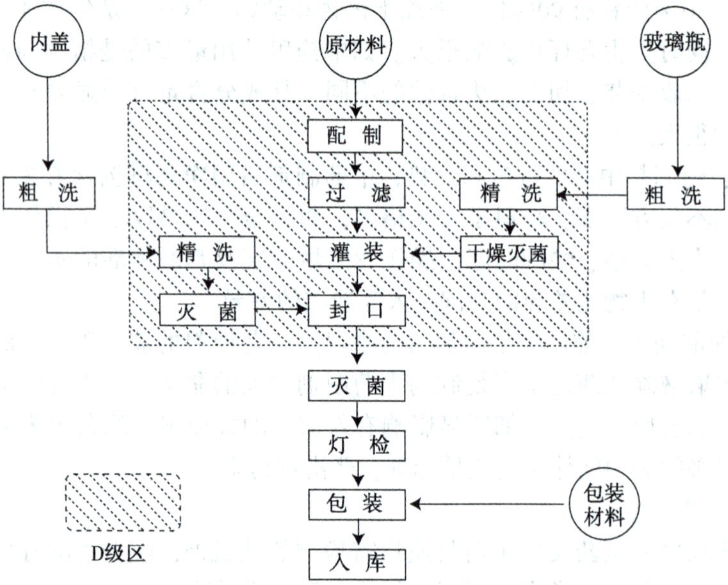

图6-1 最终灭菌口服液剂的生产工艺流程及区域划分

举例：中药三类新药暴贝止咳口服液的研制

暴贝止咳口服液是由黄芪、暴马子、川贝母、麻黄、桔梗、紫菀、法半夏、薄荷、甘草九味药材组成的中药复方制剂，是使用多年的临床验方，从标本兼治立论，以化痰止咳平喘为主，兼以益气固表，从而有效地阻断了导致气道阻塞病变的形成因素，用于治疗急性支气管炎及慢性支气管炎的急性发作期有很好的疗效。

对处方中各味中药的化学成分，药理、药效进行了文献检索，根据药物所含成分的性质，确定了薄荷、紫菀提取挥发油，药渣与黄芪、暴马子、桔梗、川贝母、法半夏、麻黄、甘草等药材经水煎煮提取，浓缩，醇沉处理除去杂质，再经成型工艺制成成品。

在制剂成型工艺研究中，对甜味剂进行筛选，如下表：

表 6-6　甜味剂的筛选结果

甜味剂种	蜂蜜			甜味素			蔗糖		
浓度（%）	20	30	40	0.5	1	1.5	20	30	40
口感	++	++	+++	++	++	++	+	++	++
感官	++	++	+	+++	+++	+++	++	++	+

注：+较好，++好，+++很好。

比较了加入蜂蜜、甜味素和蔗糖的口感和感观，结果确定甜味素为矫味剂，用量为0.5%浓度。

因工艺中采用水蒸气蒸馏提取挥发油，挥发油难溶于水，选用吐温-80作为增溶剂，并对其用量进行了筛选，结果表明吐温-80用量在0.5%~1.5%较好，考虑到降低成本，确定用量为0.5%。

口服液为半无菌制剂，分装也是在半无菌条件下进行的，为了保证药品质量，防止微生物的生长繁殖，可适当加入防腐剂，故对防腐剂的种类、用量进行了筛选，考察了山梨酸、苯甲酸和苯甲酸钠的用量和口服液的外观性状，如下表：

表 6-7　防腐剂的用量对口服液外观性状的影响

防腐剂种类	山梨酸			苯甲酸			苯甲酸钠		
用量（%）	0.1	0.15	0.2	0.1	0.15	0.2	0.1	0.15	0.2
外观性状	+	+	++	+	+	+	++	++	++

注：+为久置后产生浑浊，++为红棕色澄明液体。

据实验结果分析，确定了苯甲酸钠为防腐剂，用量为0.2%。在配液时pH值在5左右，放置过程中药液略有浑浊。将pH值调节在6.0~8.0，溶液澄清，再增大pH值药液又变浑浊，因此将pH值调节在7，可增加制剂的稳定性。

综上所述，药物经提取、浓缩后，将吐温-80与挥发油混匀后加入药液，加水调至近总量，加入0.5%的甜蜜素，0.2%的苯甲酸钠，调pH值至7左右，加水调至总量，搅匀，分装，即得。

（二）丸剂的生产工艺

按制法和所用辅料的不同，丸剂一般可分为蜜丸、水蜜丸、水丸、糊丸、浓缩丸、蜡丸、微丸和滴丸等剂型，其生产工艺具有许多类似之处。下面以蜜丸剂、水丸剂和滴丸剂的生产工艺为例，简要介绍丸剂的生产工艺。

1. 蜜丸剂的生产工艺

蜜丸剂是以蜂蜜为辅料与药材粉末制成的丸剂。蜜丸剂成品一般为柔软的固体，单粒丸重为2.5~15g。

蜜丸剂的主要生产工序包括炼蜜、药粉混合、合坨、制丸、内包装、封蜡和包装等，其生产工艺流程及区域划分如图 6－2 所示，其中药粉混合、合坨、制丸、内包装和封蜡工序应在 D 级的洁净区内进行。

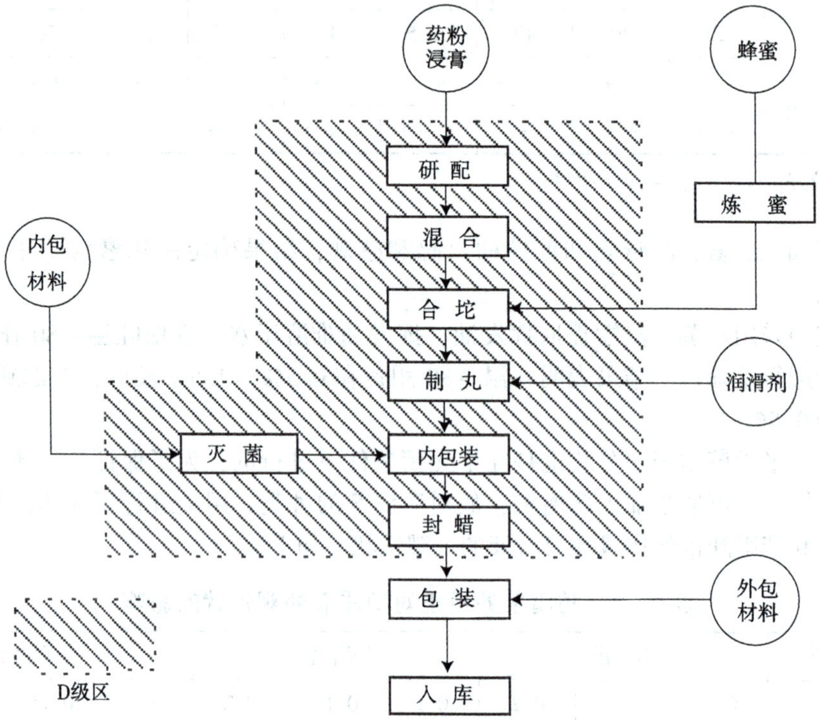

图 6－2 蜜丸剂的生产工艺流程及区域划分

2. 水丸剂的生产工艺

水丸剂是以水为辅料与药材粉末制成的丸剂，其成品形状小而干燥。水丸剂的主要生产工序包括制丸、一次选丸、干燥、包衣、二次选丸、装丸和包装等，其生产工艺流程及区域划分如图 6－3 所示，其中制丸、一次选丸、干燥、包衣、二次选丸、装丸工序应在 D 级的洁净区内进行。

3. 滴丸剂的生产工艺

滴丸剂的主要生产工序包括配料、溶混、滴丸、成型、除冷却剂、包衣、分装和包装等，其生产工艺流程及区域划分如图 6－4 所示，其中配料、溶混、滴丸、成型、除冷却剂、包衣和分装工序应在 D 级的洁净区内进行。

举例：加味藿香正气滴丸

处方：厚朴、半夏、茯苓、桔梗、甘草、大腹皮、广藿香、紫苏叶、陈皮、白术、白芷。

（1）主要基质种类的选择

在锥形瓶上套上冷凝管，从上方管口倒入冷凝剂，冷凝剂的液面通过抽滤瓶调节。将滴丸机放在铁架台上，滴口距冷凝管口一定距离。连接可调加热器，使滴丸机中的水保持一定温度。称取一定量的聚乙二醇 PEG4000 或 PEG6000，水浴熔融，加入药粉和挥发油，

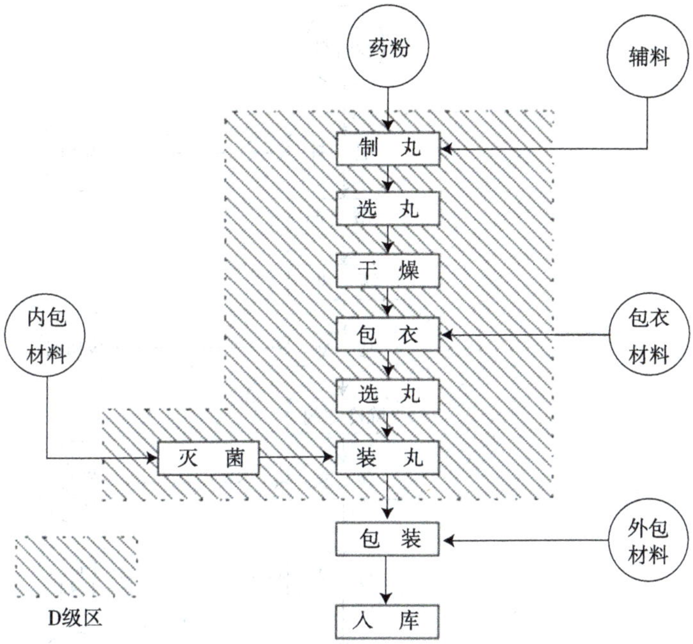

图6－3　水丸剂的生产工艺流程及区域划分

搅拌均匀，移入滴丸机中，保持一定的滴速和滴距，调节开关使液滴适速滴入冷凝剂中，液滴经过一定行程冷凝收缩成形。滴成的滴丸用石油醚洗去冷凝剂。

观察药液的流畅度（滴制的难易）、滴丸的成形情况（圆整度差异）、溶散时限。圆整度差异：任意取滴丸20粒用游标卡尺侧其3个方向的直径 d_1、d_2、d_3，取其平均值 d，用三个直径中最大者减去最小者的值与平均直径相比乘100%。结果见表6－8。

选取平均丸重为40mg的滴丸12粒，进行溶散时限的检查，方法按2015版《中国药典》四部通则0921进行。

表6－8　基质筛选结果

基质	与药物混合性	圆整度（%）	硬度
PEG4000	分散均匀	5.33	稍压即散
PEG6000	分散不均匀	7.89	好
PEG4000：PEG6000（1：1）	分散均匀	4.87	差
PEG4000：PEG6000（1：2）	分散均匀	3.11	差
PEG4000：PEG6000（1：2.5）	分散均匀	2.67	好
PEG4000：PEG6000（1：3）	分散均匀	5.56	好

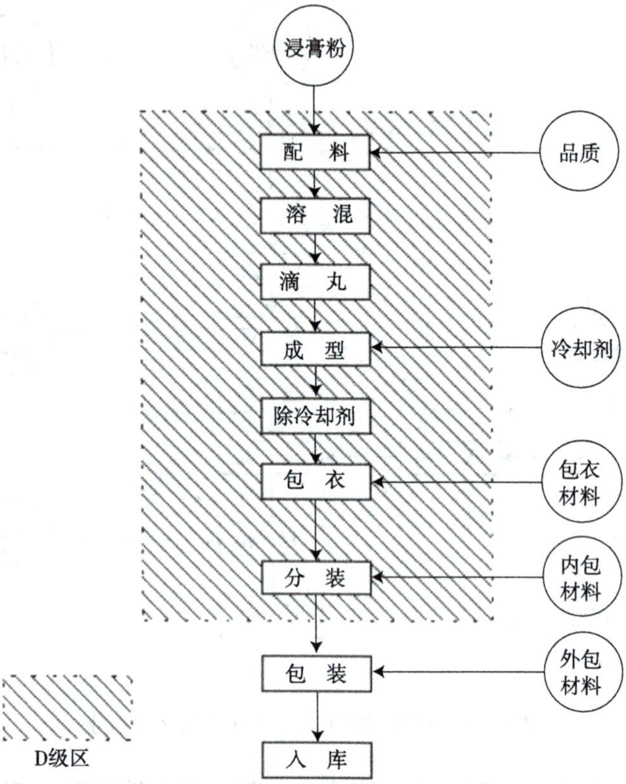

图6-4 滴丸剂的生产工艺流程及区域划分

根据以上实验结果，选择PEG4000：PEG6000=1：2.5，作为滴丸制备时的基质。

筛选药物与基质的比例范围，尽量减少基质的用量，以减少服用量。也为正交实验安排提供依据。以药物与基质混合后滴制难易程度、圆整度、溶散时限为指标，确立药物与基质的配比，结果见表6-9。

表6-9 药物与基质比例范围的筛选结果

比例	滴制难易	圆整度差异（%）	溶散时限
1:1	难	3.25	10
1:1.1	较难	3.17	12
1:1.2	易	1.23	8
1:1.3	易	1.15	7
1:1.5	易	2.68	11

结果表明，药物与基质的比例为1:1.2～1.3时，药物与基质融合性较好，溶散时限和圆整度适宜，并且易于滴制。

(2) 冷却液的筛选

先以药物:基质=1:1.2的比例，从甲基硅油（黏稠度1000，200，100）、液状-石蜡中选择合适的冷凝剂。测其圆整度差异，有无拖尾。结果见表6-10。

表6-10　冷凝剂筛选结果

冷凝剂	温度（℃）	圆整度差异（%）	有无拖尾
二甲基硅油	5~10	3.58	有
二甲基硅油	10~15	2.36	有
液体石蜡	5~10	1.25	无
液体石蜡	10~15	2.07	无

根据以上实验结果，选用液体石蜡为冷凝剂，温度5~10℃为佳。

(3) 滴制条件的优化

在滴制过程中，对滴丸的影响因素很多，本实验选用滴制温度、滴速、滴距和滴管口径4个主要因素，每个因素选3个水平进行正交实验，正交表选用L_9（3^4）。因素水平见表6-11。

表6-11　因素水平表

水平	因素			
	滴距	温度（℃）	滴速	口径（内/外 mm/mm）
	A	B	C	D
1	3	70	10	4.0/5.0
2	5	80	15	4.5/5.5
3	6	90	20	5.0/6.0

以滴丸的成形情况（圆整度差异）和重量差异两个指标作为评价指标。丸重差异的检查按2015版《中国药典》四部通则0108的“滴丸剂”进行。

正交实验安排及实验结果见表6-12、6-13。

表6-12　实验安排及结果

试验号	列号				实验结果	
	1	2	3	4	丸重差异	圆整度差异
		因素				
	A	B	C	D	Y_1（%）	Y_2（%）
1	1	1	1	1	3.38	6.17
2	1	2	2	2	2.24	1.25

续表

试验号	列号				实验结果	
	1	2	3	4	丸重差异	圆整度差异
3	1	3	3	3	8.07	10.12
4	2	1	2	3	8.88	9.02
5	2	2	3	1	1.97	4.86
6	2	3	1	2	1.86	1.06
7	3	1	3	2	2.06	1.14
8	3	2	1	3	9.02	9.23
9	3	3	2	1	4.26	5.12
Ⅰ	31.23	30.65	30.72	25.76		
Ⅱ	27.65	28.57	30.77	9.61		
Ⅲ	30.83	30.49	28.22	54.34		
Ⅰ	2.60	2.55	2.56	2.15		
Ⅱ	2.30	2.38	2.56	0.80		
Ⅲ	2.57	2.54	2.35	4.53		
R	0.30	0.17	0.21	3.73		

表 6-13　方差分析表

方差来源	离差平方和	自由度	方差	*F* 值	显著性
A	0.641	2	0.321	0.03	>0.05
B	0.223	2	0.112	0.01	>0.05
C	0.354	2	0.177	0.01	>0.05
D	85.511	2	42.756	3.58	>0.05
误差 *e*	322.087	27	11.93		

$F_{0.01(2,26)}=5.5263$，$F_{0.01(2,28)}=5.4529$，$F_{0.05(2,26)}=3.369$，$F_{0.05(2,28)}=3.3404$.

由直观分析及方差分析可知，影响滴制效果的因素大小依次是 D > A > C > B，因素 D（滴管口径）具显著性，温度、滴距和滴速的影响不显著。滴制最佳条件为 $A_2B_2C_3D_2$，即滴距 5cm、温度 80℃、滴速 20d/min、滴管口径 4.5/5.5（内/外 mm/mm），丸重约 40mg。

根据本处方的提取工艺主要是水提法，故拟定辅料种类主要为 PEG4000 或 PEG6000。PEG 是氧化乙烯或环氧乙烷与水加成缩聚的混合物，分子量 200 至 25000 不等，是滴丸中常用的水溶性基质。其熔点低，极易与药物熔融形成固体分散体，易于药物的溶解、熔融、滴制和成形，滴丸要求制剂应迅速发挥疗效，加之药物含有挥发性成分，故选择熔点低、具有良好分散力和较大内聚力的 PEG4000 和 PEG6000 作为基质来满足临床治疗和药效成分性质的要求。

（三）片剂的生产工艺

片剂的主要生产工序包括配料、制粒、干燥、整粒与总混、压片、包衣、分装、包装和入库等，其生产工艺流程及区域划分如图 6－5 所示，其中配料、制粒、干燥、整粒与总混、压片、包衣和分装等工序应在 D 级的洁净区内进行。

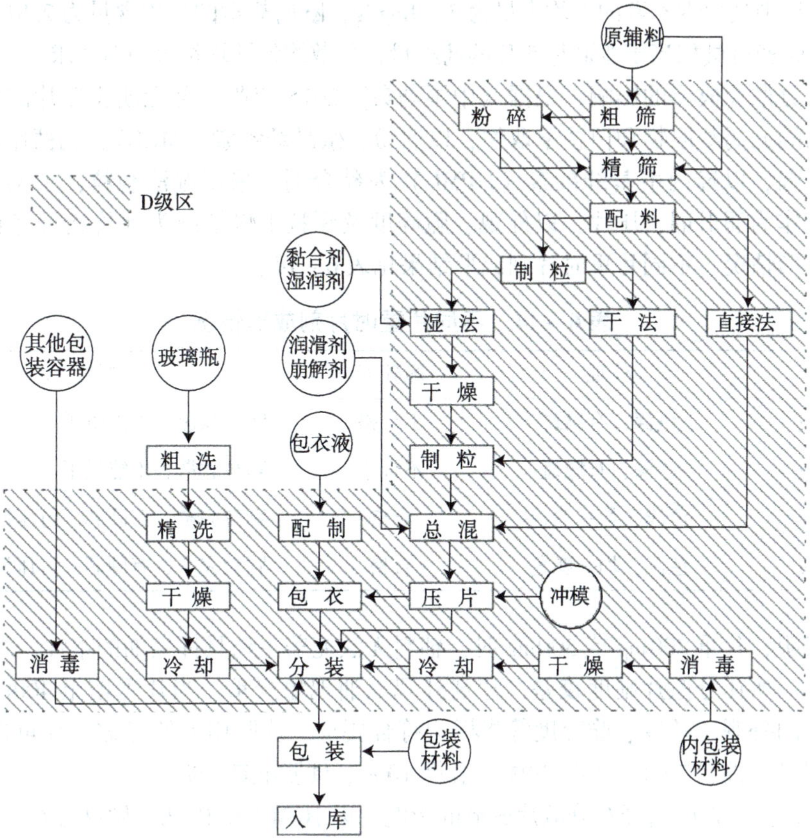

图 6－5　片剂的生产工艺流程及区域划分

举例：元胡止痛分散片

元胡止痛分散片的组成为延胡索（醋制）445g，白芷 223g。制成 200 片。

（1）制备流程

根据处方量，称取一定比例的元胡萃取物和白芷萃取物（二氧化碳超临界萃取），减压干燥，称重，与适量淀粉、微晶纤维素（MCC）、乳糖混匀，过筛，加入黏合剂适量，制软材，采用湿法制粒，置烘箱中干燥，整粒，称重，加入崩解剂适量及硬脂酸镁，混匀，压片。

（2）制备工艺研究

方法：①以片剂的成形性能、分散均匀性及崩解时间等为考察指标，进行单因素试验以确定分散片的辅料；②以崩解时间及 THP 的溶出 T_{50} 为指标，采用均匀设计法优化元胡止痛分散片的处方及制备工艺；③通过分散片的鉴别、含量测定及分散均匀性，考察分散片的工艺稳定性。

结果：①根据单因素试验结果，选择分散片片重为400mg/片，辅料淀粉34%、微晶纤维素40%、乳糖10%作为填充剂，交联羧甲基纤维素钠为崩解剂，$PVPK_{30}$的乙醇溶液为黏合剂；②采用均匀设计法优化的崩解剂用量为8%，黏合剂$PVPK_{30}$的醇溶液浓度为15%；③三批元胡止痛分散片中延胡索乙素的平均含量为3.49mg/g，欧前胡素的平均含量为2.81mg/g，分散片每片所含原药材量相当于普通片5片的药材量，分散均匀性均符合药典要求。

片重对分散片成形的影响：根据《中国药典》2015年版一部元胡止痛片的处方量，称取一定比例的元胡萃取物和白芷萃取物，以淀粉、微晶纤维素（MCC）、乳糖作为片剂的稀释剂和填充剂，以羟丙甲基纤维素（HPMC）为黏合剂，采用湿法制粒，干燥，整粒，加入硬脂酸镁作为润滑剂，压片。以外观、脆碎度及颗粒干燥情况为评价指标考察不同片重时的片剂成形情况。不同片重时片剂成形结果见表6-14。

表6-14　不同片重时片剂成形情况

片重	外观	脆碎度	颗粒干燥
200mg	色深，有瘾斑	不合格	颗粒软散，不能烘干
300mg	色深，有瘾斑	不合格	颗粒软散，不能烘干
400mg	色浅，均一颜色	合格	颗粒完整，有硬芯，可压性良好
500mg	色浅，均一颜色	合格	颗粒完整，有硬芯，可压性良好

结果表明，片重200mg或300mg时，辅料无法掩盖主药具挥发油的本性，颗粒无烘干，呈软、散状，所压分散片硬度较差，片剂外观泛油现象严重，当片重增至400mg或500mg时，分散片的外观、硬度、脆碎度等指标均符合要求。从服用方便考虑，片重选择400mg，此时辅料用量为淀粉34%、MCC40%、乳糖10%、硬脂酸镁1%。

黏合剂及其溶剂的选择对分散片成形的影响：以HPMC和$PVPK_{30}$做黏合剂，并选择其不同浓度，以可塑性、外观及成形情况为评价指标考察对片剂成形的影响。结果见表6-15。

表6-15　不同黏合剂对片剂成形的影响

黏合剂种类	软材可塑性	颗粒	片剂成形
3% HPMC	良好	完整、软散，烘不干	可压成片但无硬度，加压后外观色深，瘾斑严重
5% HPMC	良好	完整、软散，烘不干	同上
10% $PVPK_{30}$	良好	完整、软散，烘不干	同上
15% $PVPK_{30}$	良好	完整，有硬芯	有硬度，外观均一
20% $PVPK_{30}$	良好	完整，干后有硬芯	有硬度，外观均一
25% $PVPK_{30}$	良好	完整，干后有硬芯	有硬度，外观均一

PVP 水溶液黏性较大，制得颗粒太硬，影响崩解，又因片剂中含挥发油类成分，故选择乙醇作为黏合剂的溶剂，旨在降低颗粒干燥时的温度、缩短干燥时间。聚乙烯吡咯烷酮（PVP）、羟丙基甲基纤维素（HPMC）等均为亲水性的黏合剂，用其醇溶液制成颗粒后，颗粒表面变为亲水性，压片后，水分易湿润、透入，使片剂崩解速度加快，有利于药物的溶出。因 $PVPK_{30}$具有成膜功能，可在油类物质表面形成包膜，改善和掩盖主药的特性，发挥保护作用，又较 HPMC 作用好，故选择 $PVPK_{30}$作为分散片黏合剂。

分散片处方优化：通过单因素试验选定分散片的辅料后，以崩解时间及 THP50% 溶出度（T_{50}）为考察指标，调节处方中崩解剂的量和黏合剂的浓度，采用均匀设计试验确定最后处方。均匀设计的因素水平表见表 6－16。

表 6－16　因素水平表

水平	因素	
	黏合剂浓度（%）	崩解剂含量（%）
1	15	8
2	20	10
3	25	12

为使试验点多些，结果更可靠，采用拟水平处理成 9 个水平，选用 U_9（9^6）表，挑选 1、3 列安排因素，构成 U_9（9^2）表。试验安排见表 6－17。

表 6－17　试验安排及结果

试验号	黏合剂浓度（%）	崩解剂含量（%）	崩解时间（/s）	溶出 T_{50}（/min）
1	15	10	19	5.8
2	15	12	18	5.7
3	15	8	25	7.8
4	20	12	14	5.4
5	20	8	27	8.6
6	20	10	16	5.5
7	25	8	45	9.6
8	25	10	36	8.5
9	25	12	31	7.4

均匀设计结果分析：

①崩解时间：对各因素水平进行二次多项式逐步回归，回归方程为 $F=211.999-12.584x_1-14.333x_2+0.4x_1^2+0.75x_2^2-0.175x_1\cdot x_2$，复相关系数为 0.9974，具有极显著性意义（$P<0.01$）。

经 GLP 法优化结果为：$x_1=15.03$，$x_2=8.01$，即黏合剂的浓度为 15%，崩解剂的用量为 8%。

②THP 溶出 T_{50}：对各因素水平进行二次多项式逐步回归，回归方程为 $F=43.455-1.315x_1-4.658x_2+0.039x_1^2+0.204x_2^2-0.003x_1\cdot x_2$，复相关系数为 0.9714，具有显著性意义（$P<0.05$）。

经 GLP 法优化结果为 $x_1=15.03$，$x_2=8.01$，即黏合剂的浓度为 15%，崩解剂的用量为 8%。

由上述结果可知，以两个指标即崩解时间和 THP 溶出 T_{50} 考察分散片优化工艺的结果是一致的。

目前应用的元胡止痛普通片存在崩解时间长、溶出速度慢等缺点，达不到其功能主治的止痛作用需迅速起效的要求，而且传统醇回流法提取物中无效成分多，造成服用量大，使病人的依从性差，且使片剂易出现崩解不合格、裂片等。本试验采用先进的辅料制成分散片，改善了药物的崩解溶出，能发挥迅速止痛作用。

通过单因素考察及均匀设计优化了分散片的处方和制备工艺，选择分散片片重为 400mg/片，淀粉 34%、微晶纤维素 40%、乳糖 10% 作为填充剂，8% 的交联羧甲基纤维素钠为崩解剂，15% $PVPK_{30}$ 的乙醇溶液为黏合剂，其中微晶纤维素为优良的填充剂和崩解剂，与新型高效崩解剂交联羧甲基纤维素钠合用有协同作用，聚乙烯吡咯烷酮（PVP）是一种黏合力强、有利于片剂崩解、溶出的新型黏合剂，其吸湿性较强，加入乳糖可减少其吸湿性并使制得颗粒流动性好，采用上述几种辅料制成的颗粒完整，片子光洁，硬度较高。分散片具有分散状态佳，崩解时间短，药物溶出迅速，吸收快，生物利用度高，不良反应少，服用方便等特点，而且其生产工艺与普通非包衣片剂相同，工艺操作简单，生产成本低，具有良好的发展前景。

（四）胶囊剂的生产工艺

1. 软胶囊剂的生产工艺

软胶囊剂的主要生产工序包括配料与溶胶、制丸、洗丸、干燥、检囊、分装、包装和入库等，其生产工艺流程及区域划分如图 6-6 所示，其中配料与溶胶、制丸、洗丸、干燥、检囊和分装工序应在 D 级的洁净区内进行。

2. 硬胶囊剂的生产工艺

硬胶囊剂的主要生产工序包括配料、混合、制粒、干燥、整粒、装囊、检囊、分装、包装和入库等，其生产工艺流程及区域划分如图 6-7 所示，其中配料、混合、制粒、干燥、整粒、装囊、检囊和分装工序应在 D 级的洁净区内进行。

举例：双夏胶囊的成型工艺研究

处方：清半夏、夏枯草

（1）成型工艺研究

主要考察其制粒工艺。从经济角度考虑，选用淀粉作为辅料。将清膏干燥、粉碎、与可溶性淀粉混匀，用乙醇制软材，过筛、干燥、整粒。利用正交实验考察乙醇浓度、用量及淀粉用量的影响。见表 6-18～表 6-20。

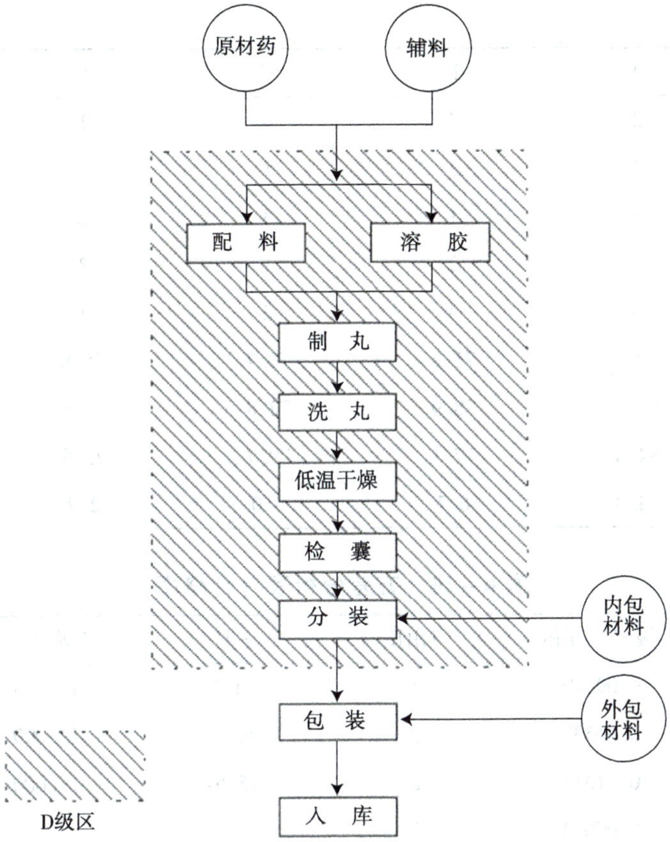

图 6－6　软胶囊剂的生产工艺流程及区域划分

表 6－18　制粒工艺的考察因素及水平

因素	浸膏粉 : 可溶性淀粉 A	乙醇（mL）/100g 浸膏 B	乙醇浓度（/%）C
1	4 : 2	20	75
2	4 : 3	30	85
3	4 : 4	40	95

表 6－19　正交试验表

试验号	A	B	C	D	合格率（%）
1	1	1	1	1	54.5
2	1	2	2	2	58.1
3	1	3	3	3	67.4
4	2	1	2	3	74.8

续表

试验号	A	B	C	D	合格率（%）
5	2	2	3	1	87.3
6	2	3	1	2	78.5
7	3	1	3	2	84.3
8	3	2	1	3	79.2
9	3	3	2	1	85.5
K1	60.0	71.2	70.7	75.8	
K2	80.2	78.9	72.8	73.6	
K3	84.0	77.1	79.7	73.8	
极差	24.0	6.7	9.0	2.2	

表6-20　方差分析表（合格率）

因素	偏差平方和	自由度	F比	F临界值	显著性
A	0.09449	2	111.86	19.000	*
B	0.00538	2	6.37	19.000	
C	0.01312	2	15.54	19.000	
误差	0.00084	2			

从表3中看出，因素A的$P<0.05$有显著差异，因此在所有因素中，A因素影响最大。影响因素A>C>B，A_2C_3为最佳制粒条件。优化后的制备工艺参数为：浸膏粉与可溶性淀粉的配比为4∶3，以95%浓度的乙醇润湿，其用量为30mL/100g浸膏。但考虑工业大生产时乙醇的浓度很少选用95%，因此降低浓度选用85%的乙醇进行润湿制粒，工艺为$A_2B_2C_3$。

（五）颗粒剂的生产工艺

将药物与适宜的辅料或药材细粉制成具有一定粒度的颗粒状制剂称为颗粒剂。按溶解能力的不同，颗粒剂可分为可溶颗粒、混悬颗粒和泡腾颗粒三大类。

颗粒剂的主要生产工序包括称量、配料、混合、制软材、制粒、干燥、整粒、总混、分装、包装和入库等，其生产工艺流程及区域划分如图6-8所示，其中称量、配料、混合、制软材、制粒、干燥、整粒、总混、分装工序应在D级的洁净区内进行。

举例：杞黄颗粒

处方组成：黄芪、枸杞、莪术、茯苓、泽泻、女贞子

（1）赋形剂的筛选

单独的喷雾干燥粉很难制成质量标准合格的颗粒，为了使颗粒具有相对较小的吸湿性

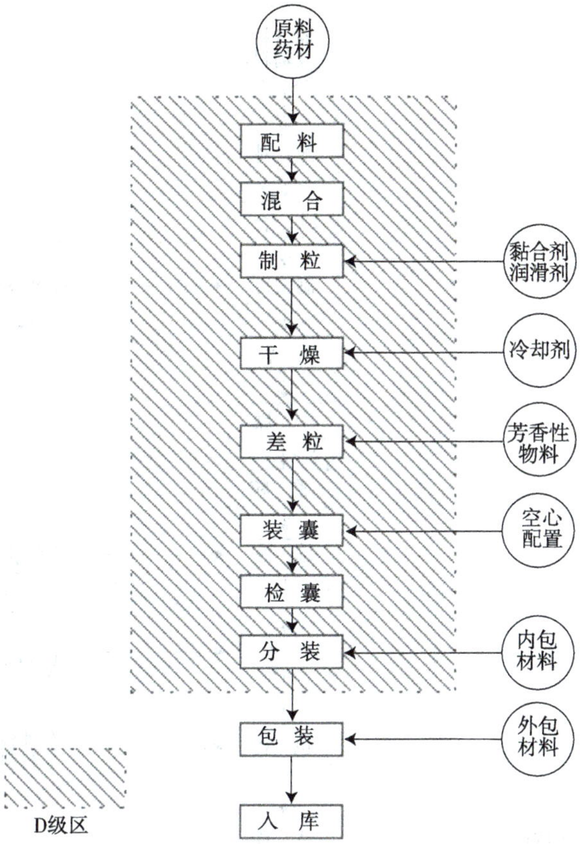

图6-7　硬胶囊剂的生产工艺流程及区域划分

和，特对制粒辅料进行了筛选，选择了淀粉、糊精、微粉硅胶、微精纤维四种辅料作为被选赋形剂，称取一定量的喷雾干燥粉和等量的不同赋形剂，分别混合均匀作为供试品。

将底部盛有 NaCl 过饱和溶液的干燥器放入25℃恒温培养箱内恒温24h，此时干燥器内的相对湿度为75%，在已恒重的称量瓶底部放入厚约2mm 的各供试品，准确称量后，置 NaCl 过饱和溶液的玻璃干燥器内（称量瓶盖打开），25℃恒温培养箱内保存，定时称量，计算吸湿率，结果见表6-21。

表6-21　赋形剂的筛选表

组别	吸湿率							
	1h	4h	15h	24h	48h	72h	96h	120h
喷雾干燥粉组	5.87	7.63	13.21	15.88	21.35	24.53	26.39	26.48
淀粉作赋形剂组	4.69	5.60	9.26	10.69	13.95	17.03	18.96	19.13
糊精作赋形剂组	6.52	8.16	11.36	12.57	15.65	18.11	19.97	20.10
微粉硅胶作赋形剂组	3.42	5.53	10.07	11.52	13.80	15.05	16.33	16.54
微精纤维作赋形剂组	3.83	5.88	11.40	12.78	14.64	15.71	16.76	16.93

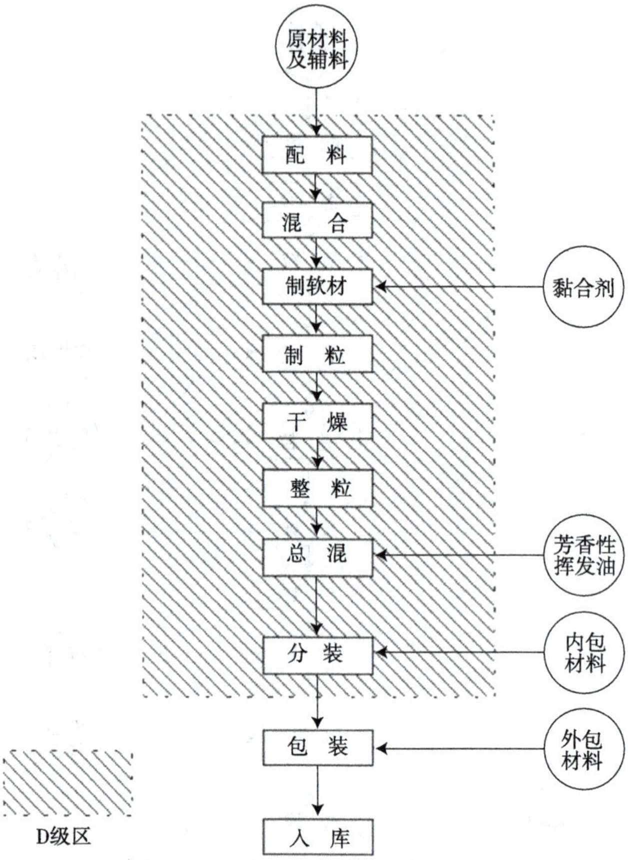

图6-8 颗粒剂的生产工艺流程及区域划分

由表可见，选择微粉硅胶做赋形剂，在相同的条件下其吸湿率相对较低，相对颗粒的吸湿性也较低，且微粉硅胶做赋形剂制成的颗粒一般具有较好的流动性和可压行，更利于后面工艺制粒，分剂量和包装，故确定选择微粉硅胶做赋形剂。

（2）制粒方法的选择

湿法制粒：取浸膏粉1500g、β－环糊精包合物48g与适量微粉硅胶合并，混合均匀，用85%～90%的乙醇作为润湿剂过22目筛制粒，所得湿颗粒置60℃烘箱内鼓风干燥，整粒，收率为96.73%。

干法制粒：取浸膏粉1500g，β－环糊精包合物48g，加入少量微粉硅胶混匀，在主压力1.25Pa，侧压力0.2Pa的条件下干法制粒，所得颗粒过20－40目筛。结果收得颗粒1415g，收率为91.47%。

湿法制粒虽然收得率相对高一点，但制粒困难，所需辅料较多；采用干法制粒辅料用量大幅度减少，且避免了不稳性成分遇水遇热导致的质量下降，适合大生产，且在大生产过程中循环生产，收得率还会有所提高，故选择干法制粒。

（3）矫味剂的筛选

本处方颗粒既含有枸杞多糖等甜味成分、女贞子齐墩果酸等酸性成分，又含有莪术挥发油等苦涩味较重的成分，故在不加任何矫味剂的情况下，味虽酸甜但苦涩味过重，虽然不加任何矫味剂也可以接受，但为了使口感更好，患者更易于服用，针对本品的特征，对几种常见的矫味剂进行了筛选。拟选用蛋白糖、甜菊素、甘露醇三种矫味剂进行矫味，通过比较口感对矫味剂进行了筛选，结果如下表6－23。

表6－23　矫味剂筛选表1

加入矫味剂的种类和用量	口感
蛋白糖1%	酸甜，苦涩味较重
甜菊素1%	酸、极甜，微苦涩
甘露醇1%	酸甜，苦涩味较重

由上表知，加入甜菊素1%时能有效抑制方中的苦涩味，但甜味过重了些，故考虑降低甜菊素的用量，使其药香更自然，考察结果如表6－24。

表6－24　矫味剂筛选表2

加入矫味剂的种类和用量	口感
甜菊素0.3%	酸甜，苦，微涩
甜菊素0.5%	酸甜，微苦
甜菊素0.8%	酸甜，微苦

考察结果表明，当加入甜菊素0.5%时已能起到较好的矫味作用，使药香自然，酸甜可口，故确定加入甜菊素0.5%进行矫味。

（六）注射剂的生产工艺

可灭菌小容量注射剂的主要生产工序包括称量、预处理、配制、粗滤、精滤、安瓿精洗、灌封、灭菌检漏、灯检、印字、包装和入库等，其生产工艺流程及区域划分如图6－9所示，其中称量、配制、粗滤、安瓿精洗等工序应在B级的洁净区内进行；而安瓿冷却、精滤、灌封等工序应在A或B级的洁净区内进行。

举例：复方党参黄芪注射剂的初步研究

研制了合格的复方党参黄芪注射液和冻干粉针两种剂型。与葡萄糖和氯化钠注射液配伍相容性好。制得的冻干粉针为颜色均一的淡黄色块状物，成型性、复溶性良好，含水量低，其他各项均符合注射剂相关要求。

以注射液的颜色、澄明度、含量和有关物质为指标，考察了抗氧剂的种类和用量、溶媒、pH值及灭菌条件对注射液稳定性的影响，确定了最优处方及制备工艺。工艺流程图如图6－10。

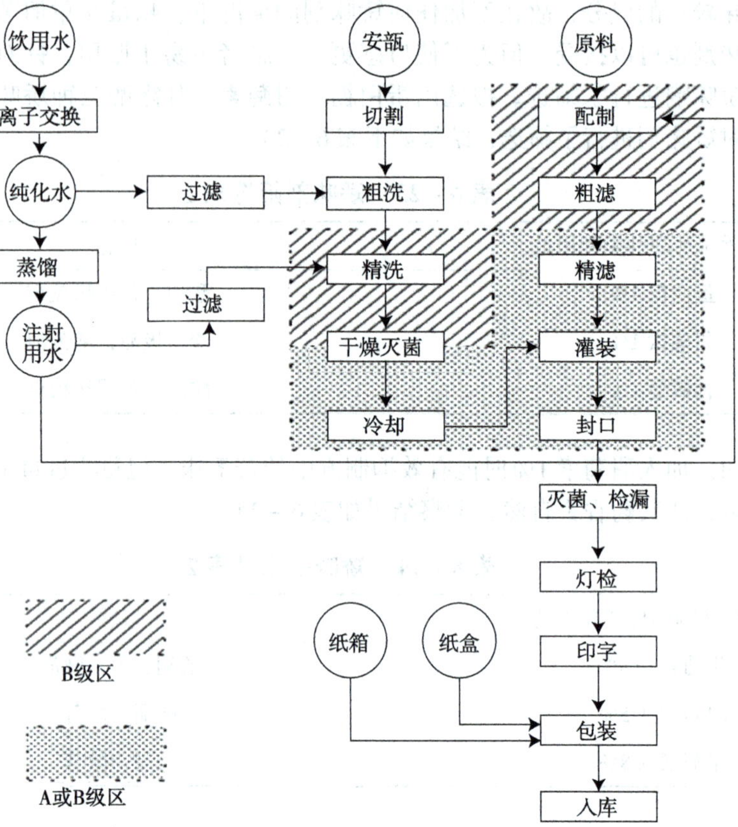

图 6－9 可灭菌小容量注射剂的生产工艺流程及区域划分

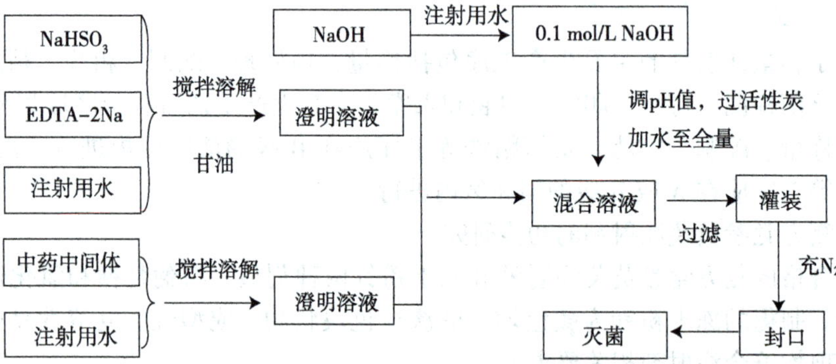

图 6－10 复方党参黄芪注射剂制备的工艺流程图

以冻干粉针的颜色、成型性、复溶性为指标，考察了预冻干溶液体积、支持剂种类与用量。筛选确定了最佳处方及冻干工艺，工艺流程图如图 6－11。

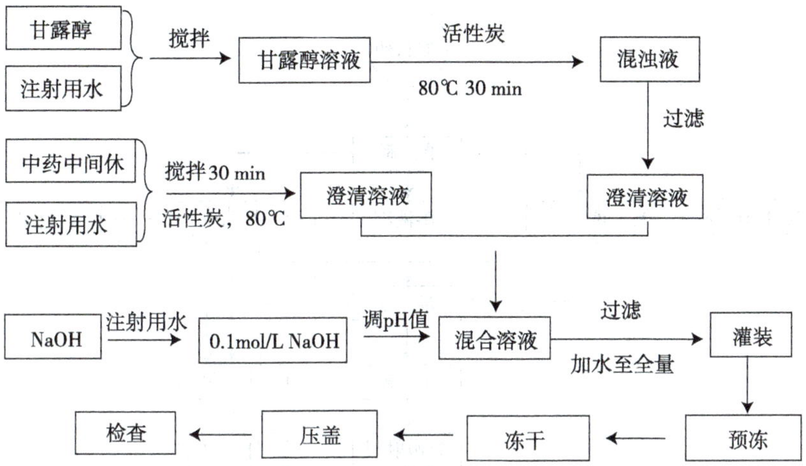

图6－11　复方党参黄芪注射剂冻干工艺流程图

（七）气雾剂的生产工艺

将药物和适宜的抛射剂一起装于具有特制阀门系统的耐压密封容器中而制成的制剂称为气雾剂。按分散系统的不同，气雾剂可分为溶液型、混悬型和乳剂型三大类。气雾剂在使用时可借抛射剂的压力将药物定量或不定量地以雾状形式喷出。

气雾剂的主要生产工序包括称量、配制、罐装、压盖、充抛射剂、检查、内包装、外包装和入库等，其生产工艺流程及区域划分如图6－12所示，其中称量、配制、罐装、压盖、充抛射剂、检查等工序应在B级的洁净区内进行。

（八）透皮凝胶膏剂的制备工艺

外用膏剂指采用适宜的基质将药物制成专供外用的半固体或近似固体的一类剂型。分为软膏剂、贴膏剂和膏药。

举例：复方蟾酥镇痛透皮凝胶膏剂

处方组成：蟾酥、延胡索、乌药、白屈菜、祖师麻、乳香、没药、冰片

膏体的制备是本制剂成功与否的关键。成功的透皮凝胶膏除了有一定的黏附性和赋形性外，还应有利于生产。透皮凝胶膏剂生产时常见的问题有：①配料时，膏体的凝聚速度快，不利于涂布；②膏体的内聚力大，涂布困难，且膏体与背衬材料结合力小，与背衬易分离；③涂布后，膏体的凝聚速度慢，降低生产效率。而解决好这些问题的关键是确定合适的透皮凝胶膏基质组成和制备时原料的混合顺序。

（1）复方蟾酥镇痛透皮凝胶膏基质组成的确定

增稠剂的确定：黏合剂选用聚丙烯酸钠和羧甲基纤维素钠。试验时发现，单独使用聚丙烯酸钠时，与甘油和水混合后的混合物内聚力太大，成团，无法涂布；单独使用羧甲基纤维素钠，混合物（与甘油、水）的内聚力较小，而且膏体太稀，无法牢固地粘贴在皮肤上；而以两者的混合物作黏合剂则可调节内聚力和黏合力，使制剂既能与皮肤有较好的黏合力，又能延缓聚丙烯酸钠的凝聚速度、减小内聚力，有利于涂布。

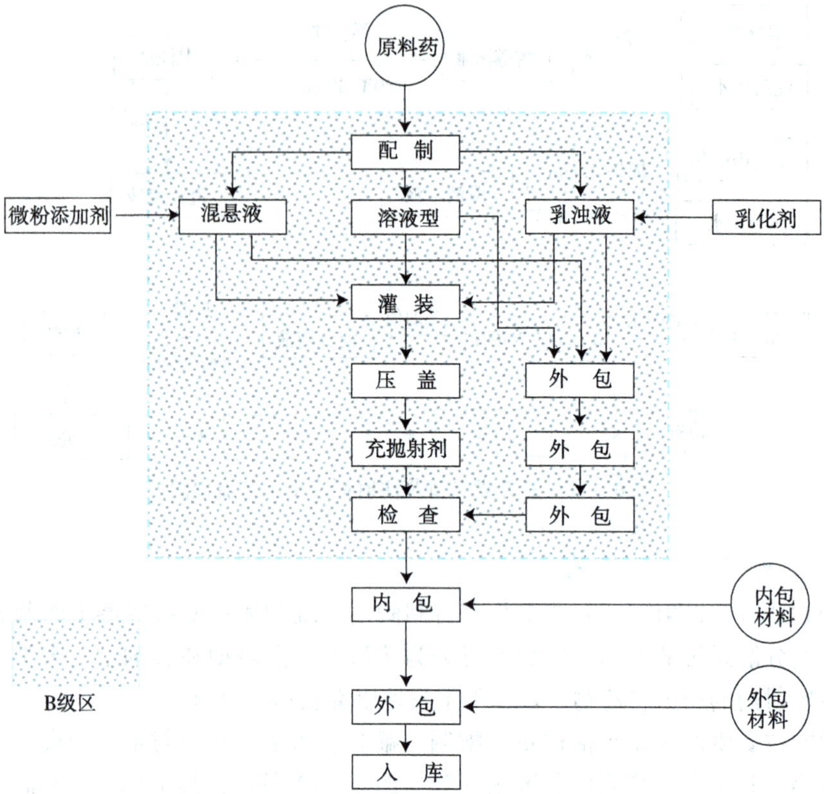

图6-12 气雾剂的生产工艺流程及区域划分

交联剂的确定：交联剂选用聚乙烯醇。交联剂分为非离子型、离子型、复合型。试验时发现，采用甘氨酸铝、含水氯化铝、氧化铝凝胶等交联剂内聚力太大，成团，无法涂布；采用聚乙烯醇水溶液与羧甲基纤维素钠有很好的黏结力，交联形成骨架结构。

保湿剂的选择：保湿剂试用了甘油和丙二醇，结果表明丙二醇做保湿剂能够显著降低膏体的内聚力，基质很难聚合成型；而甘油做保湿剂膏体能产生较强的内聚力；另外，混合使用甘油和丙二醇，调节两者的比例，可以改变透皮凝胶膏基质的内聚力，增加基质对不同药物的适应性。甘油是最广泛使用的聚乙烯醇增塑剂，它可以和聚乙烯醇以适当的比例掺和，增塑效果好。本制剂选用一定比例的甘油和丙二醇做保湿剂。

填充剂的选择：透皮凝胶膏多选用白陶土作填充剂，本制剂中亦用白陶土作填充剂。另外，制剂中的药材提取物亦可发挥填充剂的作用。

（2）复方蟾酥镇痛透皮凝胶膏的制备预试验

单帖含药量的确定：按照所确定工艺提取的单帖总药粉量为1.00g。

甘油与丙二醇比例的确定：首先固定其他基质和药量不变，通过调节两者比例来增加基质的适应性，丙二醇比例高则不易聚合，比例低则涂展性差。以容易聚合、有一定涂展性和黏性为标准，最终确定甘油-丙二醇（15:1）较佳。

白陶土用量的确定：固定其他基质和药量不变，改变白陶土的用量，结果在一定范围内随其用量增加，表面感官愈好。根据本处方药粉本身有填充作用，确定白陶土用量为1.0g。

(3) 复方蟾酥镇痛透皮凝胶膏混合顺序及混合条件的确定

物料的混合顺序影响透皮凝胶膏制备的难易。通过多次试验确定了混合方法为：先将甘油、丙二醇研磨混合均匀，再依次加入羧甲基纤维素钠与聚丙烯酸钠、药粉与白陶土混匀，再将溶解的聚乙烯醇加入溶胀的卡波姆，于60℃将上述基质混匀，较易混合与涂布。

(4) 复方蟾酥镇痛透皮凝胶膏基质处方的优化

根据预试验，混合保湿剂甘油－丙二醇用量在2～4g，太多则膏体较稀，难以聚合；太少对药物分散性差。卡波姆用量在0.1～0.3g，太多需水量太大，不易涂布；太少则成膜性不好，弹性差。再适当调节羧甲基纤维素钠和聚丙烯酸钠的用量，来调节膏体的内聚力和黏附性。因此根据预试验的结果，以所制成透皮凝胶膏的剥离强度（黏着力）为指标，并结合膏体的涂展性和透皮凝胶膏表面的平整度作为辅助的观察指标，采用正交试验法优化透皮凝胶膏的基质处方组成。在保证能制成具有较好外观形态透皮凝胶膏和可生产性的前提下，剥离强度越大，则效果越好。考察的因素及水平见表6－25。

表6－25　复方蟾酥透皮凝胶膏基质处方优化因素水平表

水平/因素	A（保湿剂）g	B（水）g	C（PAA－Na）g	D（CMC－Na）g	E（卡波姆）g	F（PVA）g
1	2.0	2.0	0.40	0.20	0.10	0.02
2	2.5	3.0	0.45	0.25	0.15	0.04
3	3.0	4.0	0.50	0.30	0.20	0.06
4	3.5	5.0	0.55	0.35	0.25	0.08
5	4.0	6.0	0.60	0.40	0.30	0.10

根据因素水平表，按 L_{25} (5^6) 正交表试验组合进行试验。制备的基质样品室温放置48小时后，测定各试验组样品的剥离强度。

剥离强度的测定：将样品（面积3cm×5cm）粘贴于酚醛树脂板上，在样品的一端用夹子夹住，用指针式推拉力计测定膏体与酚醛树脂板断开时的拉力，测定时拉力计与酚醛树脂板成90°，测定五次取均值。测试结果见表6－26、表6－27。

表6－26　复方蟾酥镇痛透皮凝胶膏基质处方优化正交试验表

试验号	A	B	C	D	E	F	剥离强度（N）	膏体及涂布性
	保湿剂	水	PAA－Na	CMC－Na	卡波姆	聚乙烯醇		
1	1	1	1	1	1	1	0.506	涂布较难
2	1	2	2	2	2	2	1.818	能涂布
3	1	3	3	3	3	3	3.472	能涂布

续表

试验号	A	B	C	D	E	F	剥离强度（N）	膏体及涂布性
	保湿剂	水	PAA－Na	CMC－Na	卡波姆	聚乙烯醇		
4	1	4	4	4	4	4	1.682	易涂布
5	1	5	5	5	5	5	4.686	易涂布
6	2	1	2	3	4	5	2.574	涂布较难
7	2	2	3	4	5	1	3.352	能涂布
8	2	3	4	5	1	2	3.730	能涂布
9	2	4	5	1	2	3	3.940	易涂布
10	2	5	1	2	3	4	2.378	易涂布
11	3	1	3	5	2	4	3.714	涂布较难
12	3	2	4	1	3	5	2.558	能涂布
13	3	3	5	2	4	1	3.950	能涂布
14	3	4	1	3	5	2	1.464	易涂布
15	3	5	2	4	1	3	1.868	能涂布
16	4	1	4	2	5	3	2.580	涂布较难
17	4	2	5	3	1	4	4.238	能涂布
18	4	3	1	4	2	5	3.524	能涂布
19	4	4	2	5	3	1	2.680	能涂布
20	4	5	3	1	4	3	3.440	能涂布
21	5	1	5	4	3	2	5.543	涂布较难
22	5	2	1	5	4	3	3.410	涂布较难
23	5	3	2	1	5	4	4.890	能涂布
24	5	4	3	2	1	5	4.650	能涂布
25	5	5	4	3	2	1	4.250	能涂布
K1	2.433	2.983	2.256	3.067	2.998	2.948		
K2	3.195	3.075	2.766	3.075	3.449	3.139		
K3	2.711	3.913	3.726	3.200	3.326	3.118		
K4	3.292	2.883	2.960	3.194	3.011	3.380		
K5	4.549	3.324	4.471	3.644	3.394	3.598		
R	2.116	1.030	2.215	0.577	0.451	0.650		

表 6－27　剥离强度方差分析表

因素	*SS*	*V*	*MS*	*F*	*P*
A	13.244	4	3.311	10.203	$P<0.05$
B	3.403	4	0.851	2.622	$p>0.05$
C	15.113	4	3.778	11.643	$P<0.05$
D	1.120	4	0.280	0.863	$p>0.05$
E	0.928	4	0.232	0.715	$p>0.05$
F	1.298	4	0.325	1.000	$p>0.05$
误差	1.300	4	0.325		

注：$F_{0.05(4,4)}=6.39$

从上表可以看出：①上述除试验1、6、11、16、21、22难于涂布外，其他均能涂布或易涂布。水的加入量少，膏体内聚力增加，因而难于涂布。②以剥离强度为指标，对结果影响最大的因素为聚丙烯酸钠和保湿剂的用量。③以剥离强度为指标，其他因素对黏性影响较小，但水加多了也不利于涂布，可根据实际情况调整加水量4.0～5.0g。

通过数据分析和制膏的实际情况确定巴布剂基质的最佳配比为：$A_5B_3C_5D_5E_2F_5$。即保湿剂∶水∶聚丙烯酸钠∶羧甲基纤维素钠∶卡波姆∶聚乙烯醇为4.0∶4.0∶0.6∶0.4∶0.15∶0.1。

验证试验：正交试验时均加入蓖麻油，一方面其为效果较好的增塑剂，有利于膏体的涂布；另一方面可以较好地溶解如祖师麻甲素等易挥发的小分子成分，防止其挥发损失。另外，加入蓖麻油还可以防止涂布时膏体的粘辊。

正交试验时加入蓖麻油均为0.2g，为此通过以上筛选的成型工艺参数试验了以加入蓖麻油分别为0.1g、0.2g、0.3g制备的三批透皮凝胶膏样品，测定其剥离强度并观察其物理性状，主要检查涂布的难易程度，是否粘辊，膏体是否均匀，裱褙材料背面有无渗出，与皮肤的黏着力是否合适等。结果见表6－28。

表 6－28　验证试验结果表

试验号	蓖麻油（g）	剥离强度（N）	涂布指标	感官指标
1	0.1	3.565	能涂布，但粘辊	膏体均匀，背面无渗出，黏着力偏小
2	0.2	4.333	易涂布，不粘辊	膏体均匀，背面无渗出，黏着力适宜
3	0.3	3.859	易涂布，不粘辊	膏体均匀，背面无渗出，黏着力适宜

试验结果表明，综合剥离强度、涂布指标和感官指标，按以上筛选的成型工艺参数制备，加入蓖麻油0.2g时效果最佳，制备出的巴布剂有比较好的赋形性。该工艺合理可行。

第六节 中药新药中试研究

中试研究是指在实验室完成系列工艺研究后，采用与大生产基本相符的条件进行工艺放大研究的过程。中试研究是实验室向大生产过渡的“必由之路”，关联到产品的安全、有效和质量可控。

一、中试研究的意义

1. 中试研究是对实验室工艺合理性研究的验证与完善，是保证工艺达到生产稳定性、可操作性的必经环节。

2. 质量标准、稳定性、药理与毒理、临床研究用样品应是经中试研究确定工艺制备的样品。

3. 根据中试研究结果制定或修订中间体和成品的质量标准。

4. 中试研究可为大生产设备选型提供依据。

5. 中试研究可根据原材料、动力消耗和工时等进行初步的技术经济指标核算等。

因此通过中试研究可发现问题，规避风险，实现大生产，发现工艺可行性、劳动保护、环保、生产成本等方面存在的问题，减少药品研发的风险。

二、中试研究的前提条件、规模和批次

中试研究必须在小试工艺路线已确定、小试的工艺考察已完成，工艺过程及工艺参数已确定、小试工艺基本可行和稳定、原料和中间体及产品的质量控制方法已建立等前提条件下进行。

中试研究规模的投料量为制剂处方量（以制成1000个制剂单位计算）的10倍以上。制剂单位为“粒、片、贴、克、毫升”等。装量大于或等于100mL的液体制剂应适当扩大中试规模；以投料量有效成分、有效部位为原料，或以贵重全生药粉入药的制剂可适当降低中度规模，但均要达到中试研究的目的。

中药新药注册管理办法规定：中试研究一般需经过多批次试验，以达到工艺稳定的目的。申报临床研究时，应提供至少1批稳定的中试研究数据，包括批号、投料量、半成品量、辅料量、成品量、成品率等。

三、中试研究的主要内容

中试研究是在实验室完成系列工艺研究后，采用与大生产基本相符的条件进行工艺放大研究的过程。

中试研究主要关注的问题有：关键工艺参数的考察，工艺与设备适应性的考察，过程中的质量控制，成本核算，申报资料的整理等。

第七节　制备工艺及其研究资料的格式和要求

一、处方

处方包括各组分的名称及数量。

二、制备工艺

制备工艺的叙述要能反映出工艺的全过程，要突出对质量有影响的关键工艺部分，并列出控制其质量的技术条件，如时间、温度、压力、真空度等。对关键半成品应有质量要求，如浓缩成浸膏后其得率的限制幅度及能反映其内在质量的测定项目，如相对密度或某指标成分的含量等。工艺的叙述应按中试生产规模条件，因各项技术条件均与制备的数量有关，实验室规模所决定的技术条件往往不适用生产规模，例如在提取、浓缩、干燥时药品受热时间的长短与制备数量的大小有关，又如渗漉时收集渗漉液的速度和规定的幅度也与制备量有关。

三、工艺流程图

采用工艺流程图，简要显示各步骤的过程。

四、工艺研究资料

1. 应能反映出所定工艺的合理性，要说明采取此工艺的依据，要从处方各药味的理化性质、各类成分的药理作用的角度，结合在中医药理论指导下的临床应用要求来选择合适的工艺路线。
2. 在确定工艺路线后，应对工艺的技术条件进行筛选对比，决定最佳的工艺技术条件。
3. 列出以上各项工艺研究的方法与对比数据（成功或失败）。
4. 对工艺筛选过程中决定该工艺优劣的指标及测试方法也应列出。
5. 对关键半成品定出控制质量的要求及其说明。
6. 制剂处方。
7. 对确定工艺后，应有三批以上的中试结果，从其各项质量指标上来反映此工艺的稳定和成熟程度。

附件 1：中药、天然药物原料的前处理技术指导原则

一、概述

中药、天然药物的原料包括药材、中药饮片、提取物和有效成分。为保证中药、天然药物新药的安全性、有效性和质量可控性，应对原料进行必要的前处理。原料的前处理包括鉴定与检验、炮制与加工。

二、基本内容

（一）鉴定与检验

药材品种繁多，来源复杂，即使同一品种，由于产地、生态环境、栽培技术、加工方法等不同，其质量也会有差别；中药饮片、提取物、有效成分等原料也存在着一定的质量问题。为了保证制剂质量，应对原料进行鉴定和检验。检验合格方可投料。

原料的鉴定与检验的依据为法定标准。无法定标准的原料，应按照自己制定的质量标准进行鉴定与检验。药材和中药饮片的法定标准为国家药品标准和地方标准或炮制规范；提取物和有效成分的法定标准仅为国家药品标准。标准如有修订，应执行修订后的标准。

多来源的药材除必须符合质量标准的要求外，一般应固定品种。对品种不同而质量差异较大的药材，必须固定品种，并提供品种选用的依据。药材质量随产地不同而有较大变化时，应固定产地；药材质量随采收期不同而明显变化时，应注意采收期。

原料质量标准若过于简单，难以满足新药研究的要求时，应自行完善标准。如药材标准未收载制剂中所测成分的含量测定项时，应建立含量测定方法，并制定含量限度，但要注意所定限度应尽量符合原料的实际情况。完善后的标准可作为企业的内控标准。

对于列入国务院颁布的《医疗用毒性药品管理办法》中的 28 种药材，应提供自检报告。涉及濒危物种的药材应符合国家的有关规定，并特别注意来源的合法性。提取物和有效成分应特别注意有机溶剂残留的检查。

（二）炮制与加工

炮制和制剂的关系密切，大部分药材需经过炮制才能用于制剂的生产。在完成药材的鉴定与检验之后，应根据处方对药材的要求，以及药材质地、特性的不同和提取方法的需要，对药材进行必要的炮制与加工，即净制、切制、炮炙、粉碎等。

1. 净制

净制即净选加工，是药材的初步加工过程。药材中有时会含有泥沙、灰屑、非药用部位等杂质，甚至会混有霉烂品、虫蛀品，必须通过净制除去，以符合药用要求。净制后的药材称为“净药材”。常用的方法有挑选、风选、水选、筛选、剪、切、刮、削、剔除、刷、擦、碾、撞、抽、压榨等。

2. 切制

切制是指将净药材切成适于生产的片、段、块等，其类型和规格应综合考虑药材质地、炮炙加工方法、制剂提取工艺等。除少数药材鲜切、干切外，一般需经过软化处理，使药材利于切制。软化时，需控制时间、吸水量、温度等影响因素，以避免有效成分损失或破坏。

3. 炮炙

炮炙是指将净制、切制后的药材进行火制、水制或水火共制等。常用的方法有炒、炙、煨、煅、蒸、煮、烫、炖、制、水飞等。炮炙方法应符合国家标准或各省、直辖市、自治区制定的炮制规范。如炮炙方法不为上述标准或规范所收载，应自行制定炮制方法和炮制品的规格标准，提供相应的研究资料。制定的炮炙方法应具有科学性和可行性。

4. 粉碎

粉碎是指将药材加工成一定粒度的粉粒，其粒度大小应根据制剂生产需求确定。对质地坚硬、不易切制的药材，一般应粉碎后提取；一些贵重药材常粉碎成细粉直接入药，以避免损失；另有一些药材粉碎成细粉后参与制剂成型，兼具赋型剂的作用。经粉碎的药材应说明粉碎粒度及依据，并注意出粉率。含挥发性成分的药材应注意粉碎温度；含糖或胶质较高且质地柔软的药材应注意粉碎方法；毒性药材应单独粉碎。

附件2：中药、天然药物提取纯化工艺研究技术指导原则

一、概述

中药、天然药物提取纯化工艺研究是指根据临床用药和制剂要求，用适宜溶剂和方法从净药材中富集有效物质、除去杂质的过程。

中药、天然药物成分复杂，为了提高疗效、减少剂量、便于制剂，药材一般需要经过提取、纯化处理。这是中药、天然药物制剂特有的工艺步骤，提取、纯化工艺的合理、技术的正确运用直接关系到药材的充分利用和制剂疗的充分发挥。在提取、纯化及其后续的制剂过程中，浓缩、干燥也是必要的工艺环节，亦属本技术指导原则的内容。

由于提取纯化工艺的方法与技术繁多，以及新方法与新技术的不断涌现，致使应用不同方法与技术所应考虑的重点、研究的难点和技术参数，有可能不同。因此，既要遵循药品研究的一般规律，注重对其个性特征的研究，又要根据用药理论与经验，在分析处方组成和复方中各药味之间的关系，参考各药味所含成分的理化性质和药理作用的基础上，结合制剂工艺和大生产的实际、环境保护的要求，采用合理的试验设计和评价指标确定工艺路线，优选工艺条件。本指导原则为此提供技术指导。

本指导原则就中药、天然药物的提取、纯化及浓缩、干燥工艺研究过程中，方法、工艺路线的确定，工艺条件的优选，实验设计方法、评价指标的建立等进行了讨论。

二、基本内容

（一）工艺路线

中药、天然药物提取纯化的工艺路线是中药、天然药物生产工艺科学性、合理性和可行性的基础和核心。工艺路线的设计应以保证其安全性和有效性为前提，一般应考虑处方的特点和药材的性质，制剂的类型和临床用药要求，大生产的可行性和生产成本，以及环境保护的要求。在此基础上，还要充分注意工艺的科学性和先进性。

1. 提取与纯化工艺

中药、天然药物的提取应尽可能多地提取出有效成分，或根据某一成分或某类成分的性质提取目的物。提取溶剂选择应尽量避免使用一、二类有机溶剂。

中药、天然药物的纯化应依据中药传统用药经验或根据药物中已确认的一些有效成分的存在状态、极性、溶解性等特性设计科学、合理、稳定、可行的工艺，采用一系列纯化技术尽可能多地富集有效成分，除去无效成分。

不同的提取纯化方法均有其特点与使用范围，应根据与治疗作用相关的有效成分（或有效部位）的理化性质，或药效研究结果，通过试验对比，选择适宜工艺路线与方法。

2. 浓缩与干燥工艺

浓缩、干燥工艺应主要依据物料的理化性质，制剂的要求，影响浓缩、干燥效果的因素，选择一相应工艺路线，使所得物达到要求的相对密度或含水量，以便于制剂成型。对含有热不稳定成分、易熔化物料的浓缩与干燥，尤其需要注意方法的选择，以保障浓缩物或干燥物的质量。

（二）工艺条件

工艺路线初步确定后，对采用的工艺方法，应进行科学、合理的试验设计，对工艺条件进行优化。影响工艺的因素是多方面的，因此，工艺的优选应采用准确、简便、具有代表性、可量化的综合性评价指标与合理的方法，对多因素、多水平同时进行考察。鼓励新技术、新方法的应用，但对于新建立的方法，应进行方法的可行性、安全性研究。

应根据具体品种的情况选择适宜的工艺及设备。为了保证工艺的稳定，减少批间质量差异，应固定工艺流程及相应设备。

1. 提取与纯化工艺条件的优化

采用的提取方法不同，影响提取效果的因素有别，因此应根据所采用的提取方法与设备，考虑影响因素的选择和提取参数的确定。一般需对溶媒、工艺条件进行选择、优化。

中药、天然药物的纯化工艺，应根据纯化的目的、可采用方法的原理和影响因素进行选择。一般应考虑：拟制成的剂型与服用量、有效成分与去除成分的性质、后续制剂成型工艺的需要、生产的可行性、环保问题等。并通过有针对性的试验，考察各步骤有关指标的情况，以评价各步骤工艺的合理性，选择可行的工艺条件，确定适宜的工艺参数，从而确保生产工艺和药品质量的稳定。

2. 浓缩与干燥工艺条件的优化

浓缩与干燥的方法和程度、设备和工艺参数等因素都直接影响着物料液中有效成分的稳定。在物料浓缩与干燥工艺过程中应结合制剂的要求对工艺条件进行研究和优化。

（三）评价指标

工艺研究过程中，对试验结果做出合理判断的评价指标应该是科学、客观、可量化的。在具体评价指标的选择上，应结合中药、天然药物的特点，从化学成分、生物学指标及环保、工艺成本等方面综合考虑。

1. 提取与纯化工艺评价指标

有效成分提取、纯化的评价指标的主要是得率、纯度。

有效部位提取、纯化的评价指标除得率、含量等外，还应关注有效部位主要成分组成的基本稳定。

单味或复方提取纯化的评价指标应考虑其多成分作用的特点，既要重视传统用药经验、组方理论，充分考虑药物作用的物质基础研究不清楚的现状；又要尽力改善制剂状况，以满足临床用药要求。在评价指标的选择上，应结合品种的具体情况，探讨能够对其安全、有效、质量可控做出合理判断的综合评价指标，必要时可采用生物学指标等。

在提取纯化研究过程中，有可能引起安全性隐患的成分应纳入评价指标。

2. 浓缩与干燥工艺评价指标

应根据具体品种的情况，结合工艺、设备等特点，选择相应的评价指标。对含有有效成分为挥发性、热敏性成分的物料在浓缩、干燥时还应考察挥发性、热敏性成分的保留情况。

（四）实验设计方法

工艺研究过程中，工艺条件的筛选和确定，可采用的具体实验方法有多种，如单因素实验设计法、多因素实验设计法等。在工艺的优化过程中尽可能地引入数理实验设计的思想和方法，积极采用先进科学合理的设计方法及数据的统计分析方法等。

对于主要影响因素、水平取值，一般应注意结合被研究对象特点，根据预实验结果设计。具体的选择应根据研究的情况，需要考察的因素等来确定。但应考虑方法适用的范围，因素、水平设置的合理性，避免方法上的错误。例如，因素、水平选择不当，样本量不符合要求，指标选择不合理，评价方法不妥，适用对象不符等。同时应注意对试验结果的处理、分析。

由于工艺的多元性、复杂性及研究中的实验误差，工艺优化的结果应通过重复和放大试验加以验证。

附件3：中药、天然药物制剂研究技术指导原则

一、概述

中药、天然药物制剂研究是指原料通过制剂技术制成适宜剂型的过程，应根据临床用药需求、处方组成及剂型特点，结合提取、纯化等工艺，以达到药物“高效、速效、长效”，“剂量小、毒性小、副作用小”和“生产、运输、贮藏、携带、使用方便”的要求。本指导原则主要阐述中药、天然药物剂型选择的依据、制剂处方设计、制剂成型工艺研究、直接接触药品的包装材料的选择等基本内容，并对以上研究提供技术指导。

由于中药、天然药物成分复杂、作用多样，剂型种类、成型工艺方法与技术繁多，加之现代制剂技术迅速发展，新方法与技术不断涌现，不同的方法与技术所应考虑的重点、需进行研究的难点、要确定的技术参数，均有可能不同。因此，应根据药物的具体情况，借鉴传统组方、用药理论与经验，结合生产实际进行必要的研究，以明确具体工艺参数，做到工艺合理、可行、稳定、可控，以保证药品的安全、有效和质量稳定。在中药、天然药物制剂的研究中，鼓励采用新技术、新工艺、新辅料。

二、基本内容

（一）剂型选择

1. 选择的依据

药物必须制成适宜的剂型，采用一定的给药途径接触或导入机体才能发挥疗效。剂型的不同，可能导致药物作用效果的不同，从而关系到药物的临床疗效及不良反应。

剂型选择应根据药味组成并借鉴用药经验，以满足临床医疗需要为宗旨，在对药物理化性质、生物学特性、剂型特点等方面综合分析的基础上进行。应提供具有说服力的文献依据和（或）试验资料，充分阐述剂型选择的科学性、合理性、必要性。剂型的选择应主

要考虑以下几方面。

（1）临床需要及用药对象应考虑不同剂型可能适应于不同的临床病症需要，以及用药对象的顺应性和生理情况等。

（2）药物性质及处方剂量：中药有效成分复杂，各成分的溶解性、稳定性，在体内的吸收、分布、代谢、排泄过程各不相同，应根据药物的性质选择适宜的剂型。

选择剂型时应考虑处方量、半成品量及性质、临床用药剂量，以及不同剂型的载药量。

（3）药物的安全性：在选择剂型时需充分考虑药物安全性。应在比较剂型因素产生疗效增益的同时，关注可能产生的安全隐患（包括毒性和副作用），并考虑以往用药经验和研究结果。

2. 需要注意的问题

（1）重视药物制剂处方设计前研究工作。在认识药物的基本性质、剂型特点及制剂要求的基础上，进行相关研究。

（2）在剂型选择和设计中注意借鉴相关学科的新理论、新方法和新技术，鼓励新剂型的开发。

（3）在选择注射剂剂型时，应特别关注其安全性、有效性、质量可控性及临床需要，并提供充分的选择依据。

（4）已有国家药品标准品种的剂型改变，应在对原剂型的应用进行全面、综合评价的基础上有针对性地进行，充分阐述改变剂型的必要性和所选剂型的合理性。

（二）制剂处方研究

制剂处方研究是根据制剂原料性质、剂型特点、临床用药要求等，筛选适宜的辅料，确定制剂处方的过程。制剂处方研究是制剂研究的重要内容。

1. 制剂处方前研究

制剂处方前研究是制剂成型研究的基础，其目的是保证药物的稳定、有效，并使制剂处方和制剂工艺适应工业化生产的要求。一般在制剂处方确定之前，应针对不同药物剂型的特点及其制剂要求，进行制剂处方前研究。

制剂原料的性质对制剂工艺、辅料、设备的选择有较大的影响，在很大程度上决定了制剂成型的难易。在中药、天然药物制剂处方前研究中，应了解制剂原料的性质。例如，用于制备固体制剂的原料，应主要了解其溶解性、吸湿性、流动性、稳定性、可压性、堆密度等内容；用于制备口服液体制剂的原料，应主要了解其溶解性、酸碱性、稳定性及嗅、味等内容，并提供文献或试验研究资料。

以有效成分或有效部位为制剂原料的，应加强其与辅料的相互作用的研究，必要时还应了解其生物学性质。

2. 辅料的选择

辅料除具有赋予制剂成型的作用外，还可能改变药物的理化性质，调控药物在体内的释放过程，影响甚至改变药物的临床疗效、安全性和稳定性等。新辅料的应用，为改进和提高制剂质量，研究和开发新剂型、新制剂提供了基础。在制剂成型工艺的研究中，应重视辅料的选择和新辅料的应用。

所选辅料应符合药用要求。辅料选择一般应考虑以下原则：满足制剂成型、稳定、作用特点的要求，不与药物发生不良相互作用，避免影响药品的检测。考虑到中药、天然药物的特点，减少服用量，提高用药对象的顺应性，应注意辅料的用量，制剂处方应能在尽可能少的辅料用量下获得良好的制剂成型性。

3. 制剂处方筛选研究

制剂处方筛选研究，可根据药物、辅料的性质，结合剂型特点，采用科学、合理的试验方法和合理的评价指标进行。制剂处方筛选研究应考虑以下因素：临床用药的要求、制剂原辅料性质、剂型特点等。通过处方筛选研究，初步确定制剂处方组成，明确所用辅料的种类、型号、规格、用量等。

在制剂处方筛选研究过程中，为减少研究中的盲目性，提高工作效率，获得预期的效果，可在预实验的基础上，应用各种数理方法安排试验。如采用单因素比较法，正交设计、均匀设计或其他适宜的方法。

（三）制剂成型工艺研究

制剂成型工艺研究是按照制剂处方研究的内容，将经制剂原料与辅料进行加工处理，采用客观、合理的评价指标进行筛选，确定适宜的辅料、工艺和设备，制成一定的剂型并形成最终产品的过程。通过制剂成型研究进一步改进和完善处方设计，最终确定制剂处方、工艺和设备。

1. 制剂成型工艺研究的原则

制剂成型工艺研究一般应考虑成型工艺路线和制备技术的选择，应注意实验室条件与中试和生产的衔接，考虑大生产制剂设备的可行性、适应性。

对单元操作或关键工艺，应进行考察，以保证操作质量的稳定。应提供详细的制剂成型工艺流程，各工序技术条件试验依据等资料。在制剂过程中，对于含有有毒药物及用量小而活性强的药物，应特别注意其均匀性。

2. 制剂成型工艺研究评价指标的选择

制剂成型工艺研究评价指标的选择，是确保制剂成型研究达到预期目的的极重要内容。制剂处方设计、辅料筛选、成型技术、制剂设备等的优选应根据不同药物及其剂型的具体情况，选择评价指标，以进行制剂性能与稳定性评价。

评价指标应是客观的、可量化的。量化的评价指标对处方设计、筛选、制剂生产具有重要意义。例如，颗粒的流动性、与辅料混合后的物性变化、物料的可压性、吸湿性等可作为片剂成型工艺考察指标的主要内容。对于口服固体制剂，有时还需进行溶出度的考察。

3. 制剂技术、制剂设备

制剂处方筛选、制剂成型均需在一定的制剂技术和设备条件下才能实现。在制剂研究过程中，特定的制剂技术和设备往往可能对成型工艺，以及所使用辅料的种类、用量产生很大影响，应正确选用。固定所用设备及其工艺参数，以减少批间质量差异，保证药品的安全、有效，及其质量的稳定。先进的制剂技术及相应的制剂设备，是提高制剂水平和产品质量的重要方面，也应予以关注。

（四）直接接触药品的包装材料的选择

应符合《药品包装材料、容器管理办法》（暂行）、《药品包装、标签规范细则》（暂行）及相关要求，提供相应的注册证明和质量标准。在选择直接接触药品的包装材料时，应对同类药品及其包装材料进行相应的文献调研，证明选择的可行性，并结合药品稳定性研究进行相应的考察。

在某些特殊情况或文献资料不充分的情况下，应加强药品与直接接触药品的包装材料的相容性考察。采用新的包装材料，或特定剂型，在包装材料的选择研究中除应进行稳定性实验需要进行的项目外，还应增加相应的特殊考察项目。

附件4：中药、天然药物中试研究技术指导原则

一、概述

中药、天然药物的中试研究是指在实验室完成系列工艺研究后，采用与生产基本相符的条件进行工艺放大研究的过程。

中试研究是对实验室工艺合理性的验证与完善，是保证工艺达到生产稳定性、可操作性的必经环节，是药品研究工作的重要内容之一，直接关系到药品的安全、有效和质量可控。本指导原则为中试研究规模、批次、样品质量、中试场地、设备等相关内容提供技术指导。

二、基本内容

（一）中试研究的作用

为保证质量标准的制定、稳定性考察、药理毒理和临床研究结果的可靠，所用样品都应经中试研究确定的工艺制备而成。

通过中试研究，可发现工艺可行性、劳动保护、环保、生产成本等方面存在的问题，减少药品研发的风险。

（二）中试研究的有关问题

中试研究设备应该与生产设备的技术参数基本相符。中试样品如用于临床研究，应当在符合《药品生产质量管理规范》条件的车间制备。

由于药品剂型不同，所用生产工艺、设备、生产车间条件、辅料、包装等都有很大差异，因此在中试研究中要结合剂型，特别要考虑如何适应生产的特点开展工作，应注意以下问题。

1. 规模与批次

投料量、半成品率、成品率是衡量中试研究可行性、稳定性的重要指标。一般情况下，中试研究的投料量为制剂处方量（以制成1000个制剂单位计算）的10倍以上。装量大于或等于100mL的液体制剂应适当扩大中试规模；以有效成分、有效部位为原料或以全生药粉入药的制剂，可适当降低中试研究投料量，但均要达到中试研究的目的。半成品率、成品率应相对稳定。

中试研究一般需经过多批次试验，以达到工艺稳定的目的。申报临床研究时，应提供至少1批稳定的中试研究数据，包括批号、投料量、半成品量、辅料量、成品量、成品

率等。

变更药品规格的补充申请一般不需提供中试研究资料，但改变辅料的除外。

2. 质量控制

中试研究过程中应考察各关键工序的工艺参数及相关的检测数据，注意建立中间体的内控质量标准。

与样品含量测定相关的药材，应提供所用药材及中试样品含量测定数据，并计算转移率。

第七章 中药新药质量标准研究

第一节 概 述

药品质量标准是国家食品药品监督管理总局对药品的质量规格及检验方法所做的技术规定，是药品生产、经营、使用、检验及监督管理部门应共同遵循的法定依据，也是确保用药安全有效最有力的技术要求之一。药品质量标准属于强制执行的法定标准，生产或销售不符合质量标准的药品，均属违法行为。质量标准是中药新药研究中的重要组成部分，其中的各项内容都应做细致的考察及试验，各项试验数据要求准确可靠，以保证药品质量的可控性和重现性。根据现行《药品注册管理办法》的规定，在新药研究的不同阶段必须制定相应的质量标准，以保证药品的安全性、有效性、稳定性和质量可控，这也是促进中药新药研究、生产和发展的一项重要措施。

一、中药新药质量标准的分类和特性

中药新药质量标准可分为临床研究用药品质量标准和生产用药品质量标准，不同阶段的质量标准侧重点有所不同。临床研究用药品质量标准是新药完成临床前的所有研究工作后，在临床研究前必须先获得药政管理部门批准或认可的一个临时性的质量标准，对控制和保证临床试验的安全、有效及获得正确的临床试验研究结果具有重要意义，也为正式生产的药品质量评价及正式标准的制定奠定了坚实的基础。生产用药品质量标准是新药经临床试验或使用后报试生产时制定的药品标准，重点考察中试研究或工业化生产后的质量变化情况，并结合临床研究结果对质量标准的项目或限度做适当的调整和修订，在保证产品安全有效的同时，还要注重标准的实用性。

中药新药质量标准在保证药品质量的同时，本身还应具有权威性、科学性和进展性这三大特性。

权威性是指药品生产必须符合国家标准，但不排除各厂家根据自身的条件和目的，在执行国家标准的同时，还制定并执行企业内控标准。但若产品质量（某一方面的指标）处于合格的边缘或引起某类质量纠纷需要仲裁时，只有国家药品标准才最具权威性。

科学性是指药品质量标准的制定，需要有足够量的样本和实验次数，积累大量的数据

资料，其方法的确定与限度的制定均应有充分的科学依据，既要能达到真正意义上的质量控制，又要符合生产实际。

进展性是指药品质量标准是对客观事物认识的阶段性小结，即使国家标准也难免有不够全面之处。随着生产技术水平的提高和测试手段的改进，应不断对药品质量标准进行修订和完善。在新药申报过程中，由临床研究用质量标准到试行质量标准，再由试行质量标准到正式国家标准，均可不断修正和完善其内容和方法。就连《中国药典》也必须每隔几年就要修订再版一次，这都是药品质量标准进展性的具体体现。

二、制定中药新药质量标准的前提和原则

（一）制定中药新药质量标准的前提

制定中药新药质量标准必须满足处方组成固定、原料质量稳定、制备工艺确定三个前提条件。

处方药味数、各药味的用量及炮制规格、原辅料的质量、制备工艺等是制定中药制剂质量标准的重要依据，直接影响评价指标的选定和限度的制定。因此，在制定中药新药质量标准前，处方组成必须固定不变，原辅料必须都有质量标准或已制定质量标准，并已优选出适合于中试以上生产规模的制备工艺，在获得真实、准确的处方组成后，用符合各自标准的原辅料投料，按确定的优选工艺生产。在这种前提下，方可对中试或中试以上规模制得的样品进行实验设计和质量标准研究。

（二）制定中药新药质量标准的原则

药品属于特殊商品，其本质属性是安全性与有效性，因此，制定中药新药质量标准必须坚持质量第一的方针，充分体现药品质量标准“安全有效，技术先进，经济合理”的原则，制定出既具有中药特色、科学性强、技术先进，而又符合我国国情，不脱离生产实际的中药新药质量标准。

三、中药新药质量标准研究一般程序和要求

中药新药质量标准的研究是根据中药新药的类别，按照现行的《药品注册管理办法》的要求，该做的一项不能少，无需做的一个不要多，以免造成人力、物力和财力的浪费。

中药新药质量标准研究的一般程序和要求是：

1. 熟悉有关法规，依据法规制定研究方案

必须认真学习《药品注册管理办法》《中药新药质量标准研究的技术要求》《中国药典》等相关的参考文献。

2. 查阅有关资料

根据处方组成，查阅各药味所含主要化学成分的理化性质及其定性鉴别、含量测定、药理等方面的文献资料，以选择能控制或反映质量的有效成分及测定方法。

3. 实验研究

在上述工作基础上，制定具体的实验方案，开始实验研究，并不断优化实验条件，获

得更加准确合理的实验结果，为质量标准的制定积累数据，提供依据。其中定性鉴别、制剂通则检查和杂质检查、含量测定是质量标准研究中的重点实验内容。

4. 制定并起草质量标准草案及质量标准草案起草说明书

质量标准中的方法应有足够的准确性、灵敏性、专属性、重现性和可操作性。其内容和格式可参照现行版《中国药典》一部同类制剂的内容和格式。质量标准中的文字表述应准确无误，简明易懂，逻辑严谨，避免产生歧义或无法理解。起草说明书的项目与质量标准正文一一对应。

第二节 中药新药质量标准研究的技术要求和内容

关于中药新药质量标准研究的技术要求，主要参照《药品注册管理办法》等相关技术文件和现行版《中国药典》的要求。

中药新药质量标准，按研究对象分为中药材质量标准和中药制剂质量标准。质量标准研究资料包括质量标准正文和质量标准起草说明。质量标准是正式成文的规范，每一项具体要求和书写格式可参照现行版《中国药典》，起草说明是在质量标准起草过程中，对所制定各个项目的理由及规定各项指标和检测方法的科学性的说明。在大多数情况下，中药新药质量标准研究指的是中药制剂质量标准研究，只有在药材无法定标准时才会涉及中药材质量标准的研究制定工作。

一、中药制剂质量标准的内容及技术要求

中药新药质量标准的内容一般包括名称、汉语拼音、处方、制法、性状、鉴别、检查、浸出物、含量测定、功能与主治、用法与用量、注意、规格、贮藏、有效期等项目。

（一）原料（药材）及辅料的质量标准

处方中的原料应符合《新药审批办法》分类与申报资料的说明与注释的要求。处方中的药材应符合法定标准要求。新药中如包含无法定标准的药材，应同时制定该药材的质量标准。

（二）制剂的质量标准

1. 名称、汉语拼音

名称及汉语拼音按中药命名原则的要求制定。

2. 处方

处方应列出全部药味和用量（以 g 或 mL 为单位），全处方量应以制成1000个制剂单位的成品量为准。药味的排列顺序应根据组方原则排列，炮制品需注明。

3. 制法

中药制剂的制法与质量有密切的关系，必须写明制剂工艺的过程（包括辅料用量等），列出关键工艺的技术条件及要求。

4. 性状

性状指剂型及除去包装后的色泽、形态、气味等的描述。

5. 鉴别

鉴别方法包括显微鉴别、理化鉴别、光谱鉴别、色谱鉴别等，要求专属性强、灵敏度高、重现性较好。显微鉴别应突出描述易察见的特征。理化、光谱、色谱鉴别，叙述应准确，术语、计量单位应规范。色谱法鉴别应选定适宜的对照品或对照药材做对照试验。

6. 检查

参照《中国药典》（现行版）各有关制剂通则项下规定的检查项目和必要的其他检查项目进行检查，并制定相应的限量范围。药典未收载的剂型可另行制定。对制剂中的重金属、砷盐等应予以考察，必要时应列入规定项目。

7. 浸出物测定

根据剂型的需要，参照《中国药典》（现行版）浸出物测定的有关规定，选择适当的溶剂进行测定。

8. 含量测定

（1）应首选处方中的君药（主药）、贵重药、毒性药制定含量测定项目。如有困难时则可选处方中其他药味的已知成分或具备能反映内在质量的指标成分建立含量测定方法。如因成分测定干扰较大并确证干扰无法排除而难以测定的，可测定与其化学结构母核相似、分子量相近总类成分的含量，或暂将浸出物测定作为质量控制项目，但必须具有针对性和控制质量的意义。

（2）含量测定方法可参考有关质量标准或有关文献，也可自行研究后确定，但均应做方法学考察试验。

（3）含量限（幅）度指标，应根据实测数据（临床用样品至少有 3 批、6 个数据，生产用样品至少有 10 批、20 个数据）制定。含量限度一般规定低限，或按照其标示量制定含量测定用的百分限（幅）度。毒性成分的含量必须规定幅度。

（4）含量限度低于万分之一者，应增加另一个含量测定指标或浸出物测定。

（5）在建立化学成分的含量测定有困难时，也可考虑建立生物测定等其他方法。

9. 功能与主治、用法与用量、注意及有效期等

以上几项均根据该药的研究结果制定。

10. 规格

应制定制剂单位的重量、装量、含量或一次服用量。

有关质量标准的书写格式，参照《中国药典》（现行版）。

（三）起草说明

1. 名称、汉语拼音

名称和汉语拼音按中药命名原则的要求制定。如生产用质量标准改名称时，必须予以说明。

2. 处方

药味的排列顺序根据中医理论，按“君、臣、佐、使”顺序排列，书写从左到右，然后从上到下。

处方中药材不注明炮制要求的，均指净药材（干品）；某些剧毒药材生用时，冠以“生”字，以引起重视；处方中药材属炮制品的，一般用括号注明，与《中国药典》方法不同的，应另加注明。

需要提醒的是，凡国家标准已收载的药材，一律应采用最新版规定的名称。地方标准收载的品种与国家药品标准名称相同而来源不同的，应另起名称。国家药品标准未收载的药材，应采用地方标准收载的名称，应另加注明。

3. 制法

生产用质量标准制法应与已批准临床用质量标准的制法保持一致，如有更改，应详细说明或提供试验依据。

4. 性状

叙述在性状中需要说明的问题。所描述性状的样品至少必须是中试产品。色泽的描写应明确，片剂及丸剂如系包衣者，应就片芯及丸芯的性状进行描述；胶囊剂应就其内容物的性状进行描述。

5. 鉴别

可根据处方组成及研究资料确定建立相应的鉴别项目，原则上处方各药味均应进行试验研究，根据试验情况，选择列入标准中。首选君药、贵重药、毒性药为研究对象。因鉴别特征不明显，或处方中用量较小而不能检出者应予说明，再选其他药材鉴别。重现性好，且确能反映组方药味特征的特征色谱或指纹图谱鉴别也可选用。建立的鉴别方法应专属、灵敏、快捷、简便。研究中，应注意方法的环保、安全性，某些对人体损害较大的有机溶剂如苯等应尽可能不用或者少用。

在起草说明中，应说明鉴别方法的依据及试验条件的选定（如薄层色谱法的吸附剂、展开剂、显色剂的选定等）研究过程。理化鉴别和色谱鉴别需列阴性对照试验结果，以证明其专属性，并提供有三批以上样品的试验结果，以证明其重复性。《中国药典》未收载的试液，应注明配制方法及依据。

在方法学研究中需要注意的一点，是应同时包括三个样品：供试品、对照品（对照药材）、阴性样品，这是鉴别方法专属性成立的必要条件。

要求随资料附有关的图谱，如薄层色谱照片、显微鉴别的粉末特征墨线图或照片（注明扩大倍数）等。色谱法的色谱图（包括阴性对照图谱原图复印件）及照片均要求清晰、真实。特征图谱或指纹图谱需有足够的实验数据和依据，确认其可重现性。色谱鉴别所用对照品及对照药材，一般应为国家法定机构提供（中国药品生物制品检定研究院）。特殊情况下，如因对照品国家法定机构无法提供而自行研制者，应提供全套的结构确认图谱及含量。

就目前来说，中药新药研究中采用的鉴别技术一般都是薄层色谱技术。要注意的是，实验环境（温度、相对湿度、饱和条件等）对结果有时会产生比较大的影响，在研究过程中应注意固定这些实验环境条件或者考察、确定实验条件的适应性。另外，薄层色谱吸附剂的活性对实验结果也有比较大的影响，也应注意。

此外，在目前的新药研究实践中，气相色谱（适用于挥发性成分的鉴别）、高效液相色谱、电泳技术（如2010版《中国药典》中乌梢蛇的鉴别中就应用了这一技术）、分子生物学技术、紫外分光光度法、近红外光谱技术等也均有应用。关于上述技术的具体技术要求，可参考相关书籍。

在正文中编写顺序为：显微鉴别、一般理化鉴别、色谱鉴别。

6. 检查

如在研究资料中，收载有《中国药典》通则规定以外的检查项目，则应说明所列检查项目的制定理由，列出实测数据及确定各检查限度的依据。特别是当工艺中采用了有机溶剂等时，必须要建立相应的检查方法，视情况列入检查项目中。

当进行中药一类新药、五类新药或者特殊剂型如缓释制剂时，还应进行溶出度、释放度等的检查。此种情况下可参考化学药相关的技术要求。

关于重金属、砷盐的检查，一般来说，如果重金属小于20ppm、砷盐小于2ppm可不列入质量标准中。

在正文中，应先描述通则规定以外的检查项目，其他应符合该剂型下有关规定。

7. 浸出物测定

根据剂型和品种的具体情况，按照《中国药典》现行版浸出物测定的有关规定，选择适当的溶剂和方法进行测定，并规定限（幅）度指标。应有针对性和质控意义。

应说明规定该项目的理由，所采用溶剂和方法的依据，列出实测数据，各种浸出条件对浸出物量的影响，制定浸出物量限（幅）度的依据和试验数据。

一般来说，浸出物测定在某些特定情况下（如有效成分、指标成分含量过低）才会收入标准中，此点务请注意。

8. 含量测定

说明含量测定对象和测定成分选择的依据。根据处方工艺和剂型的特点，选择相应的测定方法，阐明含量测定方法的原理，确定该测定方法的方法学验证资料和相关图谱，包括测定方法的线性关系、精密度、重现性和稳定性试验及回收率试验等；回收率的重现性应有5份以上的数据，变异系数一般在3%以下。阐明确定该含量限（幅）度的意义及依据（至少应有10批样品20个数据）。所用对照品，一般应为国家法定机构提供（中国药品生物制品检定研究院）。

对于研究过程中的全部检测方法和结果，应详尽地记述于起草说明中，以便审查，详细的研究实例可参见本章后文中内容。

9. 功能与主治

功能要以中医术语来描述，力求简明扼要。要突出主要功能，使能指导主治，并应与主治衔接，先写功能，后写主治，中间以句号隔开，并以“用于”二字连接。

根据临床结果，如有明确的西医病名，一般可写在中医病证之后。

10. 用法与用量

先写用法，后写一次量及一日使用次数；同时可供外用的，则列在服用最后，并用句号隔开。

用法：如用温开水送服的内服药，则写“口服”；如需用其他方法送服的应写明。除特殊需要明确者外，一般不写饭前或饭后服用。

用量：为常人有效剂量；儿童使用或以儿童使用为主的中药制剂，应注明儿童剂量或不同年龄儿童剂量。毒剧药要注明极量。

不同的功能主治，用法用量也不同，需逐一写明。

11. 注意

包括各种禁忌，如孕妇及其他疾患和体质方面的禁忌、饮食的禁忌或注明该药为毒剧药等。

12. 规格

规格的写法有以重量计、以装量计、以标量计等。以重量计的，如丸、片剂，注明每丸（或每片）的重量；以装量计的，如散剂、胶囊剂、液体制剂，注明每包（或瓶、粒）的装量；以标示量计的，注明每片的含量。同一品种有多种规格时，量小的在前，依次排列。

规格单位在0.1以下用“mg”，以上用“g”；液体制剂用“mL”。

单味制剂有含量限度的需列规格，是指每片（或丸、粒）中含有主药或成分的量；按处方规定制成多少丸（或片等），以及散装或大包装的以重量（或体积）计算用量的中药制剂一般不规定规格。规格最后不列标点符号。

13. 贮藏

此指对中药制剂贮存与保管的基本要求。根据制剂的特性，注明保存的条件和要求。

除特殊要求外，一般品种可注明“密封”；需在干燥处保存，不耐热的品种加注“置阴凉干燥处”；遇光易变质的品种要加“避光”等。

14. 有效期

应根据稳定性研究资料确定其有效期。

二、中药材质量标准研究的内容及技术要求

（一）质量标准

中药材的质量标准内容包括名称、汉语拼音、药材拉丁名、来源、性状、鉴别、检查、浸出物、含量测定、炮制、性味与归经、功能与主治、用法与用量、注意及贮藏等项。有关项目内容的技术要求如下：

1. 名称、汉语拼音、药材拉丁名

名称、汉语拼音、药材拉丁名按中药命名原则要求制定。

2. 来源

来源包括原植（动、矿）物的科名、中文名、拉丁学名、药用部位、采收季节和产地加工等，矿物药包括矿物的类、族、矿石名或岩石名、主要成分及产地加工。上述的中药材（植、动、矿等）均应固定其产地。

（1）原植（动、矿）物需经有关单位鉴定，确定原植（动）物的科名、中文名及拉丁学名，矿物的中文名及拉丁名。

（2）药用部位是指植（动、矿）物经产地加工后可药用的某一部分或全部。

（3）采收季节和产地加工系指能保证药材质量的最佳采收季节和产地加工方法。

3. 性状

性状指药材的外形、颜色、表面特征、质地、断面及气味等的描述，除必须鲜用的按鲜品描述外，一般以完整的干药材为主；易破碎的药材还需描述破碎部分。描述要抓住主要特征，文字要简练，术语需规范，描述应确切。

4. 鉴别

选用方法要求专属、灵敏。包括经验鉴别、显微鉴别（组织切片、粉末或表面制片、显微化学）、一般理化鉴别、色谱或光谱鉴别及其他方法的鉴别。色谱鉴别应设对照品或对照药材。

5. 检查

包括杂质、水分、灰分、酸不溶性灰分、重金属、砷盐、农药残留量、有关的毒性成分及其他必要的检查项目。

6. 浸出物测定

可参照《中国药典》附录浸出物测定要求，结合用药习惯、药材质地及已知的化学成分类别等选定适宜的溶剂，测定其浸出物量以控制质量。浸出物量的限（幅）度指标应根据实测数据制定，并以药材的干品计算。

7. 含量测定

应建立有效成分含量测定项目，操作步骤叙述应准确，术语和计量单位应规范。含量限（幅）度指标应根据实测数据制定。在建立化学成分的含量测定有困难时，可建立相应的图谱测定或生物测定等其他方法。

8. 炮制

根据用药需要进行炮制的品种，应制定合理的加工炮制工艺，明确辅料用量和炮制品的质量要求。

9. 其他

性味与归经、功能与主治、用法与用量、注意及贮藏等项，根据该药材研究结果制定。

有关质量标准的书写格式，参照《中国药典》（现行版）。

（二）起草说明

目的在于说明制定质量标准中各个项目的理由，规定各项目指标的依据、技术条件和注意事项等，既要有理论解释，又要有实践工作的总结及试验数据。具体要求如下：

1. 名称（汉语拼音、拉丁名）

阐明确定该名称的理由与依据，包括以下几方面。

（1）有关该药材的原植（动、矿）物鉴定详细资料，以及原植（动）物的形态描述、生态环境、生长特性、产地及分布。引种或野生变家养的植、动物药材，应有与原种、养的植、动物对比的资料。

（2）确定该药用部位的理由及试验研究资料。

（3）确定该药材最佳采收季节及产地加工方法的研究资料。

3. 性状

说明性状描述的依据，该药材标本的来源及性状描述中其他需要说明的问题。

4. 鉴别

应说明选用各项鉴别的依据并提供全部试验研究资料，包括显微鉴别组织、粉末易察见的特征及其墨线图或显微照片（注明扩大倍数）、理化鉴别的依据和试验结果、色谱或光谱鉴别试验可选择的条件和图谱（原图复印件）及薄层色谱的彩色照片或彩色扫描图。试验研究所依据的文献资料及其他经过试验未选用的试验资料和相应的文献资料均列入申报资料中。色谱鉴别用的对照品及对照药材应符合要求。

5. 检查

说明各检查项目的理由及其试验数据，阐明确定该检查项目限度指标的意义及依据。重金属、砷盐、农药残留量的考查结果及是否列入质量标准的理由。

6. 浸出物测定

说明溶剂选择依据及测定方法研究的试验资料和确定该浸出物限量指标的依据（至少应有 10 批样品 20 个数据）。

7. 含量测定

根据样品的特点和有关化学成分的性质，选择相应的测定方法。应阐明含量测定方法的原理；确定该测定方法的方法学考察资料和相关图谱（包括测定方法的线性关系、精密度、重现性、稳定性试验及回收率试验等）；阐明确定该含量限（幅）度的意义及依据（至少应有 10 批样品 20 个数据）。含量测定用对照品应符合要求。其他经过试验而未选用的含量测定方法也应提供其全部试验资料。

8. 炮制

说明炮制药味的目的及炮制工艺制定的依据。

9. 性味与归经、功能与主治

三、中药新药质量标准用对照品研究的技术要求

质量标准中所需对照品，如为现行国家药品标准收载并由中国药品生物制品检定研究院提供者，可直接按类别采用。但应注明所用化学对照品的批号、类别等。其他来源的品种则应按以下要求提供资料。

（一）化学对照品

1. 对照品的来源

由植、动物提取的需要说明原料的科名、拉丁学名和药用部位及有关具体的提取、分离工艺、方法；化学合成品注明供应来源及其工艺方法。

2. 确证

验证已知结构的化合物需提供必要的参数及图谱，并应与文献值或图谱一致，如文献无记载，则按未知物要求提供足以确证其结构的参数。如元素分析、熔点、红外光谱、紫外光谱、核磁共振谱、质谱等。

3. 纯度

化学对照品应进行纯度检查。纯度检查可依所用的色谱类型，如为薄层色谱法，点样量应为所适用检验方法点样量的10倍量，选择三个以上溶剂系统展开，并提供彩色照片。色谱中应不显杂质斑点。

4. 含量

含量测定用对照品，含量（纯度）应在98%以上，供鉴别用的化学对照品含量（纯度）应在95%以上，并提供含量测定的方法和测试数据及有关图谱。

5. 稳定性

依法定期检查，申报生产时，提供使用期及其确定依据。

6. 包装与贮藏

置密闭容器内，避光、低温、干燥处贮藏。

（二）对照药材

1. 品种鉴定

经过准确鉴定并注明药材来源，多品种来源的对照药材，须有共性的鉴别特征。

2. 质量

选定符合国家药品标准规定要求的优质药材。

3. 均匀性

必须粉碎过筛，取均匀的粉末分装应用。

4. 稳定性

应考察稳定性，提供使用期及其确定依据。

5. 包装与贮藏

置密闭容器内，避光、低温、干燥处贮藏。

（三）对照品使用说明

化学对照品应注明中英文名称、分子式、批号、使用期及适用于何种检测方法，含量测定用化学对照品应注明含量。对照药材应注明中文名、拉丁学名、批号、使用期及贮存条件。

第三节　中药新药质量标准设计原则

“科学、规范、实用”是药品标准设计的总的指导原则。中药新药质量标准的制定，也要遵守这个原则。在制定质量标准时，应充分考虑来源、生产、流通及使用等各个环节影响药品质量的因素，设置科学的检测项目，建立可靠的检测方法，规定合理的判断标准；在确保能准确控制质量的前提下，应倡导简单实用；药品标准的体例格式、文字术语、计量单位、数字符号及通用检测方法等应统一规范。

一、质量标准的可控性原则

"质量可控"是药品标准的目标性原则。中药复方制剂的质量直接与药物的临床疗效、安全性有关，因此必须对制剂处方中的原料、制备工艺和检测方法进行监控，方能保证质量的稳定。为实现"质量可控"，药品标准的建立应充分考虑药品在来源、生产、流通及使用等各个环节可能影响药品质量的因素，有针对性地确定标准制定的内容，建立相应的检测方法。药品的质量标准应能反映药品的内在质量，必须能够有效地控制药品的质量，以确保药品的安全和有效。

二、检测方法的科学性原则

"准确灵敏"是检测方法选用的科学性原则。检测方法在可控的基础上应尽可能体现与真实值接近的准确性，最大限度减少各种偏差，同时体现该检测方法对被测药品的专属性。

中药质量标准的制定要体现中药的特点，其检测方法和检测指标的制定要脱离化学药品单一成分定性定量的模式，要体现复杂体系整体控制的设计思想，以建立符合中医药特点的质量标准体系，逐步由单一指标性成分定性定量向活性、有效成分及生物测定的综合检测过渡，向多成分、组分测定及指纹或特征图谱整体质量控制模式转化。

三、标准制定的合理性原则

"简便实用"是药品标准制定的合理性原则。药品标准的建立是在实现科学性的前提下应考虑其合理性，即不必要制定操作繁琐、费用高昂的检测方法去控制那些用简单方法即可实现的检测项目。

制定中药质量标准的项目，应根据不同品种的特性确定，以达到简便实用的质量目的。一个完善的质量标准既要设置通用性项目，又要设置体现产品自身特点的针对性项目，并能灵敏地反映产品质量的变化情况。

四、质量标准的关联性原则

中药的质量标准是包含原料、辅料、中间体、成品质量的标准体系，而制备工艺直接决定药品质量标准中各种分析检测方法的选择确定，其与新药质量标准密切相关。

1. 与药材的关联

药材的质量与制剂密切相关，只有采用质量稳定的药材投料，才能保证不同批次中药制剂质量的稳定。在中药新药的研究中，应对实验用药材进行细致的研究，建议固定药材产地、采收期及质量要求等，并完善药材质量标准。

2. 与工艺的关联

工艺与质量标准研究密切相关，如采用水提工艺的制剂，其质量标准中应以水溶性成分为含量测定指标，若以脂溶性成分为指标会使提取的目标物与质控对象错位，使质控失去意义。如采用有机溶剂萃取的工艺，需要在质量标准中建立有机溶剂残留量的检查方法。

五、质量标准的探索性原则

中药新药质量标准的研究，是一项极具探索性的工作，中药的质量标准应随着相关研究的深入及分析技术的发展而逐步提高。如在制定中药新药质量标准时，对于质控指标的选择，应尽可能将质控指标与中药的安全性及有效性关联起来，不断探索新的质控指标。而对于分析方法，应尽量选取专属性及准确性更强的检测方法。同时，在兼顾科学、实用的前提下，尽可能引入更加先进的检测仪器，以更好地控制药品质量。

六、标准格式规范化原则

“格式规范”是按国家药品标准规范统一的原则。修订的质量标准应按现行版《中国药典》和《国家药品标准工作手册》的格式和用语进行规范，务求做到用词准确、语言简练、逻辑严谨，避免产生误解和歧义。

第四节　中药新药质量标准的制定

中药新药质量标准的制定，应按中药新药质量标准的技术要求，逐项进行研究。研究中应广泛查阅相关文献，确保质量标准的先进性，需进行实验研究的部分，应本着实事求是的原则，进行周密细致的研究，对研究结果如实记录，仔细分析，确保质量标准的科学性。

一、名称、汉语拼音

中药新药的命名应符合《中药及天然药物命名原则》及其他相关规定。在拟定药品名称时，可结合药物的功能主治，以及制剂剂型种类，加以综合考虑。命名总的要求是明确、简短、科学，不用容易误解和混同的名称，不应与已有的药品名称重复。

单味制剂（含提取物）一般可采用药材名与剂型名结合，如三七片、板蓝根颗粒、丹参注射液等。

复方制剂的命名有以下方法：①采用处方内主要药材名称的缩写并结合剂型命名，如香连丸、银黄口服液等；②采用主要药材名和功能结合并加剂型命名，如木香顺气丸、银翘解毒冲剂；③采用药味数与主要药材或药味数与功能结合并加剂型命名，如六味地黄丸、十全大补口服液；④采用方内药物剂量比例或剂量限度加剂型命名，如六一散、七厘散；⑤采用象形比喻结合剂型命名，如玉屏风散，治表虚自汗，形容因表作用像一扇屏风；⑥采用功能加剂型命名，如补中益气合剂、妇炎康复片。

不宜采用的命名法有：以主药一味命名，易与单味制剂混淆；以人名、地名或代号命名；采用夸大、自诩、不切实际的用语等。

汉语拼音名应按下列要求书写：①第一个字母须大写，并注意药品的读音习惯；②如在拼音中有的与前一字母合拼能读出其他音的，要用隔音符号。如更年安片 Gengnian'anPian 在“n”和“a”之间用隔音符号；③药名较长（一般在五个字以上），按音节尽量分为两组拼音。药名应与剂型分组拼音，每组的第一个字须大写，如六味地黄丸 Liuwei Dihang Wan。

二、处方

中药复方制剂应在中医药理论指导下组方，其处方组成包括中药饮片（药材）、提取物、有效部位及有效成分。中药制剂处方的书写，应注意以下原则：

1. 处方药味若属国家药品标准收载品种，名称均应与其一致，如淫羊藿不应称仙灵脾，金银花不应称双花，黄芪不应称北芪等。国家药品标准未收载的药材品种，可采用地方标准收载的名称。地方药品标准收载的品种与国家药品标准名称相同，来源不同的应另起名称。

2. 处方药味排列顺序，应根据处方原则，按君、臣、佐、使排列，或主药、辅药排列。

3. 处方中有需要炮制的药味，应加括号注明，如“蜜黄芪”，应为“黄芪（蜜制）”。

4. 处方中药味均用法定计量单位。重量以“g”，容量以“mL”表示；处方量多根据剂型不同，如片剂折算成生产 1000 片的药量，液体制剂如糖浆以生产 1000mL 的药量计，可参考《中国药典》标准规范化要求。

5. 处方原料均应附标准，药材标准包括其基源名称及科、属、种拉丁学名；主要产地、药用部位等均应反映原料的实际情况，并说明为何级法定标准（《中国药典》、部颁标准、地方标准）收载者。原料为粗提取物、有效部位或化学单体，均应制定相应的原料标准。应说明其主要质量指标。如原料在各级法定标准中均未收载，除应按《药品注册管理办法》相关规定提供申报资料外，应参照药材申报资料要求制定质量标准。

6. 如处方原料为药材，而制剂由粗提物（浸膏）等制成，则浸膏制法及要求作为半成品规定记述于制备工艺中，不作为原料要求，另附标准。

三、制法

在质量标准的制法项下可根据制备工艺写出简明的工艺全过程（包括辅料用量），对质量有影响的关键工艺，应列出工艺的技术控制条件（方法、时间、温度、压力）；工艺分工序中间体的质量检测要求如相对密度、指标成分含量等。具体要求如下：

1. 内容：写明制剂工艺的全过程，在保证质量的前提下，不宜规定得过细。

2. 辅料、剂型、总量：主要叙述处方共有多少味药，各味药处理的简明工艺路线、工艺条件及中间体质量，使用药引、辅料的名称及用量，制成的剂型，制成品数量等。保密品种可参照《中国药典》现行版处理。

3. 关键技术、半成品标准：制备工艺中对质量有影响的关键工艺应列出控制的技术条件及关键半成品的质量标准，如粉碎的细度、浸膏的相对密度、乙醇浓度等。

四、性状

制剂的性状指除去包装后的直（感）观情况，内容包括成品的色泽、形态、气味等，并依次描述。片剂、丸剂如有包衣的还应描述除去包衣后的片芯、丸芯的色泽及气味，硬胶囊剂应写明除去囊壳后内容物的性状，丸剂如用朱砂、滑石粉或煎出液包衣，先描述包衣色，再描述除去包衣后丸芯的色泽与气味。

制剂色泽如以两种色调组合的，描写时以后者为主，如棕红色，以红色为主，书写时颜色、形态后用分号。色泽描述应规范，避免用各地理解不同的术语，如青黄、土黄色、肉黄色、咖啡色等。

要注意外用药及剧毒药不描述味。

各种剂型描述举例如下：

1. 丸剂

（1）水丸：如沉香化气丸。本品为灰棕色至黄棕色的水丸；气香，味微甜、苦。

（2）蜜丸：如艾附暖宫丸。本品为深褐色至黑色的小蜜丸或大蜜丸；气微，味甘而后苦、辛。

2. 散剂：如安宫牛黄散。本品为黄色至黄橙色的粉末；气芳香浓郁，味苦。

3. 片剂：如牛黄解毒片。本品为素片、糖衣片或薄膜衣片，素片或包衣片除去包衣后显棕黄色；有冰片香气，味微苦、辛。

4. 颗粒剂：如热炎宁颗粒。本品为棕色的颗粒；味甜、微苦。

5. 锭剂：如万应锭。本品为黑色光亮的球形小锭；气芳香，味苦，有清凉感。

6. 煎膏剂：如夏枯草膏。本品为黑褐色稠厚的半流体；味甜、微涩。

7. 糖浆剂：如川贝枇杷糖浆。本品为棕红色的黏稠液体；气香，味甜、微苦、凉。

8. 合剂（口服液）：如八正合剂。本品为棕褐色的液体；味苦、微甜。中药口服液一般均有颜色，且难以达到澄明，性状描述时应予注意。

9. 滴丸剂：如银杏叶滴丸。本品为棕褐色的滴丸或薄膜衣滴丸，除去包衣后显棕褐色；味苦。

10. 胶囊剂：如八珍益母胶囊。本品为硬胶囊，内容物为深棕色的颗粒和粉末；气微香，味微苦。

11. 酒剂：如国公酒。本品为深红色的澄清液体；气清香，味辛、甜，微苦。

12. 酊剂：如颠茄酊。本品为棕红色或棕绿色的液体；有微臭。

13. 流浸膏及浸膏剂：①甘草流浸膏：本品为棕色或红褐色的液体；味甜，略苦、涩。②甘草浸膏：本品为棕褐色的块状固体或粉末；有微弱的特殊臭气和持久的特殊甜味。

14. 膏药：①定喘膏：本品为摊于布上或纸上的黑膏药。②橡胶膏剂，如伤湿止痛膏：本品为淡黄绿色至淡黄色的片状橡皮膏；气芳香。

五、鉴别

中药新药多为复方，通过鉴别项的检测来确定复方中药材的存在、真伪和纯度。即是否在制剂中投料、投料药材的真伪、药材品质的优劣。中药新药的鉴别方法，应具备专属、灵敏、快速、简单等特点。

（一）鉴别项目选择

复方制剂应根据中医药理论，依处方原则首选君药与臣药进行鉴别，贵重药、毒剧药也需鉴别，选择鉴别药味也应结合药物本身的基础研究工作情况，如其成分不清楚，或通过试验摸索，干扰成分难以排除，则也可鉴别其他药味，但应在起草说明中写明理由。如为单方制剂，成分无文献报道的，应进行植化研究，搞清大类成分及至少一个单体成分，借以建立鉴别及含测定项目是必要的。

中药制剂多为复方，其显微特征、理化鉴别常受干扰，必须核对验证，选用专属性强、重现性好及较简单的方法，如专属性不强，但能说明某一药味存在或与其他鉴别项目配合确能起到辅助鉴别作用的方法，亦可列入正文。各种理化鉴别均应做空白试验（即阴性对照）确证无干扰，方可列入鉴别项下。

中药制剂中使用的药材，有的是多种来源，确定鉴别方法要注意搜集标准中规定的多种来源药材的样品，通过实验比较，找出共同反应或组织特征，加以规定。

（二）鉴别方法

1. 显微鉴别

主要通过动植物组织细胞或内含物的形态鉴别真伪，在含有原生药粉的成药或制剂的鉴别中仍然占有重要地位，具有快速、简便、覆盖面大的特点。有些成分不清楚或化学测定干扰较大的药味也需要进行显微鉴别，研究时需根据处方中药味逐一分析比较，排除类似细胞组织和内含物的干扰，选取各药味在该成药中具有专属性的显微特征作为鉴别依据，所收载的特征必须明显、易察见。对掺伪品的鉴别，显微鉴别与化学鉴别必须密切配合，起到相辅相成作用，如麝香、牛黄等鉴别即是。

2. 一般理化鉴别

对于某些显微特征不明显、药粉过细或不含原药材粉的情况，均应以化学方法进行鉴别。采用一般理化鉴别试验应针对有文献报道的已知化学成分，而不能建立在化学预试的基础上，方法应以专属、灵敏、简便、快速，并强调重现性好为原则。一般有荧光法、显色法、沉淀法、升华法、结晶法等。由于复方制剂常出现干扰，应反复验证，更应做阴性对照试验。对于泡沫反应、生物碱试剂沉淀反应、三氯化铁试液显色反应等，因植物中类似成分多，蛋白质、大分子杂质和含酚羟基的成分均较多，尤其在复方中，必须注意防止假阳性误判。

3. 色谱鉴别

色谱鉴别是指采用薄层色谱、气相色谱和高效液相色谱等技术对中药进行真伪鉴别。薄层色谱是中药制剂中最常用的鉴别方法，鉴别试验必须注意专属性、重现性和准确性，并应符合规范化要求。

薄层色谱可将中药成分通过分离达到直观、可视化，具有承载信息大、专属性强、快速、经济、操作简便等优点，可作为中药及其制剂鉴别的首选方法。

（1）在建立方法时，尽量采用以对照品和对照药材或对照提取物同时进行对照。当对照品不易获得时，可采用对照药材为对照；某些鉴别被测物为单一成分的，可以只采用对照品进行对照，不宜采用 Rf 值表述色谱行为。

（2）供试品溶液的制备应尽可能除去干扰色谱的杂质，同时方法要尽量简便，应视被测物的特性来选择适宜的溶剂和方法进行提取、分离。

（3）为了使图谱清晰，斑点明显，分离度与重现性符合要求，应根据被测物的特性选择合适的固定相、展开剂及显色方法等色谱条件。确定供试品取样量、提取和纯化方法、点样量等条件；选择合适的对照物质，确定对照物质用量、浓度、溶剂、点样量等。

（4）由于实验时的温度、湿度常会影响薄层色谱结果，因此，建立方法时应对上述因素进行考察。如有必要，应在标准正文中注明温度、湿度要求。

（5）除需要改性，一般应采用预制的商品薄层板。不同品牌的薄层板或自制薄层板的薄层色谱结果有一定的差异，因此应对其进行考察选择适宜的薄层板。

气相色谱适用于含挥发性成分的鉴别，如伤湿止痛膏中鉴别冰片、樟脑等成分，也可结合含量测定进行，如牛黄清心丸中检测麝香酮等。

高效液相色谱也可应用，如葛根汤中鉴别麻黄生物碱类，多结合含量测定进行，很少单独用于鉴别试验。

4. 光谱鉴别

如紫外或红外光谱等。对同一品种药材采用适宜溶剂提取，测定紫外或红外光谱可得光谱图，特别是红外图谱吸收峰提供信息多，更有鉴别意义，如树脂类药材血竭、乳香，甚至动物药牛黄、矿物药石膏、胆矾的鉴别等。

5. DNA 分子标记鉴别

DNA 分子标记鉴别是指通过比较药材间 DNA 分子遗传多样性差异来鉴别药材基源、确定学名的方法，适用于采用性状、显微、理化及色谱鉴别等方法难以鉴定的样品的鉴别，如同属多基源物种、动物药等的鉴别。《中国药典》（2015 版）一部在乌梢蛇的鉴别项下即收载了这种方法。

（1）DNA 提取、纯化方法的考察：通过多种方法的优化，建立切实可行的 DNA 提取、纯化方法，确定最佳条件，获取高质量的药材总 DNA，并提供研究数据。

（2）DNA 分子标记方法的确定：通过多种方法对多样品的比较，确定适于目标物鉴别的分子标记方法，优化各种条件、参数，并提供研究数据。

（3）PCR 反应条件的确定：通过实验，优化 PCR 反应条件、参数，并提供研究数据。

（4）电泳检查：通过实验，优化琼脂糖凝胶电泳条件、参数，并提供研究数据。

（5）实验过程要防止外源 DNA 的污染。

6. 中药指纹图谱技术

中药指纹图谱建立的目的是通过对所得到的能够体现中药整体特性的图谱识别，提供一种能够比较全面的控制中药质量的方法，从化学物质基础的角度保证中药制剂的稳定和可靠。其具体试验是采用指纹图谱模式，将中药内在物质特性转化为常规数据信息，用于中药鉴别和质量评价。

中药指纹图谱建立的内容包括：中药指纹图谱分析方法的建立、指纹图谱方法研究、验证、数据处理和分析。中药指纹图谱按照测试样品来源可以分为中药材、饮片、提取物或中间体、成方制剂指纹图谱，其中中药材、饮片及中间体指纹图谱主要是用于生产的内部控制、质量调整以及质量相关性考察。中药指纹图谱按照获取方式可以分为色谱、光谱及其他分析手段，其中色谱法是中药指纹图谱建立的首选和主要方式。

（1）中药指纹图谱分析方法的建立：中药指纹图谱应满足专属性、重现性和可操作性。其首要目的是能体现中药的整体特征。在满足表征中药化学成分群整体性质的前提下，要求有较好的重现性，应根据重现性要求选用合适的分析方法来获取指纹图谱。指纹图谱分析方法的可操作性系指针对不同用途，选用不同方法来达到不同的要求。

中药指纹图谱的一般获取规程如下：

①供试品溶液的制备：在中药指纹图谱测试中，制备供试品的基本原则是代表性和完整性。供试品的制备是整个分析步骤中关键的起始部分，供试品制备的好坏直接影响了整体分析结果的优劣及可信程度。因此，供试品的制备必须保证能够充分地反映出样本的基本特性，同时也必须保证待测样品所含特性的完整性，主要操作过程及数据应详细记录。

供试品溶液的制备需按照具体的分析对象，在对样品基本特性进行了解的情况下，采用规范的处理方式进行供试品溶液制备。操作过程应按照定量测定的要求，保证样品物质信息不丢失、不转化。对于化学成分类别相差较大的样品，可根据类别成分的性质，按照分析要求，对样品分别进行预处理，用于制备 2 张以上的指纹图谱。主要步骤及数据应详细记录。

②参照物的选择：指纹图谱的参照物质一般选取容易获取的一个或一个以上制剂中的主要活性成分或指标成分，主要用于考察指纹图谱的稳定程度和重现性，并有助于指纹图谱的辨认。在与临床药效未能取得确切关联的情形下，参照物（复方制剂剂应首选君药的活性成分或指标成分）起着辨认和评价指纹图谱特征的指引作用，不等同于含量测定的对照品。参照物应说明名称、来源和纯度。如无合适参照物也可选指纹图谱中的稳定的指纹峰作为参照峰，说明其响应行为和有关数据，并应尽可能阐明其化学结构及化学名称。

③指纹图谱获取实验：指纹图谱获取首选色谱方法，主要有高效液相色谱、薄层色谱、气相色谱及其他色谱技术。光谱方法和其他分析方法在指纹图谱获取中可作为快速鉴别和辅助鉴别使用，在确定其与常规色谱方法的相关性以后可以考虑替换使用，但需慎重。须注意各种技术的特点和不足，结合实际选用。选用的原则是必须具有良好的专属性、重现性和可操作性。

指纹图谱试验条件应能满足指纹图谱的需要，不宜简单套用含量测定用的试验条件，并需根据指纹图谱的特点进行试验条件的优化选择。

试验方法和试验条件选择应根据供试品的特点和需要设计合适的试验方案，通过比较实验，从中选取相对简单易行的方法和条件，获取足以代表品种特征的指纹图谱，以满足指纹图谱的专属性、重现性和可操作性的要求。方法和条件须经过方法学验证。

④指纹图谱的建立和辨识：主要目的是确定获取的指纹图谱中具有指纹意义的特征峰，并能体现其整体性。

如色谱指纹图谱的试验条件确立后，应将获取的所有样品的指纹图谱逐一研究比较。一张对照用指纹图谱，特别是分辨率较高的图谱，必须制备有足够代表性的样品的图谱，找出成品色谱具有指纹意义的各个峰，给以编号，再将药材、中间体和成品之间的图谱比较，考察相互之间的相关性。

指纹图谱的辨识应注意指纹特征的整体性。辨识时应从整体的角度综合考虑，注意各有图谱（共有模式）之间的相似性，即“相似度”进行表达。

（2）指纹图谱方法认证：①需要证明获取的指纹图谱能够表征该中药产品的化学组成。②各原药材的化学组成特征应该在中药产品的图谱中得到体现。

（3）指纹图谱方法验证：其目的是考察和证明采用的指纹图谱测定方法具有可靠性和可重复性，符合指纹图谱测定的要求。中药指纹图谱测定是一个复杂的分析过程，影响因素多，条件繁杂，合理的实验方法有效性评价是对测定整体过程和分析系统的综合验证，需要在制定指纹图谱方法时充分考虑。

中药指纹图谱实验方法验证所包括的项目有：专属性、精密度（重复性和重现性）及耐用性等。

①专属性（specificity）：是指指纹图谱的测定方法对中药样品特征的分析鉴定能力。中药供试品中物质一般分为：有效成分或活性成分、指标成分、辅助成分、杂质和基质等。在多数为未知成分的情况下，成分的标定、分离程度的评价和化学成分的全显示等都不能得到较好满足，因此指纹图谱方法的专属性应从入药的有效部位所包含的成分群入手，根据相应的样品理化性质，确定一定的分离分析方法和检测手段。如色谱指纹图谱中，一般认为在分离峰越多越好，大多数成分均能有响应的情况下，用典型的色谱图来证明其专属性，并尽可能在图上恰当地标出可确定的成分。具体方法专属性可考虑采用峰纯度、总峰响应值、容量因子分布、最难分离物质对的分离情况、总分离效能指标等为考察参数。同时需要评价有关样品（药材、中间品和成品）间的相关性，并尽可能显示出样品中特征响应，保证其有较大响应，从而减少方法的波动带来判别误差。另外在指纹图谱测定中，如果采用一种方法对中药分析物不具备完全鉴定的能力，可采用两种或两种以上的方法以达到鉴定水平。

②精密度（precision）：精密度是指规定条件下对均质样品多次取样进行一系列检测结果的接近程度（离散程度）。精密度考察应使用均质和可信的样品。在得不到均质和可信样品的情况下，可用在实验室配制相应的样品或样品溶液进行考察。指纹图谱实验方法的精密度通常以多次测量结果（相似度值）的变异性、标准偏差或变异系数来表达。具体精密度测量可用重复性（repeatability）和重现性（reproducibility）进行考察。

重复性是指在同样的操作条件下，在较短时间间隔的精密度，也称间隙测量精密度。重复性的评价应在方法的规定浓度范围内至少测定 9 次（如 3 种浓度，每一方法测定 3 次），或在 100% 的试验浓度下至少测定 6 次，将所得结果进行相似性评价。

重现性是指在不同实验室之间的精密度（合作研究，通常用于方法学的标准化）。在方法需要标准化的时候，重现性是通过实验室之间的评价，即于不同实验室采取复核、审核、标化、盲试等不同的方法进行精密度考察，同时需要考察真实值的变异范围，确定方法本身的误差来源。

重复性和重现性的具体范围应据实际情况确定。

③耐用性（robustness）：指纹图谱耐用性是指不同条件下分析同一样品所得测试结果的变化程度，是中药指纹图谱测定方法耐受环境变化的显示。如对色谱指纹图谱，在实际验证中首先需要考虑各个实验室不同温湿条件（即不同实验环境）、不同分析人员、不同厂家仪器（包括同一厂家不同规格仪器）、不同厂家的试剂和不同柱子（不同批号和/或供应商）等；其次需考虑方法本身的参数波动的影响，如流速、柱温、波长变异、展开剂比例、流动相组成等，最后还包括分析溶液的稳定性、提取时间、流动相 pH 值变化的影响、流动相组分变化的影响等。对于薄层色谱和气相色谱还包括薄层板、展开系统，不同类型的担体、柱温、进样口和检测器温度等。

（4）中药指纹图谱的数据处理和计算分析：中药指纹图谱获取所得到的数据，应是符合实际情况的色谱、光谱或其他源数据或积分结果。应建立比较图谱的一致性或相似程度的方法。

评价产品一致性、批间均一和稳定性的指纹图谱，建议应用现代信息学方法分析指纹图谱，其优点是能够借助计算机辅助计算给出客观、准确的结果，分析结果稳定、可重复。计算一般可分为谱峰匹配、化学特征提取、相似度计算、模式分类等步骤。

采取相似度方式进行数据分析，可通过一定的计算软件进行，但必须提供算法及操作步骤供具体评价使用。目前可采用国家药典委员会发布的指纹图谱处理软件。

采用相似度评价软件计算相似度时，若峰数多于 10 个，且最大峰面积超过总峰面积的 70%，或峰数多于 20 个，且最大峰面积超过总峰面积的 60%，计算相似度时应考虑去除该色谱峰。

对于用于鉴别的指纹图谱，若能够提供对照提取物，则优先考虑采用对照提取物做对照，也可以采用标准中给出的对照指纹图谱做对照进行目测比较，比较其色谱峰的峰数、峰位、峰与峰之间的比例等简单易行的方法。

为确保特征或指纹图谱具有足够的信息量，必要时可使用二张以上特征或指纹图谱。

六、检查

1. 制定制剂通则项下各剂型规定的检查项目的限度值：如相对密度、pH 值、乙醇量、总固体、软化点、黏附力、折光率、喷射速率、喷射试验、注射剂有关物质、注射剂安全性检查等。

2. 明确各品种需规定的检查项目，如水分、炽灼残渣、重金属及有害元素、农药残留量、有毒有害物质、有机溶剂残留量、树脂降解产物检查等。

《中国药典》附录收载的检查方法根据药品的不同情况有的会按序排列多个方法，制定各品种质量标准时，应考察每种方法对所测品种的适用性，一般应明确规定使用第几法并说明使用该方法的理由。

3. 药典未收载的剂型根据剂型和用药需要制定相应的检查项目。

4. 浸出物测定：根据剂型和品种的需要，依照《中国药典》现行版浸出物测定的有关规定，选择适当的溶剂和方法进行测定，并规定限（幅）度指标。

5. 含量均匀度检查：单一成分的制剂或中西合方制剂中的化学药应检查含量均匀度。

6. 含有毒性药材的制剂，原则上应制定有关毒性成分的检查项目，以确保用药安全。

7. 生产过程可能造成重金属和砷盐污染的中药制剂，使用含有矿物药、海洋药物、地龙等动物药及可能被重金属和砷盐污染的中药材生产的中药制剂，应制定重金属和砷盐的限量检查。其方法应采用《中国药典》（现行版）中铅、镉、砷、汞、铜检查的相关方法。

8. 中药注射剂应制定铅、镉、砷、汞、铜检查项，含雄黄、朱砂的制剂应采用专属性的方法对可溶性砷、汞进行检查并制定限度，严格控制在安全剂量以下。

9. 使用乙酸乙酯、甲醇、三氯甲烷等有机溶媒萃取、分离、重结晶等工艺的中药制剂应检查溶剂残留量，规定残留溶剂的限量，检测方法按照现行版《中国药典》“残留溶剂测定法”方法检查。

10. 工艺中使用非药用吸附树脂进行分离纯化的制剂，应控制树脂中残留致孔剂和降解产物。根据吸附树脂的种类、型号规定检查项目，主要有苯、二甲苯、甲苯、苯乙烯、二乙基苯等。检测方法、分析方法验证可参考《中国药典》“有机溶媒残留量”项下方法，或者根据具体情况自行研究、制定相关技术方法。

七、浸出物（提取物）测定

根据剂型的需要，参照《中国药典》（现行版）浸出物测定的有关规定，选择适当的溶剂进行测定。

可根据成方制剂中主要成分的理化性质选择合适的溶剂，有针对性地对某一类成分进行浸出物测定，达到质量控制的目的，应注意避免辅料的干扰。

含糖等辅料多的剂型对浸出物的测定有一定影响，一般不使用乙醇或甲醇作为浸出溶剂，可根据所含成分选用合适的溶剂。

注意浸出物测定只有在某些特定情况下才进行，一般来说，当建立的含量测定成分过低（小于万分之一）时，才考虑建立浸出物测定项。

八、含量测定

中药材含有多种成分，中成药及制剂又多为复方，所含成分更为复杂，很难确定某化学成分是中医用药的唯一有效成分，有些尚不一定能与中医用药疗效完全吻合，或与临床疗效直观地比较。然而药物的疗效必定有其物质基础，根据中医药理论，结合现代科学研究，择其具生理活性的主要化学成分，作为有效或指标性成分之一，建立含量测定项目，评价药物的内在质量，并衡量其商品质量是否达到要求及产品是否稳定，是完全必要的。

（一）含量测定选定原则

1. 项目与药味的选定

（1）根据目前我国中成药标准化程度及生产单位设备条件，研究建立较为完善的含量测定方法是控制药物质量的有效方法之一。一般选择君药、贵重药、剧毒药作为研究药味，其所含的专属性有效成分作为含量测定的首选成分，同时存在，则要求二项测定也不算过分。对出口中成药，多要求建立两项以上的含量测定；尤其对于注射剂，要求大部分成分或组分均要说清楚，更要研究建立多项测定，以达可控要求，保证药物安全有效。外用药也同样要求研究建立含量测定项，控制质量。

（2）单方制剂所含成分必须基本清楚，即如明确为生物碱类等，并搞清其中主要成分的分子式与结构式，既能测定其总成分，又便于以主要成分计算。

（3）复方制剂处方原则有君、臣、佐、使之分，应首先选其君药及所含贵重药建立含量测定项。如具泻火舒肝功能的左金丸，具清热解毒功能的万氏牛黄清心丸中，测定黄连、黄柏中小檗碱是合适的，但这绝不意味着中医用药主要用小檗碱代黄连、黄柏，甚至黄连、黄柏通用，而是以此成分衡量各自的成药质量。含毒剧药的如马钱子、生川乌、草乌、蟾酥、斑蝥等，应重点研究，建立含量测定项；量微者也要规定限度试验。

（4）对前述药味基础研究薄弱或在测定中干扰成分多，也可依次选定臣药等其他药味进行含量测定，但须在起草说明中阐述理由。

2. 测定成分的选定

（1）有效成分或指标性成分清楚的可行针对性定量。

（2）成分类别清楚的，可对总成分如总黄酮、总皂苷、总生物碱等进行测定。但必须无干扰才进行。

（3）所测成分应归属于某一单一药味。如成药中含有两种以上药味具相同成分或同系物（母核相同），最好不选此指标，因无法确证某一药材原料的存在及保证所投入的数量和质量。但如处于君药地位，或其他指标准于选择测定，也可测定其总含量，但同时须分别测定药材原料所含该成分的含量，并规定限度。在保证各药味质量的基础上，达到控制成药质量的目的。如黄连与黄柏、枳实与枳壳、川芎与当归等常同时处于同一处方中，并居君药地位，则可测定成药中的小檗碱、橙皮苷、阿魏酸等，并同时分别控制各药材原料有关成分的含量。

（4）对于因药材原料产地和等级不同而含量差异较大的成分，需注意检测指标的选定和产地的限定。如麻黄主要含左旋麻黄碱和右旋伪麻黄碱，由于我国麻黄产地分布极广，从东北至西北的各产地麻黄中，左旋麻黄碱含量递减，而右旋伪麻黄碱含量递增、目前检测技术虽然可以同时分别检测数种生物碱，但在质量评价上仍以测定总碱为宜，只有在制剂中测总碱有干扰时才测定某种生物碱如左旋麻黄碱，但需要限定取材于适宜的产地，否则难于保证质量。

（5）含量过低的成分较难真正反映成药的内在质量。药材原料（如大黄、何首乌等）所含大类成分如总蒽醌含量较高，但在复方制剂中由于工艺制备过程中的损失，含量已经降低，所以当测定大类成分有干扰，改测定某一单一成分如大黄素时，含量仅为十万分之几。由于样品不均或工艺及检测操作稍有误差则对含量影响极大。

（6）检测成分应尽可能与中医用药的功能主治相近，如山楂在成药中若以消食健胃功能为主，则应测定其有机酸含量；若以活血止痛治疗心血管病为主，则测其所含黄酮类成分，因其具有降压、增强冠脉流量、强心、抗心律不齐等作用。

（7）中西药结合的制剂一般不提倡，除非经拆方试验，药效学证实复方制剂优于单独中药或化学药，此药才能成立。在这种情况下，含量测定则要求不仅测中药君药，所含化学药也必须建立含量测定项目。

（8）复方制剂中由于某些药味基础研究工作薄弱，测定干扰难以克服或含量极低，无法进行某些成分含量测定的，也可选择适宜的溶剂进行浸出物测定，如含挥发性成分或脂溶性成分可做醚浸出物测定，前者还可测定挥发性醚浸出物；如含各种苷类成分药味较多，也可测正丁醇浸出物。溶剂的选择应有针对性，能达到控制质量的目的，一般不采用水或乙醇，因其溶出物量太大，某些原料或工艺的影响难于反映质量的差异。

（9）对成药进行各种探讨均无法确定含量测定项目时，也可择其君药之一的药材原料进行含量测定，间接控制成药质量。

（二）含量测定方法

含量测定方法很多，常用的如经典分析方法（容量法、重量法）、比色法、分光光度法、计算分光光度法如二波长、三波长紫外分光光度法、导数光谱法（因其“杂质”并非恒定，所以计算公式只适用于同批样品，有时不具重现性，故只适合于内控应用）、气相色谱法、高效液相色谱法、薄层扫描法、薄层－分光光度法或比色法及生物测定法等。在目前的新药研究工作中，高效液相色谱法、气相色谱法是最常用的含量测定方法，其他如薄层扫描法、薄层－分光光度法或比色法因技术本身的局限，目前已经极少应用。

含量测定是质量标准的核心部分，它是质量控制中最能有效考察产品内在质量的项目，也是药品稳定性考察最重要的依据。因此，含量测定方法的建立也是质量标准中的难点与重点。

（三）方法学考察和验证

新药可以引用药典或文献收载的与其相同成分的测定方法，但因品种不同，与自行建立新方法一样，均要进行方法学考察研究。一般考察项目如下：

1. 提取条件的选定

优选提取条件对测定结果有直接影响、特别对于制剂中含有药材原粉的，即由组织细胞中提出有关成分，提取方法的选择尤为关键，常见的提取方法有冷浸、热浸回流、索氏提取器提取、超声波提取等，滤除残渣即得提取液。对提取液的取舍一般有两种方法，一种为取全量，即充分洗净残渣，并将洗涤液合并于提取液中；另一种为取一定量，即在提取前精密加入定量溶剂，称重，提取后再补充提取过程损失的溶剂，摇匀，过滤，精密吸取一定量的提取液进行含量测定，最后结果按相当的样品量计算，即得。

提取条件的确定，一般要有不同溶剂、不同提取方式、不同时间及不同温度、pH 值等条件比较而定，可参考文献，重点对比某种条件，也可用正交试验全面优选条件，再配合回收率试验或与经典方法比较，从而估计方法的可靠性。

2. 分离纯化

根据被测成分的性质，采用一定方法，排除干扰物质，使供试样品达到一定纯净度。特别是气相、液相色谱分析更应注意此点，以提高分析准确性并可保护色谱柱，中药及其制剂常用的分离纯化方法为萃取和色谱法。

3. 测定条件的选择

如高效液相、比色法、薄层扫描法中最大吸收波长的选择，液相色谱法中固定相、流动相、内标物的选择，薄层扫描法层析与扫描条件的选择等。

4. 专属性试验

在色谱法中常用阴阳对照法，即以被测成分或药材与除去该成分或该药材的制剂做对照，可考察被测成分的斑点（或峰）位置是否与干扰组分重叠，以确证测定指标（如吸收度、峰面积）是否仅为被测成分的响应，防止假阳性的误判。紫外分光光度法或比色法中的空白对照液常见的有溶剂空白、试剂空白（溶剂加显色剂），对复方制剂也需同色谱法做阴性对照，确证吸收度仅为被测成分的响应。对单一成分或大类成分测定，均需做此试验。

5. 样品浓度与响应值

样品吸收度或色谱峰面积（或峰高）之间的线性关系考察、即标准曲线的制备。

紫外分光光度法或比色法须制备标准曲线，用以确定取样量并计算含量。色谱法一般采用对照品比较法如外标法或内标法测定，均需进行线性考察，目的有三：①确定样品浓度与峰面积或峰高是否呈线性关系；②确定线性范围，即适用的样品点样或进样量的确定；③直线是否通过原点，以确定是以一种还是两种对照品量（即一点法或二点法）测定并计算。标准曲线相关系数应在0.999以上，薄层扫描法可在0.995以上。

6. 测定方法的稳定性实验

此项考察目的是选定最佳的测定时间范围。对被测液或色谱峰的相应值稳定性进行考察，即每隔一定时间测定一次，延续3～4小时，视其是否稳定，以确定适当的测定时间。

7. 精密度试验

如气相、液相色谱法对同一供试液多次进样测定，薄层扫描法对同一薄层板及异板多个同量斑点扫描测定，可考察其精密度，对同一薄层斑点连续进行多次测定，则可考察仪器精密度。

8. 重复性试验

按拟定的含量测定方法，对同一批样品进行多次测定（平行试验至少5次以上，即 $n > 5$），计算相对标准偏差（*RSD*），一般要求低于5%。同一人测定多次称重复性，不同人或实验室测定称再现性。

9. 检测灵敏度及检测下限的测定

分析方法的灵敏度一般以工作曲线的斜率表示，其值越大，方法的灵敏度就越高。色谱法的灵敏度可以峰高/对照品量（mg）表示。最小检出量即检测下限，一般按经验法设计数个不同进样量，以目测估计最小检出量。有时常把最小检出量理解为灵敏度，实际上两者概念不同。

10. 回收率试验

含测方法的建立，多以回收率估计分析的误差和操作过程的损失，以评价方法的可靠性。回收率实验设计也有多种，在中成药分析中常见的有以下几种：

（1）加样回收，即于已知被测成分含量的成药中再精密加入一定量的被测成分纯品，依法测定。用实测值与原样品中含测成分之差，除以加入纯品量计算回收率。此法不用制备空白对照，模拟真实性好。对单味药材的回收率测定，因不易制备除去被测成分的药材空白对照品，只能用加样回收法，如用提净被测成分的药渣作空白，则意义不大，因为在除去被测成分的同时，干扰成分也被除去了。

在加样回收实验中首先须注意纯品的加入量与取样量中被测成分之和必须在标准曲线线性关系范围之内；外加纯品的量要适当，过小则引起较大的相对误差，过大则干扰成分相对减少，真实性差。一般加入量与所取样品含量之比控制在1∶1左右。

(2) 以成药空白（即除去欲测药材后制成的成药），精密加入被测化学成分纯品，依法测定。以加入纯品量为理论值，由实测值计算回收率。此法理论值较准确，但其不足是缺少成药中被测药材本身的杂质干扰条件，模拟真实性差，特别是被测药材组分复杂，如人参被测成分为人参皂苷Re、因与该成分共存的同系物或类同成分人参皂苷较多，其自身分离度重现性差，而只以加入纯品测定回收率，与人参皂苷Re的干扰情况则无从反映。故此种回收率测定只能用于被测药材成分较为单一者。

(3) 取成药空白，精密加入已知被测成分含量的药材，依法测定。以加入药材所相当的被测成分量为理论值，再由实测值除以理论值计算回收率。此法模拟真实性好，能反映被测药材中其他成分的干扰情况，但由于已知含量药材也是同法测得的平均值，故其理论值实际包括正负误差在内，有时也能掩盖系统误差。特别是单味原料（药材）制剂，仍以采用加样回收法为宜。回收率试验至少需进行5次试验（$n=5$），或三组平行试验（$n=6$），在同一批样品中加入相同或不同纯品量，后者可进一步验证测定方法中取样量多少更为合适。

回收率一般要求在95%～105%，一些方法操作步骤繁复，可要求略低，至少不小于90%。

九、功能与主治、用法与用量、注意及有效期等

功能与主治、用法与用量、注意及有效期均根据该药的研究结果制定。

十、规格

规格应规范合理，新增规格应提供证明性文件。

片剂（糖衣片规定片心重量）、胶囊、栓剂、口服液、大蜜丸、注射剂、喷雾剂、气雾剂等应规定每个制剂单位的重（装）量。单剂量包装的制剂应规定每个包装单位的装量，如颗粒剂、散剂、丸剂等。以丸数服用的丸剂、滴丸剂应规定每丸或每10丸的重量。单体成分或有效部位、组分制剂可规定每个制剂单位的标示含量。

第五节　实例分析

注射用复方板蓝根

Zhusheyong Fufang Banlangen

【处方】板蓝根5000g　栀子5000g

【制法】以上两味，加10倍量水煎煮二次，每次2小时；合并煎液，滤过，滤液浓缩至相对密度为1.15～1.20（70～80℃）；放冷至室温，加乙醇使含醇量达75%，静置过夜，滤过，滤液回收乙醇，并浓缩至相对密度为1.15～1.20（70～80℃），放冷至室温，加乙醇使含醇量达85%，静置过夜，滤过，滤液回收乙醇至无醇味，加注射用水至5000mL，冷藏24小时，滤过，滤液用1.5倍量正丁醇提取4次，合并提取液，回收正丁醇，浸膏加注射用水至10000mL，静置过夜，滤过，滤液浓缩至2000mL，冷藏72小时，滤过，加0.2%活性炭，煮沸30分钟，滤过，加入10g甘露醇，加注射用水至全量，调pH值为7.0，灭菌，超滤，分装（4mL/瓶），冻干，压盖，即得，共1000瓶。

【性状】本品为浅黄色至黄色无定形粉末或疏松固体状物；味苦，有引湿性。

【鉴别】（1）取本品0.2g，加水10mL溶解，加水饱和的正丁醇提取两次（15mL，10mL），合并提取液，蒸干，残渣用甲醇10mL溶解，作为供试品溶液。另取腺苷对照品，加甲醇配制成每1mL含3mg的溶液，作为对照品溶液。照薄层色谱法（《中国药典》2000年版一部附录Ⅵ B）试验，吸取上述供试品溶液和对照品溶液各5μL，分别点于同一以含0.5mol/L磷酸二氢钠的羧甲基纤维素钠溶液为黏合剂的硅胶GF_{254}薄层板上，以氯仿－异丙醇－醋酸乙酯－水（8∶6∶2∶0.5）（每10mL加2滴氨水）为展开剂，展开，取出，晾干，置紫外灯（254nm）下检视，供试品色谱中，在与对照品色谱相应位置上，显相同颜色的斑点。

（2）取【鉴别】（1）项下的供试品作为供试品溶液。另取栀子苷对照品，加甲醇制成每1mL含3mg的溶液，作为对照品溶液。照薄层色谱法（《中国药典》2000年版一部附录Ⅵ B）试验，吸取上述供试品溶液2μL、对照品溶液5μL，分别点于同一硅胶GF_{254}薄层板上，以氯仿－甲醇（3∶1）为展开剂，展开，取出，晾干，置紫外灯（254nm）下检视。供试品色谱中，在与对照品色谱相应位置上，显相同颜色的斑点。

【检查】**澄明度** 在超净台内操作。取洁净具塞纳氏比色管5瓶，分别加入预先滤过的注射用水20mL，按《澄明度检查细则和判断标准》注射用无菌粉末项，于伞盆边沿处轻轻旋转，使溶剂形成旋流，随即用目检视，记录瓶中毛、点数，作为空白，然后分别加入1瓶供试品，使完全溶解，于伞盆边沿处横置观察，轻轻旋转或左右摆动，用目检视，记录毛、点数，扣除空白，即得。

本品不得检出500μm以上的不溶性异物。每瓶所含短于500μm的毛及200～500μm的白点、白块和色点总数不得超过10个。

不溶性微粒 取本品5瓶（采用光阻法进行检测），用水将容器外壁洗净，小心开启瓶盖，精密加入20mL微粒检查用水，小心盖上瓶盖，缓缓振摇使内容物溶解，超声处理（80～120W）30秒脱气或静置适当时间脱气，小心开启容器，直接将供试品容器置于取样器上，不加搅拌，依次由仪器直接抽取每个容器中的适量溶液（以不吸入气泡为限），测定并记录数据。弃去第一个供试品的数据，取后续测定结果的平均值计算。

本品每瓶中含10μm以上的微粒不得过6000粒，含25μm以上的微粒不得过600粒。

pH值 取本品2瓶，每瓶加注射用水4mL溶解，依法测定（《中国药典》2010版一部附录Ⅶ G），应为5.0～7.0。

水分　取本品，依法测定（《中国药典》2000年版一部附录Ⅸ H第三法），不得过5.0%。

蛋白质　取本品1瓶，加注射用水4mL溶解，取1mL，依法测定（《中国药典》2000年版一部附录Ⅸ S），应符合规定。

鞣质　取本品1瓶，加注射用水4mL溶解，取1mL，依法测定（《中国药典》2000年版一部附录Ⅸ S），应符合规定。

树脂　取本品2瓶，每瓶加注射用水4mL溶解，取5mL，依法测定（《中国药典》2000年版一部附录Ⅸ S），应符合规定。

草酸盐　取本品1瓶，加注射用水4mL溶解，取2mL，依法测定（《中国药典》2000年版一部附录Ⅸ S），应符合规定。

炽灼残渣　取本品1.0g，按《中国药典》（2000版一部 附录Ⅸ J）项下方法进行检查，灼炽残渣不得过30mg/瓶。

重金属　取炽灼残渣项下遗留的残渣，依法检查（《中国药典》2010版一部附录Ⅸ E第二法），含重金属不得过百万分之十。

砷盐　取本品1.0g，加2%硝酸镁乙醇溶液3mL，点燃，燃尽后，先用小火炽灼使炭化，再在500~600℃炽灼至完全灰化，放冷，加盐酸5mL与水21mL使溶解，依法检查（《中国药典》2010版一部附录Ⅸ F第一法），含砷量不得过百万分之二。

钾离子　精密称取本品0.1g，依法测定（《中国药典》2010版一部附录Ⅸ S），应符合规定。

热原　取本品1瓶，加灭菌注射用水4mL使溶解，剂量按家兔每1kg体重注射1mL，依法检查（《中国药典》2010版一部附录ⅩⅢ A），应符合规定。

无菌　取本品，每瓶加灭菌注射用水4mL使溶解，用薄膜法处理后，依法检查（《中国药典》2010版一部附录ⅩⅢ B无菌检查法项下），应符合规定。

溶血与凝聚　2%红细胞混悬液的制备：取兔血或羊血数毫升，放入盛有玻璃珠的锥形瓶中，振摇10分钟，除去纤维蛋白原，使成脱纤血，加约10倍量的生理氯化钠溶液，摇匀，离心，除去上清液，沉淀的红细胞再用生理氯化钠溶液洗涤2~3次，至上清液不显红色为止，将所得红细胞用生理氯化钠溶液配成2%的混悬液，即得。

试验方法：取试管6只，按表7-1配比量依次加入2%红细胞混悬液和生理盐水，混匀后，于37℃恒温箱放置30分钟，分别加入不同量的药液（取本品1瓶，用生理氯化钠溶液溶解并稀释成10mL；第6管为对照管），摇匀后，置37℃恒温箱中。开始每隔15分钟观察一次，1小时后，每隔1小时观察一次，共观察2小时。

表7-1　制剂的溶血性检查

试管编号	1	2	3	4	5	6
2%红细胞混悬液（ml）	2.5	2.5	2.5	2.5	2.5	2.5
生理盐水（mL）	2.0	2.1	2.2	2.3	2.4	2.5
药液（mL）	0.5	0.4	0.3	0.2	0.1	0.0

按上法检查，以第3管为准，本品在2小时内不得出现溶血和红细胞凝。

装量差异 取本品，按（《中国药典》2010版一部附录IU）装量差异项下注射用无菌粉末的检查方法进行检查，应符合规定。

其他 应符合（《中国药典》2010版一部附录ⅠU）注射剂项下有关的各项规定。

【指纹图谱测定】照高效液相色谱法（《中国药典》2010年版一部附录ⅥD），结合指纹图谱要求测定。

色谱条件与系统适应性试验 色谱柱：汉邦Kromasil C_{18}（250mm×4.6mm，5μm）；流动相：甲醇-水梯度洗脱，梯度洗脱程序见表7-2。

表7-2 梯度洗脱程序

时间（min）	A%（甲醇）	B%（水）
0	0	100
20	20	80

检测波长为254nm，柱温30℃，流速1.0mL/min。

对照品溶液的制备 精密称取栀子苷对照品1mg，置10mL容量瓶中，加10%甲醇溶解并稀释至刻度，摇匀，即得。

供试品溶液的制备 取装量差异项下的本品0.36g，精密称定，精密加入20mL水，超声溶解，作为供试品溶液。

测定法 分别精密吸取对照品溶液与供试品溶液各5μL，注入液相色谱仪，测定，即得。

将栀子苷峰设定为参照物峰，根据栀子苷峰的保留时间计算，共标定出12个共有峰，见图7-1，其相对保留时间结果见表7-3。

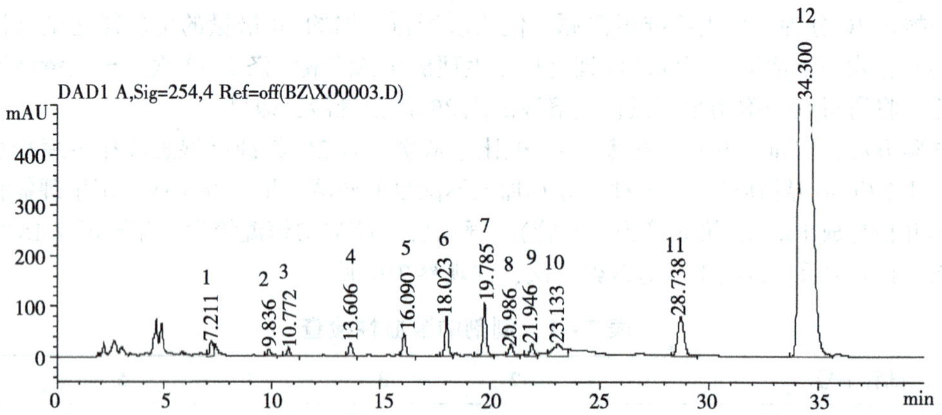

图7-1 标准指纹图谱

表 7-3　制剂的标准指纹图谱

序号	标准图谱 相对保留时间
s	1. 000
1	0. 208（0. 187～0. 229）
2	0. 286（0. 257～0. 315）
3	0. 315（0. 284～0. 347）
4	0. 394（0. 355～0. 433）
5	0. 472（0. 425～0. 519）
6	0. 531（0. 478～0. 584）
7	0. 584（0. 526～0. 642）
8	0. 621（0. 559～0. 683）
9	0. 652（0. 587～0. 717）
10	0. 683（0. 615～0. 751）
11	0. 848（0. 763～0. 933）

【含量测定】**腺苷**　照高效液相色谱法（《中国药典》2010 年版一部附录Ⅵ D）测定。

色谱条件与系统适用性试验：用十八烷基硅烷键合硅胶为填充剂，甲醇-水（18∶82）为流动相，检测波长为 260nm，理论板数按腺苷峰计算应不低于 3000。

对照品溶液的制备：精密称取腺苷对照品适量，用 10% 甲醇溶解制成每 1mL 含腺苷 0. 02mg 的溶液。

供试品溶液的制备：取装量差异项下的本品内容物，混匀，取约 0. 1g，精密称定，用水溶解定容至 10mL 容量瓶中，摇匀，滤过，作为供试品溶液。

测定法：分别精密吸取对照品溶液和供试品溶液各 10μL，注入液相色谱仪，测定，计算，即得。

本品每瓶含板蓝根以腺苷（$C_{10}H_{13}N_5O_4$）计，不得少于 0. 40mg。

栀子苷　照高效液相色谱法（《中国药典》2010 年版一部附录Ⅵ D）测定。

色谱条件与系统适用性试验：用十八烷基硅烷键合硅胶为填充剂，乙腈-水（12∶88）为流动相，检测波长 238nm，理论板数按栀子苷峰计算应不低于 2500。

对照品溶液的制备：精密称取栀子苷对照品适量，用 10% 的甲醇溶解制成每 1mL 含 0. 1mg 的溶液，即得。

供试品溶液的制备：取装量差异项下的本品内容物，混匀，取约 0. 1g，精密称定，用 10% 的甲醇溶解并定容于 100mL 容量瓶中，摇匀，再精密吸取 3mL 于 10mL 容量瓶中，加水稀释至刻度，摇匀，滤过，取续滤液作为供试品溶液。

测定法：分别精密吸取对照品溶液和供试品溶液各 10μL，注入液相色谱仪，测定，计算，即得。

本品每瓶含栀子以栀子苷（$C_{17}H_{24}O_{10}$）计，不得少于120mg。

【功能主治】清热解毒，凉血利咽。用于外感风热所致的发热、干咳无痰、口干、咽喉肿痛、鼻衄、吐血，上呼吸道感染、肺炎、急性支气管炎、扁桃体炎、咽炎见上述证候者。

【用法用量】静脉滴注。一次2瓶，一日1次，或遵医嘱。临用前，先以适量灭菌注射用水充分溶解，再用氯化钠注射液或5%葡萄糖注射液250mL稀释。

【规格】每瓶含生药10g。

【贮藏】密封，避光，置阴凉处。

第八章　中药新药稳定性研究

药物的基本要求是“安全、有效、稳定、可控”。作为四个基本要求之一，在新药研发期间甚至上市后，稳定性研究始终占有极为重要的地位。药物在一定条件下、一定时期内保持稳定是药物得以存在和治疗疾病的前提条件，同时也是保证药物安全、有效的必备前提。药物的稳定性研究在中药新药研究中是必不可少的内容。

中药、天然药物的稳定性是指中药、天然药物（原料或制剂）的化学、物理及生物学特性发生变化的程度。

稳定性研究的目的是考察药物在不同环境条件（如温度、湿度、光线等）的影响下随时间变化的规律，为药品的生产、包装、贮存、运输条件提供科学依据，同时通过试验确定药品的有效期，这也是中药新药稳定性研究的基本任务。

稳定性是评价药品质量的重要指标之一。中药稳定性研究的范围一般根据稳定性变化的实质分为化学的、物理学的及生物学的三种。中药在制备和储存过程中，由于温度、水分、空气（氧气）、光照、酸碱度、微生物等因素的影响，既有可能发生制剂外观性状的变化，也有可能发生内在化学成分的变化，如药物有效成分（特征指标成分）发生分解/降解，含量下降，极端情况下还可能出现产生有害物质，毒性增大等情况，影响药品的安全性和有效性。

在某些情况下，稳定性研究结果还被作为筛选提取工艺或者制剂工艺、生产环境控制的重要参考数据。通过稳定性研究揭示中药制剂变化的实质和趋势，探讨、阐明其影响因素，在确定有效期的同时，还可提示研究者采取适当的措施避免或延缓制剂的变化。

需要指出的是，由于中药的特殊性，其药效物质基础往往不明确，在稳定性研究中，如何确定考察和评价指标是特别需要关注的问题。

第一节　中药新药质量稳定性研究的技术要求

关于中药新药稳定性研究的技术要求，主要的技术法规是原国家食品药品监督管理局发布的《中药、天然药物稳定性研究技术指导原则》，这是研究者应主要遵循的技术指导原则。特别地，当进行中药第一类新药（有效成分新药）、第五类新药（有效部位新药）研究时，还可参考《中国药典》现行版（2015 版）四部通则《原料药与药物制剂稳定性试验指导原则》。此外，当所研究药物欲在国外注册上市时，ICH/WHO 的相关技术指导原则也应作为参考。

根据研究目的和条件的不同，稳定性研究内容可分为影响因素试验、加速试验和长期试验等。

影响因素试验是在剧烈条件下探讨药物的稳定性，了解影响其稳定性的因素及所含成分的变化情况，为制剂处方设计、工艺筛选、包装材料和容器的选择、贮存条件的确定、有关物质的控制提供依据，并为加速试验和长期试验应采用的温度和湿度等条件提供参考。一般来说，中药第一类、第五类新药应进行影响因素试验，第六类以下可不做此试验。

加速试验是在加速条件下进行的稳定性试验，其目的是在较短的时间内，了解原料或制剂的化学、物理学和生物学方面的变化，为制剂设计、质量评价和包装、运输、贮存条件等提供试验依据，并初步预测样品的稳定性。

长期试验是在接近药品的实际贮存条件下进行的稳定性试验，目的是确认影响因素试验和加速试验的结果，明确药品稳定性的变化情况，确定药品的有效期。药品稳定性数据和结论最终应以长期试验的数据为准。长期留样试验是稳定性试验的核心。

此外，有些药物制剂还应考察使用过程中的稳定性。稳定性研究具有阶段性特点，不同阶段具有不同的目的。一般始于药品的临床前研究，贯穿药品研究与开发的全过程，在药品上市后还要继续进行稳定性研究。稳定性研究实验设计应根据不同的研究目的，结合制剂中间体（原料药）的理化性质、剂型的特点和具体的处方及工艺条件进行。

1. 供试样品要求

影响因素试验可采用一批小试规模样品进行，但最好采用中试样品；加速试验和长期试验应采用 3 批中试以上规模样品进行。需要注意的是，稳定性试验样品的工艺、处方等应与大生产一致。药物制剂如片剂、胶囊剂，每批中试放大的规模，片剂至少应为 10000 片，胶囊剂至少应为 10000 粒。特殊品种、特殊剂型所需要的数量，应根据具体情况分析处理。

2. 包装及放置条件

加速试验和长期试验所用包装材料和封装条件应与拟上市包装一致。稳定性试验要求在一定的温度、湿度、光照等条件下进行，这些放置条件的设置应充分考虑到药品在贮存、运输及使用过程中可能遇到的环境因素。

稳定性研究中所用控温、控湿、光照等设备应能较好地对试验要求的环境条件进行控制和监测，且控制精度能满足要求，如应能控制温度 ±2℃，相对湿度 ±5%，照度 ±500lx 等，并能对真实温度、湿度与照度进行监测，所用设备最好具有数据的自动记录、自动保存、自动打印功能。实际工作中，可使用专门的药物稳定性试验箱进行稳定性试验，这种设备能满足对温度、湿度、光照等的控制要求，一般都具备上述功能。

3. 考察时间点

稳定性研究中需要设置多个时间点。考察时间点的设置应基于对药品理化性质的认识、稳定性变化趋势而设置。如长期试验中，总体考察时间应涵盖所预期的有效期，中间取样点的设置要考虑药品的稳定特性和剂型特点。对某些环境因素敏感的药品，应适当增加考察时间点。

4. 考察项目

稳定性研究考察项目可分为物理、化学和生物学等几个方面。

稳定性研究具体的考察项目（或指标），应根据所含成分和（或）制剂特性、质量要求设置，应选择在药品保存期间易于变化，可能会影响到药品的质量、安全性和有效性的项目，以便客观、全面地评价药品的稳定性。

在实际研究过程中，通常采用拟定的临床前研究药品质量标准，结合《中国药典》制剂通则中与稳定性相关的指标为考察项目。当有必要时，尤其是研究对象为中药第一类、中药第五类新药时，也可超出质量标准的范围选择稳定性考察指标。中药第一类新药（有效成分及其制剂）应考察有关物质的变化，中药第五类新药（有效部位及其制剂）应关注其同类成分中各成分的变化。

复方制剂应注意考察项目的选择，注意试验中信息量的采集和分析。为了确定药物的稳定性，对同批次不同取样时间点及不同批次样品所含成分的一致性进行比较研究，是有意义的。

5. 分析方法

分析方法主要包括定性分析、定量分析、制剂通则检查项等方法。其中，定性、定量分析方法应采用专属性强、准确、精密、灵敏的分析方法，并对方法进行验证，以保证稳定性检测结果的可靠性。制剂通则检查方法应采用《中国药典》现行版相应的检查方法。

第二节　中药新药稳定性研究的方法

一、影响因素试验

影响因素试验一般包括高温、高湿、强光照射试验。将物料置于适宜的容器中（如称量瓶或培养皿），摊成≤5mm 厚的薄层，疏松原料药摊成≤10mm 厚的薄层进行试验。对于固体制剂产品，采用除去内包装的最小制剂单位，分散为单层，置于适宜的条件下进行。如试验结果不明确，应加试 2 个批号的样品。

1. 高温试验

供试品置于密封洁净容器中，在 60℃条件下放置 10 天，于 0、5、10 天取样检测。与 0 天比较，若供试品发生显著变化，则在 40℃下同法进行试验。如 60℃无显著变化，则不必进行 40℃试验。

2. 高湿试验

供试品置于恒湿设备中，于 25℃、RH92.5% ±5% 条件下放置 10 天，在 0、5、10 天取样检测，检测项目应包括吸湿增重等。若吸湿增重在 5% 以上，则应在 25℃、RH75% ±5% 下同法进行试验；若吸湿增重在 5% 以下，且其他考察项目符合要求，则不再进行此项试验。

恒湿条件可以通过恒温恒湿箱或在密闭容器中放置饱和盐溶液来实现。根据不同的湿度要求，选择 NaCl 饱和溶液（15.5 ~ 60℃，RH75% ± 1%）或 KNO_3 饱和溶液（25℃，RH92.5%）。

对水性的液体制剂，可不进行此项试验。

3. 强光照射试验

供试品置于装有日光灯的光照箱或其他适宜的光照容器内，于照度为 4500lx ± 500lx 条件下放置 10 天，在 0、5、10 天取样检测。试验中应注意控制温度，使之与室温保持一致，并注意观察供试品的外观变化。

此外，根据药物的性质，必要时应设计其他试验，探讨 pH 值、氧及其他条件（如冷冻等）对药物稳定性的影响。

二、加速试验

加速试验一般应在 40℃ ±2℃、RH75% ±5% 条件下进行，在试验期间第 0、1、2、3、6 个月末取样检测。若供试品经检测不符合质量标准要求或发生显著变化，则应在中间条件下（即 30℃ ±2℃、RH65% ±5%）进行试验。

对采用不可透过性包装的液体制剂，如合剂、乳剂、注射液等的稳定性研究中可不要求相对湿度。对采用半通透性的容器包装的液体制剂，如多层共挤 PVC 软袋装注射液、塑料瓶装滴眼液、滴鼻液等，加速试验应在 40℃ ±2℃、RH20% ±5% 的条件下进行。

对膏药、胶剂、软膏剂、凝胶剂、眼膏剂、栓剂、气雾剂等制剂可直接采用 30℃ ± 2℃、RH65% ±5% 的条件进行试验。

对温度敏感药物（需在 4 ~ 8℃ 冷藏保存）的加速试验可在 25℃ ±2℃、RH60% ±5% 条件下同法进行。需要冷冻保存的药品可不进行加速试验。

三、长期试验

长期试验是在接近药品的实际贮存条件下进行的稳定性试验，建议在 25℃ ±2℃、RH60% ±10% 条件下，分别于 0、3、6、9、12、18 个月取样检测，也可在常温条件下进行。对温度特别敏感药物的长期试验可在 6℃ ±2℃ 条件下进行，取样时间点同上。

四、药品上市后的稳定性考察

药品注册申请单位应在药品获准生产上市后，采用实际生产规模的药品进行留样观察，以考察上市药品的稳定性。根据考察结果，对包装、贮存条件进行进一步的确认或改进，并进一步确定有效期。

五、稳定性研究要求与结果评价

（一）稳定性研究要求

稳定性研究的内容应根据注册申请的分类及药品的具体情况，围绕稳定性研究的目的（如确定处方工艺、包装材料、贮存条件和制定有效期），进行设计和开展工作。

1. 新药

对于申报临床研究的新药，应提供符合临床研究要求的稳定性研究资料，一般情况下，应提供至少6个月的长期试验考察资料和6个月的加速试验资料。有效成分及其制剂还需提供影响因素试验资料。

对于申请生产的新药，应提供全部已完成的长期试验数据，一般情况下，应包括加速试验6个月和长期试验18个月以上的研究数据，以确定申报注册药品的实际有效期。

2. 已有国家标准药品

已有国家标准品种的注册申请，一般情况下，应提供6个月的加速试验和长期试验资料。

3. 其他

药品在获得上市批准后，可能会因各种原因而申请改变制备工艺、处方组成、规格、包装材料等，原则上应进行相应的稳定性研究，以考察变更后药品的稳定性趋势。必要时应与变更前的稳定性研究资料进行对比，以评价变更的合理性，确认变更后药品的包装、贮存条件和有效期。

以下是部分补充申请及其相应稳定性资料的要求。

（1）改变生产工艺：应提供6个月加速试验及长期试验资料。

（2）变更药品处方中已有药用要求的辅料：应提供6个月加速试验及长期试验资料。

（3）变更药品规格：一般情况下，应提供6个月的加速试验及长期试验资料，并与原规格药品的稳定性资料进行对比。

如果仅为装量规格的改变，不变更处方工艺、包装材料，应进行稳定性分析，酌情进行稳定性研究。一般的，有效期可参照原装量规格药品有效期执行。

（4）变更直接接触药品的包装材料或者容器：一般情况下，应提供变更前后两种包装材料或者容器中的药品在不同包装条件下的6个月加速试验及长期试验资料，以考察包装材料的改变对药品质量的影响。

（5）其他内容的补充申请：如申请进行的变更可能会影响药品质量，并影响药品的稳定性，应提供稳定性研究资料，根据研究结果分析变更对药品稳定性的影响。

（二）稳定性研究结果评价

药品稳定性的评价是对有关试验（如影响因素、加速试验、长期试验）的结果进行的系统分析和判断。其相关检测结果不应有明显变化。

1. 贮存条件的确定

新药应综合加速试验和长期试验的结果，同时结合药品在流通过程中可能遇到的情况进行综合分析。选定的贮存条件应按照规范术语描述（可参考《中国药典》现行版中相应内容）。

已有国家标准药品的贮存条件，应根据所进行的稳定性研究结果，并参考已上市同品种的国家标准确定。

2. 包装材料/容器的确定

一般先根据影响因素试验结果，初步确定包装材料或容器，结合稳定性研究结果，进一步验证采用的包装材料和容器的合理性。

3. 有效期的确定

药品的有效期应根据加速试验和长期试验的结果分析确定，一般情况下，以长期试验的结果为依据，取长期试验中与0月数据相比无明显改变的最长时间点为有效期。

一般来说，确定的药品有效期不超过2年。

六、稳定性研究报告的一般内容

稳定性研究部分的申报资料应包括以下内容：

1. 供试药品的品名、规格、剂型、批号、批产量、生产者、生产日期和试验开始时间。并应说明原料药的来源和执行标准。

2. 稳定性试验的条件，如温度、光照强度、相对湿度、容器等。应明确包装/密封系统的性状，如包材类型、形状和颜色等。

3. 稳定性研究中各质量检测方法和指标的限度要求。

4. 在研究起始和试验中间的各个取样点获得的实际分析数据，一般应以表格的方式提交，并附相应的图谱。

5. 检测的结果应如实报告，不宜采用“符合要求”等表述。检测结果应该用每个制剂单位含有有效成分的量（或有效成分标示量的百分数），如μg、mg、g等表述，并给出其与0月检测结果比较的变化率。如果在某个时间点进行了多次检测，应提供所有的检测结果及其相对标准偏差（*RSD*）。

6. 应对试验结果进行分析并得出初步的结论。

第三节 举 例

一、药品稳定性研究实例

以下以某第六类中药新药的稳定性研究资料为例，列举了稳定性研究试验设计、文字表述和两张稳定性数据结果表格（分别为加速试验和长期稳定性试验结果）。需要指出的是，这是一个申报临床的稳定性研究资料，故在常温试验下只考察了12个月，在申报期间和临床试验期间，应继续进行稳定性考察，待申报生产时再上报全部稳定性研究资料。

1. 药物稳定性研究的试验资料及文献资料

（1）考察样品及项目

3批供试样品为中试生产样品（每批中试产量20000粒），规格：0.3g/粒，批号070511、070512、070514，生产日期分别是2007年5月11日、2007年5月12日、2007年5月14日。试验开始日期为2007年5月16日。样品均在某研究所中试工厂生产完成。

参照原国家药监局发布的《中药、天然稳定性研究技术指导原则》《中国药典》2005年版二部附录XIC《药物稳定性试验指导原则》要求，采用加速实验法，温度40℃±2℃，相对湿度75% ±5%（置药物稳定性试验箱，××型号，生产厂家：××公司，各项参数控制精度满足要求）条件下储存6个月。在试验期间分别于0、1、2、3、6月取样。同时将样品于常温下放置，分别于0、3、6、9、12月取样，按照《药品注册管理办法》和新药研究技术要求中的稳定性考察项目，采用本品质量标准草案项下方法对××胶囊进行稳定性试验。

本品包装采用HDPE塑料瓶包装，故稳定性实验考察了在此种包装条件下的稳定性情况，考察项目有：性状、鉴别、水分、崩解时限、含量测定、微生物限度检查等项，考察结果见表8-1、表8-2。

2. 结果

加速稳定性和常温考察试验结果表明，此包装条件下，供试品在加速实验条件（温度40℃ ±2℃，相对湿度75% ±5%）6个月及室温条件下保存12个月，各项指标均符合规定，质量稳定。

3. 结论

通过对三批样品的加速稳定性试验和常温考察，各项指标均符合规定，质量稳定，能满足药品临床研究期间稳定性要求。

我们将继续对××胶囊进行稳定性考察。

（以下仅列出其中一个批号样品试验结果。图谱略）

表8-1　××胶囊初步稳定性试验结果（加速）

样品名称：××胶囊　　　　批号：070511

项目 \ 结果 \ 日期		0月 2007年5月	1月 2007年6月	2月 2007年7月	3月 2007年8月	6月 2007年11月
性状		为胶囊剂。内容物为棕褐色粉末，气香，味微苦	为胶囊剂。内容物为棕褐色粉末，气香，味微苦	为胶囊剂。内容物为棕褐色粉末，气香，味微苦	为胶囊剂。内容物为棕褐色粉末，气香，味微苦	为胶囊剂。内容物为棕褐色粉末，气香，味微苦
鉴别	酸枣仁鉴别	检出与对照药材相应的荧光斑点	检出与对照药材相应的荧光斑点	检出与对照药材相应的荧光斑点	检出与对照药材相应的荧光斑点	检出与对照药材相应的荧光斑点
	人参鉴别	检出人参皂苷Rb1、Rg1、Re斑点	检出人参皂苷Rb1、Rg1、Re斑点	检出人参皂苷Rb1、Rg1、Re斑点	检出人参皂苷Rb1、Rg1、Re斑点	检出人参皂苷Rb1、Rg1、Re斑点
	黄芪鉴别	检出黄芪甲苷斑点	检出黄芪甲苷斑点	检出黄芪甲苷斑点	检出黄芪甲苷斑点	检出黄芪甲苷斑点
	远志鉴别	检出与对照药材相应的荧光斑点	检出与对照药材相应的荧光斑点	检出与对照药材相应的荧光斑点	检出与对照药材相应的荧光斑点	检出与对照药材相应的荧光斑点

续表

项目 \ 结果 \ 日期		0月 2007年5月	1月 2007年6月	2月 2007年7月	3月 2007年8月	6月 2007年11月
检查	水分（%）	5.54	5.89	5.80	5.90	5.92
	崩解时限（min）	13	14	10	12	14
含量测定	人参皂苷 Rb1 含量（mg/粒）	5. 48	5. 42	5. 40	5. 38	5. 36
微生物限度	细菌（个/g）	110	110	120	120	130
	霉菌（个/g）	30	30	35	40	40
	大肠杆菌	未检出	未检出	未检出	未检出	未检出
	活 螨	未检出	未检出	未检出	未检出	未检出

表 8-2　××胶囊初步稳定性试验结果（常温）

样品名称：××胶囊　　　　批号：070511

项目 \ 结果 \ 日期		0月 2007年5月	3月 2007年8月	6月 2007年11月	9月 2008年2月	12月 2008年5月
性 状		为胶囊剂。内容物为棕褐色粉末，气香，味微苦	为胶囊剂。内容物为棕褐色粉末，气香，味微苦	为胶囊剂。内容物为棕褐色粉末，气香，味微苦	为胶囊剂。内容物为棕褐色粉末，气香，味微苦	为胶囊剂。内容物为棕褐色粉末，气香，味微苦
鉴别	酸枣仁鉴别	检出与对照药材相应的荧光斑点	检出与对照药材相应的荧光斑点	检出与对照药材相应的荧光斑点	检出与对照药材相应的荧光斑点	检出与对照药材相应的荧光斑点
	人参鉴别	检出人参皂苷 Rb1、Rg1、Re 斑点	检出人参皂苷 Rb1、Rg1、Re 斑点	检出人参皂苷 Rb1、Rg1、Re 斑点	检出人参皂苷 Rb1、Rg1、Re 斑点	检出人参皂苷 Rb1、Rg1、Re 斑点
	黄芪鉴别	检出黄芪甲苷斑点	检出黄芪甲苷斑点	检出黄芪甲苷斑点	检出黄芪甲苷斑点	检出黄芪甲苷斑点
	远志鉴别	检出与对照药材相应的荧光斑点	检出与对照药材相应的荧光斑点	检出与对照药材相应的荧光斑点	检出与对照药材相应的荧光斑点	检出与对照药材相应的荧光斑点

续表

项目＼结果＼日期		0 月 2007 年 5 月	3 月 2007 年 8 月	6 月 2007 年 11 月	9 月 2008 年 2 月	12 月 2008 年 5 月
检查	水分（%）	5.54	5.75	5.81	5.82	5.84
	崩解时限（min）	13	13	14	12	13
含量测定	人参皂苷 Rb1 含量（mg /粒）	5.48	5.42	5.40	5.41	5.38
微生物限度	细菌（个/g）	110	115	120	120	130
	霉菌（个/g）	30	35	40	40	40
	大肠杆菌	未检出	未检出	未检出	未检出	未检出
	活螨	未检出	未检出	未检出	未检出	未检出

二、稳定性研究中常见问题

稳定性试验应按质量标准和稳定性考察的技术要求进行全面考察。虽然国家在发布的稳定性研究技术指导原则中已经有非常明确的要求，但是很多初次从事新药研究工作或者经验不足的研究人员，由于对国家相关技术要求和法规理解、掌握不透，或者由于疏忽等原因，还是容易出现各种问题。这些问题有时会严重影响试验，得到的稳定性数据无法使用，给稳定性评价带来困难，影响新药审评结果。

现将常见的一些问题总结如下，提示研究者在工作中应予注意。

（1）包装条件叙述不清楚，没有说明包装材料的材质及包装情况。

（2）试验方法、条件不明确，没有说明稳定性试验条件，常见的情形是对稳定性试验研究的条件（如温度、光照强度、相对湿度、设备等）未交代或交代不清。

（3）供试品情况未交代。申报资料中对供试品情况未做说明，如未说明供试药品的规格、剂型、批号、批产量、生产者、生产日期和试验开始时间等。

（4）0 月考察时间表达不准确。正确的做法是，开始考察时间应在样品制备后一个月之内，以开始考察的结果作为 0 月结果。

（5）没有按药品质量标准及《中国药典》制剂通则要求进行全面检查，考察项目不全。常见的如考察项目无鉴别、微生物限度检查等。

（6）考察时间不够。如指导原则规定加速试验时间为 6 个月，但不少稳定性试验仅进行了 3 个月的考察，不能满足指导原则规定的 6 个月要求。实际研究时在条件允许情况下，可以适当延长考察时间，以更有利于对稳定性的考察。

（7）缺乏具体检测数据或图表。有的研究者在稳定性报告中结果仅描述为“符合规定”。关于这一点，请参见本章第二节中“稳定性研究报告的一般内容”中的要求。

（8）稳定性考察所用样品不是中试生产样品。

（9）没有提供包装材料对药品稳定性影响的研究资料等。

（10）申请生产已有国家标准的品种（即仿制品种），其稳定性考察没有按修订提高后的质量标准重新进行全面考察。

（11）同时采用多种包装形式的品种（如塑料瓶和铝箔同时使用），仅对一种包装的样品进行稳定性考察。这种情况下，应分别进行各包装条件下的稳定性试验。

（12）对于中药新药注册分类的1、5类原料药没有对高温、高湿等与储存条件有关的影响因素进行考察。

（13）未针对研究内容进行研究。稳定性研究试验内容及其申报资料的整理，应该围绕研究的目的展开，研究的目的是确定处方工艺（制剂研究工艺或处方选择研究资料中内容）、还是确定包装材料、贮存条件，或者是考察确定制剂有效期，或者是研究新药类别的不同等，稳定性研究的设计和内容均有所区别。这一点可参考稳定性研究技术指导原则中的规定。

（14）未对试验结果进行相应总结。有的研究者在试验完成后，仅罗列数据，没有对有关试验的结果进行系统分析、判断和总结，不做出明确的研究结论。

三、确定药品有效期应注意的问题

关于药品稳定性研究方法及有效期的确定，还有其他一些方法，这些方法一般是先获得一定条件下的加速试验数据，然后通过数学方法外推求出药品有效期，例如初均速法等。需要注意的是，在研究中应用这些方法得到的稳定性数据和确定的有效期仅供参考。在我国新药审评实践中，目前还是以法规规定的加速试验、长期稳定性试验方法和以此获得的稳定性数据为准。

稳定性研究可以说是新药研究中，国家药政管理部门技术要求最明确的一个环节，从原则、方案设计、技术方法到具体技术要求、试验结果报告框架和内容等都有非常详细的规定和表述，是一个标准的“规定动作”，可供研究者发挥的余地并不大。在新药研究实践中，只要切实遵循国家相关法规和技术指导原则，充分理解其实质要求，在完成前期工艺研究、质量标准研究的基础上，一定能够做好这项工作。

第九章　中药新药的药理研究

第一节　中药新药的药效学研究

中药新药的药效学研究是应用药理学的现代方法研究新药对机体的作用及作用机制，是药理学研究的重要组成部分。由于中药是在我国传统医药理论指导下使用的药用物质及其制剂，因此中药新药的研发有着丰富的古籍和临床经验作为基础，可大大缩短研究周期，提高研究效率，但中药及其复方的成分复杂、药理作用广泛，常常为多成分、多靶点、多系统的综合效应，在中药新药的药效学评价方面给我们带来难度和困扰。因此中药新药研究需要不断吸取现代科学的最新成就，探讨药物的作用机制，才能使中药新药研究进入新的领域，有新的发现或出现新的突破。

一、中药新药药效学研究的基本要求

中药新药的药效学研究有着化学药及生物制剂药效学研究的共同性，同时具有中药药理学研究自身的特点，因此药效学研究方案的设计，在遵循新药研究的共性的基础上，应紧密结合中医药理论，既验证中药新药的治疗作用，同时反映出中药新药的特点和作用优势。

（一）药效学试验应按照国家的法律法规进行

1. 研究者资质

试验主要负责人应具有药理、毒理专业高级技术职称和有较高的理论水平、工作经验与资历。确保试验设计合理，数据可靠，结果可信，结论判断准确。试验报告应有负责人签字及单位盖章。

2. 研究机构的资质

研究单位应具有较高的科研水平，技术力量及组织管理能力，具有较好的客观条件、实验室、仪器设备等。从事新药安全性研究的实验室应符合国家食品药品监督管理总局《药品非临床研究质量管理规范》（GLP）的相应要求，药效学研究也可参照实行。

3. 规范原始记录

实验记录应符合《药品研究实验记录暂行规定》要求。实验记录应真实、完整、规范，

对试验中出现的新问题或特殊现象均应写明情况，防止漏记和随意涂改。

4. 试验设计

试验设计应依据国家《药品注册管理办法》及有关药政法的相关规定，根据新药的主治、功效，参考其处方组成、剂型、给药途径，临床经验及文献资料进行合理的设计制定，紧紧围绕其安全、有效、可控的基本原则进行研究。研究工作应遵循“随机、重复、对照”的基本原则，对实验数据进行合适的统计学处理分析。

（二）药效学试验应紧密结合中医药基础理论

中医药有其独特的理论体系与丰富的临床实践，因此在药效学研究中应以中医药基础理论为指导，并结合中医药临床实践，运用现代多学科的先进技术与方法，建立“病”与“证”相结合的动物模型，选择特异性强、敏感性高、重现性好，能反应重要作用的指标进行研究，才能客观反映中药新药的有效性，凸显其特色与优势。

（三）药效学试验应以整体试验为主，同时结合离体试验

整体与离体试验是医学研究中的两大重要途径，相互补充，可以从不同角度、不同深度研究中药。但中医药以整体思想体系为基础，重视宏观调节与调控，所以在中药新药药效学研究中，应以整体试验为主，必要时配合离体试验，互相补充。整体与局部，分析与综合相结合，才能全面认识中药新药的作用及机制。

二、中药新药药效学研究的主要内容

（一）药效学试验对受试药物的要求

受试药物是药效学研究的对象和物质基础，应符合一定的要求，否则各项试验资料不能反映受试药物的实际情况，对受试药物的要求如下：

1. 处方固定

受试药的处方务必固定，并应符合中医药理论。所用的中药材要经过生药学鉴定，确定中药品种、产地及药用部位。加工炮制品种、方法应合理，明确辅料用量和炮制品的质量。对药典内未收载的药材品种，应按国家《药品注册管理办法》有关规定，先完成并申报该药材的有关资料。

2. 制备工艺、药品质量标准应基本稳定

工艺要经过优选确定。制备工艺尚未基本稳定的制剂不能作为药效学研究的样品。此外，质量标准应基本可控。

3. 药效学试验可用成品制剂或提取物

成品制剂与临床用药一致，发挥药效作用的快慢、强弱、维持时间及生物利用度等更近似临床。但成品制剂内含有辅料等，对动物的给药带来不便。一般说，提取物溶解性好，含药量高及相对稳定，给药量容易控制和相对准确，故多用。

4. 给药途径对受试药物的要求

消化道给药，包括灌胃、胃管、十二指肠给药及喂饲等，可根据具体情况，采用制剂或提取物。注射给药及离体试验，尤其是静脉给药，宜用水溶性高、精制的中药制剂，尽

量去除杂质及可能干扰试验的因素，要求控制在生理范围内或符合注射剂的要求。气雾剂、吸入剂及体腔内给药基本同注射剂。粗制剂在试管内给药或离体试验时，可以考虑用含药血清，否则可能出现假阳性，其结果仅供参考，不能作为判断和评价药效的主要依据。外用药，包括洗液、搽剂、贴剂、膏剂等，应以外用给药方式为主，可采用制剂或提取物给药。但对耳、眼、鼻等黏膜的用药要求较为严格，应注意药物对黏膜的刺激性及损害等。

（二）药效学试验对试验动物及动物模型的要求

1. 试验动物

选择什么样的动物进行药效学试验，是关系药效学研究成败的一个关键，不能随便选用一种实验动物进行药效学研究，在不适当的动物身上进行试验，常可导致实验结果的不可靠。因此试验动物应采用标准的实验动物，根据各种试验的具体要求，合理选择动物，对其种属、性别、年龄、体重、健康状态、饲养条件及动物来源等，应有详细记录，动物的质量及数量均应符合国家规定要求。

（1）种属：不同种属的哺乳动物生命现象有一定共性，但不同种属的动物，在解剖、生理特征和对各种因素的反应上，又各有特性。因此掌握并熟悉这些种属差异，有利于动物的选择。例如，在研究醋酸棉酚对雄性动物生殖功能的影响时，不同动物的反应性不一样，小鼠对醋酸棉酚很不敏感，不宜选用，而大鼠和地鼠很敏感，适宜使用。

在不同种属动物身上做的实验结果有较大差异。由于不同种属动物的药物代谢动力学不同，对药物的反应性也不同，因此药效不同。例如大鼠吸收碘非常快，而兔和豚鼠则吸收慢，因而碘在二者的药效就有差异；大鼠、小鼠、豚鼠和家兔对催吐药不产生呕吐反应，猫、犬和人则容易产生呕吐。

（2）性别：许多实验证明，不同性别动物对同一药物的敏感性差异较大，对各种刺激的反应也不尽一致，雌性动物性周期不同阶段和怀孕、哺乳期的机体反应性有较大改变，因此在药效学研究中一般优先选雄性动物或雌雄各半做实验。

（3）健康状况：一般情况下，健康动物对药物的耐受量比有病的动物大，有病动物比较容易中毒死亡。如有病或营养条件差的家兔不易复制成动脉粥样硬化动物模型；犬因饥饿、创伤等原因尚未做休克实验时，即已进入休克。维生素 C 缺乏的豚鼠对麻醉药敏感。而且动物潜在性感染，对试验结果也影响很大，因此一定要选用健康动物进行试验。

2. 动物模型的选择

人类疾病的动物模型是生物医学科学研究中建立的具有人类疾病模拟表现的动物实验对象和材料，使用动物模型，是研究和评价新药防治作用的一个必不可少的方法和手段，正确使用动物模型，对反映药物的有效性及作用特点至关重要。

（1）动物模型选择的一般要求：在动物模型选择上，首选符合中医病或证的模型，若目前尚无与所研究的药效对应的理想动物模型，也可选用与其病或证相似的药理模型或方法进行试验，以整体动物体内试验为主，适当配合体外试验，从不同层次证实其药效。评价模型好坏的标准在于模型是否符合病证的本质，是否简便可行，指标是否可观测和分析。

（2）动物模型的分类：按产生原因将动物模型分为两类，自发性动物模型和诱发性或实验性动物模型。自发性动物模型是指实验动物未经任何有意识人工处置，在自然情况下所产生的疾病，或由于基因突变的异常表现通过遗传育种保留下来的动物疾病模型。包括突变系的遗传疾病和近交系的肿瘤模型，如高血压大鼠、高血糖小鼠、肥胖小鼠、青光眼兔等。该类模型最大的优点是疾病的发生发展类似于人类，但这些模型来源困难，不可能大量使用。现在常用的是实验性动物模型，即通过物理、化学和生物等致病因素，人工诱发动物某些组织器官或全身的损伤，在功能、代谢和形态学上出现与人类相应疾病类似的病变。这类模型可以在短期内大量复制及适应研究目的等特点，但其与自然发生的疾病模型毕竟存在一定差异性。

动物模型虽然在人类疾病及药物研究中，发挥了重要作用，但由于种属差异，造模方法、机体反应性的不同，特别涉及社会因素和环境因素等，很难与人类疾病及证候的临床表现完全相同。尽管人们建立了一些病（证）的动物模型，但尚处于探索阶段，有的仅用于病因病机证候的研究，不适宜药理学试验。在不同模型上，药物疗效的差异给新药的研制工作带来较大的困难。为此在药效学研究中应尽量选择与人体反应比较接近的动物模型，一个药物往往需要用几个模型（一般为2个或以上），从不同侧面证实其药效。有的要在研制工作中反复进行，切忌单凭个别动物指标就做绝对的肯定或否定。

（三）药效学试验的剂量

1. 药效学试验剂量的确定

在药效学研究中，应给动物多大的剂量是实验开始时应确定的一个重要问题。剂量太小，难以显示药效，剂量过大，又可能引起动物中毒，甚至死亡。在离体试验中，药物浓度和用量如不加限制，可出现各种各样的结果，从而导致片面或错误结论，因此剂量选择应合理，并有一定的限制。以下介绍几种估算剂量的方法供参考使用，但不论采用何种方法，最终必须通过预试验确定正式的试验剂量。

（1）根据半数致死量（LD_{50}）计算：化学药物常以 LD_{50} 量推算有效剂量。对中药新药凡能测定 LD_{50} 的，可用其1/10、1/20、1/30、1/40等剂量作为摸索药效学试验高、中、低剂量的基础。一般情况下，高剂量不能超过 LD_{50} 的1/4。

（2）根据临床用量按体重计算：这是中药药效试验的常用方法。具有长期大量用药经验的中药及其复方制剂，可根据临床人用量按体重折算，以mg/kg或g/kg表示。动物试验用量为人用量的数倍至数十倍。其大致的等效倍数为1（人）、3（犬、猴）、5（猫、兔）、7（大鼠、豚鼠）、10～11（小鼠）。以上剂量大致为等效量。例如某中药复方，临床人用量为30g生药/天，按千克体重计算人用量为0.5g生药/kg，则大鼠的等效量为3.5g生药/kg，其设计剂量范围可在2.5～5g生药/kg范围内。保健食品功能试验规定，剂量组中有一个剂量应相当于人摄入量的5～10倍，一般前者指大鼠倍数，后者指小鼠倍数。

（3）根据临床用量估算等效量：所谓“等效量”是指根据体表面积折算法换算的在同等体表面积（m^2、cm^2）单位时的剂量。有人认为，药物的需要量同动物个体的体表面积成正比。动物个体小，单位重量内所占的体表面积大，因此主张用体表面积来衡量给药剂量。尤其对于一些安全系数小的药物，按体表面积计算剂量比按体重用药更合理，实验误差明显缩小。由于中药常有临床剂量参考，因此按体表面积计算药效学剂量已成为目前较为常用的方法。但体表面积不易直接测得，一般可根据体重和动物体型按公式近似推算：

$A = R \times W^{2/3}$。A 为动物体表面积（m^2），W 为体重（kg），R 为动物体型系数：小鼠 0.06、大鼠 0.09、豚鼠 0.099、兔 0.093、猫 0.082、犬 0.140、猴 0.111、人 0.1 ~ 0.11。按体表面积折算的等效量比率一般可查表得到（表 9 – 1）。

表 9 – 1　人和动物间按体表面积折算的等效剂量比率表

	小鼠 20g	大鼠 200g	豚鼠 400g	兔 1.5kg	猫 2.0kg	猴 4.0kg	犬 12.0kg	人 70.0kg
小鼠 20g	1	7	12.25	27.8	29.7	4.1	124.2	387.9
大鼠 200g	0.14	1	1.74	3.9	4.2	9.2	17.8	56
豚鼠 400g	0.08	0.57	1	2.25	2.4	5.2	10.2	31.5
兔 1.5kg	0.04	0.25	0.44	1	1.08	2.4	4.5	14.2
猫 2.0kg	0.03	0.23	0.41	0.92	1	2.2	4.1	13.6
猴 4.0kg	0.016	0.11	0.19	0.42	0.45	1	1.9	6.1
犬 12.0kg	0.003	0.06	0.1	0.22	0.23	0.52	1	3.1
人 70.0kg	0.0026	0.018	0.031	0.07	0.078	0.16	0.32	1

（4）根据文献估算剂量：文献中有该研究药物或有与研究药物相类似药物的剂量记载，如果处方相似，提取工艺接近，可作为参考，估算出供试药物的剂量范围。

（5）通过预实验测定剂量：不论以何种方法选用的药效学剂量，均应通过预实验，寻找到适宜的剂量范围，然后再确定正式试验的剂量。

2. 药效学试验剂量的设置

（1）剂量组：一般情况下，各种试验至少应设置 3 个剂量组，以便迅速获得关于药物作用的完整资料。大动物（猴、犬等）试验或特殊情况下，如动物来源较少、价格昂贵、试验难度大者，可设 2 个剂量组。每组试验动物数，一般小鼠不得少于 10 只，大鼠多于 8 只，猫、犬等为 4 只以上，以避免个体差异和实验误差，以便进行统计学处理。

（2）剂量组设计的要求：一般情况下药效学试验的高剂量应低于长期毒性试验的中剂量或低剂量。特殊情况下（如抗癌药），药效学试验剂量可适当提高，但不应超过长期毒性试验的高剂量。通常情况下，高、中、低剂量组按等比级数分组，特殊情况下，可用等差级数分组，尤其当药物安全范围较小，组距不能拉大，而药效作用又明显时。

（四）药效学试验的给药途径及方法

1. 给药途径

不同的给药途径对药物的作用、作用强度和时间，以及体内过程等都有很多的影响，因此药效学研究应尽可能与临床使用途径一致。如口服给药的，动物可采用灌胃、胃管、十二指肠等给药方式。动物试验采用临床相同的给药途径确有困难的，可根据具体情况采用其他的给药途径进行试验，如大鼠、小鼠连续多次或长期静脉注射或输注给药时，困难较大，可酌情改用腹腔注射、肌肉注射、皮下注射（有刺激性不宜），或换用大动物（犬、猴等）进行试验。值得注意的是，有些药物改变给药途径后，产生不同的药理作用，因此凡采用不同于临床给药途径药效学试验时，应说明原因和选用给药途径的理由，并分析试验结果，排除可能存在的干扰因素及假象，充分估计不同给药途径可能产生的影响，正确判断试验结果。有疑问的结果仅供参考，不能作为新药的有效性评价的依据。

2. 给药方法

（1）给药容积：原则上不同剂量组给药均采用等容积不同浓度。其给药容积应根据试验用药剂量确定，以适宜动物试验为基本准则，如果容积过小，容易产生误差；容积过大，则造成动物难以耐受乃至死亡，给药效学观察带来困难和干扰。药理学试验中最大的给药容积如下，供参考。

小鼠禁食（不禁水）12～16 小时，每次用量：灌胃给药不超过 0.4mL/10g（体重）（最大为 1mL/只），皮下注射、腹腔注射、和静脉注射不超过 0.5mL/只。大鼠禁食（不禁水）12～16 小时，每次用量：灌胃给药一般为 1～2mL/100g（体重），最大不宜超过 5mL/只；腹腔注射 1.5mL/只；皮下和静脉注射不超过 1mL/只；肌肉注射 0.4mL/只。兔和猫最大用量：灌胃 20mL/次，皮下、肌肉注射 2mL/次，腹腔注射 5mL/次，静脉注射 10mL/次。

（2）给药方式：有预防性给药和治疗性给药，或防治结合性给药等方式。预防性给药，是先给药几日或几次，使药物在体内达到有效浓度，再观察药物的保护作用。治疗性给药是指先制备动物模型，再给药观察药物的治疗效果。治疗性给药更符合临床实际，更为合理，药效学实验中，应尽量使用，但对于起效缓慢、作用温和的中药新药一次性给药或造模后给药，常难以获得预期效果，常采用预防性给药。有些实验如抗感染体内保护性试验，常采用预防与治疗相结合的给药方式。

（3）药物的配制和稀释：根据剂量将药物配制成适宜浓度进行给药，配制或稀释的液体要求无生理活性，如蒸馏水、生理盐水、注射用水等；不溶性药物则加助悬剂或增溶剂等。

此外，给药次数、给药间隔、给药疗程等，都可能影响药效，应根据实验的要求及新药的作用特点合理选定，使之正确、充分显示药效，从而对新药的药效做出科学的评价。

（五）药效学研究中的对照设计

比较研究是科学实验不可缺少的条件，只有对照才能客观、科学地进行评价。在中药新药药效学研究中，应设立的对照组如下：

（1）正常对照组：又称空白对照组，即用正常动物对照。其目的是检测试验方法的可靠性，防止假阳性，以及评价模型是否成功。如果新药中含有特殊辅料，该辅料有活性，除设正常对照组外，应增设辅料对照组，以了解辅料对药效的影响。

（2）模型对照组：除了不用研究药物外，其他处理均同给药组，均进行造模处理，其目的就是观察研究药物的有效性。

（3）阳性对照组：除所用药物为已知有效药外，其他处理方式同受试药物。选择适当的阳性对照药是准确判断试验结果、客观评价药效的重要依据。设计阳性对照组的目的：①检测试验方法的可靠性，防止假阳性。②比较受试药物的优劣和特点。因此在选用阳性药时应注意：①可比性，应选用药效肯定的同类中药或化学药，要求主治（或作用）、给药途径、剂型相同。有时找不到符合要求的同类中药，在主治、给药途径相同的情况下，其功能、剂型可有些差异。②合法性，应选用《中国药典》或部颁标准收载的，批准生产的合法药物。③择优性，应选用目前医学界公认的有效的代表性药物。要防止为了突出受试药物的优势，故意选用疗效差、不良反应严重，甚至即将淘汰的药物做阳性对照药。由于中药的作用范围较广泛，有的作用可能与一个阳性药不尽相同，可再选用相似的其他中药或化学药，因此一个受试中药，可能要选用几个阳性对照药。根据需要阳性药可设一个或多个剂量组。

（4）原剂型对照组：主要用于改变剂型的中药新药药效学评价和比较试验，以了解新药（新剂型）的优点。中药注射剂需与口服给药途径的中药制剂或提取物比较作用强度和时效关系等，以证明注射剂的优势和特点。

（六）试验结果的处理与分析

实验结束后，应对实验结果进行数据处理和分析，其目的主要是证实试验结果是否符合试验设计的假说，判断结果的可靠性及准确性，并通过归纳、分析与综合等方法，寻找中药新药的作用特点及作用规律。

1. 试验数据的表达

试验数据可用表格、线条图、照片等方式表达，即采用统计表、统计图的方式表达。统计表是把分析的试验组别、试验指标等用表格列出，以便于计算、分析与比较。图是用点、线、面的形式，把试验数据表示出来，但统计图对数量的表达较粗略，不便于进行统计学分析，因此图不能取代表格。一般作图时仍需附统计表。

2. 统计学处理

试验数据均需进行统计学分析，根据药效学试验的指标的性质，可将试验数据分为三类。

（1）质反应资料：又称计数资料、定性资料或枚举归属资料。如药物导致的动物的死亡与不死、翻正反射的存在与消失、某种病理状态（如惊厥、异常步态）出现或不出现等。实验结果常是百分比或自然比，其显著性检验一般采用卡方检验。

（2）量反应资料：又称计量资料或定量资料，这种反应可用连续变化的数据表示，如体温、心率、血压等，其试验结果多采用单因素方差分析中 T 检验或 Q 检验进行统计学检查。

（3）等级资料：可以认为是一种有序的计量资料，它主要包括：时间反应资料，如潜伏期、凝血时间等；等级分组资料，如病变程度（-、+、++、+++）或临床疗效（痊愈、显效、好转、无效、恶化等）。这些资料不宜用均数及标准差做常规统计学分析，目前主张用等比差值法、等级序值法、秩和法及 Ridit 法等进行非参数统计。

在实验数据的分析中，应保证数据的真实性，不能随意废弃，如按试验者的主观意志挑选数据，那就毫无科学性与真实性。对个别严重偏离的数据（超过 $\pm 3SD$），分析可能原因后，为排除个体因素对实验结果的干扰，可考虑废弃不用。

三、常见病（证）的中药新药主要药效学研究方法

（一）缺血性心脏病（胸痹心痛证）

1. 主要研究模型

（1）冠状动脉阻断或缩窄性慢性心肌缺血模型：主要用小型猪、犬、家兔等采用心导管介入冠脉栓塞性慢性心肌梗死模型、高脂饲料喂养结合冠状动脉内皮球囊拉伤法形成慢性冠心病心肌缺血模型等。

（2）冠状动脉阻断或缩窄性急性心肌梗死模型：主要采用小型猪、犬、大鼠等采用冠状动脉结扎法、点刺激、冠状动脉气囊压迫法、冠状动脉血管内注入自体血栓或凝血酶等。

（3）药物诱发的心肌缺血模型：常用大鼠、豚鼠、家兔，也可用猫及犬，采用垂体后叶素、异丙肾上腺素、麦角生物碱等诱发冠脉痉挛。

（4）心肌缺血再灌注损伤模型：采用整体试验、离体心脏、心肌片、培养心肌细胞等试验。

（5）离体心肌缺血模型：主要选用大鼠离体心脏，采用离体灌注心脏模型，结扎离体心脏冠状动脉，离体心脏低氧或无氧灌流法造成心肌缺血，制备心肌缺血模型。

2. 观测指标

（1）心肌梗死范围及形态学指标：大体标本采用硝基四氮唑蓝（NBT）或红四氮唑（TTC）染色或双重染色，以定量组织学直接显示梗死区面积；病理切片显微镜检查，观察心肌病变程度及范围；病理切片荧光照相法测定梗死范围；放射自显影法观察缺血区；电子显微镜观察细胞膜、线粒体、内质网细胞核等心肌细胞超微结构改变。

（2）心外膜电图标测：对冠状动脉阻断或缩窄形成的心肌缺血和梗死模型进行多点心外膜电图标测心肌缺血范围及程度等。

（3）心肌酶学测定：测定血中磷酸肌酸激酶、乳酸脱氢酶等与心肌损伤相关的酶类变化。

（4）心功能及血流动力学测定

（5）其他：心肌氧代谢测定、血小板聚集、血流变学等指标。

（二）高血压

1. 主要研究模型

（1）遗传性高血压模型：常用的有自发性高血压大鼠（SHR）、Dahl盐敏感大鼠（DS）、米兰种高血压大鼠（MHS）等模型动物，其中SHR在世界各地广泛使用。

（2）肾血管性高血压模型：常用动物为犬和大鼠。该模型又称肾动脉狭窄性高血压模型，分2肾1夹（两侧肾完整，一侧肾动脉狭窄）、1肾1夹（一侧肾切除，另一侧肾动脉狭窄）和2肾2夹型（两侧肾完整，两侧肾动脉狭窄）。

（3）内分泌性高血压模型：常用动物为大鼠。有去氧皮质酮（DOC）盐性高血压模型、肾上腺烫伤型高血压模型和睾丸（卵巢）切除型高血压模型。

（4）其他：神经性高血压模型、高血压病证结合性模型。

2. 主要观测指标

（1）血压：收缩压（SBP）、舒张压（DBP）、平均动脉压（MAP）等。

（2）血流动力学指标：心输出量（CO）、左室内压（LVP）、左室内压上升下降最大速率（±LVdp/dtmax）等。

（3）作用机制研究指标：血管阻力、离子通道、RASS 等。

（4）其他：重要内脏血管（心、脑、肾）及周围血管的血流量等。

（三）流行性感冒

1. 主要研究模型

（1）流感病毒感染模型：常用小鼠，也可用雪貂、猴，制备流感病毒 FM1、H1N1 等感染动物模型。

（2）细菌感染模型：常用小鼠，如金黄色葡萄球菌、肺炎链球菌等感染模型。

（3）发热模型：常用大鼠、家兔，如菌苗、酵母、内毒素等所致的发热模型。

（4）炎症模型：常用小鼠、大鼠，如二甲苯、巴豆油、角叉菜胶等所致的炎症模型。

（5）疼痛模型：常用小鼠，如醋酸、热等所致的疼痛模型。

2. 观测指标

（1）抗病毒指标：肺组织病毒增殖情况、病毒半数感染量（$TCID_{50}$）、细胞病变效应等。

（2）动物生存指标：动物死亡数，计算死亡率。

（3）器官形态学指标：肺脏指数、耳肿胀、足肿胀等。

（4）病理组织学指标：组织细胞病理改变与炎性细胞浸润等情况。

（5）生理生化指标：肛温等。

（6）其他：行为学指标、免疫学指标等。

（四）消化性溃疡

1. 主要研究模型

（1）急性溃疡模型：常用大鼠、小鼠，如阿司匹林、利血平等诱发性胃溃疡，幽门结扎型胃溃疡，急性应激性胃溃疡等。

（2）慢性溃疡模型：常用大鼠。醋酸直接损伤致胃溃疡或十二指肠溃疡。

（3）Hp 感染模型：常用蒙古沙土鼠，也可用 C57BL/6 小鼠或大鼠。可在慢性醋酸型胃溃疡模型基础上接种 Hp 造成 Hp 感染慢性胃溃疡模型。

（4）胃酸分泌使用：采用幽门结扎法、胃瘘法、胃内灌注法等整体模型，或离体壁细胞模型。

（5）胃肠运动试验：胃排空、肠推进、胃肠内压测定等，离体肠管、胃肌条运动试验。

（6）其他：镇痛、止血等试验。

2. 观测指标

（1）溃疡指数及形态学：大体标本可直接在解剖镜下计数溃疡总长度或总面积作为溃疡指数。切取溃疡部位进行病理形态学检查。

（2）胃分泌指标：胃液分泌量、胃酸酸度、总酸排出量、胃蛋白酶活性等。

（3）胃肠运动指标：胃肠排空与推进、离体胃条、肠管张力等。

（4）其他：胃黏膜血流量、前列腺素含量、胃黏膜组织 Hp 培养等。

（五）慢性肾小球肾炎

1. 主要研究模型

（1）系膜增生性肾炎模型：常用动物为大鼠、家兔等，主要有 Thy－1 抗体肾炎模型、IgA 肾炎模型等。

（2）膜性肾病模型：常用动物为大鼠、家兔等，主要有 Heymann 肾炎、阳离子化牛血清蛋白肾炎模型等。

（3）局灶节段性肾小球硬化模型：常用动物为大鼠、家兔等，如阿霉素肾病模型。

2. 观测指标

（1）常规指标：24 小时尿蛋白定量、尿量、肾功能生化指标（肌酐、尿素氮等）、电解质含量等。

（2）循环免疫复合物测定：如循环免疫复合物含量（CIC）等。

（3）病理学指标：利用光镜观察肾小球、肾小管、间质及相关结构的变化等，利用免疫组化技术观察沉积的免疫复合物，利用电镜观察肾脏的超微结构。

（4）免疫功能及免疫机制指标：免疫球蛋白、补体、细胞因子等。

（5）其他：血小板聚集、血液流变学指标等。

（六）消渴证（糖尿病）

1. 主要研究模型

（1）类似 1 型糖尿病的动物模型

①化学物质诱发糖尿病模型：链佐星（Streptozotocin 简称 STZ）和四氧嘧啶（Alloxan）选择性破坏胰岛 β 细胞使高血糖。

②自发性糖尿病动物模型：如中国地鼠、BB 大鼠及 NOD 小鼠等。

（2）类似 2 型糖尿病的动物模型

①实验性肥胖及糖尿病大鼠模型：小剂量 STZ 轻度损伤胰岛 β 细胞，并以高热量饲料喂养，使动物肥胖，并伴有高血脂、高胰岛素血症及胰岛素抵抗。

②自发性胰岛素抵抗糖尿病动物：如 db/db、ob/ob、NZO 小鼠等，Obese Zucker、SHR/N－cp、OLETF 大鼠等。

（3）肥胖性胰岛素抵抗 MSG 大鼠、小鼠

（4）高血脂高血糖金黄地鼠模型

（5）高血脂动物模型

（6）糖尿病并发症动物模型：如 STZ 诱发的高血糖大鼠的神经、肾及眼底病变模型，以蔗糖诱发的 SHR/N－cp 大鼠肾病模型等。

（7）其他：正常动物、离体模型等。

2. 观测指标

（1）糖代谢指标：血糖、降糖作用的量效、时效关系，糖耐量测定，糖化蛋白水平，糖原合成与异生，血胰岛素水平，血乳酸水平等。

（2）胰岛素反应性指标：胰岛素耐量实验、胰岛素敏感指数、高胰岛素－正常钳夹实验等。

（3）胰岛β细胞功能指标：高葡萄糖钳夹技术、胰腺组织学定量法等。

（4）血脂相关指标：胆固醇、甘油三酯等。

（5）主要并发症的指标：醛糖还原酶活性测定、山梨醇测定、血液生化测定（Na^{+}－K^{+}－ATP酶活性、肾功能等）、血小板聚集与血液流变性、神经传导速度、痛觉或温觉、病理观察等。

（七）老年痴呆

1. 主要研究模型

（1）APP转基因小鼠：是近年来进展最快、最有发展前途的AD动物模型，也是国际公认的主要AD动物模型。

（2）Aβ注射动物模型

（3）胆碱能损伤致痴呆动物模型

（4）老化动物模型：自然衰老动物模型、快速老化小鼠模型、D－半乳糖皮下注射脑老化小鼠模型等。

（5）代谢紊乱所致的AD动物模型

（6）其他模型：慢性脑缺血致痴呆模型等。

2. 观测指标

（1）行为学指标：空间学习记忆能力、主动回避性学习记忆能力等。

（2）与胆碱能神经相关的指标：海马区CHAT阳性神经元数量、乙酰胆碱含量、M－胆碱受体密度等。

（3）与Aβ相关的指标：Aβ含量、APP表达等。

（4）形态学指标：应用尼氏染色观察基底前脑和海马区神经细胞形态及数量变化、通过电子显微镜观察神经元线粒体结构、突触结构的变化等。

（5）与炎症、氧化应激、兴奋性氨基酸相关的指标：炎性因子、MDA、NOS等。

（6）其他：与tau蛋白磷酸化相关指标、与神经营养因子相关指标、与突触相关的指标等。

（八）子宫肌瘤

1. 主要研究模型

（1）雌激素诱导法子宫肌瘤模型

（2）雌孕激素联合负荷法子宫肌瘤模型

（3）自发突变型子宫肌瘤模型

（4）体外培养子宫肌瘤细胞

2. 观测指标

（1）一般行为学观测：毛色、性情、进食、体重等。

（2）子宫测定：子宫及卵巢重量、子宫系数、肌瘤大小等。

（3）子宫病理检查：子宫平滑肌、腺体、瘤体组织形态学等。

（4）性激素及其受体检测：血清雌激素（E_2）、孕激素（P）、卵泡刺激素（FSH）、黄体生成素（LH）、雌激素受体（ER）、孕激素受体（PR）等。

（5）血液流变学指标：血小板聚集性、全血黏度等。

（6）免疫功能指标：胸腺及脾脏指数、T 细胞表面分化群（CD_3、CD_4 等）、免疫调节因子等。

（7）细胞凋亡调节指标：细胞凋亡形态学、子宫平滑肌细胞凋亡基因表达等。

第二节　中药新药的一般药理学研究

一般药理学研究是指主要药效学作用以外的广泛的药理学研究，包括安全药理学和次要药效学研究，属于安全性评价的范畴。通常所指的一般药理学研究仅限于安全药理学研究的内容。本章主要讨论安全药理学研究的范畴。

一、一般药理学研究的目的

一般药理学研究的目的包括：确定受试药物可能关系到人的安全性的非期望出现的药物效应，评价受试物在毒理学和（或）临床研究中观察到的药物不良反应和（或）病理生理作用，研究所观察到的和（或）推测的药物不良反应机制。通过一般药理学研究，可为临床研究和安全用药提供信息，也可为长期毒性试验设计和开发新的适应证提供参考。

二、一般药理学研究的基本原则

（一）试验设计

试验设计应符合随机、对照、重复的基本原则。

1. 随机

就是按照机遇均等的原则进行分组。其目的是使一切干扰因素造成的实验误差减少，而不受实验者主观因素或其他偏性误差的影响。随机化的手段可采用编号卡片抽签法，随机数字表或采用计算器的随机数字键。近年来提倡“均衡下的随机”，即先将能控制的主要因素（如体重、性别等）先行均衡分层归档，然后在每一档中随机地取出等量动物分配到各组，使那些难以控制的因素（如性周期、精神状态、活泼程度等）得到随机的安排。

2. 重复

重复实验除增加可靠性外，也可了解实验的变异情况，能在类似条件下，把实验重复出来，才算是可靠实验。

3. 对照

实验设计中必须设立对照组，没有比较就难以鉴别，也就缺乏科学性。而对照组与实验组之间除用以实验的药物、处理的方法不同外，其他的条件如实验动物、方法、仪器、环境及时间等均应相同。在一般药理实验中，一般设立空白对照组、不同剂量组，一般设2～3个剂量组。有时采用自身前后对照。

（二）实验室管理原则

一般药理学研究中，重要生命功能系统的安全药理学研究一般应执行“药物非临床研究质量管理规范（GLP）”，追加的和（或）补充的安全药理学研究应尽可能地最大限度遵守“药物非临床研究质量管理规范”。

（三）具体问题具体分析原则

中药、天然药物的成分复杂、量效关系不明显，当进行中药、天然药物一般药理学研究时，应遵循“具体问题具体分析”的原则，应根据受试物的特性，选择合适的试验方法和研究内容。

三、一般药理学研究的基本内容

（一）受试药物

受试药物应能充分代表临床试验样品和上市药品，因此应采用制备工艺稳定、符合临床试验用质量标准规定的样品。一般用中试或中试以上规模的样品，并注明其名称、来源、批号、含量（或规格）、保存条件及配制方法等。如果由于给药容量或给药方法限制，可采用提取物（如浸膏、有效部位等）进行试验。试验中所用溶媒和（或）辅料等应标明批号、规格、生产厂家。

（二）实验动物或生物材料

为了获得科学有效的一般药理学信息，应选择最适合的动物或其他生物材料。选择生物材料需考虑的因素包括生物材料的敏感性、可重复性，实验动物的种属、品系、性别和年龄，受试物的背景资料等。应说明选择特殊动物/模型等生物材料的理由。

1. 常用的实验动物

常用的实验动物有小鼠、大鼠、犬等。常用清醒动物进行试验。如果使用麻醉动物，应注意麻醉药物的选择和麻醉深度的控制。所用动物应符合国家有关药物非临床安全性研究的要求。

2. 常用的体外生物材料

体外生物材料可用于支持性研究（如研究受试物的活性特点，研究体内试验观察到的药理作用的发生机制等）。常用体外生物材料主要包括：离体器官和组织、细胞、亚细胞器、受体、离子通道和酶等。

（三）实验剂量或浓度

体内研究：应尽量确定不良反应的量效关系和时效关系（如不良反应的发生和持续时间），至少应设三个剂量组。低剂量应相当于主要药效学的有效剂量，高剂量以不产生严重毒性反应为限。

体外研究：应尽量确定受试物的剂量－反应关系。受试物的上限浓度应尽可能不影响生物材料的理化性质和其他影响评价的特殊因素。

（四）给药途径、给药次数及检测时间

给药途径原则上应与临床拟用药途径一致。如采用不同的给药途径，应说明理由。一般应采用单次给药，如果受试物的药效作用在给药一段时间后才出现，或者重复给药的非临床研究结果或人用结果出现安全性问题时，应根据这些作用或问题合理设计给药次数。应根据受试物的药效学和药代动力学特性，选择检测一般药理学参数的时间点。

（五）样本数和对照

为了对实验数据进行科学和有意义的解释，一般药理学研究动物数和体外试验样本数应十分充分。每组小鼠和大鼠数一般不少于 10 只，犬一般不少于 6 只。原则上动物应雌雄各半，当临床拟用于单性别时，可采用相应性别的动物。试验设计应考虑采用合理的空白、阴性对照，必要时还应设阳性对照。

（六）观察指标

根据器官系统与生命功能的重要性，可选用相关器官系统进行一般药理学研究。心血管系统、呼吸系统和中枢神经系统是维持生命的重要系统，临床前一般药理学试验必须完成对这些系统的一般观察。当其他非临床试验及临床试验中观察到或推测对人和动物可能产生某些不良反应时，应进行追加的安全药理学研究或补充对其他器官系统的安全药理学研究。

1. 对重要生命功能系统的安全药理学研究

根据对生命功能的重要性，观察受试物对中枢神经系统、心血管系统和呼吸系统的影响。

（1）中枢神经系统：直接观察给药后动物的一般行为表现、姿势、步态，有无流涎、肌颤及瞳孔变化等；定性和定量评价给药后动物的自发活动、机体协调能力及与镇静药物的协同/拮抗作用。如出现明显的中枢兴奋、抑制或其他中枢系统反应时，应进行相应的体内或体外试验的进一步研究。

（2）心血管系统：测定并记录给药前后血压（包括收缩压、舒张压和平均动脉压）、心电图（包括 QT 间期、PR 间期、ST 段和 QRS 波等）和心率等的变化。治疗剂量出现明显血压或心电图改变时，应进行相应的体内或体外试验的进一步研究。

（3）呼吸系统：测定并记录给药前后的呼吸频率、节律和呼吸深度等。治疗剂量出现明显的呼吸兴奋或抑制时，应进行相应的体内或体外试验的进一步研究。

2. 追加或补充的安全药理学研究

根据对中枢神经系统、心血管系统和呼吸系统的一般观察及临床研究、体内和体外试验或文献等，预测受试物可能产生某些不良反应时，应适当选择追加和（或）补充安全药理学研究内容，以进一步阐明产生这些不良反应的可能原因。

（1）追加的安全药理学研究：①中枢神经系统：观察药物对行为药理、学习记忆、神

经生化、视觉、听觉和（或）电生理等的影响。②心血管系统：观察药物对心输出量、心肌收缩作用、血管阻力等的影响。③呼吸系统：观察药物对气道阻力、肺动脉压力、血气分析等的影响。

（2）补充的安全药理学研究：①泌尿系统：观察药物对肾功能的影响，如对尿量、比重、渗透压、pH 值、电解质平衡、蛋白质、细胞和血生化（如尿素氮、肌酐、蛋白质）等指标的检测。②自主神经系统：观察药物对自主神经系统的影响，如与自主神经系统有关受体的结合，体内或体外对激动剂或拮抗剂的功能反应，对自主神经的直接刺激作用和对心血管反应、压力反射和心率等的检测。③胃肠系统：观察药物对胃肠系统的影响，如胃液分泌量和 pH、胃肠损伤、胆汁分泌、体内转运时间、体外回肠收缩等的检测。④其他器官系统：如其他有关研究尚未研究对下列器官系统的影响（如潜在的依赖性，对骨骼肌、免疫和内分泌功能的影响等），但出于对安全性的关注时，应考虑药物对这些方面的影响。

（七）结果分析与评价

应根据详细的实验记录，选用合适的统计方法，对结果进行定性和定量的统计分析，同时应注意对个体试验结果的评价。根据统计结果，分析受试物的一般药理作用，结合其他安全性试验、有效性试验及质量可控性试验结果，进行综合评价。

四、不同类别中药新药的一般药理学研究的要求

未在国内上市销售的从中药、天然药物中提取的有效成分及其制剂，一般应按以上要求逐步进行一般药理学的研究。

未在国内上市销售的来源于植物、动物、矿物等药用物质制成的制剂，未在国内上市销售的中药材新的药用部位制成的制剂，未在国内上市销售的从中药、天然药物中提取的有效部位制成的制剂，处方中含有无法定标准的药用物质的未在国内上市销售的由中药、天然药物制成的复方制剂，未在国内上市销售的中药、天然药物制成的注射剂，一般应进行对重要系统的安全药理学研究。根据受试物自身特点和其他试验结果，可能需进行深入的安全药理学研究，这时应在综合其他非临床和临床资料的基础上，根据具体情况选择相应的研究项目。

第十章 中药新药的毒理学及安全性研究

药品的安全性、有效性和质量的可控性是药品属性的三个最基本的要素。药品的优劣不仅取决于其有效性的强弱，而且还在于它的毒性的高低。一个新药能否获得有关部门的批准而上市销售和使用，实际上是其有效性和安全平衡的结果。因此新药的毒理学及安全性评价日益受到重视。

一、中药新药急性毒性试验

急性毒性是指动物一次或24小时内多次接受一定剂量的受试药物，在一定时间内出现的毒性反应。急性毒性试验是新药临床前毒理学研究的第一步，其目的是为新药的研发提供参考信息。目前急性毒性试验主要考察最大给药量、最大无毒性反应剂量、最大耐受量和致死量等几个反应剂量。

（一）基本要求

1. 实验动物

一般选择与受试药物的药效学、药代动力学、长期毒性试验相关的哺乳类健康成年动物，雌雄各半。根据具体情况，可选择啮齿类和（或）非啮齿类动物。如受试物拟用于儿童，则选择采用幼年动物。所用动物应符合国家有关药物非临床安全性研究的要求。动物体重不应超过或低于平均体重的20%。

2. 受试药物

受试药物应能充分代表临床试验受试药物和上市药品，一般采用中试样品，注明受试物的名称、来源、批号、含量（或规格）、保存条件及配制方法等。由于中药多受给药容积和给药方法限制，特殊情况可选用原料药进行试验。

3. 试验分组

除受试物不同剂量组外，还应设空白和（或）阴性对照组。

4. 给药途径

给药途径不同，受试药物的吸收率、吸收速度和暴露量会有所不同。为了尽可能观察到动物的急性毒性反应，可采用不同的给药途径，其中应包括一种临床拟用的给药途径。若临床给药途径在实验动物上无法进行时，需做特殊说明。经口服给药时应禁食不禁水。

5. 给药容积

经口给药，大鼠给药容量一般每次不超过20mL/kg，小鼠一般每次不超过40mL/kg，其他动物及给药途径的容量可参考相关文献及根据实际情况确定。

6. 观察期限与指标

一般为14天，如果毒性反应出现较慢，应适当延长观察时间，如观察时间不足14天，应充分说明理由。试验前4小时内详细观察，以后每日上下午各一次。试验中应详细记录动物的体重变化、饮食、外观、行为、分泌物、排泄物，尤其是死亡动物分布及中毒反应情况（中毒和死亡的发生时间、持续时间、是否可逆和恢复时间）等。对濒死及死亡动物应及时进行大体解剖，其他动物在观察期结束后进行大体解剖，当发现器官出现体积、颜色、质地等改变时，则对改变的器官进行组织病理学检查。

7. 注意事项及结果处理和分析

根据观察结果，分析各种反应在不同剂量时的发生率、严重程度。归纳分析，做统计学的处理，判断各种反应的剂量－反应关系及时间－反应关系。判断出现的反应可能涉及的组织、器官或系统。根据大体解剖中肉眼可见的病变和组织病理学检查的结果，初步判断可能的毒性器官。应根据急性毒性试验结果，揭示在其他安全性试验、临床试验、质量控制方面应注意的问题，同时结合其他安全性试验、有效性试验及质量可控性试验结果，权衡利弊，分析受试药物的开发前景。

（二）试验方法

1. 最大给药量的测定方法

最大给药量是指单次或24小时内多次（2～3次）给药所采用的最大给药剂量。最大给药量试验是指在合理的给药浓度及合理的给药容量条件下（以动物能耐受的最大浓度、最大体积），以允许的最大剂量给予试验动物，观察动物出现的反应。在进行最大给药量的测定时应同时设立空白对照组（给予相同容量的生理盐水或蒸馏水）或溶媒或赋形剂组，以便观察受试药物对动物体重增长影响及毒性症状的比较观察。最大给药量试验在中药尤其是中药复方制剂的急性毒性试验中甚为常用。

2. 最大耐受量的测定方法

最大耐受量是指动物能够耐受的而不引起动物死亡的最高剂量。试验时，将动物随机分为几组，每组动物灌服不同浓度的受试药物一次，观察动物的中毒反应或有无死亡。如有死亡，则以刚不出现死亡组为准，此时的用药量即为小鼠的最大耐受量。

3. 半数致死量（LD_{50}）的测定方法

（1）意义：LD_{50}是指药物使一半的试验动物出现死亡的剂量。其是评价药物毒性大小的常用指标，LD_{50}值大表明药物毒性小，反之，LD_{50}小表明药物的毒性大。

（2）方法：①预实验：进行LD_{50}测定，应进行预实验，目的是找出一个大致的最小100%致死量和一个大致的最大0致死量，用以决定试验中采用的最大剂量（Dmax）和最小剂量（Dmin）。②正式试验：根据Dmax和Dmin的值，确定试验的分组数，计算组间剂量比值（1∶K）。

给药后观察并详细记录动物的反应情况，动物死亡分布结果，选择适当统计软件计算LD_{50}值。

二、中药新药长期毒性试验

长期毒性试验是重复给药的毒性试验的总称，描述动物重复接受受试物后的毒性特征，它是非临床安全性评价的重要内容。

（一）试验目的

长期毒性试验研究是中药新药安全性评价的重要研究内容，是判断一个新药能否过渡到临床试用的主要依据之一。长期毒性试验的主要目的应包括以下五个方面：①预测受试物可能引起的临床不良反应，包括不良反应的性质、程度、剂量-反应和时间-反应关系、可逆性等；②推测受试物重复给药的临床毒性靶器官或靶组织；③预测临床试验的起始剂量和重复用药的安全剂量范围；④提示临床试验中需重点监测的指标；⑤为临床试验中的解毒或解救措施提供参考信息。

（二）实验设计

（1）实验动物：中药新药制剂的长期毒性试验一般选择啮齿类和非啮齿类两种动物。啮齿类动物常用大鼠，非啮齿类动物常用 Beagle 犬或猴。所用动物应符合国家有关药物非临床安全性研究的要求。

长期毒性试验一般选择健康、体重均一的动物，雌性应未孕。必要时，也可选用疾病模型动物进行试验。原则上，动物应雌雄各半。当临床拟用于单性别时，可采用相应性别的动物。应根据研究期限的长短和受试物的使用人群范围确定动物的年龄。一般情况下，大鼠为6~9周龄，Beagle 犬为6~12月龄。每组动物的数量应能够满足试验结果的分析和评价的需要。一般大鼠可为雌、雄各10~30只，犬或者猴可为雌、雄各3~6只。

（2）受试药物：受试药物应能充分代表临床试验受试药物和上市药品，一般采用中试样品。如不采用中试样品，应有充分的理由。如果由于给药容量或给药方法限制，可采用原料药进行试验。试验中所用溶媒和（或）辅料应标明批号、规格及生产厂家。

（3）给药剂量：一般情况下，至少应设3个剂量组和溶媒或赋形剂对照组，必要时还需设立空白对照组和（或）阳性对照组。低剂量组原则上应高于动物药效学试验的等效剂量或预期的临床治疗剂量的等效剂量。高剂量组原则上应使动物产生明显的毒性反应，甚至可引起少量动物死亡（对于毒性较小的中药，可尽量采用最大给药量）。在高、低剂量之间至少应再设一个中剂量组。

（4）给药途径：给药途径一般与临床拟用的给药途径相同。如选择其他的给药途径，应说明理由。

（5）给药频率：原则上应每天给药，且每天给药时间相同。试验周期长（3个月或以上）者，也可采取每周给药6天。特殊类型的受试物由于其毒性特点和临床给药方案等原因，应根据具体药物的特点设计给药频率。

（6）给药周期：长期毒性的试验周期应根据临床用药的实际情况并结合主治（适应证）的特点来确定。临床单次用药的药物，给药期限为2周的长期毒性试验通常可支持其进行临床试验和生产。给药期限为1个月的长期毒性试验通常可支持临床疗程不超过2周的药物进行临床试验。临床疗程超过 2 周的药物，可以在临床前一次性进行支持药物进入Ⅲ期临床试验的长期毒性试验。如长期毒性试验拟定给药期限在 3 个月以上，可先对 3 个月中期试验报告（应有一般状况观察、血液学指标、血液生化学指标、体温、眼科、尿液、心电图、系统尸解、脏器系数、组织病理学等检查）进行评价，判断是否可进行临床研究。但在进行Ⅲ期临床试验前，必须完成全程长期毒性试验研究资料。临床疗程超过 2 周的药物，也可以根据具体情况，以不同给药期限的长期毒性试验来分别支持药物进入Ⅰ期、Ⅱ期或Ⅲ期临床试验。通过给药期限较短的毒性研究获得的信息，可以为给药期限较长的毒性研究设计提供给药剂量、给药频率、检测指标等方面的参考；另一方面，临床试验中获得的信息有助于给药期限较长的动物毒性研究方案的设计，有利于降低药物开发的风险。

（7）环境与条件：动物饲养室应通风良好，环境清洁；光照规律，一般大鼠、小鼠应为 12 小时明、12 小时暗，仓鼠应是 14 小时明、10 小时暗；温湿度适中且稳定，一般常温动物 15～33℃下，体温波动在 1.5℃以内，湿度宜控制在 50%～70%；室内噪声最好控制在 50dB 以下；食物应清洁，无霉变。

（三）试验观察

原则上，除常规观察指标外，还应根据受试物的特点、在其他试验中已观察到的某些改变，或其他的相关信息（如处方中组成成分有关毒性的文献），增加相应的观测指标。以下仅列出常规需观察的指标。

1. 检查项目

（1）一般状况观察：包括动物外观体征、行为活动、腺体分泌、呼吸、粪便、摄食量、体重、给药具局部反应等。试验期间，一般状况和症状的观察，应每天观察一次，饲料消耗和体重应每周记录一次。大鼠的体重应雌雄分开进行计算。

（2）血液学指标：红细胞计数、血红蛋白含量、白细胞计数及其分类、血小板计数、网织红细胞计数、凝血酶原时间、红细胞容积、平均红细胞容积、平均红细胞血红蛋白、平均红细胞血红蛋白浓度等指标。当受试物可能对造血系统有影响时，应进一步进行骨髓的检查。

（3）血液生化学指标：天门冬氨酸转氨酶（AST）、丙氨酸转氨酶（ALT）、碱性磷酸酶（ALP）、肌酸磷酸激酶（CPK）、γ－谷氨酰转移酶（γ－GT）、尿素（BU）、肌酐（Crea）、总蛋白（TP）、白蛋白（ALB）、总胆红素（T－BIL）、总胆固醇（TC）、甘油三酯（TG）、血糖（GLU）、钠离子浓度、钾离子浓度、氯离子浓度等。

（4）体温、眼科检查、尿液检查、心电图检查

（5）系统尸解和组织病理学检查：动物长期毒性试验中需进行组织病理学检查的脏器、组织主要有脑（大脑、小脑、脑干）、脊髓（颈、胸、腰段）、垂体、胃、肝脏、肾脏、脾脏、心脏、子宫等。

2. 检查频率

试验前，啮齿类动物至少应进行适应性观察 5 天，非啮齿类动物至少应驯养观察 1～2 周，应对动物进行一般状况观察，非啮齿类动物还至少应进行 2 次体温、心电图、有关血液学和血液生化学指标的检测。试验期间，一般状况和症状的观察，应每天一次，饲料消

耗和体重应每周记录一次。

3. 可逆性观察

可逆性观察的目的是为了观察毒性反应的可逆程度和可能出现的迟发性毒性反应。观察时间一般应为 2 ~4 周。

4. 毒性的分析和评级标准

(1) 一般状态：①中枢神经系统：呆滞、嗜睡、闭目、对刺激反应迟缓、减弱及消失，不安、对刺激反应过敏、兴奋、易惊吓躁动、强直，行动姿势改变、叫声异常、震颤、共济失调。②自主神经系统：瞳孔缩小或放大、腺体分泌多。③呼吸系统：鼻孔流鼻涕、呼吸缓慢、呼吸困难、潮式呼吸、呼吸速率加快等。④心血管系统：心动加速或缓慢、心跳过强或微弱、心律不齐。⑤消化系统：食量增减、腹胀、腹泻、便秘、粪便不成形等。⑥生殖系统：乳腺膨胀、会阴部污浊、阴囊下垂等。

(2) 理化检查：血液学检查项目中，网织红细胞是一个敏感指标，其计数下降表明红系造血障碍和溶血加强等。

(3) 病理学检查：病理检查一般可见灶性炎症、炎性细胞浸润、灶性出血、淤血及可疑细胞变性等。

三、中药新药皮肤和黏膜给药毒性试验

皮肤和黏膜给药的毒性试验包括皮肤用药、直肠或阴道给药、滴眼药、滴鼻药等的毒性试验。

(一) 皮肤用药的急性毒性试验

指动物一次经完整或破损皮肤接受单剂量受试物，动物在短期内出现毒性反应的试验。

1. 试验动物

常用为白色家兔，也可用白色豚鼠、大鼠。家兔体重 2kg 左右，豚鼠 300g 左右，大鼠 200g 左右。受试动物应皮肤光滑、无损伤、无皮肤病。

2. 剂量设置

如受试药毒性较大，在预实验时，提高剂量可使部分动物中毒死亡的，则可按全身给药的原则，设置几个剂量组（一般可设 3 个剂量组），测定 LD_{50} 或 MTD。如果受试药物毒性较小，提高剂量不能引起动物出现明显毒性症状，因皮肤吸收药量主要决定于药物浓度、涂药面积或涂药次数（24 小时内）可按最大给药量试验的原则设计实验。

3. 试验方法

(1) 皮肤准备：动物在试验前 24 小时，背部两侧去毛进行备皮。动物的备皮面积一般为动物体表面积的 10%，家兔约 $150cm^2$，豚鼠和大鼠约 $40cm^2$。给药前应检查去毛部位皮肤是否因去毛而受伤。受伤皮肤不宜做完整皮肤的毒性试验。破损皮肤的制作方法有：在皮肤消毒后，用消毒的手术刀做井字形划破皮肤，或用砂纸摩擦打毛皮肤等，均以皮肤出现轻微渗血为度。

(2) 给药方法：试验过程中应保证受试物与皮肤局部有良好的接触，可用敷料包裹并用无刺激的胶布固定。若受试物为液体或糊状物，则有必要将受试物先涂在敷料上，再贴

于皮肤上，用合适的半封闭的外罩使敷料能与皮肤宽松接触。应注意避免动物摄入或吸入受试物。受试物与动物接触的时间为24小时。

（3）观察期和观察指标　完整皮肤和破损皮肤应分别进行观察，每只动物应分笼饲养。在给药后24小时，如未中毒死亡，可用温水或其他无刺激性溶剂除去残留于皮肤的受试药物或赋形剂，继续观察，观察期至少14天，也可根据毒性反应的情况适当延长。

观察指标同全身给药的急性毒性试验的观察指标，如外观行为、皮毛、眼睛、黏膜、呼吸、自主活动、大便等，至少每天一次。尸解死亡或濒临死亡的动物，当肉眼可见病变时，则应进行病理学检查。

（二）皮肤用药的长期毒性试验

皮肤给药的长期毒性试验的目的是观察动物皮肤在接触受试药后，经皮肤吸收产生的毒性反应及其可逆程度。

（1）试验准备：试验前24小时，试验动物的给药部位应剔除毛发，并保证试验期间每周一次。注意避免损伤皮肤而造成局部渗透性改变。备皮面积一般不超过动物体表面积的10%，当确定给药部位和覆盖的面积时，应考虑动物的体重。受试物一般用制剂。

（2）实验动物及条件：常选用成年的家兔（2～3kg）、大鼠（200～300g）和豚鼠（350～450g）。动物数按试验周期决定，若试验周期少于三个月，每个剂量组雌雄各10只，若超过三个月，动物数应增加。动物应单笼饲养，动物房温度对啮齿类应是22℃（±3℃），兔子应为20℃（±3℃）。相对湿度为30%～70%。

（3）剂量设置：至少设高、中、低3个剂量组和1个对照组，必要时可设溶剂组。其中高剂量组应产生毒性反应或有少数动物死亡的剂量，低剂量组应相当或略高于药效学的有效剂量。

（4）给药方法：每周给药7次，每日1次，动物至少应与药物接触6小时，给药部位应使用对皮肤无刺激的敷料包裹或动物穿上特制的多孔纱布外套，以保证药物与皮肤接触良好和避免动物摄入药物。

（5）观察指标与结果评价：观察项目基本同全身给药的毒性试验，但同时应注意给药局部的皮肤反应。给药停止后，留下部分（约1/3）动物继续观察2周，观察毒性反应可逆程度。给药后及停药后均进行血液学、血液生化学和病理学检查，指标均同全身给药的长期毒性试验。

（三）皮肤刺激性试验

皮肤刺激性试验的目的在于观察动物皮肤（完整和破损皮肤）在接触受试药物后所产生的刺激反应。

1. 试验动物

首选成年健康白色家兔（2kg左右），其次是白色豚鼠（300g左右）或白色小型猪（7kg左右），雌雄各半。

2. 试验方法

于给药前24小时将动物脊柱两侧去毛，去毛面积约为体表面积的10%（家兔约

150cm^2，豚鼠和大鼠约 40cm^2，小型猪约 300cm^2），去毛后 24 小时检查去毛皮肤是否因去毛而受伤，受伤皮肤不宜做完好皮肤的刺激试验。破损方法同上。受试药物是膏剂或液体者可直接试验，若受试物是固体粉末，则需适量水或适量赋形剂（如羊毛脂、凡士林、橄榄油等）混匀，以保证受试物与皮肤有良好的接触。试验采用同体左右侧自身对比，分完整皮肤组及破损皮肤组。左侧去毛区涂受试物 1g 或 1mL，右侧涂赋形剂作为对照，然后用纱布、胶布或网孔尼龙带固定；每只动物分笼饲养，给受试药 24 小时后，用温水或无刺激性溶剂清洁给药部位，去除受试药后 1、24、48、72 小时肉眼观察和病理组织学检查并记录涂抹部位有无红斑和水肿等情况。

3. 观察和评价

以涂药局部皮肤有无红斑、水肿、丘疹、溃烂等情况来评价药物的刺激性，每只动物的皮肤情况进行照相记录，为了全面评价刺激性，除文字记录描述外，应取局部皮肤进行病理学检查。结果评价应详细，包括每只动物不同时间观察到的红斑、水肿和评分情况，还应描述刺激作用的恢复情况，附上病理报告（评分及评价见表 10－1、表 10－2）。

表 10－1　皮肤刺激性反应评分标准

刺激反应情况	分值
红斑：	
无红斑	0
勉强可见	1
明显可见	2
中度到严重红斑	3
紫红色红斑并有焦痂	4
水肿：	
无水肿	0
勉强可见	1
可见（边缘高出周围皮肤）	2
皮肤隆起约 1mm，轮廓清楚	3
水肿隆起 1mm 以上并范围扩大	4
最高总分值	8

表 10－2　皮肤刺激性强度评价标准

平均分值	评价
0～0.49	无刺激
0.5～2.99	轻度刺激性
3.0～5.99	中度刺激性
6.0～8.0	强度刺激性

（四）皮肤过敏试验

皮肤过敏试验是通过动物皮肤重复接触受试物后，观察机体免疫系统在皮肤上的反应。

1. 试验动物及材料

一般选用白色豚鼠，体重250～300g（1～3月龄），雌雄各半。于给受试药前24小时将豚鼠背部两侧毛脱掉，去毛范围每侧约3cm×3cm。受试药物是膏剂或液体者可直接试验，若受试物是固体粉末，则需适量水或适量赋形剂（如羊毛脂、凡士林、橄榄油等）混匀，以保证受试物与皮肤有良好的接触。阳性致敏物，可用1－氯－2,4－二硝基苯配成1%致敏浓度和0.1%的激发浓度。

2. 试验方法

将豚鼠按体重、性别随机分成3个试验组，每组10只，包括赋形剂组（空白对照组）、受试药物组和阳性对照组。

（1）致敏接触：取受试物0.1～0.2mL（或g）涂在动物左侧脱毛区（也可选用皮内注射致敏法），用一层油纸及二层纱布覆盖，再用无刺激胶布固定，每只动物分笼饲养，持续6小时，第7天和第14天，以同样的方法各重复一次，共计3次，空白对照组与阳性对照组方法同上。

（2）激发接触：于末次给药致敏后14天，将受试物0.1～0.2mL（或g）涂于豚鼠背部右侧脱毛区，阳性对照组用0.1%的1－氯－2,4－二硝基苯，6小时后去掉受试物，即刻观察，然后于24、48、72小时再次观察皮肤过敏反应情况。按表10－3记录各时间过敏反应分值。

3. 观察和评价

评分及评价见表10－3和表10－4。给药后应观察动物的一般情况、行为、活动、体态、步态等。在致敏期间，还要观察皮肤的刺激性，在激发后24、48、72小时，观察皮肤的反应，判断是否有致敏性及其强弱程度，同时注意观察动物是否有哮喘、站立不稳或休克等严重的全身过敏反应。为了评价受试物的致敏性，可按表10－3的标准，按致敏发生率推断致敏性，致敏发生率的计算：将出现皮肤红斑、水肿或全身性过敏反应的动物例数（不论程度轻重），除以受试动物总数，即致敏发生率。

表10－3　皮肤过敏反应程度的评分标准

皮肤过敏反应情况	分值
红斑：无红斑	0
轻度红斑，勉强可见	1
中度红斑，明显可见	2
重度红斑	3
紫红色红斑并有焦痂形成	4

续表

皮肤过敏反应情况	分值
水肿：	
无水肿	0
轻度水肿，勉强可见	1
中度水肿，明显可见（边缘高出周围皮肤）	2
重度水肿，皮肤隆起约 1mm，轮廓清楚	3
严重水肿，皮肤隆起 1mm 以上并伴有扩大或有水泡或溃破	4
最高总分值	8

表 10－4　皮肤致敏性评价标准

致敏发生率（%）	皮肤致敏性评价
0～10	致敏性
11～30	轻度致敏性
31～60	中度致敏性
61～80	高度致敏性
81～100	极度致敏性

（五）直肠、阴道给药的毒性试验

1. 急性毒性试验

（1）试验目的：本试验目的在于观察动物直肠或阴道单次接触受试药后，因吸收所产生的急性毒性反应。

（2）试验动物：成年健康的家兔、犬或大鼠，雌雄各半，家兔体重 2.5kg 左右，大鼠 250g 左右。犬龄在 1 年内，最长不超过 5 年。

（3）给药途径：直肠或阴道，与临床一致。

（4）试验方法

①给药方法：动物固定，将受试药轻轻注入动物直肠或阴道内，如受试药为栓剂，可特制缩小体积。药物至少固定 4 小时，并注意不使受试药从直肠或阴道内流出而影响试验结果的准确性。

②剂量设计：应设大、中、小三个剂量组。用适当溶媒配成不同浓度。如改变浓度有困难的制剂，也可用临床所用制剂，按接触时间长短或次数多少，分高低剂量。

（5）试验过程与观察：如果受试物毒性较大，如在预试验时，提高剂量可使部分动物中毒死亡的，则可按全身给药的原则，设置几个剂量组，测定 LD_{50} 或 MTD。如果受试药物毒性较小，提高剂量不能引起动物明显毒性症状，可按最大剂量只设 1 个剂量组。给药后密切注意动物出现的症状。包括外观、行为、异常运动、精神状态、食欲、大便、肤色、呼吸、异常分泌物等。如有死亡，应及时尸检，对肉眼发现异常的组织器官，应做病理组织学检查。给药后连续观察7～14天。

(6) 试验结果和评价：①动物死亡情况。包括测定的LD_{50}或MTD或最大给药量的数据及其相当于临床剂量的倍数。②试验所见的中毒症状。

2. 直肠、阴道给药的长期毒性试验

参照全身给药的长期毒性试验进行。

3. 直肠、阴道给药的刺激性试验

(1) 直肠刺激性试验

①试验动物：一般选用兔和犬。

②给药容积及频率：可参考拟定的人体治疗容积或不同动物种属最大的可给药量。给药频率根据临床应用情况而定，通常每天1～2天，至少7天，每次给药与黏膜接触至少2～4小时，必要时肛门可封闭一段时间。

③观察和评价：肛门和肛门括约肌给药后的临床表现（疼痛症状等）、粪便（血、黏液等）、动物的死亡情况和尸检情况、局部组织有无充血、水肿等现象，并进行肛周黏膜的病理组织学检查等。

(2) 阴道刺激性试验

①试验动物：通常选用大鼠、兔和犬。

②给药容积及频率：可参考拟定的人体治疗容积或不同动物种属最大的可给药量。给药频率参考临床应用情况，通常每天1～2天，至少7天，每次给药与黏膜接触至少4小时。

③观察和评价：阴道部位临床表现（疼痛症状等）和阴道分泌物（血、黏液）等，给药后动物的死亡情况和尸检情况，局部组织有无充血、水肿等现象，并进行阴道和生殖系统的病理组织学检查等。

四、中药新药特殊毒性试验

特殊毒性试验，是指以观察和测定中药能否会引起某种或某些特定的毒性反应为目的而设计的毒性试验。狭义的特殊毒性试验主要是指遗传毒性（致突变）、生殖毒性和致癌性，即通常所说的“三致”试验。广义的特殊毒性试验除了“三致”试验外，还包括依赖性试验、免疫毒性试验、光敏试验等。

1. 致突变试验

根据我国新药注册有关规定，中药第一类等新药，除按常规进行一般毒理学试验外，另需进行致突变试验。致突变试验包含的试验项目主要有基因突变试验、染色体畸变试验、啮齿动物微核试验等。

(1) 基因突变试验：微生物回复突变试验（如Ames试验）、哺乳动物培养细胞基因突变试验、果蝇伴性隐性致死试验、小鼠特异位点试验等。

(2) 染色体畸变试验：哺乳动物培养细胞染色体畸变试验、啮齿动物显性致死试验、精原细胞染色体畸变试验等。

(3) 啮齿动物微核试验：啮齿动物骨髓微核试验、SOS显色试验、程序外DNA合成

(UDS) 试验等。

具体研究方法见相关专业参考书。

五、中药注射剂的安全性试验

中药注射剂是以中药、天然药物的单方或复方中提取的有效物质制成的，这种新的给药途径，起效快，作用强、适用于急症、疑难重症的治疗及某些特殊情况，因此对其质量有严格的要求。中药安全性试验通常包括下列项目：热原检查、刺激性检查、降压物质检查、溶血性检查和过敏性检查等。

1. 热原检查

本法系利用家兔（或鲎试剂）测定供试品所含的热原（或细菌内毒素）的限量是否符合规定。供静脉注射用的注射液，都应做热原检查，除品种有特殊规定外，一般按 2015 年版《中国药典》规定的热原检查法（四部通则 1142）或细菌内毒素检查法（四部通则 1143）进行。

（1）家兔热原检查法

①试验动物：家兔，健康无伤，雌者无孕，体重 1.7～3.0kg，雌雄均可。预测体温前 7 日即应用同一饲料饲养，在此期间内，体重应不减轻，精神、食欲、排泄等不得有异常现象。未曾用于热原检查的家兔，应在检查供试品前 3～7 日内预测体温，进行挑选。挑选的条件与检查供试品相同，仅不注射药液，每隔 30 分钟测量体温 1 次，共测 8 次，8 次体温均在 38.0～39.6℃的范围内，且最高与最低体温差不超过 0.4℃的家兔，方可供热原检查用。用于热原检查后的家兔，若供试品判定为符合规定，至少应休息 48 小时后可重复使用；对血液制品、抗毒素和其他同一过敏原的供试品在 5 天内可重复使用 1 次。若供试品判定为不符合规定，则组内全部家兔不再使用。试验前准备热原检查前 1～2 日，供试验用家兔应尽可能处于同一温度的环境中，实验室和饲养室的温度相差不得大于 5℃，实验室的温度应在 17～25℃，热原检查全过程中，应注意室温变化不得大于 3℃；并应保持安静，避免强光照射，避免噪声干扰和引起动物骚动。家兔在检查前至少 1 小时开始停止给食并置于适宜的装置中，直至检查完毕。家兔体温应使用精密度为 ±0.1℃的测温装置。测温探头或肛温计插入肛门的深度和时间各兔应相同，深度一般约 6cm，时间不得少于 1.5 分钟。每隔 30 分钟测量体温 1 次，一般测量 2 次，两次体温之差不得超过 0.2℃，以此两次体温的平均值作为该兔的正常体温。当日使用的家兔，正常体温应在 38.0～39.6℃的范围内，同组兔间正常体温之差不得超过 1℃。

②试验方法：取经过挑选的适用家兔 3 只，测定其正常体温后 15 分钟以内，自耳静脉缓缓注入规定剂量并温热至 38℃的供试品溶液，然后每隔 30 分钟按前法测量其体温一次，共测 6 次，以 6 次体温中最高的一次减去正常体温，即为该兔体温的升高温度。如 3 只家兔中有 1 只体温升高 0.6℃或 0.6℃以上，或 3 只家兔体温升高均低于 0.6℃，但体温升高的总和达到 1.4℃或 1.4℃以上，应另取 5 只家兔复试，检查方法同上。

③结果判断：在初试 3 只家兔中，体温升高均低于 0.6℃，并且 3 只家兔体温升高总和低于 1.4℃；或在复试的 5 只家兔中，体温升高 0.6℃或 0.6℃以上的家兔仅有 1 只，并且

初试、复试合并8只家兔的体温升高总和为3.5℃或3.5℃以下，均认为供试品的热原检查符合规定。在初试的3只家兔中，体温升高0.6℃或0.6℃以上的家兔超过1只；或在复试的5只家兔中，体温升高0.6℃或0.6℃以上的家兔超过1只；或在初试、复试合并8只家兔的体温升高总和超过3.5℃，均认为供试品的热原检查不符合规定。

2. 降压物质检查

本法系比较组胺对照品（S）与供试品（T）引起麻醉猫血压下降的程度，以判定供试品中所含降压物质的限度是否符合规定。

（1）对照品溶液的配制：精密称取磷酸组胺对照品适量，按组胺计算，加水溶解使成每1mL中含1.0mg的溶液，分装于适宜的容器内，4~8℃贮存，如无沉淀析出，可在3个月内使用。

（2）对照品稀释液的配制：临用前，精密量取组胺对照品溶液适量，用氯化钠注射液配成每1mL中含组胺0.5μg的稀释液。

（3）供试品溶液的配制：按品种项下规定的剂量，配成适当浓度的供试品溶液；试验时，一般要求供试品溶液与对照品稀释液的注入体积应相等。

（4）检查法：取健康合格、体重2kg以上的猫，雌者无孕，用适宜的麻醉剂（如巴比妥类）麻醉后，固定于保温手术台上，分离气管并插入插管以使呼吸畅通，必要时可行人工呼吸。在一侧颈动脉插入连接测压计的动脉套管，管内充满适宜的抗凝剂溶液，以记录血压，也可用其他适当仪器记录血压。在一侧股静脉内插入静脉插管，供注射药液用。试验中应注意保持动物体温。全部手术完毕后，将测压计调节到与动物血压相当的高度（一般为13.3~16.0kPa），开启动脉夹，待血压稳定后，方可进行药液注射。各次注射速度应相同，每次注射后立即注入一定量的氯化钠注射液，相邻两次注射的间隔时间应一定（3~5分钟），每次注射应在前一次反应恢复稳定以后进行。自静脉轮流注入上述对照品稀释液，剂量按动物体重每1kg注射组胺0.05μg、0.1μg及0.15μg，重复2~3次，如0.1μg剂量所致的血压下降值均不小于2.67kPa，同时相应各剂量所致反应的平均值有差别，可认为该动物的灵敏度符合规定。

取对照品稀释液，按动物体重每1kg注射组胺0.1μg的剂量（ds），供试品溶液按品种项下规定的剂量（dT），照下列次序注射一组4个剂量：ds、dT、dT、ds。然后以第一与第三、第二与第四剂量所致的反应分别比较；如dT所致的反应值均不大于ds所致反应值的一半，即认为供试品的降压物质检查符合规定。否则应按上述次序继续注射一组4个剂量，并按相同方法分别比较两组内各对ds、dT剂量所致的反应值；如dT所致的反应值均不大于ds所致的反应值，仍认为供试品的降压物质检查符合规定；如dT所致的反应值均大于ds所致的反应值，仍认为供试品的降压物质检查不符合规定；否则应另取动物复试。如复试的结果仍有dT所致的反应值大于ds所致的反应值，即认为供试品的降压物质检查不符合规定。

所用动物经灵敏度检查如仍符合规定，可继续用于降压物质检查。

3. 升压物质检查

本法系通过静脉注射限值剂量供试品，观察对麻醉大鼠的血压升高的程度，与垂体后叶对照品比较，以判定供试品中所含升压物质的限度是否符合规定。

检查方法参照2015年版《中国药典》四部通则1144升压物质检查法。

4. 血管局部刺激性试验

（1）实验动物：首选家兔，动物数每组不少于3只。应设生理盐水或溶媒对照，可采用同体左右侧自身对比法。给药部位可选用耳缘静脉。

（2）给药方法：为最大可能地暴露毒性，应根据受试物的特点采用最可能暴露毒性的给药方法。一般而言，按临床用药方案给予受试物，给药容积和速率应根据动物情况进行相应的调整。给药期限应根据受试物拟用于临床应用的情况来决定，多次给药一般不超过7天。

（3）结果观察：应根据受试物的特点和刺激性反应情况来选择适当的观察时间。通常单次给药刺激性试验，在给药后48~96小时对动物和注射部位进行肉眼观察；多次给药刺激性试验，每天给药前及最后一次给药后48~96小时对动物和注射部位进行肉眼观察。观察期结束时应对部分动物进行给药部位组织病理学检查，并提供病理照片。病理检查取材时间的确定，应根据受试物的特点考虑选择适当的观察点。应根据受试物的特点和刺激性反应情况，继续观察14~21天再进行组织病理学检查，以了解刺激性反应的可逆程度。

（4）结果评价：根据肉眼观察和组织病理学检查的结果进行综合判断。

5. 肌肉刺激性试验

试验动物首选家兔，也可选用大鼠。试验中设置生理盐水或溶媒作为阴性对照。分别在其左右两侧股四头肌内以无菌操作法各注入一定量的受试物，观察给药后不同时间注射局部肌肉反应情况，如充血、红肿、变性、坏死等。注射后48小时处死动物，解剖取出股四头肌，纵向切开，观察注射部位肌肉的刺激反应，按表10-5计算相应的反应级，并进行局部组织病理学检查，提供病理照片。

表10-5　肌肉刺激反应分级标准

刺激反应	反应级
无明显变化	0
轻度充血，范围在0.5cm×1.0cm以下	1
中度充血，范围在0.5cm×1.0cm以上	2
重度充血，伴有肌肉变性	3
出现坏死，有褐色变性	4
出现广泛性坏死	5

根据表10-5计算出4块股四头肌反应级的总和。若各股四头肌反应级的最高与最低之差大于2时，应另取2只动物重新试验。

6. 溶血试验

（1）常规体外试管法（肉眼观察法）

①血细胞悬液的配制：取兔血（或羊血）数毫升，放入含玻璃珠的三角烧瓶中振摇10

分钟，或用玻璃棒搅动血液，除去纤维蛋白原，使之成为脱纤血液。加入0.9%氯化钠溶液约10倍量，摇匀，1000～1500转/分钟离心15分钟，除去上清液，沉淀的红细胞再用0.9%氯化钠溶液按上述方法洗涤2～3次，至上清液不显红色为止。将所得红细胞用0.9%氯化钠溶液配成2%的混悬液，供试验用。

②受试物的制备：除另有规定外，临床用于非血管内途径给药的注射剂，以各受试物临床使用浓度，用0.9%氯化钠溶液1∶3稀释后作为供试品溶液；用于血管内给药的注射剂以受试物临床使用浓度作为供试品溶液。

③试验方法：取洁净试管7只，进行编号，1～5号管为供试品管，6号管为阴性对照管，7号管为阳性对照管。按表10-6所示依次加入2%红细胞悬液、0.9%氯化钠溶液或蒸馏水、受试物，混匀后，立即置37℃±0.5℃的恒温箱中进行温育，开始每隔15分钟观察一次，1小时后，每隔1小时观察一次，一般观察3小时。

表10-6　体外溶血试验

试管编号	1	2	3	4	5	6	7
2%红细胞悬液（mL）	2.5	2.5	2.5	2.5	2.5	2.5	2.5
生理盐水（mL）	2.0	2.1	2.2	2.3	2.4	2.5	-
蒸馏水（mL）	-	-	-	-	-	-	2.5
受试物（mL）	0.5	0.4	0.3	0.2	0.1	-	-

④结果观察：若试验中的溶液呈澄明红色，管底无细胞残留或有少量红细胞残留，表明有溶血发生；如红细胞全部下沉，上清液体无色澄明，表明无溶血发生。若溶液中有棕红色或红棕色絮状沉淀，振摇后不分散，表明有红细胞凝聚发生。如有红细胞凝聚的现象，可按下法进一步判定是真凝聚还是假凝聚。若凝聚物在试管振荡后又能均匀分散，或将凝聚物放在载玻片上，在盖玻片边缘滴加2滴0.9%氯化钠溶液，置显微镜下观察，凝聚红细胞能被冲散者为假凝聚，若凝聚物不被摇散或在玻片上不被冲散者为真凝聚。

⑤结果判断：当阴性对照管无溶血和凝聚发生，阳性对照管有溶血发生时，若受试物管中的溶液在3小时内不发生溶血和凝聚，则受试物可以注射使用；若受试物管中的溶液在3小时内发生溶血和（或）凝聚，则受试物不宜注射使用。考虑到该试验本身与临床实际应用存在一定的差异，故建议应根据受试物适应证的选择和受试物的特性等诸多因素进行综合分析和判断。

（2）改进的体外溶血性试验法（分光光度法）

根据红细胞破裂释放出来的血红素在可见光波长段具有最大吸收的原理，采用分光光度法测定中药注射剂的溶血程度，具有操作简便，稳定性好，能消除常规试管观察法带来的主观误差等缺点，对临床安全用药有重要指导意义。

①试验方法：同上述体外试管法试验。

②结果观察：按表10-6将温育了不同时间点的各管溶液离心，取上清液，在分光光度计上，545nm处，以蒸馏水为空白读取各管的OD值。

③结果判断：用下式计算各试验管的溶血率。

溶血率（%）=（ODt - ODnc）/（ODpc - ODnc）×100%。式中，ODt 为试验管吸光度，ODnc 为阴性对照管吸光度，ODpc 为阳性对照管吸光度。

④参考评价标准：溶血率 >5% 表明有溶血发生，并进行统计学处理。

（3）体外红细胞计数法

采用显微镜直接计数红细胞的量，计算溶血百分率。重复 2～3 次，求其均值。

溶血率（%）=［（空白对照管红细胞数 - 受试物管红细胞数）/空白对照管红细胞数］×100%。

（4）体内溶血试验法（红细胞计数法）

必要时，可用动物做体内试验或结合长期毒性试验进行。采用显微镜直接计数给药前和给药后红细胞的数量变化，计算出中药注射剂的溶血百分率。该方法能够较精确测定出任何浓度下溶解红细胞的具体数值。

7. 过敏反应检查

（1）被动皮肤过敏试验（PCA）：将致敏动物的血清（内含丰富的 IgE 抗体）皮内注射于正常动物。IgE 与皮肤肥大细胞的特异受体结合，使之被动致敏。当致敏抗原激发时，引起局部肥大细胞释放过敏介质，从而使局部血管的通透性增加，注入染料可渗出于皮丘，形成蓝斑。根据蓝斑范围判定过敏反应程度。

①实验动物：PCA 反应常用的动物是大鼠，亦用小鼠，有时根据试验需要用豚鼠，选择动物时应考虑 IgE 的出现时间。

②试验分组：应设立阴性、阳性对照组和受试物不同剂量组。阴性对照组应给予同体积的溶媒，阳性对照组给予 1～5mg/只牛血清白蛋白或卵白蛋白或已知致敏阳性物质，受试物低剂量组给予临床最大剂量（/kg 或 m^2），受试物高剂量组给予低剂量的数倍量。每组动物数至少 6 只。

③致敏：A. 抗体的制备。选择容易产生抗体的给药方法，如静脉、腹腔或皮下注射等，隔日一次，共 3～5 次。末次致敏后 10～14 天左右采血，2000 转/分离心 10 分钟，分离血清，-20℃保存，2 周内备用。B. 被动致敏。上述各组抗血清应根据反应特点决定稀释倍数，一般用生理盐水稀释成 1∶2、1∶4、1∶8、1∶16 或 1∶32 等。在动物背部预先脱毛 3cm×4cm 的皮内注射各对应组的抗血清 0.1mL，进行被动致敏。

④激发：被动致敏 24 或 48 小时后，各组静脉注射与致敏剂量相同的激发抗原加等量的 0.5%～1% 伊文思兰染料共 1mL，进行激发。由于不同种属动物接受含 IgE 抗体血清后，至能够应答抗原攻击产生过敏反应的时间不同，因此需注意激发时间选择的合理性。

⑤结果测定：30 分钟后麻醉处死各组动物，剪取背部皮肤，测量皮肤内层的斑点大小，直径大于 5mm 者判定为阳性。不规则斑点的直径为长径与短径之和的一半。

（2）全身主动过敏试验（ASA）

对致敏成立的动物体内，静脉注射抗原，观察抗原与 IgE 抗体结合后导致肥大细胞、嗜碱性细胞脱颗粒、释放活性介质而致的全身性过敏反应。

①试验动物：通常选用体重为 300～400g 的豚鼠。

②试验分组：应设立阴性、阳性对照组和受试物不同剂量组。阴性对照组应给予同体积的溶媒，阳性对照组给予1~5mg/只牛血清白蛋白或卵白蛋白或已知致敏阳性物质，受试物低剂量组给予临床最大剂量（/kg或m^2），受试物高剂量组给予低剂量的数倍量。每组动物数至少6只。

③致敏：选择容易产生抗体的给药方法，如静脉、腹腔或皮下注射等，隔日一次，共3~5次。

④激发：A. 激发途径：一次快速静脉内给药。B. 激发次数：末次注射后第10~14日一次激发。C. 激发剂量：一般为致敏剂量的2~5倍量，给药容积1~2mL。

⑤观察指标：A. 致敏期间：每日观察每只动物的症状。初次，最后一次致敏和激发当日测定每组每只动物的体重。B. 激发：静脉注射后立刻至30分钟，按表10-7症状详细观察每只动物的反应、症状的出现及消失时间。最长观察3小时。

⑥结果评价：可按表10-8判断过敏反应发生程度，计算过敏反应发生率，根据过敏反应发生率和发生程度进行综合判断。激发注射后，若发现有过敏反应症状时，可取健康未致敏豚鼠2只，自静脉注射激发剂量的受试物，观察有无由于受试物作用引起的类似过敏反应症状，以供结果判断时参考。

表10-7　过敏反应症状

序号	症状	序号	症状	序号	症状
0	正常	7	呼吸急促	14	步态不稳
1	躁动	8	排尿	15	跳跃
2	竖毛	9	排粪	16	喘息
3	颤抖	10	流泪	17	痉挛
4	搔鼻	11	呼吸困难	18	旋转
5	喷嚏	12	哮鸣音	19	潮式呼吸
6	咳嗽	13	紫癜	20	死亡

表10-8　全身致敏性评价标准

反应症状	反应级数	反应程度	判断结果
0	0	-	过敏反应阴性
1~4症状	1	+	过敏反应弱阳性
5~10症状	2	++	过敏反应阳性
11~19症状	3	+++	过敏反应强阳性
20	4	++++	过敏反应极强阳性

第十一章 中药新药的药代动力学研究

药物代谢动力学（简称药代动力学或药动学，drug metabolism and pharmacokinetics，DMPK）研究药物在体内吸收、分布、代谢和排泄过程及其动态变化，并用动力学原理阐明动态变化的规律。在新药研发过程中，通过吸收特性、转运蛋白、代谢稳定性、代谢酶、代谢物、酶抑制或诱导等研究，使研发的新药具有理想的药代动力学特性，以确保新药安全有效的使用；在新药临床评价过程中，药代动力学研究可为给药方案制定、剂型评价和合理用药提供基础。因此，在新药研究中，药代动力学研究发挥着重要作用，是新药申报注册材料中必不可少的项目。

中药药物代谢动力学（简称中药药代动力学）则是应用药物代谢动力学原理研究中药的体内过程及其动态变化的规律。中药药代动力学主要是近 20 年发展起来的，是一门年轻的边缘学科。由于中药复方化学成分的复杂性、中药药效的多效性和中医临床应用的辨证施治及复方配伍等中医药特色，使得中药复方药代动力学研究有别于化学药品的药代动力学研究，而有其特殊性和复杂性。目前，中药药物代谢动力学研究方法尚难以完整地分析中药作用的物质基础、难以全面阐述中药作用的科学内涵，对中药新药研发的促进作用还有限。

第一节　中药新药药代动力学的研究意义

我国 2007 年 10 月起施行的《药品注册管理办法》（附件《中药、天然药物注册分类及申报资料要求》）将中药、天然药物注册分为 9 类。《药品注册管理办法》要求：一类中药新药注册申请时，必须提供药代动力学资料；三类中药新药，如果代用品为单一成分，应当提供药代动力学资料。其他类中药新药，在技术可行时，提倡进行药代动力学探索性研究。《中药、天然药物注射剂基本技术要求》中要求药代动力学研究结果的支持，由有效成分制成的注射剂，应全面研究其药代动力学参数，多成分（注册分类 2 ~6）制成的注射剂需要进行药代动力学探索性研究，必要时尚应研究主要成分之间的相互影响。

以往并无比较明确的“中药新药药代动力学技术要求”，故可能是造成药代动力学申报资料中存在诸多问题的原因。随着中药、天然药物有效成分新药申报品种的逐年增多，为了推动中药药代动力学的研究，提高中药新药的研究水平，客观公正地进行技术审评，药品审评中心结合我国中药、天然药物的研究现状，对中药新药初步制定了“中药一类新药的特殊毒理、药代动力学、药理学技术要求”，最终达到加快中药新药开发速度、加强和提高中药新药研究水平的目的。

原则上，中药一类新药的特殊毒理、药代动力学、药理药效学要求应与化学药品一类新药的要求一致；与现已上市同类治疗药比较应具有明显特点；对受试物也有一定要求，因中药一类新药指的是有效成分为90%以上，另有10%以下的相关物质存在，故要求各批原料（或制剂）的含量保持相对稳定，对主成分之外的其他组成成分的结构和性质做相应的探索性研究，含量相对较高的成分的变化范围应相对稳定。

中药新药进行药代动力学研究的样品必须为原料药（有效成分）或临床用制剂，不得使用标准品。药代动力学研究中应采用三种剂量、两种动物；采用的剂量应在药效学有效剂量和长期毒性实验剂量区间；低剂量接近药效学剂量。其给药途径之一必须与拟临床用药途径一致。口服药物应提供生物利用度数据，如无法提供，应充分说明理由。体内药物浓度检测方法，应符合生物样品测定的要求。应选用适宜的检测方法以排除相关物质的干扰。当测定原形药物的药动学过程不能解释药效时，应研究活性代谢物，对可能的原因做出分析。

第二节　中药新药药代动力学的技术要求

中药新药注册申请时，需提供动物药代动力学（非临床药代动力学）、临床药代动力学及口服药物的生物利用度的试验资料及文献资料。

一、非临床药代动力学研究技术要求

非临床药代动力学研究是通过动物体内外和人体外的研究方法，揭示药物在体内的动态变化规律，获得药物的基本药代动力学参数，阐明药物的吸收、分布、代谢和排泄的过程和特点。

非临床药代动力学研究在新药研究开发的评价过程中起着重要作用。在药效学和毒理学评价中，药物或活性代谢物浓度数据及其相关药代动力学参数是产生、决定或阐明药效或毒性大小的基础，可提供药物对靶器官效应（药效或毒性）的依据；在药物制剂学研究中，非临床药代动力学研究结果是评价药物制剂特性和质量的重要依据；在临床研究中，非临床药代动力学研究结果能为设计和优化临床研究给药方案提供有关参考信息。

非临床药代动力学的主要内容包括进行非临床药代动力学研究的基本原则、试验设计的总体要求、生物样品的药物分析方法、研究项目（血药浓度－时间曲线、吸收、分布、排泄、血浆蛋白结合、生物转化、对药物代谢酶活性的影响）、数据处理与分析、结果与评价等，并对研究中的一些常见问题及处理思路进行分析。

（一）基本原则

进行非临床药代动力学研究，要遵循以下基本原则：

1. 试验目的明确。

2. 试验设计合理。
3. 分析方法可靠。
4. 所得参数全面，满足评价要求。
5. 对试验结果进行综合分析与评价。
6. 具体问题具体分析。

（二）试验设计

1. 总体要求

（1）受试物：应提供受试物的名称、剂型、批号、来源、纯度、保存条件及配制方法。使用的受试物及剂型应尽量与药效学或毒理学研究一致，并附研制单位的质检报告。

（2）试验动物：一般采用成年和健康的动物。常用动物有小鼠、大鼠、兔、豚鼠、犬、小型猪和猴等。动物选择的一般原则如下：

①首选动物：尽可能与药效学和毒理学研究一致。

②尽量在清醒状态下试验，动力学研究最好从同一动物多次采样。

③创新性的药物应选用两种或两种以上的动物，其中一种为啮齿类动物，另一种为非啮齿类动物（如犬、小型猪或猴等）。其他药物可选用一种动物，建议首选非啮齿类动物。

④经口给药不宜选用兔等食草类动物。

（3）剂量选择：动物体内药代动力学研究应设置至少三个剂量组，其高剂量最好接近最大耐受剂量，中、小剂量根据动物有效剂量的上下限范围选取。主要考察在所试剂量范围内，药物的体内动力学过程是属于线性还是非线性，以利于解释药效学和毒理学研究中的发现，并为新药的进一步开发和研究提供信息。

（4）给药途径：所用的给药途径和方式，应尽可能与临床用药一致。

2. 生物样品分析方法的建立和确证

见附录。

（三）研究项目

1. 血药浓度－时间曲线

（1）受试动物数：以血药浓度－时间曲线的每个采样点不少于5个数据为限计算所需动物数。最好从同一动物个体多次取样。如由多只动物的数据共同构成一条血药浓度－时间曲线，应相应增加动物数，以反映个体差异对试验结果的影响。建议受试动物采用雌雄各半，如发现动力学存在明显的性别差异，应增加动物数以便认识受试物的药代动力学的性别差异。对于单一性别用药，可选择与临床用药一致的性别。

（2）采样点：采样点的确定对药代动力学研究结果有重大影响，若采样点过少或选择不当，得到的血药浓度－时间曲线可能与药物在体内的真实情况产生较大差异。给药前需要采血作为空白样品。为获得给药后的一个完整的血药浓度－时间曲线，采样时间点的设计应兼顾药物的吸收相、平衡相（峰浓度附近）和消除相。一般在吸收相至少需要2～3个采样点，对于吸收快的血管外给药的药物，应尽量避免第一个点是峰浓度（C_{max}）；在C_{max}附近至少需要3个采样点；消除相需要4～6个采样点。整个采样时间至少应持续到3～5

个半衰期，或持续到血药浓度为 C_{max} 的 1/10～1/20。为保证最佳采样点，建议在正式试验前，选择 2～3 只动物进行预试验，然后根据预试验的结果，审核并修正原设计的采样点。

（3）口服给药：一般在给药前应禁食 12 小时以上，以排除食物对药物吸收的影响。另外在试验中应注意根据具体情况统一给药后禁食时间，以避免由此带来的数据波动及食物的影响。

（4）药代动力学参数：根据试验中测得的各受试动物的血药浓度－时间数据，求得受试物的主要药代动力学参数。静脉注射给药，应提供 $t_{1/2}$（消除半衰期）、*Vd*（表观分布容积）、*AUC*（血药浓度－时间曲线下面积）、*CL*（清除率）等参数值；血管外给药，除提供上述参数外，尚应提供 C_{max} 和 T_{max}（达峰时间）等参数，以反映药物吸收的规律。另外，提供统计矩参数，如 *MRT*（平均滞留时间）、$AUC_{0\to t}$ 和 $AUC_{0\to\infty}$ 等，对于描述药物药代动力学特征也是有意义的。

（5）应提供的数据

①单次给药：各个（和各组）受试动物的血药浓度－时间数据及曲线和其平均值、标准差及曲线，各个（和各组）受试动物的主要药代动力学参数及平均值、标准差，对受试物单次给药非临床药代动力学的规律和特点进行讨论和评价。

②多次给药：各个（和各组）受试动物首次给药后的血药浓度－时间数据及曲线和主要药代动力学参数；各个（和各组）受试动物的 3 次稳态谷浓度数据及平均值、标准差；各个（和各组）受试动物血药浓度达稳态后末次给药的血药浓度－时间数据和曲线，以及其平均值、标准差和曲线；比较首次与末次给药的血药浓度－时间曲线和有关参数；各个（和各组）平均稳态血药浓度及标准差。

2. 吸收

对于经口给药的新药，应进行整体动物试验，尽可能同时进行血管内给药的试验，提供绝对生物利用度。如有必要，可进行在体或离体肠道吸收试验以阐述药物吸收特性。

对于其他血管外给药的药物及某些改变剂型的药物，应根据立题目的，尽可能提供绝对生物利用度。

3. 分布

选用大鼠或小鼠做组织分布试验较为方便。选择一个剂量（一般以有效剂量为宜）给药后，至少测定药物在心、肝、脾、肺、肾、胃肠道、生殖腺（卵巢、子宫、睾丸）、脑、体脂、骨骼肌等组织的浓度，以了解药物在体内的主要分布组织。特别注意药物浓度高、蓄积时间长的组织和器官，以及在药效或毒性靶器官的分布（如对造血系统有影响的药物，应考察在骨髓的分布）。参考血药浓度－时间曲线的变化趋势，选择至少 3 个时间点分别代表吸收相、平衡相和消除相的药物分布。若某组织的药物浓度较高，应增加观测点，进一步研究该组织中药物消除的情况。每个时间点，至少应有 5 个动物的数据。

进行组织分布试验，必须注意取样的代表性和一致性。

同位素标记物的组织分布试验，应提供标记药物的放化纯度、标记率（比活性）、标记位置、给药剂量等参数；提供放射性测定所采用的详细方法，如分析仪器、本底计数、计数效率、校正因子、样品制备过程等；提供采用放射性示踪生物学试验的详细过程，以及在生物样品测定时对放射性衰变所进行的校正方程等。尽可能提供给药后不同时相的整体放射自显影图像。

4. 排泄

（1）尿和粪的药物排泄：一般采用小鼠或大鼠，将动物放入代谢笼内，选定一个有效剂量给药后，按一定的时间间隔分段收集尿或粪的全部样品，测定药物浓度。粪样品晾干后称重（不同动物粪便干湿不同），按一定比例制成匀浆，记录总体积，取部分样品进行药物含量测定。计算药物经此途径排泄的速率及排泄量，直至收集到的样品测定不到药物为止。每个时间点至少有5只动物的试验数据。

应采取给药前尿及粪样，并参考预试验的结果，设计给药后收集样品的时间点，包括药物从尿或粪中开始排泄、排泄高峰及排泄基本结束的全过程。

（2）胆汁排泄：一般用大鼠在乙醚麻醉下作胆管插管引流，待动物清醒后给药，并以合适的时间间隔分段收集胆汁，进行药物测定。

（3）记录药物自粪、尿、胆汁排出的速度及总排出量（占总给药量的百分比），提供物质平衡的数据。

5. 与血浆蛋白的结合

研究药物与血浆蛋白结合试验可采用多种方法，如平衡透析法、超过滤法、分配平衡法、凝胶过滤法、光谱法等。根据药物的理化性质及试验室条件，可选择使用一种方法进行至少3个浓度（包括有效浓度）的血浆蛋白结合试验，每个浓度至少重复试验3次，以了解药物的血浆蛋白结合率是否有浓度依赖性。

一般情况下，只有游离型药物才能通过脂膜向组织扩散，被肾小管滤过或被肝脏代谢，因此药物与蛋白的结合会明显影响药物分布与消除的动力学过程，并降低药物在靶部位的作用强度。建议根据药理毒理研究所采用的动物种属，进行动物与人血浆蛋白结合率比较试验，以预测和解释动物与人在药效和毒性反应方面的相关性。

对蛋白结合率高于90%的药物，建议开展体外药物竞争结合试验，即选择临床上有可能合并使用的高蛋白结合率药物，考察对所研究药物蛋白结合率的影响。

6. 生物转化

对于创新性的药物，尚需了解其在体内的生物转化情况，包括转化类型、主要转化途径及其可能涉及的代谢酶。对于新的前体药物，除对其代谢途径和主要活性代谢物结构进行研究外，尚应对原形药和活性代谢物进行系统的药代动力学研究。而对主要在体内以代谢消除为主的药物（原形药排泄<50%），生物转化研究则可分为两个阶段：临床前可先采用色谱方法或放射性核素标记方法分析和分离可能存在的代谢产物，再用色谱-质谱联用等方法初步推测其结构。如果Ⅱ期临床研究提示其在有效性和安全性方面有开发前景，在申报生产前进一步研究并阐明主要代谢产物的可能代谢途径、结构及代谢酶。但当多种迹象提示可能存在有较强活性的代谢产物时，应尽早开展活性代谢产物的研究，以确定开展代谢产物动力学试验的必要性。

7. 对药物代谢酶活性的影响

对于创新性的药物，应观察药物对药物代谢酶，特别是细胞色素P450同工酶的诱导或抑制作用。在临床前阶段可以用底物法观察对动物和人肝微粒体 P450 酶的抑制作用，比较种属差异。药物对酶的诱导作用可观察整体动物多次给药后的肝 P450 酶或在药物反复作用后的肝细胞（最好是人肝细胞）P450 酶活性的变化，以了解该药物是否存在潜在的代谢性相互作用。

（四）数据处理与分析

应有效整合各项试验数据，选择科学合理的数据处理及统计方法。如用计算机处理数据，应注明所用程序的名称、版本和来源，并对其可靠性进行确认。

（五）结果与评价

对所获取的数据应进行科学和全面的分析与评价，综合论述药物在动物体内的药代动力学特点，包括药物吸收、分布和消除的特点，经尿、粪和胆汁的排泄情况，与血浆蛋白结合的程度，药物在体内蓄积的程度及主要蓄积的器官或组织。如为创新性的药物，还应阐明其在体内的生物转化、消除过程及物质平衡情况。

在评价的过程中注意进行综合评价，分析药代动力学特点与药物的制剂选择、有效性和安全性的关系，为药物的整体评价和临床研究提供更多有价值的信息。

（六）常见问题与处理思路

1. 药代动力学与制剂研究

药代动力学主要研究药物在体内的动态过程。药物的理化性质与上述过程密切相关，同时剂型特征、制剂所使用的辅料、制备工艺等也是重要的影响因素。因此在进行制剂研究时，可结合药代动力学研究结果，利用或避开药物的某些性质。

一般来说，影响吸收过程的因素包括药物的物理化学性质和（或）制剂因素、生理因素等。药物的理化性质包括溶解度、油水分配系数、酸碱度、粒度、晶型、渗透性以及药物在胃肠道中的稳定性等，制剂因素包括剂型、辅料和制备工艺及不同剂型制剂的给药途径等。

新的给药系统在不断发展，如脂质体、纳米给药系统、透皮给药系统、局部定位给药系统、脉冲给药系统等。研究者可根据不同的用药需要，结合药物及其制剂的特点，制定合理、可行的药代动力学研究方案。

2. 关于多次给药

对于临床需长期给药且有蓄积倾向的药物，应考虑进行多次给药的药代动力学研究。

多次给药试验时，一般可选用一个剂量（有效剂量）。根据单次给药药代动力学试验结果求得的消除半衰期，并参考药效学数据，确定药物剂量、给药间隔和给药天数。

以下情况可考虑进行多次给药后特定组织的药物浓度研究：

（1）药物或代谢物在组织中的半衰期明显超过其血浆消除半衰期，并超过毒性研究给药间隔的两倍。

（2）在短期毒性研究、单次给药的组织分布研究或其他药理学研究中观察到未预料的，而且对安全性评价有重要意义的组织病理学改变。

（3）定位靶向释放的药物。

3. 关于体外药代动力学研究

随着新药研究水平的不断提高，一些新的体外药代动力学研究手段也逐渐成熟，如体外吸收模型（Caco－2细胞模型）、体外肝系统研究等。在进行药代动力学研究时，除了体内研究外，还可配合体外研究，如观察动物和人肝等组织匀浆、细胞悬液、微粒体或灌流器官对药物的代谢作用。采用体外方法研究代谢途径和动力学特点比较方便，节省动物，可以获得更多的信息，例如分析代谢模式、代谢酶对药物作用的动力学参数、药物及其代谢物与蛋白、DNA等靶分子的亲和力等。这些信息对于补充说明体内的研究结果，进一步阐明药理和毒理作用机制是有价值的。

4. 关于动物选择

由于动物药代动力学研究是联系动物研究与人体研究的重要桥梁，动物选择的恰当与否是该研究价值大小的关键。应尽量选择适宜的动物来进行研究，如口服给药的药物不宜选择食草类动物或与人胃肠道情况差异较大的动物，以免由于吸收的差异造成试验结果不能充分提示临床。对于创新性的药物，可利用体外药代动力学手段预先对动物种属进行筛选，以选择药物动力学特点与人体最接近的动物，提高试验结果的临床预测价值。

由此也可为毒性试验选择合适的动物种属提供依据，并对毒性试验与人体的相关性做出判断。

5. 关于改变酸根、晶型的药物

对于改变酸根、晶型的药物，应根据药物的特点、改变的具体情况和立题依据，考虑是否应进行与改变前药物比较的药代动力学研究，考察其生物利用度的变化。

6. 关于手性药物

对映异构体具有几乎相同的物理性质（旋光性除外）和化学性质（在手性环境中除外），通常需要特殊的手段技术对它们进行鉴定、表征、分离和测定，但生物系统常常很容易区分它们，并可能导致不同的药代动力学性质（吸收、分布、代谢、排泄），以及药理学、毒理学效应的量或质的区别。

为评价单一对映体或对映体混合物的药代动力学，研究者应在药物开发前期，建立适用于体内样品对映体选择性分析的定量方法，为后期研究对映体之间的相互转化及各自的吸收、分布、代谢和排泄提供方法学基础。

如果外消旋体已经上市，研究者希望开发单一对映体，则应测定该对映体转化为另一对映体的程度是否显著，以及该对映体单独用药是否与其作为外消旋体组分时的药代动力学性质一致。

为监测对映异构体在体内的相互转化和处置，应获得单一对映体在动物体内的药代动力学曲线，并与其后在临床Ⅰ期试验中获得的药代动力学曲线相比较。

7. 关于复方药物

对于新的复方制剂，应通过复方与单药药代动力学的比较，研究其相互作用，以考察组方的合理性。

8. 药代动力学与毒代动力学

毒代动力学研究通常结合毒性研究进行，将获得的药代动力学资料作为毒性研究的组成部分，以评价全身暴露的结果。药代动力学和毒代动力学研究的目的不同，但两者又是相互联系的，其分析方法是相同的，技术可以共享或相互借鉴。已获取的药代动力学参数可以为毒代和毒性试验给药方案的设计提供参考。三个剂量的药代动力学试验中，最高剂量采用接近动物最大耐受量所得到的动力学参数，对毒代动力学试验设计有直接的参考价值。药物组织分布研究结果可为评价药物毒性靶器官提供依据。药物与血浆蛋白结合试验的结果也是估算血药浓度与毒性反应关系的依据，因为毒性反应与血中游离药物-时间曲线下面积的相关性优于总的药-时曲线下面积。生物转化研究所提供的代谢产物资料有助于判断可能引起毒性反应的成分和毒代动力学研究应检测的成分。

二、临床药代动力学研究技术要求

新药的临床药代动力学研究旨在阐明药物在人体内的吸收、分布、代谢和排泄的动态变化规律。对药物上述处置过程的研究，是全面认识人体与药物间相互作用不可或缺的重要组成部分，也是临床制定合理用药方案的依据。

在药物临床试验阶段，新药的临床药代动力学研究主要涉及如下内容：

（1）健康志愿者药代动力学研究：包括单次给药的药代动力学研究、多次给药的药代动力学研究、进食对口服药物药代动力学影响的研究、药物代谢产物的药代动力学研究以及药物-药物的药代动力学相互作用研究。

（2）目标适应证患者的药代动力学研究

（3）特殊人群药代动力学研究：包括肝功能损害患者的药代动力学研究、肾功能损害患者的药代动力学研究、老年患者的药代动力学研究和儿童患者的药代动力学研究。

上述研究内容反映了新药临床药代动力学研究的基本要求。在新药研发实践中，可结合新药临床试验分期分阶段逐步实施，以期阐明临床实践所关注的该药药代动力学的基本特征，为临床合理用药奠定基础。

鉴于不同类型药物的临床药代动力学特征各不相同，故应根据所研究品种的实际情况进行综合分析，确定不同阶段所拟研究的具体内容，合理设计试验方案，采用科学可行的试验技术，实施相关研究，并做出综合性评价，为临床合理用药提供科学依据。

（一）生物样品分析方法的建立和确证

见附录。

（二）药代动力学研究的具体内容

1. 健康志愿者药代动力学研究

本研究在Ⅰ期临床试验中进行，目的是探讨药物在体内吸收、分布和消除（代谢和排泄）的动态变化特点。由于各种疾病的病理状态均可不同程度地对药物的药代动力学产生影响，为了客观反映药物在人体的药代动力学特征，故多选择健康受试者。但如果试验药品的安全性较小，试验过程中可能对受试者造成损害，在伦理上不允许在健康志愿者中进行试验时，可选用目标适应证的患者作为受试者。

健康志愿者的药代动力学研究包括单次与多次给药的药代动力学研究、进食对口服药物制剂药代动力学影响的研究、药物代谢产物的药代动力学研究、药物－药物药代动力学相互作用研究。

（1）单次给药药代动力学研究

①受试者的选择标准

健康状况：健康受试者应无心血管、肝脏、肾脏、消化道、精神神经等疾病病史，无药物过敏史。在试验前应详细询问既往病史，做全面的体格检查及实验室检查，并根据试验药物的药理作用特点相应增加某些特殊检查。

AIDS 患者和 HIV 病毒感染者，药物滥用者，最近三个月内献血或作为受试者被采样者，嗜烟、嗜酒者和近两周曾服过各种药物者均不宜作为受试者。

遗传多态性：如已知受试药物代谢的主要药物代谢酶具有遗传多态性，应查明受试者该酶的基因型或表型，使试验设计更加合理和结果分析更加准确。

性别：原则上应男性和女性兼有，一般男、女各半，不仅可了解药物在人体的药代动力学特点，同时也能观察到该药的药代动力学是否存在性别的差异。但应注意，女性作为受试者往往要受生理周期或避孕药物的影响，因某些避孕药物具有药酶诱导作用或抑制作用，可能影响其他药物的代谢消除过程，因而改变试验药物的药代动力学特性。所以在选择女性受试者时必须对此进行询问和了解。另外，一些有性别针对性的药物，如性激素类药物、治疗前列腺肥大药物、治疗男性性功能障碍药物及妇产科专用药等则应选用相应性别的受试者。

年龄和体重：受试者年龄应为年满 18 岁以上的青年人和成年人，一般在 18～45 岁。正常受试者的体重一般不应低于 50kg。按体重指数（BMI）＝体重（kg）/身高^2（m^2）计算，一般在 19～24 范围内。因临床上大多数药物不按体重计算给药剂量，所以同批受试者的体重应比较接近。

伦理学要求：按照 GCP 原则制定试验方案并经伦理委员会讨论批准，受试者必须自愿参加试验，并签订书面知情同意书。

②受试者例数：一般要求每个剂量组 8～12 例。

③对试验药物的要求

药物质量：试验药品应当在符合《药品生产质量管理规范》条件的车间制备，并经检验符合质量标准。

药品保管：试验药品有专人保管，记录药品使用情况。试验结束后剩余药品和使用药品应与记录相符。

④药物剂量：一般选用低、中、高三种剂量。剂量的确定主要根据Ⅰ期临床耐受性试验的结果，并参考动物药效学、药代动力学及毒理学试验的结果，以及经讨论后确定的拟在Ⅱ期临床试验时采用的治疗剂量推算。高剂量组剂量必须接近或等于人最大耐受的剂量。

根据研究结果对药物的药代动力学特性做出判断，如呈线性或非线性药代动力学特征等，为临床合理用药及药物监测提供有价值的信息。

⑤研究步骤：受试者在试验日前进入Ⅰ期临床试验病房，晚上进统一清淡饮食，然后禁食 10 小时，不禁水过夜。次日晨空腹（注射给药时不需空腹）口服药物，用 200～

250mL 水送服。如需收集尿样，则在服药前排空膀胱。按试验方案在服药前后不同时间采取血样或尿样（如需收集尿样，应记录总尿量后，留取所需量）。原则上试验期间受试者均应在Ⅰ期临床试验病房内，避免剧烈运动，禁服茶、咖啡及其他含咖啡和醇类饮料，并禁止吸烟。

⑥采样点的确定：采样点的确定对药代动力学研究结果具有重大的影响。用药前采空白血样品，一个完整的血药浓度-时间曲线，应包括药物各时相的采样点，即采样点应包括给药后的吸收相、峰浓度附近和消除相。一般在吸收相至少需要2~3个采样点，峰浓度附近至少需要3个采样点，消除相至少需要3~5个采样点。一般不少于11~12个采样点。应有3~5个消除半衰期的时间，或采样持续到血药浓度为C_{max}的1/10~1/20。

如果同时收集尿样时，则应收集服药前尿样及服药后不同时间段的尿样。取样点的确定可参考动物药代动力学试验中药物排泄过程的特点，应包括开始排泄时间，排泄高峰及排泄基本结束的全过程。

为保证最佳的采样点，建议在正式试验前进行预试验工作，然后根据预试验的结果，审核并修正原设计的采样点。

⑦药代动力学参数的估算和评价：根据试验中测得的各受试者的血药浓度-时间数据绘制各受试者的药-时曲线及平均药-时曲线，进行药代动力学参数的估算，求得药物的主要药代动力学参数，以全面反映药物在人体内吸收、分布和消除的特点。主要药代动力学参数有：T_{max}（实测值）、C_{max}（实测值）、$AUC_{0\to t}$、$AUC_{0\to\infty}$、Vd、Kel、$t_{1/2}$、MRT、CL或CL/F。对药代动力学参数进行分析，说明其临床意义，并对Ⅱ期临床研究方案提出建议。

从尿药浓度估算药物经肾排泄的速率和总量。

应根据试验结果，分析药物是否具有非线性动力学特征。主要参数（AUC）的个体差异较大者（$RSD>50\%$），提示必要时需做剂量调整或进行血药浓度监测；AUC集中于高低两极者提示可能有快代谢型、慢代谢型的遗传性代谢差异。

（2）多次给药药代动力学研究：当药物在临床上将连续多次应用时，需明确多次给药的药代动力学特征。根据研究目的，应考察药物多次给药后的稳态浓度（C_{ss}），药物谷、峰浓度的波动系数（DF），是否存在药物蓄积作用和药酶的诱导作用。

①受试者的选择标准、受试者例数、试验药物的要求：均同单次给药药代动力学研究。

②试验药物剂量：根据Ⅱ期临床试验拟订的给药剂量范围，选用一个或数个剂量进行试验。根据单次给药药代动力学参数中的消除半衰期确定服药间隔及给药日数。

③研究步骤：试验期间，受试者应在Ⅰ期临床试验病房内进行服药、采集样本和活动。口服药物均用200~250mL水送服，受试者早、中、晚三餐均进统一饮食。

④采样点的确定：根据单剂量药代动力学求得的消除半衰期，估算药物可能达到稳态浓度的时间，应连续测定三次（一般为连续三天的）谷浓度（给药前）以确定已达稳态浓度。一般采样点最好安排在早上空腹给药前，以排除饮食、时辰及其他因素的干扰。当确定已达稳态浓度后，在最后一次给药后，采集一系列血样，包括各时相（同单次给药），以测定稳态血药浓度-时间曲线。

⑤药代动力学参数的估算和评价：根据试验中测定的三次谷浓度及稳态血药浓度－时间数据，绘制多次给药后药－时曲线，求得相应的药代动力学参数，包括达峰时间（T_{max}）、稳态谷浓度［（C_{ss}）$_{min}$］、稳态峰浓度［（C_{ss}）$_{max}$］、平均稳态血药浓度［（C_{ss}）$_{av}$］、消除半衰期（$t_{1/2}$）、清除率（CL 或 CL/F）、稳态血药浓度－时间曲线下面积（AUC_{ss}）及波动系数（DF）等。

对试验结果进行分析，说明多次给药时药物在体内的药代动力学特征，同时应与单剂量给药的相应药代动力学的参数进行比较，观察它们之间是否存在明显的差异，特别在吸收和消除等方面有否显著的改变，并对药物的蓄积作用进行评价，提出用药建议。

（3）进食对口服药物制剂药代动力学影响的研究：许多口服药物制剂的消化道吸收速率和程度往往受食物的影响，它可能减慢或减少药物的吸收，但亦可能促进或增加某些药物的吸收。

本研究通过观察口服药物在饮食前后服药时对药物药代动力学，特别是对药物的吸收过程的影响，旨在为后续临床研究制定科学、合理的用药方案提供依据。因此，研究时所进的试验餐应是高脂、高热量的配方，以便使得食物对胃肠道生理状态的影响达到最大，使进食对所研究药物的药代动力学的影响达到最大。该项研究应在Ⅰ期临床试验阶段进行，以便获得有助于Ⅱ、Ⅲ期临床试验设计的信息。

进行本试验时，受试者的选择和要求，试验药物的要求均同健康志愿者单次给药的药代动力学研究。

试验设计及试验步骤：本试验通常可采用随机双周期交叉设计，也可以根据药物的代谢特性与单剂量交叉试验结合在一起进行。

①受试者例数：每组 10～12 例。

②药物剂量：选用Ⅱ期临床试验的拟订给药剂量。

③进食试验餐的方法：本试验应从开始进食试验餐起计时，这样才能排除进餐速度对服药时间的影响。试验餐要在开始进食后 30 分钟内吃完。并且在两个试验周期应保证试验餐的配方一致。

餐后服药组应在进餐开始 30 分钟后给药，用 200～250mL 水送服。

④采样点确定：原则上参考单次给药的采样方法，但应考虑食物影响的程度，其采样点分布可做适当调整。

根据试验结果对进食是否影响该药吸收及其药代动力学特征进行分析和小结。

（4）药物代谢产物的药代动力学研究：根据非临床药代动力学研究结果，如果药物主要以代谢方式消除，其代谢物可能具有明显的药理活性或毒性作用，或作为酶抑制剂而使药物的作用时间延长或作用增强，或通过竞争血浆和组织的结合部位而影响药物的处置过程，则代谢物的药代动力学特征可能影响药物的疗效和毒性。对于具有上述特性的药物，在进行原形药物单次给药、多次给药的药代动力学研究时，应考虑同时进行代谢物的药代动力学研究。

（5）药物－药物的药代动力学相互作用研究：当所研究的药物在临床上可能与其他药物同时或先后应用，由于药物间在吸收、与血浆蛋白结合、诱导/抑制药酶、存在竞争排泌或重吸收等方面存在相互作用，特别是药物与血浆蛋白的竞争性结合、对药物代谢酶的诱导或抑制等均可能导致药物血浆浓度明显变化，使药物疗效或毒性发生改变需调整用药剂量时，应进行药物-药物的药代动力学相互作用研究，并尽可能明确引起相互作用的因素或机制，为制定科学、合理的联合用药方案提供依据。大多数药代动力学相互作用研究可在健康志愿者中进行。

2. 目标适应证患者的药代动力学研究

患者的疾病状态可能会改变药物的药代动力学特性，如心力衰竭患者由于循环淤血影响药物的吸收、分布及消除，内分泌疾病如糖尿病、甲亢或甲低会明显影响药物的分布和消除，其他如消化系统疾病、呼吸系统疾病均可影响药物的药代动力学特征。在目标适应证患者，如其疾病状态可能对药物的药代动力学产生重要影响，应进行目标适应证患者的药代动力学研究，明确其药代动力学特点，以指导临床合理用药。一般这类研究应在Ⅱ期和Ⅲ期临床试验期间进行。

本研究包括单次给药和（或）多次给药的药代动力学研究，也可采用群体药代动力学研究方法。

许多药物的血药浓度与其临床药效、毒性反应密切相关。通过临床药代动力学与药效动力学的相关性研究，可探讨药物的药效学和药代动力学的相关关系、治疗血药浓度范围和中毒浓度，为临床用药的有效性安全性提供依据。

3. 特殊人群的药代动力学研究

（1）肝功能损害患者的药代动力学研究：肝脏是药物消除的重要器官，许多药物进入体内后在肝脏代谢，因此肝脏损害可能会对这些药物经肝脏的代谢和排泄产生影响。对于前药或其他需经肝脏代谢活化者，可使活性代谢物的生成减少，从而导致疗效的降低；对于经肝脏代谢灭活的药物，可使其代谢受阻，原形药物的浓度明显升高，导致药物蓄积，甚至出现严重的不良反应。

肝功能受损对口服且存在首过效应的药物影响较大，可使血药浓度增加，提高生物利用度；可使多数药物血浆蛋白结合率降低，游离型药物浓度增加，从而增加药效甚至引起毒性效应；由于肝药酶量明显减少或活性降低，使通过肝药酶代谢消除的药物代谢速率和程度明显减退，使原形药浓度升高，消除半衰期延长，从而增加药效甚至引起毒性效应；肝内淤胆型肝病，由于胆汁流通不畅而影响药物从胆汁排泄，因此主要从胆汁排泄的药物的消除将受到影响。

药物研发过程中，在药物或其活性代谢物主要经肝脏代谢或排泄、虽肝脏不是药物或活性代谢物的主要消除途径，但药物的治疗范围窄等情况下，需考虑进行肝功能损害患者的药代动力学研究，并与健康志愿者的药代动力学结果进行比较，为临床合理用药提供依据。该类研究可在Ⅲ、Ⅳ期临床试验期间进行。

（2）肾功能损害患者的药代动力学研究：对于主要经肾脏排泌机制消除的药物，肾脏损害可能改变药物的药代动力学和药效，与用于肾功能正常的人相比，需改变药物的给药方案。

肾损害引起的最明显变化是药物或其代谢物经肾脏分泌的降低，或肾排泄的降低。肾损害也可引起药物吸收、肝代谢、血浆蛋白结合及药物分布的变化。这些变化在严重肾损害的患者可能特别突出，甚至于在肾脏途径不是药物排泄的主要途径时也可观察到这种情况。

对可能用于肾功能损害患者的药物，如药物或其活性代谢物的治疗指数小、主要通过肾脏消除，由于肾损害可能明显改变药物或其活性/毒性代谢物的药代动力学特性，必须通过调整剂量来保证这些患者用药的安全和有效时，需考虑在肾功能损害患者进行药代动力学研究，以指导合理用药。

该类研究可在Ⅲ、Ⅳ期临床试验期间进行。

（3）老年人药代动力学研究：与正常成年人不同，老年人可存在胃酸分泌减少，消化道运动机能减退，消化道血流减慢，体内水分减少，脂肪成分比例增加，血浆蛋白含量减少，肾单位、肾血流量、肾小球滤过率均下降，肝血流量减少，功能性肝细胞减少等改变，以上因素均可导致药物在老年人体内吸收、分布、代谢、排泄发生相应改变。当拟治疗疾病是一种典型的老年病或拟治疗人群中包含相当数量的老年患者时，需要进行老年人药代动力学研究，从而可根据其药代动力学特点选择恰当的药物，并调整给药剂量或给药间隔。

老年人的药代动力学研究可选择老年健康志愿者或患者，酌情在四个阶段的临床试验期间进行。

（4）儿科人群药代动力学研究：小儿胃液的pH低，胃肠蠕动慢，各组织水分的含量高，血浆蛋白含量低，血脑屏障处于发育阶段，对药物代谢能力较弱，儿童的生长发育对药物的吸收、分布、代谢、排泄这四个过程均有影响，药物在儿童与成人的药代动力学特性可能存在较大差异。所以，当拟治疗疾病是一种典型的儿科疾病或拟治疗人群中包含儿科人群时，应在儿科人群中进行药代动力学研究。

另外，不同年龄阶段的小儿其生长、发育有其各自的特点，其药代动力学特点也各不相同。因此，进行小儿药代动力学研究时，应考虑拟应用疾病、人群、药物本身特点等情况酌情选取不同发育阶段的小儿进行。

根据所研究药物的特点、所治疗的疾病类型、安全性考虑，以及可选择的其他治疗的疗效和安全性等因素，本研究可在Ⅰ～Ⅳ期临床试验期间进行。受试者多为目标适应证的患儿。

由于在儿科人群多次取血比较困难，因此可考虑使用群体药代动力学研究方法。

总之，在临床上，患有任一疾病的所有患者均是一个复杂的群体，不可能所有的患者仅患一种疾病、仅需使用一种药物治疗，而且食物会影响某些药物的吸收，合并使用的药物之间可能会发生相互作用，不同患者的代谢酶系统可能存在差异，患者可能同时存在肝脏功能或肾脏功能损害，而肝、肾功能损害会对许多药物的药代动力学产生显著影响。虽然健康志愿者的药物药代动力学研究结果对指导临床合理用药有重要作用，但未必适用于老年、婴幼儿和孕妇，也不一定适用于各种疾病状态。

正是因为人类疾病的复杂性、临床用药的多样性及许多因素都可能影响药物的药代、药效或安全性，所以，在药物研发过程中，应注意根据药物的理化特性、临床前药理毒理研究结果、拟用适应证、拟用人群情况等加以综合考虑。在进行临床药代动力学研究时，不要仅仅考虑健康志愿者的药代动力学研究，而且要关注上述各项有关药代动力学研究的问题。

药物的临床药代动力学研究结果是制定临床研究方案和临床用药方案、指导临床合理用药的基础，是药物开发中不可或缺的重要研究内容之一。药物研发单位应密切结合所研发药物的特点，以科学的态度，本着为临床用药服务的原则综合考虑，根据需要进行充分的临床药代动力学研究，并应选择适当时机逐步完成系统的临床药代动力学研究，尽可能提供全面的人体药物药代动力学信息，以保证临床用药的安全、有效。

说明书中的各项内容均需有足够的研究资料支持，药物临床药代动力学研究是制定说明书的重要依据之一。如应根据临床药代动力学研究结果阐述肝、肾损害患者是否需要及如何进行剂量调整，如未进行肝、肾损害的研究，在说明书中应当指出“未在肝、肾损害患者进行研究”，在说明书的药代动力学、用法用量、注意事项、禁忌证、特殊人群项下，应对有关内容加以说明。

三、药物制剂的人体生物利用度和生物等效性研究技术要求

药物制剂要产生最佳疗效，其药物活性成分应当在预期时间段内释放吸收并被转运到作用部位达到预期的有效浓度。大多数药物是进入血液循环后产生全身治疗效果的，作用部位的药物浓度和血液中药物浓度存在一定的比例关系，因此可以通过测定血液循环中的药物浓度来获得反映药物体内吸收程度和速度的主要药代动力学参数，间接预测药物制剂的临床治疗效果，以评价制剂的质量。允许这种预测的前提是制剂中活性成分进入体内的行为是一致并且可重现的。

生物利用度（bioavailability，BA）是反映药物活性成分吸收进入体内的程度和速度的指标。过去出现的一些由于制剂生物利用度不同而导致的不良事件，使人们认识到确有必要对制剂中活性成分生物利用度的一致性或可重现性进行验证，尤其是在含有相同活性成分的仿制产品要替代它的原创制剂进入临床使用的时候。鉴于药物浓度和治疗效果相关，假设在同一受试者，相同的血药浓度-时间曲线意味着在作用部位能达到相同的药物浓度，并产生相同的疗效，那么就可以药代动力学参数作为替代的终点指标来建立等效性，即生物等效性（bioequivalence，BE）。BA 和 BE 研究已经成为评价制剂质量的重要手段。

（一）BA 和 BE 基本概念及应用

1. 基本概念

（1）生物利用度：是指药物活性成分从制剂释放吸收进入全身循环的程度和速度。一般分为绝对生物利用度和相对生物利用度。绝对生物利用度是以静脉制剂（通常认为静脉制剂生物利用度为100%）为参比制剂获得的药物活性成分吸收进入体内循环的相对量；相对生物利用度则是以其他非静脉途径给药的制剂（如片剂和口服溶液）为参比制剂获得的药物活性成分吸收进入体循环的相对量。

（2）生物等效性：是指药学等效制剂或可替换药物在相同试验条件下，服用相同剂量，其活性成分吸收程度和速度的差异无统计学意义。通常意义的 BE 研究是指用 BA 研究方法，以药代动力学参数为终点指标，根据预先确定的等效标准和限度进行的比较研究。在

药代动力学方法确实不可行时，也可以考虑以临床综合疗效、药效学指标或体外试验指标等进行比较性研究，但需充分证实所采用的方法具有科学性和可行性。

2. 其他概念

了解以下几个概念将有助于理解 BA 和 BE。

原创药（innovator product）：是指已经过全面的药学、药理学和毒理学研究及临床研究数据证实其安全有效性并首次被批准上市的药品。

药学等效性（pharmaceutical equivalence）：如果两制剂含等量的相同活性成分，具有相同的剂型，符合同样的或可比较的质量标准，则可以认为他们是药学等效的。药学等效不一定意味着生物等效，因为辅料的不同或生产工艺差异等可能会导致药物溶出或吸收行为的改变。

治疗等效性（therapeutic equivalence）：如果两制剂含有相同活性成分，并且临床上显示具有相同的安全性和有效性，可以认为两制剂具有治疗等效性。如果两制剂中所用辅料本身并不会导致有效性和安全性问题，生物等效性研究是证实两制剂治疗等效性最合适的办法。如果药物吸收速度与临床疗效无关，吸收程度相同但吸收速度不同的药物也可能达到治疗等效。而含有相同的活性成分只是活性成分化学形式不同（如某一化合物的盐、酯等）或剂型不同（如片剂和胶囊剂）的药物制剂也可能治疗等效。

基本相似药物（essentially similar product）：如果两个制剂具有等量且符合同一质量标准的药物活性成分，具有相同剂型，并且经过证明具有生物等效性，则两个制剂可以认为是基本相似药物。从广义上讲，这一概念也应适用于含同一活性成分的不同的剂型，如片剂和胶囊剂。原创药的基本相似药物是可以替换原创药使用的。

3. BA 和 BE 的应用

BA 和 BE 均是评价制剂质量的重要指标，BA 强调反映药物活性成分到达体内循环的相对量和速度，是新药研究过程中选择合适给药途径和确定用药方案（如给药剂量和给药间隔）的重要依据之一。BE 则重点在于以预先确定的等效标准和限度进行的比较，是保证含同一药物活性成分的不同制剂体内行为一致性的依据，是判断后研发产品是否可替换已上市药品使用的依据。

BA 和 BE 研究在药品研发的不同阶段有不同作用：

在新药研究阶段，为了确定新药处方、工艺合理性，通常需要比较改变上述因素后制剂是否能达到预期的生物利用度；开发了新剂型，要对拟上市剂型进行生物利用度研究以确定剂型的合理性，通过与原剂型比较的 BA 研究来确定新剂型的给药剂量，也可通过 BE 研究来证实新剂型与原剂型是否等效；在临床试验过程中，可通过 BE 研究来验证同一药物的不同时期产品的前后一致性，如早期和晚期的临床试验用药品，临床试验用药品（尤其是用于确定剂量的试验药）和拟上市药品等的比较。

在仿制生产已有国家标准药品时，可通过 BE 研究来证明仿制产品与原创药是否具有生物等效性，是否可与原创药替换使用。

药品批准上市后，如处方组成成分、比例及工艺等出现一定程度的变更时，研究者需要根据产品变化的程度来确定是否进行 BE 研究，以考察变更后和变更前产品是否具有生物等效性。以提高生物利用度为目的研发的新制剂，需要进行 BA 研究，了解变更前后生物利用度的变化。

（二）BA 和 BE 的研究方法

BE 研究是在试验制剂和参比制剂的生物利用度比较基础上建立等效性，BA 研究多数也是比较性研究，两者的研究方法与步骤基本一致，只是研究目的不同，导致在某些设计和评价上有一些不同。故在这部分主要阐述 BE 研究方法，该方法同样适合于 BA 研究，建议研究者根据产品研究目的来进行适当调整。

目前推荐的生物等效性研究方法包括体内和体外的方法。按方法的优先考虑程度从高到低排列为：药代动力学研究方法、药效动力学研究方法、临床比较试验方法、体外研究方法。

1. 药代动力学研究

此为采用人体生物利用度比较研究的方法。通过测量不同时间点的生物样本（如全血、血浆、血清或尿液）中药物浓度，获得药物浓度－时间曲线（concentration－time curve，C－T）来反映药物从制剂中释放吸收到体循环中的动态过程。并经过适当的数据，得出与吸收程度和速度有关的药代动力学参数，如曲线下面积（AUC）、达峰浓度（C_{max}）、达峰时间（T_{max}）等，通过统计学比较以上参数，判断两制剂是否生物等效。

2. 药效动力学研究

在无可行的药代动力学研究方法建立生物等效性研究时（如无灵敏的血药浓度检测方法、浓度和效应之间不存在线性相关），可以考虑用明确的可分级定量的人体药效学指标通过效应－时间曲线（effect－time curve）与参比制剂比较来确定生物等效性。

3. 临床比较试验

当无适宜的药物浓度检测方法，也缺乏明确的药效学指标时，也可以通过以参比制剂为对照的临床比较试验，以综合的疗效终点指标来验证两制剂的等效性。然而，作为生物等效研究方法，对照的临床试验可能因为样本量不足或检测指标不灵敏而缺乏足够的把握度去检验差异，故建议尽量采用药代动力学研究方法。通过增加样本量或严格的临床研究实施在一定程度上可以克服以上局限。

4. 体外研究

一般不提倡用体外的方法来确定生物等效性，因为体外并不能完全代替体内行为，但在某些情况下，如能提供充分依据，也可以采用体外的方法来证实生物等效性。根据生物药剂学分类证明属于高溶解度，高渗透性，快速溶出的口服制剂可以采用体外溶出度比较研究的方法验证生物等效，因为该类药物的溶出、吸收已经不是药物进入体内的限速步骤。对于难溶性但高渗透性的药物，如已建立良好的体内外相关关系，也可用体外溶出的研究来替代体内研究。

（三）BA 和 BE 研究具体要求

以药代动力学参数为终点指标的研究方法是目前普遍采用的生物等效性研究方法。一个完整的生物等效性研究包括生物样本分析、实验设计、统计分析、结果评价四个方面内容。

1. 生物样本分析方法的建立和确证

见附录。

2. 实验设计与操作

（1）交叉设计：是目前应用最多最广的方法，因为多数药物吸收和清除在个体之间均存在很大变异，个体间的变异系数远远大于个体内变异系数，因此生物等效性研究一般要求按自身交叉对照的方法设计。把受试对象随机分为几组，按一定顺序处理，一组受试者先服用受试制剂，后服用参比制剂；另一组受试者先服用参比制剂，后服用受试制剂。两顺序间应有足够长的间隔时间，为清洗期（wash - out period）。这样，对每位受试者都连续接受两次或更多次的处理，相当于自身对照，可以将制剂因素对药物吸收的影响与其他因素区分开来，减少了不同试验周期和个体间差异对试验结果的影响。

根据试验制剂数量不同，一般采用 2×2 交叉、3×3 交叉等设计。如果是两种制剂比较，双处理、双周期，两序列的交叉设计是较好的选择。如试验包括 3 个制剂（受试制剂 2 个和参比制剂 1 个）时，宜采用 3 制剂 3 周期二重 3×3 拉丁方试验设计。各周期间也应有足够的清洗期。

设定清洗期是为了消除两制剂的互相干扰，避免上个周期内的处理影响到随后一个周期的处理中。清洗期一般不应短于 7 个消除半衰期。

但有些药物或其活性代谢物半衰期很长时则难以按此方法设计实施，在此情况下可能需要考虑按平行组设计进行，但样本量可能要增加。

而对于某些高变异性药物（highly variable drug），根据具体情况，除采用增加例数的办法外，可采用重复交叉设计，对同一受试者两次接受同一制剂时可能存在的个体内差异进行测定。

（2）受试者的选择

①受试者入选条件：受试者的选择应当尽量使个体间差异减到最小，以便能检测出制剂间的差异。试验方案中应明确入选和剔除条件。

一般情况应选择男性健康受试者。特殊作用的药品，则应根据具体情况选择适当受试者。选择健康女性受试者应避免怀孕的可能性。如待测药物存在已知的不良反应，可能带来安全性担忧，也可考虑选择患者作为受试者。

年龄：一般 18～40 周岁，同一批受试者年龄不宜相差 10 岁以上。

体重：正常受试者的体重一般不应低于 50kg。按 BMI = 体重（kg）/身高^2（m^2）计算，一般应在标准体重范围内。同一批受试者体重（kg）不宜悬殊过大，因为受试者服用的药物剂量是相同的。

受试者应经过全面体检，身体健康，无心、肝、肾、消化道、神经系统、精神异常及代谢异常等病史；体格检查示血压、心率、心电图、呼吸状况、肝、肾功能和血象无异常，避免药物体内过程受到疾病干扰。根据药物类别和安全性情况，还应在试验前、试验期间、试验后进行特殊项目检查，如降糖药应检查血糖水平。

为避免其他药物干扰，试验前两周内及试验期间禁服任何其他药物。实验期间禁烟、酒及含咖啡因的饮料，或某些可能影响代谢的果汁等，以免干扰药物体内代谢。受试者应无烟、酒嗜好。如有吸烟史，在讨论结果时应考虑可能的影响。

如已知药物存在遗传多态性导致代谢差异，应考虑受试者由于慢代谢可能出现的安全性等问题。

②受试者例数：受试者例数应当符合统计学要求，对于目前的统计方法，18～24 例可满足大多数药物对样本量的需求，但对某些变异性大的药物可能需要适当增加例数。

一个临床试验的例数多少是由三个基本因素决定的：a. 显著性水平：即 α 值的大小，通常取 0.05 或 5%；b. 把握度：即 $1-\beta$ 值的大小，一般定为不小于 80%，其中 β 是犯第Ⅱ类错误的概率，也就是把实际有效误判为无效的概率；c. 变异性（*CV*%）和差别（θ）：两药等效性检验中检测指标的变异性和差别越大所需例数越多。在试验前并不知道 θ 和 *CV*%，只能根据已有的参比制剂的上述参数来估算或进行预试验。另外，当一个生物利用度试验完成后，可以根据 θ、*CV*% 和把握度等参数来求 N 值，并与试验所选择例数进行对比，检验试验所采用例数是否合适。

③受试者分组：必须采用随机方法分组，各组间应具有可比性。

（3）受试制剂和参比制剂（test product and reference product，T and R）：参比制剂的质量直接影响生物等效性试验结果的可靠性，一般应选择国内已经批准上市相同剂型药物中的原创药。在无法获得原创药时，可考虑选用上市主导产品作为参比制剂，但需提供相关质量证明（如含量、溶出度等检查结果）及选择理由。若为完成特定研究目的，可选用相同药物的其他药剂学性质相近的上市剂型作为参比制剂，这类参比制剂亦应该是已上市的且质量合格的产品。参比制剂和受试制剂含量差别不能超过 5%。

对于受试制剂，应为符合临床应用质量标准的中试或生产规模的产品。应提供该制剂的体外溶出度、稳定性、含量或效价测定、批间一致性报告等，供试验单位参考。个别药物尚需提供多晶型及光学异构体的资料。

参比制剂和受试制剂均应注明研制单位、批号、规格、保存条件、有效期。

试验结束后受试制剂和参比制剂应保留足够长时间直到产品批准上市以备查。

（4）给药剂量：进行药物制剂生物利用度和生物等效性研究时，给药剂量一般应与临床单次用药剂量一致，不得超过临床推荐的单次最大剂量或已经证明的安全剂量。受试制剂和参比制剂一般应服用相等剂量，需要使用不相等剂量时，应说明理由并提供所用剂量范围内的线性药代动力学特征依据，结果可以剂量校正方式计算生物利用度。

一般情况下，普通制剂仅进行单剂量给药研究即可，但在某些情况下可能需要考虑进行多次给药研究。如受试药单次服用后原形药或活性代谢物浓度很低，难以用相应分析方法精密测定血药浓度时；受试药的生物利用度有较大个体差异；药物吸收程度相差不大，但吸收速度有较大差异；缓控释制剂。进行多次给药研究应按临床推荐的给药方案给药，至少连续 3 次测定谷浓度，确定血药浓度达稳态后选择一个给药间隔取样进行测定，并据此计算生物利用度。

（5）取样：取样点的设计对保证试验结果可靠性及药代动力学参数计算的合理性均有十分重要的意义。通常应有预试验或参考国内外的药代文献，为合理设计采样点提供依据。

应用血药浓度测定法时，一般应兼顾到吸收相、平衡相（峰浓度）和消除相。在药物浓度-时间曲线各时相及预计达峰时间前后应有足够采样点，使浓度-时间曲线能全面反应药物在体内处置的全过程。服药前应先取空白血样。一般在吸收相部分取2~3个点，峰浓度附近至少需要3个点，消除相取3~5个点。尽量避免第一个点即为C_{max}，预试验将有助于避免这个问题。采样持续到受试药原形或其活性代谢物3~5个半衰期时，或至血药浓度为C_{max}的1/10~1/20，$AUC_{0\to t}/AUC_{0\to\infty}$通常应当大于80%。对于长半衰期药物，应尽可能取样持续到足够比较完整的吸收过程，因为末端消除项对该类制剂吸收过程的评价影响不大。多次给药研究中，对于一些已知生物利用度受昼夜节律影响的药物，则应该连续24小时取样。

当受试药不能用血药浓度测定方法进行生物利用度检测时，若该药原形或活性代谢物主要由尿排泄（大于给药剂量的70%），可以考虑尿药法测定，以尿样中药物的累积排泄量来反映药物摄入量。试验药品和试验方案应当符合生物利用度测定要求。尿样的收集采用分段收集法，其采集频度、间隔时间应满足估算受试药原形药或活性代谢物经尿的排泄程度。但该方法不能反映药物吸收速度，误差因素较多，一般不提倡采用。

某些药物在体内迅速代谢，无法测定生物样品中原形药物，也可采用测定生物样品中主要代谢物浓度的方法，进行生物利用度和生物等效性试验。

（6）药代动力学参数计算：一般用非房室数学模型分析方法来估算药代动力学参数。用房室模型方法估算药代参数时，采用不同的方法或软件其值可能有较大差异。研究者可根据具体情况选择使用，但所用软件必须经确证并应在研究报告中注明所用软件。在生物等效性研究中，其主要测量参数C_{max}和T_{max}均以实测值表示。$AUC_{0\to t}$以梯形法计算，故受数据处理程序影响不大。

（7）研究过程标准化：整个研究过程应当标准化，以使得除制剂因素外，其他各种因素导致的体内药物释放吸收差异减少到最小，包括受试者的饮食、活动，都应控制。试验工作应在Ⅰ期临床试验观察室进行。受试者应得到医护人员的监护。受试期间发生的任何不良反应，均应及时处理和记录，必要时停止试验。

3. 数据处理及统计分析

（1）数据表达：BA和BE研究必须提供所有受试者各个时间点受试制剂和参比制剂的药物浓度测定数据、每一时间点的平均浓度（Mean）及其标准差（*SD*）和相对标准差（*RSD*），提供每个受试者的浓度-时间曲线（C-T曲线）和平均C-T曲线及C-T曲线各个时间点的标准差。不能随意剔除任何数据。脱落者的数据一般不可用其他数据替代。

（2）药代动力学参数

①单次给药的BA和BE研究：提供所有受试者服用受试制剂和参比制剂的$AUC_{0\to t}$、$AUC_{0\to\infty}$、C_{max}、T_{max}、$t_{1/2}$、CL、Vd、F等参数及其平均值和标准差。

C_{max}和T_{max}均以实测值表示。$AUC_{0\to t}$以梯形法计算。$AUC_{0\to\infty}$按公式计算：$AUC_{0\to\infty}=AUC_{0\to t}+Ct/\lambda_z$（t为最后一次可实测血药浓度的采样时间；$Ct$为末次可测定样本药物浓度；$\lambda z$系对数浓度-时间曲线末端直线部分求得的末端消除速率常数，可用对数浓度-时间曲线末端直线部分的斜率求得。$t_{1/2}$用公式：$t_{1/2}=0.693/\lambda z$计算。

以各个受试者受试制剂（T）和参比制剂（R）的$AUC_{0\to t}$按下式分别计算其相对生物利

用度（F）值：

当受试制剂和参比制剂剂量相同时：$F = AUC_T/AUC_R \times 100\%$

受试制剂和参比制剂剂量不同时，若受试药物具备线性药代动力学特征，可按下式以剂量予以校正：$F = [AUC_T \times DR/AUC_R \times D_T] \times 100\%$（$AUC_T$、$AUC_R$ 分别为 T 和 R 的 AUC，D_R、D_T 分别为 T 和 R 的剂量）。

②对于多次给药的 BA 和 BE 研究：提供受试制剂和参比制剂的三次谷浓度数据（C_{min}），达稳态后的 AUC_{ss}、$(C_{ss})_{max}$、$(C_{ss})_{min}$、$(T_{ss})_{max}$、$t_{1/2}$、F、DF 等参数。当受试制剂与参比制剂剂量相等时，F 值按下式计算：

$F = AUC_{ss}T/AUC_{ss}R \times 100\%$（式中 $AUC_{ss}T$ 和 $AUC_{ss}R$ 分别为 T 和 R 稳态条件下的 AUC）

（3）统计分析

①对数转换

评价 BE 的药代动力学参数 $AUC_{0\to t}$ 和 C_{max} 在进行等效性检验前必须做对数转换。当数据有偏移时经对数转换可校正其对称性。此外，统计中数据对比宜用比值法而不用差值法，通过对数转换，可实现将均值之比置信区间转换为对数形式的均值之差的计算。

②等效判断标准

当前普遍采用主要药代参数经对数转换后以多因素方差分析（ANOVA）进行显著性检验，然后用双单侧 t 检验和计算 90% 置信区间的统计分析方法来评价和判断药物间的生物等效性。

方差检验是显著性检验，设定的无效假设是两药无差异，检验方式为是与否，在 $P < 0.05$ 时认为两者差异有统计意义，但不一定不等效；$P > 0.05$ 时认为两药差异无统计意义，但并不能认为两者相等或相近。在生物利用度试验中，采用多因素方差分析进行统计分析，以判断药物制剂间、个体间、周期间和服药顺序间的差异。在生物等效性实验中，方差分析可提示误差来源，为双单侧 t 检验计算提供了误差值（MSE）。

双单侧 t 检验及 $(1-2\alpha)\%$ 置信区间法是目前生物等效检验的唯一标准。双向单侧 t 检验是等效性检验，设定的无效假设是两药不等效，受试制剂在参比制剂一定范围之外，在 $P < 0.05$ 时说明受试制剂没有超过规定的参比制剂的高限和低限，拒绝无效假设，可认为两药等效。$(1-2\alpha)\%$ 置信区间是双单侧 t 检验另一种表达方式。其基本原理是在高、低两个方向对受试制剂的参数均值与高低界值之间的差异分别作单侧 t 检验，若受试制剂均数在高方向没有大于等于参比制剂均数的 125%（$P < 0.05$），且在低方向也没有小于等于参比制剂均数的 80%（$P < 0.05$），即在两个方向的单侧 t 检验都能以 95% 的置信区间确认没有超出规定范围，则可认为受试制剂与参比制剂生物等效。

等效判断标准：一般规定，经对数转换后的受试制剂的 $AUC_{0\to t}$ 在参比制剂的 80% ~ 125% 范围，受试制剂的 C_{max} 在参比制剂的 70% ~ 143% 范围。根据双单侧检验的统计量，同时求得 $(1-2\alpha)\%$ 置信区间，如在规定范围内，即可有 $1-2\alpha$ 的概率判断两药生物等效。

如有必要时，应对 T_{max} 经非参数法检验，如无差异，可以认定受试制剂与参比制剂生物等效。

（4）群体生物等效性和个体生物等效性：目前均采用平均生物等效性（average bioequivalence，ABE）评价方法，药物生物等效性的统计推断是以受试制剂和参比制剂生物利用度参数平均值为考察指标的，从他们的样本均数推断总体均数是否等效。由于平均生物等效性只考虑参数平均值，未考虑变异及分布，不能保证个体间生物利用度相近，对低变异和高变异药物设置的生物等效性标准一样。因此也有提出群体等效性（population bioequivalence，PBE）和个体生物等效性（individual bioequivalence，IBE）的概念。

PBE 评价的目的是为了获得某仿制药应用于人群的效果，不但要对被比较制剂均值的差别进行检验，还要比较被比较制剂的群体变异。IBE 评价除了比较均值的差别，还要比较个体内变异、个体和制剂间的交互作用，从而判断患者换用其他药物后是否合适。

4. 结果评价

生物等效性是指一种药物的不同制剂在相同的实验条件下，给予相同剂量，其吸收程度和吸收速度没有明显差异。故对受试制剂与参比制剂的生物等效性评价，应从药物吸收程度和吸收速度两方面进行，评价反映这两方面的药代动力学参数 $AUC_{0\to t}$、C_{max} 和 T_{max} 是否符合前述等效标准。

目前比较肯定 AUC 对药物吸收程度的衡量作用，而 C_{max}、T_{max} 依赖取样时间的安排，用它们衡量吸收速率有时是不够准确的，不适合用于具有多峰现象的制剂及个体变异大的实验。故在评价时，若出现某些不等效特殊情况，需具体问题加以具体分析。

对于 AUC，一般要求 90% 可信区间在 80% ~125% 范围内。对于治疗窗窄的药物，这个范围可能应适当缩小，而在极少数情况下，如果经临床证实合理的情况下，也可以适当放宽范围。对 C_{max} 也是如此。而对于 T_{max}，一般在释放快慢与临床疗效和安全性密切相关时需要统计评价，其等效范围可根据临床要求来确定。

对于出现受试制剂生物利用度高于参比制剂的情况，即所谓超生物利用度（suprabioavailability），可以考虑两种情况：①参比制剂是否本身生物利用度低的产品，因而受试制剂表现出生物利用度相对较高；②参比制剂质量符合要求，受试制剂确实超生物利用度。

结果的评价应结合研究目的出发，进行生物等效性评价的目的提供两制剂可替换使用的依据；进行生物利用度研究，则主要分析获得的相对生物利用度数值进一步指导确定新剂型的临床使用剂量。

5. 临床报告内容

为了满足评价的需求，一份生物等效性研究临床报告内容至少应包括以下内容：①实验目的；②生物样本分析方法的建立和考察的数据，提供必要的图谱；③详细的实验设计和操作方法，包括全部受试者的资料、样本例数、参比制剂、给药剂量、服药方法和采样时间安排；④原始测定未知样品浓度全部数据，每个受试者药代参数和药时曲线；⑤采用的数据处理程序和统计分析方法以及详细统计过程和结果；⑥服药后的临床不良反应观察结果，受试者中途退出和脱落记录及原因；⑦生物利用度或生物等效性结果分析以及讨论；⑧参考文献。正文前应有简短摘要，正文末应注明实验单位、研究负责人、参加实验人员，并签名盖章，以示对研究结果负责。

（四）特殊制剂的 BA 和 BE

以上研究方法主要针对普通口服制剂，在某些特殊剂型要求可能不同。

1. 口服缓（控）释制剂

缓（控）释制剂因为采用了新技术改变了其体内释放吸收过程，因此必须进行生物利用度比较研究以证实其缓（控）释特征，但在实验设计和评价时与普通制剂都有不同。一般要求应在单次给药和多次给药达稳态两种条件下进行。由于缓（控）释制剂释放时间长，可能受食物影响大，因此必要时还应考虑食物对吸收的影响。

（1）单次给药试验：旨在比较受试者于空腹状态下服用缓（控）释受试制剂与参比制剂的吸收速度和吸收程度的生物等效性，确认受试制剂的缓（控）释药代动力学特征。实验设计基本同普通制剂，给药方式应与临床推荐用法用量一致。

①参比制剂：若国内已有相同产品上市，应选用该缓（控）释制剂相同的国内上市的原创药或主导产品作为参比制剂；若系创新的缓（控）释制剂，则以该药物已上市同类普通制剂的原创药或主导产品作为参比制剂。

②应提供药物代谢动力学参数：各受试者受试制剂与参比制剂的不同时间点生物样品药物浓度，以列表和曲线图表示；计算各受试者的药代动力学参数并计算均值与标准差，包括 $AUC_{0\to t}$、$AUC_{0\to\infty}$、C_{max}、T_{max}、F 值，并尽可能提供其他参数，如平均滞留时间（MRT）等体现缓（控）释特征的指标。

③结果评价：缓（控）释受试制剂单次给药的相对生物利用度估算同普通制剂。如缓（控）释受试制剂与缓（控）释参比制剂比较，如 AUC、C_{max}、T_{max} 均符合生物等效性统计学要求，可认定两制剂于单次给药条件下生物等效；若缓（控）释受试制剂与普通制剂比较，一般要求 AUC 不低于普通制剂的 80%，而 C_{max} 明显降低，T_{max} 明显延迟，即显示该制剂具缓释或控释动力学特征。

（2）多次给药试验：旨在比较受试制剂与参比制剂多次连续用药达稳态时，药物的吸收程度、稳态血药浓度和波动情况。

①给药方法：按临床推荐的给药方案连续服药的时间达 7 个消除半衰期后，通过连续测定至少 3 次谷浓度（谷浓度采样时间应安排在不同日的同一时间内），以证实受试者血药浓度已达稳态。达稳态后参照单次给药采样时间点设计，测定末次给药完整血药浓度 - 时间曲线。

以普通制剂为参比时，普通制剂与缓（控）释制剂应分别按推荐临床用药方法给药[例如普通制剂每日 2 次，缓（控）释制剂每日 1 次]，达到稳态后，缓（控）释制剂选末次给药，参照单次给药采样时间点设计，然后计算各参数，而普通制剂仍按临床用法给药，按 2 次给药的药时曲线确定采样时间点，测得 AUC 是实际 2 次给药后的总和，稳态峰浓度、达峰时间及谷浓度可用 2 次给药的平均值。如用剂量调整公式计算 AUC（如以 1 次给药 AUC 的 2 倍计），将会使测得的 AUC 值不能准确反映实际 AUC 值。

②应提供的药代动力学参数与数据：各受试者缓（控）释受试制剂与参比制剂不同时间点的血药浓度数据及均数和标准差；各受试者末次给药前至少连续 3 次测定的谷浓度（C_{min}）；各受试者在血药浓度达稳态后末次给药的血药浓度 - 时间曲线。稳态峰浓度[$(C_{ss})_{max}$]、达峰时间（T_{max}）及谷浓度[$(C_{ss})_{min}$]的实测值。并计算末次剂量服药前与达 τ 时间点实测 $(C_{ss})_{min}$ 的平均值、各受试者的稳态药时曲线下面积（AUC_{ss}）、平均稳态

血药浓度（C_{av}）。$C_{av}=AUC_{ss}/\tau$，式中 AUC_{ss} 系稳态条件下用药间隔期 $0-\tau$ 时间的 AUC，τ 是用药间隔时间；各受试者血药浓度波动度（DF_{ss}），$DF=(C_{max}-C_{min})/C_{av}\times100\%$

③结果评价：一般同缓（控）释制剂的单次给药试验的统计。当缓释制剂与普通制剂比较时，对于波动系数的评价，应结合缓释制剂本身的特点具体分析。

另外，对于不同的缓（控）释剂型，如结肠定位片、延迟释放片等，还应当考虑剂型的特殊性来设计试验，增加相应考察指标以体现剂型特点。

2. 特殊活性成分制剂

如活性成分为蛋白质多肽、激素、维生素、电解质等，因为存在内源性物质干扰问题及体内降解问题，所以生物样本分析方法的确定是其重点。同样建议参照国内外相关文献针对自身品种考虑。

3. 复方制剂

对复方化学药品制剂生物等效性研究，一般情况下某一成分的体内行为不能说明其他成分的体内行为，故原则上应证实每一个有效成分的生物等效性。试验设计时应尽量兼顾各个成分的特点。

总之，生物利用度和生物等效性研究只是作为一个验证制剂质量的方法学手段。受试制剂能否达到预期的生物利用度，受试制剂是否能达到与原创制剂或其他已经过临床试验证明了安全与有效药物的生物等效，都应该从最开始的处方筛选、生产工艺条件及质量研究等方面着手，尽可能分析原创制剂或参比制剂的有关文献，以实现研究目的。

第三节　中药新药药代动力学的研究方法

药代动力学研究方法通常采用体内药物浓度法，在测定血药浓度和尿药浓度有困难时，可采用生物效应法。在某些情况下也可采用微生物指标法、同位素标记法，和药物代谢物测定法。

一、体内药物浓度法

该方法是以一种或几种药理作用明确、结构已知的有效成分为指标，通过动态定时测定该成分在血液或其他生物组织中的浓度随时间变化过程，使用药代动力学软件进行数据处理，计算出各种药代动力学参数，以其为代表研究中药药代动力学。目前，有很多具有一定药理作用的中药单体化合物已经开发为产品供临床应用且疗效显著，如天麻素、苦参碱、川芎嗪等。许多中药复方制剂也通过此方法计算相应的药动学参数，如板蓝根注射液中以靛蓝，如意金黄散黑膏药中以小檗碱，双黄连注射液与气雾剂以绿原酸，含黄芩中药制剂以黄芩苷为指标成分。

该方法与化学药物的药代动力学原理、方法相似，均为利用现代化的分析手段，建立一个简便快捷、灵敏度高、回收率高、重现性好的测定方法。该法以血药浓度法为代表，常用的分析方法有分光光度法、原子吸收光谱法、薄层层析法、薄层扫描法、高效液相色谱法、气相色谱法、放射性同位素法、放射性免疫法、酶联免疫法等。近年来，还有一些新的分析方法也不断出现，如超临界流体色谱、柱切换技术、手性色谱、高效毛细管电泳等，此外还有质谱法、核磁共振技术及色谱与质谱核磁共振技术联用等。

血药浓度法的理论体系成熟，测量结果精确、严谨，以某药某成分为代表，可进行系统的药代动力学研究，在定性、定量组织脏器分布及代谢途径确定等方面，有可精确的数字化优势。该法用于中药药代动力学研究的关键在于：一是检测指标成分或代表成分的药代动力学参数能否表征整个复方的药代动力学特征。通过比较单体成分和单体成分在单味药和复方中的药代动力学行为的异同，并阐述导致药代动力学行为的原因，间接提示整个复方的药代动力学规律。二是如何从复杂的生物样品中定性定量检测微量指标成分（包括代谢产物），这涉及采用先进的分析检测技术和生物样品的预处理方法。

相信随着新技术和新方法的不断深入研究和完善，将会在体内药物分析中有着广阔的应用前景，对推动中药药代动力学的发展有很重要的意义。

二、生物效应法

中药成分十分复杂，即使是单味中药，其有效成分也有数种，而且多以复方给药，其有效成分及作用机制尚不清楚。采用有效成分不明确或缺乏定量分析手段的中药，采用单一组分为指标，用体液药物分析方法求得的药代动力学参数代表中药整体的药代动力学有很大的局限性。基于生物效应的变化取决于体内药量的变化的原理，70 年代以后出现了通过测定生物效应的经时过程反映体内药量的变化过程而进行药代动力学研究的生物效应法。该方法主要包括药理效应法、毒理效应法和微生物指标法。这些方法体现了整体观，从而使中药药代动力学研究迈向了一个新的阶段。

（一）药理效应法

假定药物在体内呈线性配置并在作用部位的药量（Q_t）与给药量（I）成正比，又与药效强度（E_t）存在对应的函数关系 $Q_t=f(E_t)$。因而给药后某一时刻 Q_t 与该时刻的 E 之间的函数关系可用 D 与 E 的函数关系 $D=f(E_t)$ 来表示，建立时间效应曲线，再变换为血药浓度－时间曲线，求出药代动力学参数。

药理效应法体现了中药的整体性，但中药作用是多方面的，某一作用的药代动力学过程同样不能反映整个复方的药代动力学过程。同一复方的不同药效指标求得的药代动力学参数有很大差异，但由于生物差异性，以及测定方法的准确度、精密度等限制，所得参数具有表观，难于找到灵敏又准确定量疗效的药理指标；而且由于所选药效指标的不同，测得的药代动力学参数差异较大。因此采用该法进行中药复方药代动力学研究关键是选择合适的药理指标，原则上是复方的主要作用与临床实际相一致，而且灵敏、可定量测定。

（二）毒理效应法

该法将药代动力学中多点动态检测与用动物急性病死率测定药物蓄积程度相结合。包括急性累计致死率法及 LD_{50} 补量法。

急性累计致死率法基本原理是将药代动力学的血药浓度中多点动态检测与用动物急性

病死率测定药物蓄积程度相结合，即将多组动物不同时间间隔给药，求出不同时间体存百分率的动态变化，由此推算药代动力学参数。

LD_{50}补量法在急性累计致死率法基础上进行了改进，将第2次腹腔注射同量药物改为求测 LD_{50}（t）。其优点是结果更精确，误差小，但动物用量成倍增加，操作更加复杂。此法观察指标明确，实验操作简便，但只适用于药理效应和毒理效应是同一组分的中药。同时，它以药物毒性为主要指标来反映药代动力学规律，不能代表有效成分的药代动力学规律。

三、微生物指标法

微生物指标法又称琼脂扩散法，其原理主要是选择适宜的标准试验细菌菌株，通过测定含有试验菌株的琼脂平板中抗菌扩散产生的抑菌圈直径与抗生素浓度的对数呈线性关系进行体液生物样品抗生素浓度测定，求得药代动力学参数，适宜于具有抗菌活性的中药复方。此法测定的是体液总体抗菌数，有简便易行、体液用量少等优点。但特异性不高，机体内外抗菌效应作用机制的差异、细菌选择的得当与否可在一定程度上影响药代动力学参数的准确性。

四、同位素标记法

如果缺乏专属性的药物定量方法，可以对实验动物给予同位素标记药物后，通过测定血浆或尿中的总放射性数据来估算药物的生物利用度。这种方法与其他非专属性方法一样，不能区分药物和代谢物，不能反映出吸收过程中在肠道或肝内的首过代谢，检测的是原型药物和代谢产物的总量，因而生物利用度的估算值将偏高。

五、药物代谢物测定法

如果药物吸收后很快经生物转化成为代谢产物，无法测定，则可通过比较试验制剂与参比制剂在血中或尿中代谢物浓度数据来估算药物的生物利用度。

第四节 药代动力学在中药新药研究中的应用及举例

虽然目前在中药新药申报注册过程中，中药药代动力学研究的促进作用还是有限的，但其研究有助于阐明中药药效物质基础及作用机制，为建立中药质量评价方法、克服剂型改革的盲目性提供依据，从而指导中药制剂处方与工艺筛选及剂型改革；有助于发现新的药效成分，为发现新的先导化合物提供依据，从而促进新药的研制；有助于阐明复方配伍原理，为筛选中药新组方及组方优化提供依据，促进中药复方新药的研制；阐明的药动学规律及药物相互作用规律，有助于确定给药方式、给药剂量、给药间隔及疗程，从而有助于提高临床整体治疗水平。中药药代动力学研究在中药现代化研究中已显现出明显的推动作用。

一、中药药代动力学研究在中药新药注册中的作用

一般的中药新药（如有效部位、提取物、单味药材及复方研制成的新药）因组成成分复杂，进行药代动力学研究比较困难，但一类中药新药有效成分的含量已达到90%以上，对药物作用的物质基础研究成为可能，故要求进行药代动力学研究。通过药代动力学研究，了解药物在体内的吸收、分布、代谢和排泄过程，从而说明药物的作用特点，为新药的进一步研发提供依据，为临床用药方案制定提供指导。

中药一类新药注册对药代动力学资料的要求与化学药品的要求一致。按照《化学药物非临床药代动力学研究技术指导原则》，需进行至少两种动物血药浓度－时间曲线、吸收、分布、排泄、血浆蛋白结合、生物转化及对药物代谢酶活性影响的研究；按照《化学药物临床药代动力学研究技术指导原则》，需进行健康志愿者单次和多次给药的药代动力学研究、进食对口服药物药代动力学影响的研究、药物代谢产物的药代动力学研究及药物－药物的药代动力学相互作用研究；还需进行目标适应证患者的药代动力学研究和特殊人群药代动力学研究。

实例1：中药第一类新药注射用藤黄酸临床前药代动力学研究

藤黄酸是从藤黄中分离提取出来的一种抗癌有效成分，可望发展为抗癌新药。为阐明其药动学行为，在临床前阶段进行了静脉注射给药后藤黄酸在大鼠和犬体内的药动学研究和在大鼠体内分布、排泄、代谢的研究。

大鼠18只分3组，分别静脉注射1mg/kg、2mg/kg、4mg/kg藤黄酸，Beagle犬12只分3组，分别静脉注射0.5mg/kg、1mg/kg、2mg/kg藤黄酸，HPLC法测定血浆藤黄酸浓度。藤黄酸消除半衰期呈剂量非依赖性，在大鼠体内为14.92～16.07min，在犬体内为57.95～60.95min，两种动物体内，*AUC*与剂量呈线性相关，提示藤黄酸在大鼠和犬体内的处置属于线性动力学；静注给药后藤黄酸广泛分布于肝、肺、脾、肾、胃、肠和心脏；主要通过胆汁排泄，给药后16h内藤黄酸在胆汁中的平均累积排泄百分率为36.5%，粪便中仅有少量的藤黄酸排出，其平均累积排泄百分率为1.04%，尿液中未检测到藤黄酸；在大鼠体内广泛代谢，胆汁中检测到藤黄酸的2个Ⅰ相代谢物及其相应的葡萄糖醛酸结合物。大鼠血浆藤黄酸浓度4～16μg/mL时，血浆蛋白结合率为29.6%～32.8%。这些结果为藤黄酸的进一步研发提供了基础，目前该药进入Ⅱ期临床试验阶段。

实例2：中药第一类新药人参皂苷－Rd注射液的Ⅰ期临床试验药代动力学研究

人参皂苷－Rd是从人参、三七等药材中提取的单体成分，对全脑缺血有明显保护和治疗作用，可用于急性缺血性脑卒中的治疗，可望研制成中药Ⅰ类新药，经国家食品药品监督管理局批准（2003L03528），进行了人参皂苷－Rd注射液在中国健康志愿者单剂量静滴的药代动力学试验。

12名健康志愿者按双拉丁方设计，试验分6组（每组2人）3个周期进行，每位受试者于3个周期内交叉静脉滴注人参皂苷－Rd注射液10mg、40mg、75mg（根据人体耐受性试验确定的3个剂量）。清洗期为大于2周。于输注前、输注开始后10min、20min、0.5h（输注结束）、1h、1.5h、2.5h、4.5h、6.5h、8.5h、12.5h、16.5h、24.5h、36.5h、

48.5h、60.5h、72.5h、84.5h、96.5h，静脉采血。用 LC/MS/MS 方法测定血浆人参皂苷 - Rd 浓度。获得 3 个剂量的浓度 - 时间曲线，经药代动力学软件分析，计算出药动学参数。结果表明，健康受试者单次静脉滴注人参皂苷 - Rd 注射液后，C_{max}、$AUC_{0\to t}$、$AUC_{0\to\infty}$ 随剂量的增加而基本成比例增加，$(t_{1/2})_z$ 在 17.7 ~ 19.3h，V_z 在 9.4 ~ 10.6L，CL_z 在 0.36 ~ 0.39L/h，剂量在 10 ~ 75mg 内，体内药代动力学行为表现为非剂量依赖的动力学特征。这些结果为Ⅱ期临床试验方案的设计和临床合理用药提供了依据。

中药药代动力学研究除了按照指导原则外，还应根据中药的特点，注意如下问题：①一类新药中除有效成分外，还存在相当一部分其他物质，不能排除这些成分对有效成分药代动力学的影响。因此，为使试验真实地反映受试物在体内的药代动力学情况，研究用样品必须为原料药或临床用制剂，不能使用标准品。②体内药物浓度检测方法，应符合生物样品测定的要求，应选择适宜的检测方法以排除相关物质的干扰。当测定原形药物的药代动力学过程不能解释药效时，应测定其活性代谢物，对可能的原因做出分析，并做适当的说明。

二、中药药物代谢动力学在中药剂型改革中的作用

在中药新药研制过程中，需采用现代科学技术与工艺，改变过去中药“粗大黑”的形象，改变口感较差的情况，提高有效物质含量，减少用药量，以符合现代用药需求。中药改革剂型作为现代中药研究成果的最主要表达形式和最终的商品形式，一直在现代化研究工作的推进过程中起到重要作用。

中药剂型改革应注意新剂型与原剂型相比，必须体现出明显优势。中药制剂开发过程中，在选择给药途径及剂型时，一般都经历一个复杂的考察过程，除了考察工艺可行、理化性质稳定、刺激性小等一般因素外，关键是要保证药效的稳定与可靠。仅通过体外的成分含量测定进行质控并不能保证药物的体内行为稳定可靠。通过体内药代动力学研究，可以为制剂研究提供最直接的依据。

药物的体内过程与药物的理化性质密切相关，同时受剂型特征、制剂所使用的辅料、制备工艺等因素影响。因此在进行制剂研究时，可结合药代动力学研究结果，利用或避开药物的某些性质。根据指导原则，新的给药系统研制，可根据不同的用药需要，结合药物及其制剂的特点，制定合理、可行的药代动力学研究方案；为了确定新药处方、工艺合理性，通常需要比较改变上述因素后的制剂是否能达到预期的生物利用度。

改变剂型的中药新药申请（如果药效成分明确）需按照《化学药物制剂人体生物利用度和生物等效性研究技术指导原则》，进行人体相对生物利用度研究，即以已上市的其他非静脉途径给药的制剂为参比制剂，研究药物活性成分吸收进入体循环的相对量；并根据预先确定的等效标准和限度，与参比制剂相比较，进行活性成分吸收程度和速度的等效性检验，评价生物等效性。

中药注射剂在临床上，尤其是在抢救危急重症的过程中，发挥着重要作用。然而，不断出现的不良反应事件对中药注射剂的研制提出了挑战。中药注射剂研制时，需要注意在大多数情况下，传统用药经验对注射剂处方组成的配伍及配比的指导作用有限。根据临床

用药安全、有效、方便的原则，注射给药途径应该能解决口服等其他非注射给药途径不能有效发挥作用的问题，应在有效性或安全性方面体现出明显优势。因此，中药有效成分和多成分注射剂的药代动力学研究结果必须支持注射剂的研究目的。

实例3：丹参多酚酸盐药代动力学研究

丹参多酚酸盐是从丹参中提取的水溶性成分，其中丹酚酸B镁含量达到80%以上，是丹参中治疗心血管疾病最重要、最有效的活性成分，但丹酚酸B口服生物利用度极低，因此，将丹参多酚酸盐研制成注射剂。

大鼠静注丹参多酚酸盐60mg/kg，丹酚酸B（LSB）及同系物迷迭香酸（RA）和紫草酸（LA）的$t_{1/2}$分别为1.04h、0.75h、2.0h，分布在肾、肺、肝、心、脾和脑，6h内86%LSB从胆汁排泄，血中有2个代谢物。Beagle犬静注丹酚酸B镁盐（MLB）3mg/kg、6mg/kg、12mg/kg，C_0分别为24mg/L、47mg/L、107mg/L，$AUC_{0\to t}$分别为109.3mg·min·L^{-1}、247.9mg·min·L^{-1}、582.4mg·min·L^{-1}，分布$t_{1/2}$分别为2.2min、2.7min、2.9min，消除$t_{1/2}$分别为43min、42min、42min。结果表明丹酚酸B及同系物分布及消除均快，组织分布广，这些结果为进一步的临床研究提供了依据。

健康志愿者静脉滴注丹参酚酸盐200mg、300mg、400mg，丹参酚酸盐药动学代谢呈二室模型，消除半衰期约1h，表观分布容积较大，提示为全身分布，多次用药在体内没有蓄积。这些结果为临床用药方案的制定提供了依据。该药已获得国家药监局批准上市，静脉滴注用于冠心病稳定型心绞痛。

实例4：三七总皂苷油包水微乳的处方筛选的药代动力学研究

三七总皂苷（panax notoginsenoside，PNS）是三七中的主要活性提取部位，其所含主要有效成分人参皂苷Rb1具有抗衰老、抑制缺血再灌注所致的心肌损伤、参与脂质代谢等作用。PNS水溶性好，口服后在胃肠道内不稳定，肠壁黏膜透过能力差，吸收较差。制成油包水（W/O）微乳后可以提高黏膜透过能力，改善药物的肠吸收。因此，通过筛选PNS的W/O微乳处方以期提高人参皂苷Rb1的吸收。

取不同油相与PNS 400mg/mL按照一定比例充分混合，滴加表面活性剂SP/EtOH（1/1）或SQO/EtOH（1/1）至体系澄清透明制得11种不同处方微乳，并测定微乳中Rb1浓度。PNS溶液（150mg/mL）作为对照组，给药剂量600mg/mL。大鼠乙醚轻度麻醉下剖开腹腔，由十二指肠部位注入微乳，于不同时间眼眶取血，制备血清，测定Rb1血药浓度，计算$AUC_{0\to\infty}$等药代动力学参数，计算相对生物利用度（Fr）。

结果表明，以IPP和2EHP为油相的微乳给药后Fr较对照组明显降低（$P<0.05$）；以Maisine 35－1为油相的微乳Fr与对照组相比无统计学差异；而其他油相处方均可明显提高Rb1的Fr（$P<0.05$）。随着脂肪酸碳链的增加，长链（$>C_{14}$）脂肪酸酯的吸收促进作用较中链脂肪酸酯（$C_8 \sim C_{14}$）有所降低。辛酸/癸酸三甘油酯为油相的处方，对Rb1的吸收促进作用大都低于其他的单－二甘油酯类化合物。通过比较给药不同三七总皂苷油包水微乳处方后的大鼠体内人参皂苷Rb1的血药浓度变化，计算AUC评价各处方的优劣，筛选出明显提高生物利用度的处方，为进一步研发提供了依据。

三、中药药物代谢动力学研究在阐明中药效应物质基础中的作用

中药效应物质是中药及其复方中进入体内发挥作用或产生毒性的化学成分，它是阐明中药作用和毒性的关键。在中药新药研制过程中，中药质量控制研究、新型给药系统研发和复方组方优化和新组方研制都要求对中药有效物质组成具有清楚的认识。然而，由于中药作用的整体性、中药成分和作用机制的复杂性，使得中药效应物质基础的研究进展缓慢，成为制约中药新药研制的瓶颈之一。中药及其复方中究竟哪个或哪些或哪群成分吸收进入了血液循环真正发挥“活性”作用，一直是中药研究中的一个“黑箱”，中药药物代谢动力学研究中药进入体内的成分及药代动学规律，正是打开这一“黑箱”的有效方法。中药药代动力学研究有助于阐明中药效应物质基础，从而为创新中药的质量标准制定、新型给药系统研发、复方新组方研制、安全性评价和临床合理用药提供基础，加速创新中药的研究和开发。

四、中药药物代谢动力学研究在促进中药国际化中的作用

由于传统中医药与西方现代医学体系之间存在较大差异，阻碍了中药产品进入国际市场的进程。中药产品要走出国门、进入国际市场，必须按照国际规范进行现代化研究，其中药代动力学研究是必不可少的项目。中药与美国食品药品监督管理局（FDA）颁布的《Guidance for industry：botanical drug products》中所指的植物药（包括植物体、藻类、大型真菌及它们的组合，不包括来源于植物的高度纯化的物质或经过化学修饰的物质）相似，通常也是多成分的，且活性成分多数也是未知的。FDA 规定，一般应监测植物药产品中已知的有效成分、代表性的标识成分或主要化学成分的血药浓度水平进行药代动力学研究；如现有的分析化学技术仍不能满足药代动力学检测的需要，FDA 建议可用生物效价检测方法代替分析化学检测方法进行药代动力学研究。因此，在中药新药的药代动力学研究中可以借鉴 FDA 对植物药新药申请中的药代动力学有关规定，同时应当考虑在临床研究中合用其他药物时可能的潜在药物相互作用。

Veregen™为 2006 年 10 月 FDA 批准的德国植物药公司 MediGene 的局部外用处方药，是 FDA 自 2004 年 6 月 15 日正式实施《Guidance for industry：botanical drug products》以来批准的第一个植物药制剂。Veregen™亦称 Polyphenon E Ointment，是来源于绿茶的一个混合物，主要成分为茶多酚，在 FDA 注册的药效物质为 Kunecatechins。Kunecatechins 是绿茶水提物的部分纯化部位，其中 85% ~95% 为儿茶素类成分，局部外用治疗外生殖器疣和肛周疣。Veregen™的临床试验共涉及 1882 名不同人种、不同年龄的受试者，共进行了药物动力学、皮肤耐受性、安全性和有效性等 11 项的Ⅰ、Ⅱ和Ⅲ期临床试验。

总之，中药药物代谢动力学不仅可阐明中药新药体内过程及动力学规律为新药研发提供依据，而且在阐明中药新药的药效物质基础、中药新药制剂研究、中药质量控制研究和中药复方组方研究、促进中药国际化等方面发挥着重要的促进作用。应该借鉴其他国家在植物药新药开发方面的成功经验，加强中药药代动力学研究，促进中药新药研究与开发。

源自中药的新药发明是我国新药研发的重要途径。目前中药多成分药代动力学研究取

得了明显进展，还需要通过多学科合作，创造出适合中药新药评价的药物代谢动力学研究方法体系。相信随着中药药物代谢动力学研究方法的不断完善，其在中药新药研究中将发挥更大的促进作用。

附件：药代动力学研究生物样品分析方法的建立和确证

由于生物样品一般来自全血、血清、血浆、尿液或其他临床生物样品，具有取样量少、药物浓度低、干扰物质多（如激素、维生素、胆汁及可能同服的其他药物）及个体差异大等特点，因此必须根据待测物的结构、生物介质和预期的浓度范围，建立灵敏、专一、精确、可靠的生物样品定量分析方法，并对方法进行确证。

一、常用分析方法

目前常用的分析方法有：①色谱法：气相色谱法（GC）、高效液相色谱法（HPLC）、色谱－质谱联用法（LC－MS、LC－MS－MS，GC－MS，GC－MS－MS）等，可用于大多数药物的检测。②免疫学方法：放射免疫分析法、酶免疫分析法、荧光免疫分析法等，多用于蛋白质多肽类物质检测。③微生物学方法，可用于抗生素药物的测定。

从目前发展看，生物样品的分析一般首选色谱法，如 HPLC、GC 法或 LC－MS、GC－MS 法，这类方法灵敏度、特异性、准确性一般都能适应临床药代动力学研究的需要，多数实验室也具备条件，因此应用最广，大约 90% 的药物浓度测定可以用色谱法来完成。具体选用何种分析方法应根据药物的化学结构、理化性质、仪器条件及借鉴文献方法多方面因素来考虑确定。

二、方法学确证

建立可靠的和可重复的定量分析方法是进行临床药代动力学研究的关键之一。为了保证分析方法可靠，必须对方法进行充分确证，一般应进行以下几方面的考察：

1. 特异性（specificity）

特异性是指在样品中存在干扰成分的情况下，分析方法能够准确、专一地测定分析物的能力。必须证明所测定物质是受试药品的原形药物或特定活性代谢物，生物样品所含内源性物质和相应代谢物、降解产物不得干扰对样品的测定，如果有几个分析物，应保证每一个分析物都不被干扰。应确定保证分析方法的最佳检测条件。对于色谱法至少要考察 6 个不同个体的空白生物样品色谱图、空白生物样品外加对照物质色谱图（注明浓度）及用药后的生物样品色谱图，以反映分析方法的特异性。对于以软电离质谱为基础的检测法（LC－MS、LC－MS－MS）应注意考察分析过程中的介质效应，如离子抑制等。

2. 标准曲线和定量范围（calibration curve）

标准曲线反映了所测定物质浓度与仪器响应值之间的关系，一般用回归分析法（如用加权最小二乘法等）所得的回归方程来评价。应提供标准曲线的线性方程和相关系数，说明其线性相关程度。标准曲线高低浓度范围为定量范围，在定量范围内浓度测定结果应达到试验要求的精密度和准确度。

配制标准样品应使用与待测样品相同生物介质，测定不同生物样品应建立各自的标准曲线，用于建立标准曲线的标准浓度个数取决于分析物可能的浓度范围和分析物/响应值关系的性质。非临床药代动力学必须至少5个浓度，临床药代动力学及人体生物利用度和生物等效性必须少用6个浓度，建立标准曲线，对于非线性相关可能需要更多浓度点。定量范围要能覆盖全部待测的生物样品浓度范围，不得用定量范围外推的方法求算未知样品的浓度。建立标准曲线时应随行空白生物样品，但计算时不包括该点，仅用于评价干扰。标准曲线各浓度点的实测值与标示值之间的偏差｛偏差=［（实测值－标示值）/标示值］×100%｝在可接受的范围之内时，可判定标准曲线合格。可接受范围一般规定为最低浓度点的偏差在±20%以内，其余浓度点的偏差在±15%以内。只有合格的标准曲线才能对临床待测样品进行定量计算。当线性范围较宽的时候，推荐采用加权的方法对标准曲线进行计算，以使低浓度点计算得比较准确。

3. 定量下限（lower limit of quantitation，LLOQ）

定量下限是标准曲线上的最低浓度点，表示测定样品中符合准确度和精密度要求的最低药物浓度。LLOQ应能满足测定3～5个消除半衰期时样品中的药物浓度或能检测出C_{max}的1/10～1/20的药物浓度。其准确度应在真实浓度的80%～120%范围内，相对标准差（*RSD*）应小于20%。至少应由5个标准样品测试结果证明。

4. 精密度与准确度（precision and accuracy）

精密度是指在确定的分析条件下，相同介质中相同浓度样品的一系列测量值的分散程度。通常用质控样品的批内和批间相对标准差（*RSD*）来考察方法的精密度。一般*RSD*应小于15%，在LLOQ附近*RSD*应小于20%。

准确度是指在确定的分析条件下，测得的生物样品浓度与真实浓度的接近程度（即质控样品的实测浓度与真实浓度的偏差），重复测定已知浓度分析物样品可获得准确度。一般应在85%～115%范围内（一般偏差应少于15%），在LLOQ附近应在80%～120%范围内。

一般要求选择高、中、低3个浓度的质控样品同时进行方法的精密度和准确度考察。低浓度通常选择在LLOQ的3倍以内，高浓度接近于标准曲线的上限，中间选一个浓度。在测定批内精密度时，每一浓度至少制备并测定5个样品。为获得批间精密度，应在不同天连续制备并测定，至少有连续3个分析批（不少于45个样品）的结果合格。

5. 样品稳定性（Stability）

根据具体情况，对含药生物样品在室温、冰冻和冻融条件下及不同存放时间进行稳定性考察，以确定生物样品稳定的存放条件和时间，应在确保样品稳定的条件下进行测定。还应注意考察储备液的稳定性及样品处理后的溶液中分析物的稳定性，以保证检测结果的准确性和重现性。

6. 提取回收率

从生物样本基质中回收得到分析物质的响应值除以标准品产生的响应值即为分析物的提取回收率。也可以说是将供试生物样品中分析物提取出来供分析的比例。考察高、中、低3个浓度的提取回收率，其结果应精密并具有可重现性。

7. 微生物学和免疫学方法确证

上述分析方法确证主要针对色谱法，很多参数和原则也适用于微生物学或免疫学分析，但在方法确证中应考虑到它们的一些特殊之处。微生物学或免疫学分析的标准曲线本质上是非线性的，所以，应尽可能采用比化学分析更多的浓度点来建立标准曲线。结果的准确度是关键因素，如果重复测定能够改善准确度，则应在方法确证和未知样品测定中采用同样的步骤。

8. 方法学质控

应在生物样本分析方法确证完成以后开始测定未知样品。在测定生物样品中的药物浓度时应进行质量控制，以保证所建立的方法在实际应用中的可靠性。推荐由独立的人员配制不同浓度的质控样品对分析方法进行考核。

每个未知样品一般测定一次，必要时可进行复测。来自同一个体的生物样品最好在同一批中测定。每个分析批生物样品测定时应建立新的标准曲线，并测定高、中、低三个浓度的质控样品。每个浓度至少双样本，并应均匀分布在未知样品测试顺序中。当一个分析批中未知样品数目较多时，应增加各浓度质控样品数，使质控样品数大于未知样品总数的5%。质控样品测定结果的偏差一般应小于15%，低浓度点偏差一般应小于20%。最多允许1/3的质控样品结果超限，但不能出现在同一浓度质控样品中。如质控样品测定结果不符合上述要求，则该分析批样品测试结果作废。

标准曲线的范围不能外延，任何浓度高于定量上限的样品，应采用相应的空白介质稀释后重新测定。对于浓度低于定量下限的样品，在进行药代动力学分析时，在达到 C_{max} 以前取样的样品应以零值计算，在达到 C_{max} 以后取样的样品应以无法定量（not detectable，ND）计算，以减小零值对 *AUC* 计算的影响。

三、分析数据的记录与保存

分析方法的有效性应通过实验证明。在临床报告中，应提供完成这些实验工作的相关详细资料。建立一般性和特殊性标准操作规程、保存完整的实验记录是分析方法有效性的基本要素。生物分析方法建立中产生的数据和QC样品测试结果应全部记录并妥善保存，并提供足够的可供评价的方法学建立和样品分析的数据。需提供的数据至少包括以下几种。

（1）方法建立与确认的数据：分析方法的详细描述；仪器设备、分析条件，该方法所用对照品（被测药物、代谢物、内标物）的纯度和来源；描述测定特异性、准确度、精密度、回收率、定量限、标准曲线的实验并给出获得的主要数据列表；列出批内批间精密度和准确度的详细结果；描述稳定性考察及相关数据；根据具体情况提供代表性的色谱图或质谱图并加以说明，并对所建立方法的优缺点进行说明。

（2）样品分析的数据：样品处理和保存的情况；分析样品时标准曲线列表；用于计算结果的回归方程；各分析批质控样品测定结果综合列表，并计算批内和批间精密度、准确度；各分析批包括的未知样品浓度计算结果。

需保存全部的原始数据资料。需主动提供20%受试者样品测试的色谱图复印件或基本原始数据，包括相应分析批的标准曲线和QC样品的色谱图复印件。

（3）其他相关信息：注明缺失样品的原因、重复测试的结果。对舍弃任何分析数据和选择所报告的数据说明理由。

第十二章 中药新药的临床研究

第一节 药品临床试验管理发展概况

新药临床评价是指新药在临床前研究完成后，向国家食品药品监督管理总局申请并获得批准的以人体为受试对象的临床药理研究。它包括新药各期临床试验及生物等效性研究，并根据临床研究结果对新药的有效性、安全性做出科学评价的过程。

一、药品临床试验管理世界发展概况

目前，药品临床试验质量管理规范（GCP）已在世界很多国家作为法规颁布执行，成为各国政府及其药品监督管理部门的重要职责之一，在保护人民健康方面发挥着越来越重要的作用。世界药品临床试验管理发展的历史，大致分为三个时期。

第一个时期（20 世纪初至 60 年代）：是药品从无管理状态到药品临床试验管理体系逐步形成的时期。1938 年的磺胺酏事件造成 107 人死亡，美国国会通过了由食品药品监督管理局（FDA）强制实施的食品、药品及化妆品管理法案，规定药品上市前必须进行安全性临床试验，并通过“新药审批”程序提交安全性临床试验结果。20 世纪 60 年代，震惊世界的“反应停事件”致使 20 多个国家上万名畸形胎儿出生。这使世界各国政府充分认识到必须通过立法，赋予药品监督管理部门审批新药和行使强制性监察的权力及职能，并要求药品上市前必须经过临床试验以评价其安全性和有效性。

第二个时期（20 世纪 70 年代至 80 年代）：是各国药品临床试验规范化和法制化管理逐步形成的时期。20 世纪 70 年代，一些发达国家逐步发现了药品临床试验在方法科学性、数据可靠性及伦理道德等方面存在各种问题。于是，由世界医学大会制定和修订的《赫尔辛基宣言》，详细规定了涉及人体试验必须遵循的原则，即必须把受试者或患者的利益放在首位，对药品临床试验的全过程进行严格质量控制，以确保受试者或患者的权益受到保护。美国、韩国、北欧、日本、加拿大、澳大利亚等先后制定和颁布了各自的药物临床试验管理规范，使世界药品临床试验进入了一个法规化管理的新时期。

第三个时期（20 世纪 90 年代至今）：是药品临床试验管理国际统一标准逐步形成的时期。20 世纪 90 年代初，世界卫生组织（WHO）根据各国药品临床试验管理规范，制定了

适用各成员国的《WHO 药品临床试验规范指导原则》。由欧盟、美国和日本三方成员国发起的“人用药物注册技术国际协调会议（ICH）”于 1991 年在比利时布鲁塞尔召开了第一次大会，以后每两年举行一次，共同商讨 GCP 国际统一标准。据第四届 ICH 会议的统计结果显示，该国际协调会议共制定药品临床试验疗效指导原则 12 份，质量指导原则 14 份，安全性指导原则 13 份和多学科指导原则 4 份，其中包括 ICH 药物临床试验管理规范、快速报告定义和标准、临床试验报告内容与格式等。目前，世界各国的药品临床试验，特别是国际多中心药品临床试验，均以 WHO 和 ICH 的临床试验规范指导原则为参照标准，从而使全世界的药品临床试验规范化管理有了国际统一标准。

二、中国新药管理与 GCP 发展概况

中国最早关于药品临床试验的规定是 1963 年由卫生部、化工部、商业部联合下达的《关于药政管理的若干规定》。该规定对新药的定义、报批程序、临床试验、生产审批及设立药品审定委员会等均予以了明确规定。1978 年国务院批准颁发的《药政管理条例》，1979 年卫生部组织制定的《新药管理办法》，均对新药的定义、分类、科研、临床、鉴定、审批，以及生产管理做了全面具体的规定。1985 年 7 月 1 日，颁布了由全国人大常务委员会讨论通过的《中华人民共和国药品管理法》，对新药管理和审批做了法制性的规定。1985 年，卫生部制定、颁布了《新药审批办法》，对各类新药的安全性、有效性评价及有关技术要求做出了具体规定，为新药审批建立了一套比较完整明确的科学指标，使我国新药的管理、审批从此进入法制化时期。1988 年，为提高和保证药品临床试验水平，卫生部颁发了 15 类药物的临床试验指导原则，并于 1993 年进行了修订，共颁发了 28 类药物的临床试验指导原则。1998 年 8 月，国家药品监督管理局（SFDA）正式成立。1999 年 5 月 1 日，国家药品监督管理局正式颁布了《新药审批办法》《新生物制品审批办法》《进口药品管理办法》《仿制药办法》《新药保护和技术转让的规定》五个法规。它标志着我国的药品管理进入了国际化时代。1998 年 3 月 2 日，中华人民共和国《药品临床试验管理规范》（试行）颁布，并于 1999 年 9 月 1 日正式实施，2003 年 9 月 1 日重新颁布并更名为《药物临床试验质量管理规范》。我国药物临床试验管理规范的制定参照了 WHO 和 ICH 的临床试验指导原则，其中各项要求基本实现了与国际接轨。这一规范的颁布，促进了我国药品临床试验水平的提高，为我国的新药尽快走向世界提供了前提条件。

第二节　中药新药临床研究的内容

一、中药新药临床研究的内容

新药临床研究包括新药临床试验和生物等效性试验。新药临床研究必须经国家食品药品监督管理总局批准后方可实施，并必须严格执行《药物临床试验质量管理规范》。

按照我国现行《药品注册管理办法》（局令第 28 号）规定，申请中药新药注册，临床

试验的病例数应当符合统计学要求和最低病例数要求（试验组最低病例数要求：Ⅰ期为20～30例，Ⅱ期为100例，Ⅲ期为300例，Ⅳ期为2000例）。第一至第六类新药，以及第七类和工艺路线、溶媒等有明显改变的改剂型品种，应当进行Ⅳ期临床试验。生物利用度试验一般为18～24例。避孕药Ⅰ期临床试验应当按照本办法的规定进行，Ⅱ期临床试验应当完成至少100对6个月经周期的随机对照试验，Ⅲ期临床试验应当完成至少1000例12个月经周期的开放试验，Ⅳ期临床试验应当充分考虑该类药品的可变因素，完成足够样本量的研究工作。新的中药材代用品的功能替代，应当从国家药品标准中选取能够充分反映被代用药材功效特征的中药制剂作为对照药进行比较研究，每个功能或主治病证需经过2种以上中药制剂进行验证，每种制剂临床验证的病例数不少于100对。改剂型品种应根据工艺变化的情况和药品的特点，免除或进行不少于100对的临床试验。仿制药视情况需要，进行不少于100对的临床试验。进口中药制剂按注册分类中的相应要求提供申报资料，并应提供在国内进行的人体药代动力学研究资料和临床试验资料，病例数不少于100对；多个主治病证或适应证的，每个主要适应证的病例数不少于60对。新药临床研究中，临床试验对照药品必须是已在国内上市销售的药品。

为体现中医药特色，遵循中医药研究规律，继承传统，鼓励创新，扶持促进中医药和民族医药事业发展，根据《药品注册管理办法》，制定《中药注册管理补充规定》，其中对临床试验内容做出了以下规定：

主治为证候的中药复方制剂，疗效评价应以中医证候为主。验证证候疗效的临床试验可采取多种设计方法，但应充分说明其科学性，病例数应符合生物统计学要求，临床试验结果应具有生物统计学意义。具有充分的临床应用资料支持，且生产工艺、用法用量与既往临床应用基本一致的，临床研究可直接进行Ⅲ期临床试验。生产工艺、用法用量与既往临床应用不一致的，临床研究应当进行Ⅱ、Ⅲ期临床试验。

主治为病证结合的中药复方制剂，具有充分的临床应用资料支持，无论生产工艺、用法用量与既往临床应用是否基本一致，临床研究应当进行Ⅱ、Ⅲ期临床试验。

对已上市药品改变剂型但不改变给药途径的注册申请，应提供充分依据说明其科学合理性，应当与原剂型比较有明显的临床应用优势。若药材基原、生产工艺（包括药材前处理、提取、分离、纯化等）及工艺参数、制剂处方等有所改变，药用物质基础变化不大，剂型改变对药物的吸收利用影响较小，应进行病例数不少于100对的临床试验，用于多个病证的，每一个主要病证病例数不少于60对。若药材基原、生产工艺（包括药材前处理、提取、分离、纯化等）及工艺参数、制剂处方等有较大改变，药用物质基础变化较大，或剂型改变对药物的吸收利用影响较大的，应提供Ⅱ、Ⅲ期临床试验资料。缓释、控释制剂应根据普通制剂的人体药代动力学参数及临床实际需要作为其立题依据，临床研究包括人体药代动力学和临床有效性及安全性的对比研究试验资料，以说明此类制剂特殊释放的特点及其优势。

仿制药的注册申请，如不能确定具体工艺参数、制剂处方等与被仿制药品一致的，应进行病例数不少于100对的临床试验或人体生物等效性研究。

变更药品处方中已有药用要求的辅料的补充申请，如该辅料的改变对药物的吸收、利用可能产生明显影响，应提供Ⅱ、Ⅲ期临床试验资料。

改变影响药品质量的生产工艺的补充申请，如生产工艺的改变对其物质基础有影响但变化不大，对药物的吸收、利用不会产生明显影响，进行病例数不少于100对的临床试验，用于多个病证的，每一个主要病证病例数不少于60对；如生产工艺的改变会引起物质基础的明显改变，或对药物的吸收、利用可能产生明显影响，应提供Ⅱ、Ⅲ期临床试验资料。

新的有效部位制剂的注册申请，如已有单味制剂上市且功能主治（适应证）基本一致，应与该单味制剂进行临床对比研究，以说明其优势与特点。

处方中含有毒性药材或无法定标准的原料，或非临床安全性试验结果出现明显毒性反应等有临床安全性担忧的中药注册申请，应当进行Ⅰ期临床试验。

临床试验需根据试验目的、科学合理性、可行性等原则选择对照药物。安慰剂的选择应符合伦理学要求，阳性对照药物的选择应有充分的临床证据。对改变已上市药品剂型、改变生产工艺、在已上市药品基础上进行处方加减化裁而功能主治基本一致的中药制剂，需选择该上市药品作为阳性对照药物。

二、中药新药临床试验分期

新药临床试验分为Ⅰ期、Ⅱ期、Ⅲ期、Ⅳ期。申请新药注册应当进行Ⅰ期、Ⅱ期、Ⅲ期临床试验。

（一）Ⅰ期临床试验

Ⅰ期临床试验（phase Ⅰ clinical trial）：初步的临床药理学及人体安全性评价试验。观察人体对于新药的耐受程度和药代动力学，为制定给药方案提供依据。

（二）Ⅱ期临床试验

Ⅱ期临床试验（phase Ⅱ clinical trial）：是随机双盲对照临床试验，对新药有效性及安全性做出初步评价，也包括为Ⅲ期临床试验研究设计和给药剂量方案的确定提供依据，推荐临床给药剂量。其主要目的是确定试验新药是否安全有效，与对照药比较有多大的治疗价值，通过试验确定适应证，找出最佳的治疗方案包括治疗剂量、给药途径与方法、每日给药次数等，对其有何不良反应及危险性做出评价并提供防治方法。

（三）Ⅲ期临床试验

Ⅲ期临床试验（phase Ⅲ clinical trial）：是扩大的多中心临床试验，进一步评价新药的有效性和安全性，是治疗作用确证阶段。其目的是进一步验证药物对目标适应证患者的治疗作用和安全性，评价利益与风险关系，最终为药物注册申请的审查提供充分的依据。试验一般应为具有足够样本量的随机盲法对照试验。

（四）Ⅳ期临床试验

Ⅳ期临床试验（phase Ⅳ clinical trial）：新药上市后应用研究阶段。其目的是考察在广泛使用条件下的药物的疗效和不良反应，评价在普通或者特殊人群中使用的利益与风险关系及改进给药剂量等。

三、新药临床评价前的准备

在进行新药人体试验前，申请人必须向临床研究负责单位提供国家食品药品监督管理总局批准的“新药临床研究批件”原件；临床试验用药品由申办者准备和提供。进行临床试验前，申办者必须提供试验药物的临床前研究资料，包括处方组成、制造工艺和质量检验结果。所提供的临床前资料必须符合进行相应各期临床试验的要求，同时还应提供试验药物已完成和其他地区正在进行与临床试验有关的有效性和安全性资料。临床试验药物的制备，应当符合《药品生产质量管理规范》。

进行药物临床试验必须有充分的科学依据。在进行人体试验前，必须周密考虑该试验的目的及要解决的问题，应权衡对受试者和公众健康预期的受益及风险，预期的受益应超过可能出现的损害。选择临床试验方法必须符合科学和伦理要求。

药物临床试验机构的设施与条件应满足安全有效地进行临床试验的需要。所有研究者都应具备承担该项临床试验的专业特长、资格和能力，并经过培训。临床试验开始前，研究者和申办者应就试验方案、试验的监查、稽查和标准操作规程及试验中的职责分工等达成书面协议。

第三节　临床试验设计与方法

一、试验目的

一项中药临床试验的目的是整个临床试验所要研究和回答的问题，也是制定临床试验方案的前提。只有围绕试验目的来制定临床试验方案，才能达到预期的结果。中药临床试验目的应明确、具体，具有可行性，要突出中医药特点。一个临床试验设计一般有一个主要目的，根据试验需要有时可设计次要试验目的。

确定试验目的，要参照新药处方组成、功能特点，临床前的药效、毒理学实验结果及既往临床研究工作基础。临床前的药效学实验已经证实的药理作用，是确定试验目的的重要依据之一。一般临床试验目的应与药效学实验结果相应，而临床前的毒理学实验的支持是确定试验目的的必要前提。

二、试验设计

（一）临床试验设计的基本原则

临床试验必须遵循对照、随机和重复的原则，这些原则是减少临床试验中出现偏倚的基本保障。

1. 对照

为了评价一个新药的疗效和安全性，必须有供比较的对照组。对照组是处于与试验组同样条件下的另一组受试者。对照组与试验组唯一的差别是试验组接受新药治疗，对照组则接受对照药物的治疗。设立对照组的主要目的是判断受试者治疗前后的变化（如体征、症状、检测指标的改变及死亡、复发、不良反应等）是由试验药物，而不是其他因素（如病情的自然发展过程或者受试者机体内环境的变化）引起的。对照组的设置能科学地回答如果未服用试验药物会发生什么情况。

临床试验要求试验组和对照组来自相同的受试者总体。不但在试验开始时两组受试者基本情况是相同的或相似的，而且在试验进行中除了试验药物不相同外，其他条件均保持均衡。

2. 随机

随机是指参加临床试验的每一个受试者都有相同机会进入试验组或对照组。随机化有利于避免试验组和对照组两组之间的系统差异，使得各种影响因素，不论是已知的还是未知的影响因素，在两组中分布趋于相似，有利于两组具有可比性，为统计分析提供必要的基础。

3. 重复

重复是指临床试验中各组的受试者应达到一定的数量（样本含量），以尽量减少临床试验中的偏倚，反映出所研究药物的疗效和安全性。

样本量过少，所给出的安全性和疗效的信息量较少，结论缺乏依据，稳定性较差。样本含量过多，会增加实际工作中的困难及造成不必要的浪费。因此，在研究方案实施前需根据统计学要求、对样本含量做出估计，以保证在可靠性的条件下，以最少的受试者获得所需的试验结论。

（二）临床试验设计的基本方法

1. 随机化

随机化是使临床试验中的受试者有同等的机会被分配到试验组或对照组中，而不受研究者或受试者主观意愿的影响，可以使各处理组的各种影响因素（包括已知和未知的因素）分布趋于相似。随机化包括分组随机和试验顺序随机，与盲法合用，有助于避免因处理分配的可预测，在受试者的选择和分组时可能导致的偏倚。

临床试验中可采用分层、区组随机化方法。分层随机化有助于保持层内的均衡性，特别在多中心临床试验中，中心就是一个分层因素。另外为了使各层趋于均衡，避免产生混杂偏倚，按照基线资料中的重要预后因素（如病症的严重程度）等进行分层，对促使层内的均衡安排是很有价值的。区组随机化有助于减少季节、疾病流行等因素对疗效的影响。区组的大小要适当，太大易造成组间不均衡，太小则易造成同一区组内受试者分组的可猜测性。研究者及其有关人员应对区组的大小保持盲态。

当样本量、分层因素及区组大小决定后，由试验统计学专业人员在计算机上使用统计软件产生随机分配表。临床试验的随机分配表就是用文件形式写出对受试者的处理安排，即处理（或在交叉试验中的处理顺序）的序列表。随机分配表必须有可以重新产生的能力，即当产生随机数的初值、分层、区组决定后能使这组随机数重新产生。

试验用药物应根据试验统计学专业人员产生的随机分配表进行编码，以达到随机化的要求，受试者应严格按照试验用药物编号的顺序入组，不得随意变动，否则会破坏随机化效果。随机化的方法和过程应在试验方案中阐明，但使人容易猜测分组的随机化的细节（如区组长度等）不应包含在试验方案中。

2. 盲法

盲法是为了控制临床试验过程中和解释结果时产生偏倚的措施之一。这些偏倚可能来自于多个方面，如由于对治疗的了解而对受试者的分组进行选择、受试者对治疗的态度、研究者对安全有效性的评价、对脱落病例的处理及在结果分析中剔除的数据等。

根据设盲程度的不同，分为双盲（double - blind）、单盲（single - blind）和非盲（open - label）试验。盲法的实施应符合有关法规的要求。如条件许可，应尽可能采用双盲试验，尤其在试验的主要变量易受主观因素干扰时。如果双盲不可行，则应优先考虑单盲试验。在某些特殊情况下，由于一些原因而无法进行盲法试验时，可考虑进行非盲的临床试验。无论是采用单盲或非盲的临床试验，均应制定相应的控制试验偏倚的措施，使已知的偏倚来源达到最小。例如，主要指标应尽可能客观，采用信封随机法入选受试者，参与疗效与安全性评价的研究者在试验过程中尽量处于盲态。采用不同设盲方法的理由，以及通过其他方法使偏倚达到最小的措施，均应在试验方案中说明。

盲法的原则应自始至终地贯彻于整个试验之中。双盲临床试验中，从随机数的产生、试验用药物的编码、受试者入组用药、试验结果的记录和评价、试验过程的监查、数据管理直至统计分析，都必须保持盲态。监查员必须自始至终保持盲态。如果发生了任何非规定情况所致的盲底泄露，并影响了该试验结果的客观性，则该试验将被视作无效。

3. 多中心临床试验

多中心试验系指由一个单位的主要研究者总负责，多个单位的研究者合作，按同一个试验方案同时进行的临床试验。多中心试验可以在较短的时间内入选所需的病例数，且入选的病例范围广，临床试验的结果更具代表性。但影响因素亦随之更趋复杂。

多中心试验必须在统一的组织领导下，遵循一个共同制定的试验方案完成整个试验。各中心试验组和对照组病例数的比例应与总样本的比例相同，以保证各中心齐同可比。多中心试验要求各中心的研究人员采用相同的试验方法，试验前对人员统一培训，试验过程要有监控措施。当主要指标可能受主观影响时，需进行统一培训和一致性检验。当主要指标在各中心的实验室的检验结果有较大差异或参考值范围不同时，应采取相应的措施，如统一由中心实验室检验。

在双盲多中心临床试验中，盲底是一次产生的，应按中心分层随机；当中心数较多且每个中心的病例数较少时，可统一进行随机，不按中心分层。

（三）临床试验设计的基本类型

在临床试验设计方案中，统计设计类型的选择是至关重要的，因为它决定了样本含量的估计、研究过程及其质量控制。因此，研究者应根据试验目的和试验条件的不同，选择不同统计设计方案。新药临床试验设计中常用以下 4 种。

1. 平行组设计

平行组设计是最常用的临床试验设计类型，可为试验药设置一个或多个对照组，试验药也可设多个剂量组。对照组可分为阳性或阴性对照。阳性对照一般采用按所选适应证的当前公认的有效药物，阴性对照一般采用安慰剂，但必须符合伦理学要求。试验药设一个或多个剂量组完全取决于试验方案。

2. 交叉设计

交叉设计是按事先设计好的试验次序，在各个时期对受试者逐一实施各种处理，以比较各处理组间的差异。交叉设计是将自身比较和组间比较设计思路综合应用的一种设计方法，它可以控制个体间的差异，同时减少受试者人数。

最简单的交叉设计是 2×2 形式，对每个受试者安排两个试验阶段，分别接受两种试验用药物，而第一阶段接受何种试验用药物是随机确定的，第二阶段必须接受与第一阶段不同的另一种试验用药物。每个受试者需经历如下几个试验过程，即准备阶段、第一试验阶段、洗脱期和第二试验阶段。

每个试验阶段的用药对后一阶段的延滞作用称为延滞效应。采用交叉设计时应避免延滞效应，资料分析时需检测是否有延滞效应存在。因此，每个试验阶段后需安排足够长的洗脱期或有效的洗脱手段，以消除其延滞效应。

交叉设计应尽量避免受试者的失访。

3. 析因设计

析因设计是通过试验用药物剂量的不同组合，对两个或多个试验用药物同时进行评价，不仅可检验每个试验用药物各剂量间的差异，而且可以检验各试验用药物间是否存在交互作用，或探索两种药物不同剂量的适当组合。

如果试验的样本量是基于检验主效应而计算的，则在估计交互作用时，检验效能将降低。

4. 成组序贯设计

成组序贯设计常用于下列两种情况：①试验药与对照药的疗效相差较大，但病例稀少且临床观察时间较长。②怀疑试验药物有较高的不良反应发生率，采用成组序贯设计可以较早终止试验。

成组序贯设计是把整个试验分成若干个连贯的分析段，每个分析段病例数相等，且试验组与对照组的病例数比例与总样本中的比例相同。每完成一个分析段，即对主要指标（包括有效性和安全性）进行分析，一旦可以做出结论（拒绝无效假设，差异有统计学意义）即停止试验，否则继续进行。如果到最后一个分析段仍不拒绝无效假设，则作为差异无统计学意义而结束试验。其优点是当处理间确实存在差异时，可较早地得到结论，从而缩短试验周期。

成组序贯设计的盲底要求一次产生，分批揭盲。由于多次重复进行假设检验会使Ⅰ类错误增加，故需对每次检验的名义水准进行调整，以控制总的Ⅰ类错误不超过预先设定的水准（比如 $\alpha=0.05$）。试验设计中需写明 α 消耗函数的计算方法。

（四）比较的类型

临床试验中比较的类型，按统计学中的假设检验可分为优效性检验、等效性检验和非劣效性检验。优效性检验的目的是显示试验药的治疗效果优于对照药，包括试验药是否优于安慰剂、试验药是否优于阳性对照药或剂量间效应的比较。等效性检验的目的是确认两种或多种治疗的效果差别大小在临床上并无重要意义，即试验药与阳性对照药在疗效上相当。而非劣效性检验目的是显示试验药的治疗效果在临床上不劣于阳性对照药。在显示后两种目的试验设计中，阳性对照药的选择要慎重。所选阳性对照药需是已广泛应用的、对相应适应证的疗效和用量已被证实，使用它可以有把握地期望在阳性对照试验中表现出相似的效果；阳性对照药原有的用法与用量不得任意改动。

进行等效性检验或非劣效性检验时，需预先确定一个等效界值（上限和下限）或非劣效界值（下限），这个界值应不超过临床上能接受的最大差别范围，并且应当小于阳性对照药对安慰剂的优效性试验所观察到的差异。等效界值或非劣效界值的确定需要由主要研究者从临床上认可，而不是依赖于试验统计学专业人员。试验中所选择的比较类型，应从临床角度考虑，并在制定试验方案时确定下来。通常以阳性为对照的临床试验中，如果要说明试验药物的效果不低于阳性对照药时，多倾向于进行非劣效性检验。

等效性或非劣效性的统计学检验常用可信区间法。等效性检验采用双侧可信区间，当可信区间完全落在等效界值之内，则推断为等效；非劣效性检验应采用单侧可信区间，如果可信区间的下界大于非劣效性检验的下限，则推断为非劣效。

（五）样本量

每个临床试验的样本量应符合统计学要求。临床试验中所需的样本量应足够大，以确保对所提出的问题给予一个可靠的回答。样本的大小通常以试验的主要指标来确定。同时应考虑试验设计类型、比较类型等。

样本量的确定与以下因素有关，即设计的类型、主要指标的性质（测量指标或分类指标）、临床上认为有意义的差值、检验统计量、检验假设、Ⅰ类和Ⅱ类错误的概率等。样本量的具体计算方法及计算过程中所需用到的统计量的估计值及其依据应在临床试验方案中列出，同时需要提供这些估计值的来源依据。在确证性试验中，样本量的确定主要依据已发表的资料或预试验的结果来估算。Ⅰ类错误概率常用0.05，Ⅱ类错误概率应不大于0.2。

三、受试者的选择和退出

选择合格受试者，是中药新药临床试验的重要环节。

（一）受试者选择标准

1. 诊断标准

中药新药的适应病症，既有以中医疾病、证候为主者，也有以西医疾病为主者。所以，临床试验设计要求凡以中医病、证为研究对象者，先列出中医病证和证候的诊断标准。以中医病、证为研究对象时，如果中医病证与西医病名相对应，则宜加列西医病名，并列出西医病的诊断标准及观测指标作为参考。如果中医病证不与西医病名相对应，则可不必列出西医病名。在以西医病名为研究对象时，则先列出西医诊断标准，同时列出中医证候诊断标准。

（1）西医诊断标准：应采用国际、国内普遍接受的诊断标准，或权威性机构颁布、全国性专业学会和一些权威性著作标准。对疾病有不同分型的要列出分型（或分期、分度、分级）标准。诊断标准原则上要公认、先进、可行，并注意注明西医诊断标准的名称、来源等，需要时对标准采用的具体情况加以说明。

（2）中医病名诊断标准：中医病名诊断标准应参照全国统一标准制定，若无现行标准，可考虑参照最新版的高等医药院校教材制定，也可采用全国专业学会标准或国际会议等提出的标准。对疾病有不同分类的要列出分类（或分期）标准。同样，中医病名诊断标准原则上应公认、先进、可行，注意标明中医诊断标准的名称、来源等。需要时对标准采用的具体情况加以说明。

（3）中医证候诊断标准：中药新药研究必须突出中医辨证特色，体现中医学的理论特点。因此，中医证候的诊断及观察对中药新药的临床评价是必备的。

中医证候诊断标准应参照现行的全国统一标准制定，若无现行标准，可采用全国专业学会标准或国际会议等提出的标准。中医证候诊断标准原则上应公认、权威、可行，注意说明诊断标准的名称、来源（包括原作者和修订者）、制定时间和简要的使用说明，以及采用形式等。

中医证候诊断标准的内容一般应包括主症和次症，主症和次症宜分别列出。要注意到中医舌、脉特征，并特别注意证候的特异性指标或特征性指标。为使观察指标客观化，症状需分级量化。症状的分级量化应根据病症情况决定，分级量化要合理。

2. 入选标准

试验方案中应预先明确制定入选标准，严格执行，入选标准必须与临床试验的分期和试验目的相符合，包括疾病的诊断标准、证候诊断标准，人选前患者相关的病史、病程和治疗情况要求；其他相关的标准，如年龄、性别等。应注意的是，为了保障受试者的合法权益，患者签署知情同意书亦应作为入选的标准之一。

3. 排除标准

制定某种中药新药临床试验的受试者排除标准，根据试验目的，可考虑以下因素，如年龄、合并症、妇女特殊生理期、病因、病型、病期、病情程度、病程、既往病史、过敏史、生活史、治疗史、家族史、鉴别诊断等方面的要求。

4. 受试者退出试验条件

（1）研究者决定的退出：指已经入选的受试者在试验过程中出现了不宜继续进行试验的情况，研究者决定该病例退出试验。在制定临床研究方案时，根据药物的特点和疾病的具体情况及伦理学原则，决定是否需要制定退出试验标准。通常，制定此标准在一些危重病、可能带来不良后果的疾病的临床试验中，对于受试者及时获得有效治很有必要。在制定标准时可考虑以下因素：

①病情控制程度：如在某些临床试验中，使用受试药物的受试者在一定时间内病情未达到某种程度的改善，虽然尚未完成规定的疗程，为了保护受试者，让该受试者退出试验，接受其他已知的有效治疗。

②合并症、并发症及特殊生理变化情况：在临床试验中，受试者发生了某些合并症、并发症或特殊生理变化，可能不适宜继续接受试验，对此做出规定。

③受试者依从性情况：如对受试者在药物的使用、接受随诊等方面违背临床试验方案

的程度做出规定。

④在双盲的试验中，破盲或紧急揭盲的情况。

⑤结合具体临床试验项目，对发生不良率件及严重不良事件，不适宜继续接受试验的受试者做出规定。

（2）受试者自行退出试验：根据知情同意书的规定，受试者有权中途退出试验，或受试者虽未明确提出退出试验，但不再接受用药及检测而失访，也属于“退出”（或称“脱落”），应尽可能了解其退出的原因，并加以记录，如自觉疗效不住、对某些不良反应感到难以耐受、有事不能继续接受临床研究、经济因素或未说明原因而失访等。

无论何种原因，对退出试验的病例，应保留其病例记录表，并以其最后一次的检测结果转接为最终结果，对其疗效和不良反应进行全数据分析。

（二）导入期

有些药物研究，受试者在进入临床试验前需有一个导入（清洗、洗脱）期。其目的在于消除已经服用类似药物的延迟作用和稳定基线水平。如受试者在试验前已用过与本试验相关的药物，在病情允许情况下，可进入导入期。该期的长短应视观察的病种、使用的药物来确定，已进行药代动力学研究的药物，应根据半衰期确定导入期时间。导入期可使用安慰剂。经导入期后符合临床研究方案制定的入选标准时，方可开始临床试验。若病情不允许停用原有关药物时，应在使用相对固定的药物和剂量情况下，待病情相对稳定后，再根据临床方案的要求开始临床试验。此外，有些试验需控制某些检测指标或受试者具备良好的饮食生活习惯后，才能进行临床试验，也应设置导入期。导入期的长短决定于试验的目的、试验药物和适应病症。

四、观察指标

观测指标是否合适，关系到能否准确评价新药疗效和安全性。在对中医“证”和“病”的治疗研究中，这个问题尤为突出。

（一）指标的范围

一般说来，中药新药临床研究的观测指标有人口学指标、一般体格检查指标、安全性指标和疗效性指标四类。其中人口学指标反映受试样本的人口学特征，通常并非试验前的效应指标，故无须做试验后观察。各类指标的主要内容如下：

1. 人口学资料

人口学资料包括年龄（范围）、性别、种族、身高、体重、健康史、用药史、患病史等。

2. 一般体格检查

一般体格检查包括呼吸、心率、血压、脉搏等。

3. 安全性指标

（1）试验过程中出现的不良事件。

（2）与安全性判断相关的实验室数据和理化检查。

（3）与预期不良反应相关的检测指标。

4. 疗效指标

（1）相关症状和体征：应注意与中医证候相关的症状与体征。

（2）相关的理化检查。

（3）特殊检查项目如病理、病原学检查等。特殊检查的受试者数需根据不同疾病来确定。

（二）指标分类

1. 主要指标和次要指标

主要指标又称主要终点，是与试验目的有本质联系的，能确切反映药物有效性或安全性的观察指标。通常主要指标只有一个，如果存在多个主要指标时，应该在设计方案中考虑控制Ⅰ类错误的方法。主要指标应根据试验目的选择易于量化、客观性强、重复性高，并在相关研究领域已有公认的标准者。主要指标必须在临床试验前确定，并用于试验样本量的估计。

次要指标是指与试验目的相关的辅助性指标。在试验方案中，也需明确次要指标的定义，并对这些指标在解释试验结果时的作用及相对重要性加以说明。次要指标数目也应当是有限的，并且能回答与试验目的相关的问题。

2. 复合指标

当难以确定单一的主要指标时，可按预先确定的计算方法，将多个指标组合构成一个复合指标。如临床上采用的量表就是一种复合指标。复合指标被用作主要指标时，组成这个复合指标的单个指标如果有临床意义，也可以同时单独进行分析。

3. 全局评价指标

全局评价指标是将客观指标和研究者对受试者疗效的总印象有机结合的综合指标，它通常是有序等级指标。用全局评价指标来评价某个治疗的总体有效性或安全性，一般都有一定的主观成分。如果必须将其定义为主要指标时，应在试验方案中有明确判断等级的依据和理由。全局评价指标中的客观指标一般应该同时单独作为主要指标进行分析。

4. 替代指标

替代指标是指在直接测定临床效果不可能时，用于间接反映临床效果的观察指标。替代指标所提供的用于临床效果评价的证据的强度取决于：①替代指标与试验目的在生物学上相关性的大小；②在流行病学研究中替代指标对临床试验结果的预测价值；③从临床试验中获得的药物对替代指标的影响程度与药物对临床试验结果的影响程度相一致的证据。

（三）指标的观测与记录

1. 指标观测的时点

指标观测时点包括基线点、试验终点、访视点、随访终点。应严格按照方案所规定的不同的观测时点的时间窗完成各项指标的观察、检测和记录。时间窗是指临床实际观测时点与方案规定观测时点之间允许的时间变化范围，时间窗应根据访视时间间隔长短合理确定。

2. 指标观测的条件

临床试验的场所要具备所需的观测工具，包括检测仪器、试剂、病例报告表等。要注意指标观测和技术操作及操作条件的一致性和稳定性并做相应的规定。

3. 指标观测的人员

参与指标观测的人员应熟知试验方案并经过相应的培训。

4. 观测结果的记录

各项观测指标的数据是临床试验的原始资料，应准确、及时和完整地予以记录。

（1）各项观测指标应按临床试验方案规定的时点和规定方法进行检查和记录。

（2）自觉症状的描述应当以受试者自述、自我评价为主，研究者不能以暗示或诱导的结果作为记录。

各观测时点客观指标测试条件应相同，如有异常发现时应重复检查，以便确定。为了便于统计分析，记录尽可能用数字，少用文字。

五、对照组的选择

比较研究是临床试验的重要方法，说明一个新药的疗效和安全性，必须重视对照组的选择。

临床试验要求试验组和对照组来自相同的受试者总体。两组在试验进行中除了试验药物不相同外，其他条件均需保持一致，如果两组病人条件不一致，就会在试验中造成偏倚（bias），影响到分析和结果的解释，所估计的处理效应（treatment effect）会偏离真正的效应值。

临床试验中的对照组设置常有 3 种类型，即安慰剂对照、阳性药物对照和剂量对照。对照可以是平行对照，也可以是交叉对照；可以是盲法，也可是非盲法；同一个临床试验可以采用一个或多个类型的对照组形式。

（一）安慰剂对照（placebo control）

安慰剂是一种模拟药物，其外观如剂型、大小、颜色、重量等都与试验药尽可能保持一致，但不含有试验药物的有效成分。

设置安慰剂对照的目的在于克服研究者、受试者及参与评价疗效、安全性的人员等由于心理因素所形成的偏倚，控制安慰作用。设置安慰剂对照还可以消除疾病自然进展、转归的影响，可以分离出由于试验药物所引起的真正的不良反应，所以能够直接度量在试验条件下试验药物和安慰剂之间的差别。

安慰剂对照常常是双盲试验，可以是平行对照，也可以是交叉对照。必须指出的是，使用安慰剂的临床试验不一定就是安慰剂对照试验。例如在阳性药物对照试验中，为了保证双盲试验的执行，常采用双模拟技巧（double dummy），试验药、阳性对照药都制作了安慰剂，这样的临床试验是阳性药物对照试验，而不是安慰剂对照试验。

安慰剂的使用有一定适应范围，并不是任何临床试验都适用。试验设计时应掌握其使用的前提是否符合伦理学要求，不损害受试者健康和加重病情。在急、危、重症的临床研究中，不宜单纯应用安慰剂。如果试验组的不良反应比较特殊，使临床试验设计无法处于盲态，也不适宜应用安慰剂。使用安慰剂的受试者往往病情未得到改善，易中途退出试验，造成脱落。

（二）阳性药物对照（active/positive control）

在临床试验中采用已知的有效药物作为试验药的对照，称为阳性药物对照。阳性对照药物必须是公认安全有效的法定药物。在选择中药对照药时，应考虑新药与对照药在功能和主治上的可比性。还可以从便于设盲的角度加以选择。在选择化学药作为对照药时，在适应病种上应具有可比性。在选定阳性对照药的同时，应提供相应的背景资料，如对照药的质量标准、说明书的复印件。在双盲试验中，阳性对照药物与试验药物在形、味等方面差异较大时，可采取双模拟的方法进行双盲设计；阳性药物对照可以是平行对照，也可以是交叉对照。试验药与阳性药物对照之间的比较需要在相同条件下进行，阳性对照药物使用的剂量、给药方案必须是该药最优剂量和最优方案，如果不是阳性药物的最优剂量会导致错误的结论。

（三）剂量－反应对照（dose－response control）

将试验药物设计成几个剂量，而受试者随机地分入一个剂量组中观察试验结果，这样的临床研究称为剂量－反应对照，它可以包括安慰剂对照，即零剂量（zero－dose），也可以不包括安慰剂。剂量－反应对照主要用于研究剂量和疗效、不良反应的关系，或者仅用于说明疗效。剂量－反应对照有助于给药方案中优剂量的选择。

各个剂量组的样本量不需要保持相同，一般小剂量组需较大的样本提供疗效和安全性信息。通过两个剂量的比较，以及同安慰剂组的比较，能够获取不同剂量的疗效变化。当两个剂量组疗效差异无统计学意义时，应选用较低的剂量。获得优剂量或其范围常常是剂量－反应对照目的之一。

六、给药方案

给药方案主要涉及临床试验给药剂量、给药间隔时间、给药时机、疗程、合并用药、注意事项等内容。Ⅰ期临床试验已设专门章节讨论，此处只涉及且Ⅱ～Ⅳ期临床试验。

（一）给药剂量

中药剂量研究是临床研究中的重要内容。根据法规要求，临床试验应进行剂量研究。中药有效成分药Ⅱ期临床剂量的范围一般是根据有效血药浓度而确定的。除此之外，大部分中药制剂的有效血药浓度很难确定，在需要进行剂量研究的时候，一般可根据Ⅰ期临床试验结果、既往临床经验、文献资料，以及药理实验量效研究的结论，推算出临床用药有效剂量范围。在有效剂量范围内确定几个剂量组进行临床研究，找出适宜的临床给药剂量。

Ⅲ期临床试验是扩大的多中心临床试验，必要时，可对特殊人群进行剂量研究。

（二）给药时间

临床上，给药的时间间隔一般根据药物药代动力学试验结果确定。在不能测定血药浓度的情况下，应参考药效和毒理试验结果、临床经验、病情缓急、药物特点等因素决定。有时需要通过临床试验确定。

（三）给药途径

临床试验研究者必须按照申办者的要求和临床试验批文选择正确给药途径，不能变更。

（四）疗程

中药治疗的疗程是根据疾病的发展变化规律和药物研制目的、作用特点确定的。一般要考虑疾病的病因、病理、发生、发展及转归规律，药理、毒理研究结果，文献资料及临床经验，药物作用特点等。必要时可考虑在临床试验中进行疗程研究。

七、不良事件

不良事件（adverse event）是病人或临床试验受试者接受一种药品后出现的不良医学事件，但并不一定与治疗有因果关系。

药品不良反应是指在按规定剂量正常应用药品的过程中产生的有害而非所期望的，但又与药品应用有因果关系的反应。在一种新药或药品新用途的临床试验中，其治疗剂量尚未确定时，所有有害而非所期望的、与药品应用有因果关系的反应，均应视为药品不良反应。

临床试验中，试验药品的不良反应是通过对临床试验过程中发生的不良事件与试验用药品因果关系的判断来确定的。不良事件是指受试者接受一种药品后出现的任何不良医学事件，但并不一定与所用药品有因果关系。不良事件有一般不良事件和严重不良事件之分。严重不良事件是指临床试验过程中发生需住院治疗、延长住院时间、引起伤残、影响工作能力、危及生命或死亡、导致先天性畸形等事件。

（一）药品不良反应的类型与严重程度

1. 不良反应的类型

（1）A 型不良反应：由于药物的药理作用增强所致，可以预测，通常与剂量有关，停药或减量后症状很快减轻或消失，发生率高，死亡率低。通常包括副作用、毒性作用、后遗效应、继发反应等。如川乌头、炙附子类药物在剂量较大时可出现口周麻木、舌灼热感、烦躁不安、耳鸣、复视及全身发痒无力等症状。

（2）B 型不良反应：是与正常药理作用完全无关的一种异常反应，一般很难预测，常规毒理学筛选不能发现，发生率低，死亡率高。B 型不良反应又可分为药物异常性和受试者异常性两种。特异性遗传素质反应、药物过敏反应，以及致癌、致畸、致突变作用等均归属于 B 型不良反应。一般中药过敏反应多属此型。

（3）C 型不良反应：一般发生在长期用药后，潜伏期长，没有清晰的时间联系，难以预测。C 型不良反应的发病机制不清，尚在探讨之中。

2. 不良反应的严重程度

根据受试者的主观感受、是否影响治疗进程及对受试者健康所造成的客观后果等方面，将不良反应的严重程度分为以下三种。

（1）轻度不良反应：受试者可忍受，不影响治疗，不需要特别处理，对受试者康复无影响。

（2）中度不良反应：受试者难以忍受，需要撤药或做特殊处理，对受试者康复有直接影响。

（3）重度不良反应：危及受试者生命，致死或致残，需立即撤药或做紧急处理。

（二）不良反应判断

确定不良事件与药物是否存在因果关系，可从以下几个方面进行分析：不良事件的发生与试验用药有合理的时间顺序；不良事件的表现符合已知的药物反应类型；停药后反应减轻或消失；再次给药后反应再次出现；不良事件无法用受试者疾病来解释。不良反应判断可参照原卫生部药品不良反应监察中心制定的标准（表12－1）。

表12－1　原卫生部药品不良反应监察中心制定的标准

判断指标	判断结果				
	肯定	很可能	可能	可疑	不可能
1. 开始用药的时间和可疑出现的时间有无合理的先后关系	+	+	+	+	+
2. 可疑ADR是否符合该药品已知ADR类型	+	+	+	－	－
3. 所怀疑的ADR是否可用患者的病理情况、合并用药、并用疗法或曾用疗法来解释	－	－	±	±	+
4. 停药或降低剂量可疑的ADR是否哦减轻或消失	+	+	±	±	－
5. 在此接触可疑药品后是否在此出现同样反应	+	?	?	?	－

说明：+表示肯定，－表示否定，±表示肯定或否定，? 表示情况不明

其中将肯定有关、可能有关、可能、可疑情况合计作为不良反应发生率计算时的分子。分母为用于评价安全性的全部受试者例数。

（三）不良事件的处理与报告

1. 不良事件的处理

（1）轻度不良事件在不影响受试者健康的情况下，一般不需要特别处理或只对症治疗。

（2）中度不良事件应中止试验，并对受试者做有针对性处理。

（3）重度不良事件危及受试者生命，应立即停止其临床试验并进行紧急救治。

2. 不良事件的报告

临床试验中发生不良事件，研究者有义务采取必要的措施以保障受试者的安全，并记录在案。如发生严重不良事件，应退出临床试验，立即对受试者采取适当的治疗措施，同时在规定时间内分别报告国家药品监督管理局药品注册司、安全监管司和省级药品监督管理部门、申办者及伦理委员会，并在报告上签名及注明日期。试验中发生的任何严重不良事件，除及时向药品监督管理部门报告外，同时向涉及同一药品的临床试验的其他研究者通报。如果Ⅳ期临床试验中发生新的不良事件和严重不良事件，应同时报告国家药品不良

反应监测中心。

八、随访

随访是指试验疗程结束后，继续对受试者进行追踪至随访终点或观察结局。随访是临床试验的一个重要步骤，对于客观评价观察药物的疗效及安全性具有十分重要的作用。

1. 随访目的

根据药物的不同作用特点和试验目的，可分别随访远期疗效、疗效的稳定性，控制疾病复发作用、生存率及生存时间、迟发或蓄积的不良反应和其他安全性指标。

2. 随访要求

（1）随访计划要写进临床试验方案，病例报告表中应有随访内容的项目。

（2）以相同的、实事求是的态度和方法随访各组（包括实验组和对照组）研究对象。如果系盲法试验，应在盲态下随访，以避免疑诊偏倚和期望偏倚。

（3）按随访方案观察需要的临床结局。

（4）根据试验目的，确定随访人群范围。

（5）注意采用客观的随访检测指标。

3. 随访指标

根据随访目的选择相关的随访指标。

（1）远期疗效。

（2）安全性观测指标，特别应注意不良反应发生时，应随访至各项指标完全正常或医学上认为可以停止观察时为止。

（3）临床症状和客观指标变化情况，如体检、X 线照片、心电图和实验室其他检查等。

（4）死亡和死亡原因。

（5）生存质量（在临床试验中特指与健康相关的生存质量）。

4. 随访结果的评价

（1）评价随访结果的指标有治愈率、缓解率、复发率、病死率、生存（存活）率等，应根据需要选择。

（2）随访期间受试者病情、使用药物情况发生变化，应客观报告随访结果，并做出统计学分析。

5. 随访的实施

（1）一种中药的临床试验是否需要随访，应根据药物作用特点、治疗病种和要达到的试验目的确定。

（2）随访的期限与次数、间隔时间，应根据研究病种的自然史和对随访终点的要求，并参考有关文献资料而制定。

九、试验的中止

试验中止是指临床试验尚未按方案结束，中途停止全部试验。试验中止的目的主要是为了保护受试者权益，保证试验质量，避免不必要的经济损失。

临床试验的中止可从以下方面考虑：

（1）试验中发生严重安全性问题，应及时中止试验。

（2）试验中发现药物治疗效果太差，甚至无效，不具有临床价值，应中止试验，一方面避免延误受试者的有效治疗，同时避免不必要的经济损失。

（3）在试验中发现临床试验方案有重大失误，难以评价药物效应；或者一项设计较好的方案在实施中发生了重要偏差，再继续下去则难以评价药物效应。

（4）申办者要求中止（如经费原因、管理原因等）。

（5）行政主管撤销试验等。

十、病例报告表

病例报告表（CRF）是临床资料的记录方式，它是按试验方案的规定设计的一种文件，用以记录受试者试验过程的所有数据。具体临床试验中尽管方案很完善，如病例报告表设计不严谨，也将影响试验结论的可靠性、准确性，造成难以弥补的损失。因此，设计一个简明实用的病例报告表至关重要。

（一）基本要求

病例报告表应便于计算机处理。设计成无碳复写三联单式，以便于资料分别保存、检查。病例报告表各项目的排列顺序应符合临床实际操作程序，尽可能方便研究者填写。

按预先设计好的试验方案，详尽设计病例报告表，以便研究者真实、完整、准确、及时地将试验数据记录于病例报告表中，如条件许可时，应将检查报告粘贴在病例报告表上。病例报告表的每一页，都要有记录者签名。在病例报告表的设计过程中，自始至终都应有生物统计专业人员的参与，充分考虑病例报告表的数据录入、统计的需要。一般来说，病例报告表的设计应符合以下各项要求。

1. 一致性

病例报告表各观察项目与内容应和临床方案一致，常常出现方案中有某一项目而在设计报告表时遗漏，这样记录后的报告表不能全面反映试验目的。

2. 操作性强，使用方便

病例报告表是给临床研究者填写数据使用的，在多中心试验时，可能有几十个使用对象，所以设计一定既要简明扼要，又不能出现观察项目的遗漏，尽可能把每个项目都设计成符号（如画圈、打钩、涂墨等）记录。需要文字记录时，应留有足够的空间，排版不宜过密。把受试者入选标准、排除标准、疗效判定标准、临床操作流程图设计在病例报告表中或用手册形式印制，放在研究者最方便处，是有利于记录的做法，值得提倡。病例报告表设计好后，最好先进行模拟使用，以便发现问题进行修改。

3. 全面性

病例报告表的设计除了依据临床试验方案，还要参照有关法规，故除了设计识别项目、诊断、鉴别诊断、判断疗效、不良反应项目、检测项目等外，还要有提示性项目（如告诉记录方法、判断方法、使用说明、观测日期与具体记录时间）及责任性项目（如签名项目及规定等）。总之，病例报告表设计得越全面，今后总结资料时越方便，所以病例报告表的设计原则是“不要怕浪费纸张”。

特别提醒的是，应尽可能避免修改病例报告表。病例报告表中每一页都需填写病人姓名和用药编号、填表日期和填表者签名。

（二）病例报告表的主要内容

病例报告表应按试验目的和特点尽可能设计出各自的特色，应包含下述内容：

1. 题目页

题目页包括研究题目、研究方法（如多中心、双盲、随机、安慰剂平行对照研究）、研究目的、本组用药编号、随机号、临床试验单位或编号、药物申报单位、试验的开始时间。

2. 填表要求

列出用什么笔、怎么填写、填错时的更正方法、填写时点等。

3. 临床试验流程表

列出该项临床试验的研究流程，并列表表示。如每次访视同期及允许变动范围，需进行哪些检查，药物发放时间，回收药物时间，终止试验时间等。

4. 治疗前（第0天）记录

列出受试者的基本数据，如姓名、汉语拼音名（需要时）、性别、出生年月、年龄、民族、职业、住址、邮政编码、联系电话、吸烟史、饮酒史、疾病史、家族史，以及入选试验前服药记录及治疗情况，包括用药名称、时间、剂量等。列出入选试验的时间和接受试验药物的时间。如果试验需要导入期的，需要导入期记录。应记录受试对象的中西医病名、病型、病期、病情、病程、证候等。列出入组前的临床表现、体征、实验室检查及结果。

5. 用药后记录

（1）访视记录：用药后每次访视均要逐项记录试验方案中所规定的访视项目。每次访视结果都应分页记录。

（2）用药记录：报告表上应按使用日期记录受试者所使用的药物。当受试者需合并使用方案中未禁用的伴随药物时，也应记入报告表中，包括药物名称、使用时间、剂量。在伴随用药栏中需重申方案中禁止同时使用的药物名称，以作提醒。从第二次访视起应有药物回收记录。

（3）不良事件记录：包括不良事件的临床表现、出现时间、频率、严重程度、与试验用药品的因果关系判断、对试验的影响、处理措施、转归、处理结果、报告方法等。实验室检查应详细记录测得值、单位和正常值范围，异常情况应加以说明。如严重不良事件，应填写专门的严重不良事件报告表，向药品监督管理部门、申办者、伦理委员会报告，并签名、注明日期。

（4）依从性记录：应设计受试者依从性记录项目，如是否按时、按量服药，有无遗漏，有否遵守医嘱等。

（5）试验中途退出记录：包括受试者试验中途退出的原因、日期等。

6. 受试者知情同意书记录

知情记录采用知情同意书方式，该同意书可以设计在每一份病例报告表中，占一页，也可单独成一份文件。入组前必须取得知情同意书，如果有导入期的，应在导入期前取得知情同意书。

7. 结束页记录

在病例报告表的结束页上，需说明结束日期、受试者是否完成整个试验，如未完成，应注明原因，并说明最末一次和病人联系的时间，要尽量取得安全性评价数据。

此页可设备注栏目，以记录需要补充说明的事项。

8. 实验室检查报告单、化验单粘贴栏目

9. 签名页

签名页应包括临床试验单位、监查员、数据管理员、研究者、本中心试验负责人的签名及日期。

（三）格式

常用的临床试验报告表有判断式表格和问卷式表格。表格可设计成计算机人工输入式或计算机自动扫描输入式。常用填充式或选择式记录，填充式记录的内容要有统一规定，同一结果要用相同的文字表达。但无论何种格式的表格，均应分页记录不同观察时点的项目。

（四）病例报告表的记录

病例报告表是临床试验中收集、记录、保存临床资料的载体，为试验的重要原始资料。病例报告表的填写首先必须真实，不得有任何伪造；其次要注意其记录的完整性，即设计的每一时点和每一具体项目都要按方案要求记录，不得遗漏；其三，记录要准确，特别是以文字叙述时不得夸大疗效，以数字记录时不得拔高。

记录应用钢笔或签字笔。记录后不得随意修改，如果需要修改，只能在保留原有记录的前提下，由研究者采用附加说明方式，并签名认可。

监查员应确认病例报告表的真实性，所有记录及时、准确和完整。

十一、伦理学要求

伦理学要求是基于保护受试者的合法权益而提出的，临床试验应遵循《赫尔辛基宣言》(2000 年 10 月爱丁堡版）和我国有关临床试验研究规范、法规进行。

临床试验方案应经试验负责单位的伦理委员会批准后才可实施，伦理委员会批准的过程应有记录备查。

每一受试者入选某项研究前，研究者有责任以书面文字形式向其或其指定的代表完整、全面地介绍该项研究的目的、程序和可能的风险。让受试者知道他有权随时退出研究而不被报复。入选前应给每位受试者一份“受试者知情同意书”（可放于病例报告表中或单列），并有受试者签名及签名日期。知情同意书应作为临床试验的原始资料之一部分，保存备查。

十二、中药新药临床试验的证候及其疗效评价

（一）证候确立依据和主症与次症

中医证候的正确确立是中药新药临床试验的重要内容。

1. 证候确立依据

（1）新药的处方功效：中药新药药物组成、配伍和功效是确立主治证候的主要依据。临床试验中常见的错误倾向是忽视全方整体功效和理论指导作用，有一味药，就有一种功能，就增加一种证候。如在治疗水肿证的处方中，增加一味活血药，就增加了治疗血瘀证功效；增加了一味理气药，就增加了治疗气滞证功效。实际上，增加的理气活血药物，仅仅是通过调畅气血，助水下行，以发挥主要功效。

研制有效部位或单体制剂的中药新药，其证候的确立应当有充分的根据。在证候难以明确的情况下，鼓励在临床试验中进行证候研究，通过临床试验明确该药物的适应证候。

（2）疾病和证候协调统一：疾病和证候都是认识生命活动的科学方法，两者相辅相成。结合疾病和证候，可以对病证有更全面的认识。

对于以病统证的新药研究对象，应采用辨病和辨证相结合的方法，在明确疾病诊断的前提下，结合新药功能主治，选择适应证候。对于以证统病的新药研究对象，应当确定可以反映同一证候特点的不同疾病。但需要注意中医证候和中医病种、中医证候和西医病种间的相互联系，不能单纯以西医疾病疗效作为评价中医证候疗效的标准。

对于改善症状的新药研究，如解热剂、止痛剂、止泻剂等，也要注意症状和疾病、证候的相互联系。

2. 主症和次症

在证候研究中确立主症和次症是比较常用的一种方法。主症一般能够反应证候的基本属性，有时对属性的判断具有决定作用。次症对证候基本属性的判断起辅助作用。要注意不同疾病的同一证候也可以有不同的主症和次症。

（二）证候诊断标准

证候诊断应遵循现行公认的标准、原则执行。这类标准主要是指国家标准和行业标准。如由国家技术监督局发布的在1996年1月1日实施的编号为GB/T15657-1995的《中医病证分类与代码》、1997年10月1日实施的国家标准GB/T16751.2-1997《中医临床诊疗术语——证候部分》、国家中医药管理局医政司公布的《中医病症诊断疗效标准》。国际、国内专业学术组织和会议所制定的标准，只要是现行公认的也具有较高的权威性。

鉴于医学实践的不断发展和临床情况的复杂性，确实无现成标准可供借鉴，可以结合实际情况制定临床试验证候标准，并注意进行制定方法和依据的科学性考察。

（三）证候计量方法

在现代科学研究中，定量研究是形成正确科学概念的重要条件。中医证候计量诊断一直受到关注，各方面均在积极探索研究。计量方法的建立需要经过一系列的科学研究和严格评价。

目前采用的方法以专家经验为基础。首先列出构成证候诊断的主要症状和次要症状，指明必须具备若干主症及次症。根据主症、次症在证候诊断中的贡献大小确定其权重，一般主症占有较大权重。症状一般可分为4级，即正常、轻度异常、中度异常、重度异常。最后，根据症状总计分，建立证候轻、中、重的分级诊断标准。

（四）证候疗效评价

为了提高评价证候疗效的客观性，较多采用以证候计分的形式进行疗效评价。具体就是引用前述证候计分方法，以可用于疗效评价的证候征象构成综合指标，观察治疗前后的变化，进行加权求和的计算。

此外，在评价证候疗效时，对不同病种的同一证候和同一疾病不同证候间的比较，应注意病种和证候的均衡性。

（五）证候研究注意事项

中医证候观察是中药新药临床试验的重点内容之一，也是中药新药研究的技术关键。在临床试验中要注意以下事项。

1. 证候夹杂和证候动态转化

中医证候夹杂现象比较常见，如寒热错杂、虚实兼见，更可以经常看到气滞血瘀、痰瘀互结等情况。确定中药新药适应的证候类型应根据新药处方的特点进行。单一功效的处方，只能选择单一证候；多功效的处方，可以选择复合证候；不同主次功效的处方，可以采用主症和兼症的设计方法。例如具有活血功效的新药，可以选择血瘀证候；具有利湿化痰功效的新药，可以选择痰湿证候；具备活血和利湿双重功效的新药，可以选择瘀痰互结或瘀痰阻络证候。若新药处方包括益气活血和温化痰湿两种药物，则判断孰轻孰重，来决定选择气虚血瘀兼痰湿停聚的证候，还是湿痰停聚兼气虚血瘀的证候。

疾病的不同特点、不同阶段可以表现为不同证候，并有其自然的演变转化规律，这是证候的动态性。因此，在确定受试对象标准时，应重视证候的转化，注意纳入证候的相对稳定性。同样，证候在治疗过程中，可以随着病情的变化而发生演变转化。中药新药选择试验观察证候时，应保证新药试验期间所选择受试者的病理特征基本符合该证候的病理发展过程，以保证试验结果的可靠性。若在新药试验期间，证候发生了质的变化，已不适合新药的主治范围，应结合具体情况，考虑是否退出试验，并对这部分受试对象做出统计描述，分析转化原因。

2. 证候客观化及微观辨证

证候客观化，即应用现代科学理论、方法、技术和仪器等理化检测手段，对中医证候的组合要素进行定性、定量、定位研究，如用核技术、超声技术、影像技术、显微技术及生化方法等进行证候的客观化研究和四诊客观化研究。这些指标纳入到中医辨证论治中，被看作是某种证候诊断的现代依据。目前，这种研究还只是在初期阶段，仅提示某种指标对某种证候具有某种程度的相关性，而其相关程度及准确性并不很清楚，许多基本问题尚有待解决。这是一个正在积极进行探索的领域。

证候微观辨证，系相对于通过四诊获得体表信息进行宏观辨证而言。是借助现代科学技术手段从人体的不同层次和水平（系统、器官、细胞、亚细胞及分子等）去阐明证候在结构、代谢、功能等方面的生物学物质基础，探索对证候具有诊断价值的微观指标，建立证候的微观诊断标准。虽然微观辨证是宏观辨证的深入和发展，对于临床上少数无证可辨的受试对象，如某些高脂血症患者，可能有一定的证候辅助诊断作用；对于揭示证候的现代生物学基础也取得了一些成果，如血液流变学、微循环检查对血瘀证、17－羟皮质醇对肾阳虚、木糖代谢对脾虚证的诊断等。但是，目前各证候的特异性指标大体上还没筛选出来，微观指标与证候关系及应用价值也有待于深入研究，现在还不具备将微观辨证直接纳入中药新药证候观察之中的条件，应当大力加强这方面研究，积极进行探索，并将公认可靠的成果引入到证候诊断和疗效评价中去，提高中药新药临床研究水平。

第四节　临床试验方案的撰写

临床试验方案是指导参与临床试验所有研究者如何启动和实施临床试验的研究计划书，也是试验结束后进行资料统计分析的重要依据，所以，临床试验方案常常是申报新药的正式文件之一，同时也是决定新药临床试验能否取得成功的主要因素。

临床试验开始前应制定试验方案，该方案应由研究者与申办者共同商定并签字，报伦理委员会审批后实施。临床试验中，若确有需要，可以按规定程序对试验方案做修正。

一、临床试验方案应包括的内容

1. 试验题目。

2. 试验目的，试验背景，临床前研究中有临床意义的发现和与该试验有关的临床试验结果，已知对人体的可能危险与受益，以及试验药物存在人种差异的可能。

3. 申办者的名称和地址，进行试验的场所，研究者的姓名、资格和地址。

4. 试验设计的类型，随机化分组方法及设盲的水平。

5. 受试者的入选标准，排除标准和剔除标准，选择受试者的步骤，受试者分配的方法。

6. 根据统计学原理计算要达到试验预期目的的所需的病例数。

7. 试验用药品的剂型、剂量、给药途径、给药方法、给药次数、疗程和有关合并用药的规定，以及对包装和标签的说明。

8. 拟进行临床和实验室检查的项目、测定的次数和药代动力学分析等。

9. 试验用药品的登记与使用记录、递送、分发方式及储藏条件。

10. 临床观察、随访和保证受试者依从性的措施。

11. 中止临床试验的标准，结束临床试验的规定。

12. 疗效评定标准，包括评定参数的方法、观察时间、记录与分析。

13. 受试者的编码、随机数字表及病例报告表的保存手续。

14. 不良事件的记录要求和严重不良事件的报告方法、处理措施，随访的方式、时间和转归。

15. 试验用药品编码的建立和保存，揭盲方法和紧急情况下破盲的规定。

16. 统计分析计划，统计分析数据集的定义和选择。

17. 数据管理和数据可溯源性的规定。

18. 临床试验的质量控制与质量保证。

19. 试验相关的伦理学。
20. 临床试验预期的进度和完成日期。
21. 试验结束后的随访和医疗措施。
22. 各方承担的职责及其他有关规定。
23. 参考文献。

二、临床试验方案的撰写

（一）首页

设计临床试验方案的首页，目的是让研究者对本次临床试验有一个初步的印象。所以，在方案首页上方除写有××药×期临床试验方案外，其下方有该项研究的题目，题目能体现该临床试验的试验药和对照药名称、治疗病症、设计类型和研究目的，如××药与××药对照治疗××（病症）评价其有效性和安全性的随机、双盲、多中心临床研究。

此外，首页上还应有申办者试验方案编号（或国家药品监督管理局批准临床试验的批准文号）、申办者单位名称、本次临床研究的负责单位、试验方案的设计者，以及方案制定和修正时间。如果是多中心研究，还可增加一页列出参加临床试验的医院名称、各中心主要研究者和本次临床试验的监查员。另外，还需有统计分析单位及主要负责人。

（二）方案摘要

为了方便研究者对方案的快速了解，建议设立试验方案摘要页，内容有试验药物名称、研究题目、试验目的、有效性评价指标（包括主、次要指标）、安全性评价指标、受试者数量、给药方案和试验进度安排等。

（三）目录

（四）缩写语表

（五）研究背景资料（前言）

扼要地叙述研究药物的研制的背景，药物的组方、适应病症，临床前药理和毒理简况，国内外临床研究现状，已知对人体的可能的不良反应、危险性和受益情况。

（六）试验目的及观察指标

临床试验往往具有一定的试验目标，通过临床试验来验证某一事先提出的假设，常常是有对照的验证性临床试验，其次通过本次试验还可得到一些探索性的结论，所以应该明确本次临床试验的主要目的和次要目的分别是什么。在试验目的中，应明确提出能说明主要目的的主要指标，以及还能说明其他目的的次要指标。

（七）试验总体设计

由于试验设计的具体内容将贯穿于试验方案的各个方面，所以，此处的试验设计只需明确该设计方案的类型（平行组设计、交叉设计、析因设计、成组序贯设计等）、随机化分组方法（完全随机化分组、分层随机分组、配对或配伍随机分组等）、盲法的形式（单盲、双盲等）、是多中心还是单一中心试验。另外，需简述所治疗的病症、各组受试者例数、疗程、给药途径及方法等。

（八）受试者的选择和退出

1. 诊断标准

根据临床试验的目的，具体描述中医及西医疾病的诊断标准和中医证候的诊断标准，一般应附有相关症状的量化方法。

2. 入选标准

用清单的方式列出本次临床试验合格受试者的标准，包括符合疾病和证候的诊断要求，以及入选前患者相关的病史、病程和治疗情况要求；其他相关的标准，如年龄、性别等。应注意的是，为了保障受试者的合法权益，患者签署知情同意书亦应作为入选的标准之一。

3. 排除标准

制定影响研究药物疗效和安全性评价，以及从伦理角度考虑，不可作为受试者入组的病例筛选规定。

4. 受试者退出试验的条件及步骤

5. 中止试验的条件

6. 剔除及脱落病例标准

（九）治疗方案

1. 试验药品

（1）试验用药品的名称和规格：分别叙述试验药和对照药的名称（商品名、处方组成）、剂量规格、外观、生产单位和批号。如果对照药是安慰剂，应符合安慰剂制备要求，所有试验药品均应有药监部门的检验报告。

（2）药品的包装：包括药品包装的材料、每个包装中所含药品的数量，如果采用双盲双模拟技术，还应交代其两组药物的组成。每个药品包装上所附有标签的内容应包括药物编号、药物名称、数量、功能主治、服法、贮存条件，并写上“仅供临床研究用”和药物供应单位。

（3）药品的随机编盲：具体描述药品的随机编盲的过程和编盲技术。

（4）药品分配：具体规定药品分配方法和药品发放登记要求。

（5）服药方法：即给药途径、剂量、给药次数、条件、疗程。

（6）药品清点：每次随访时，观察医生翔实记录患者接受、服用和归还的药品数量，用以判断受试者服药的依从性如何，必要时应列出计算依从性的公式。

（7）药品保存：研究用药由研究单位统一保存，按试验设计要求发放给受试者。应有药品保管的温度、环境要求等。

（8）合并用药：明确该项临床试验中可以使用的药品和禁忌使用的药品名称。

2. 受试者的治疗

（1）受试者的纳入方式，包括洗脱期的处理。

（2）治疗方法（试验药、对照药的名称、剂量、给药时间及方式等）。

（3）疗程及随访要求。

（4）样本含量。
（5）随机分组方法。
（6）盲法的要求及设计。

（十）临床试验步骤

确定多中心的任务分配研究周期和研究活动安排，可以帮助参加临床试验的研究者做到心中有数，有计划、有步骤地安排临床试验工作。一般临床试验的研究周期分为洗脱筛选期、入选治疗期和最后一次给药结束后的随访期。不同临床试验各阶段长短不一，各阶段所安排的研究活动内容也不同，所以，在设计方案中能具体地列出不同阶段（如根据患者就诊时间），观察医生所需填写 CRF 的内容、必要的检查、药品发放等活动安排。对随访时间的误差也需作出规定。建议附有临床试验工作流程图来说明不同时期诸如采集基本情况、有效性观察、安全性观察和其他工作等研究活动的安排。

（十一）不良事件的观察

1. 与试验用药品有关的安全性背景资料

根据申办者提供的资料，列举与试验用药品有关的、在临床研究中需注意观察的不良事件的情况。

2. 不良事件的记录

在设计方案中对不良事件应做出明确的定义。并要求研究者如实填写不良事件记录表，记录不良事件的表现、发生时间、严重程度、持续时间、采取的措施和转归。并说明不良事件严重程度的判断标准，判断不良事件与试验药物关系的 5 级分类标准（肯定有关、很可能相关、可能有关、可疑、不可能）。

3. 严重不良事件的处理

对在临床试验期间发生的任何严重不良事件处理办法做出明确规定，并有相应单位联系人和联系电话、传真等内容。

4. 应急信件的拆阅与处理

随药品下发的应急信件只有在该名患者发生严重不良事件，需立即查明所服药品的种类时，由研究单位的主要研究者拆阅，即称为紧急揭盲，一旦揭盲，该患者将退出试验，并作为脱落受试者处理，同时将处理结果通知临床监查员。研究人员还应在 CRF 中详细记录揭盲的理由、日期并签字。

5. 随访未缓解的不良事件

所有不良事件都应当追踪，直到得到妥善解决或病情稳定。

（十二）有效性与安全性的评价

1. 临床有效性评估指标及标准包括主要疗效指标和次要疗效指标。
2. 临床安全性评估指标及标准包括实验室检查的异常标准和不良事件的评估。

（十三）数据管理

对临床试验数据管理方法做出详细规定。

（十四）期中分析

如果临床试验需要进行期中分析，需在方案中说明。

（十五）统计分析

1. 样本含量估计

样本含量应根据试验的主要目标来确定。样本含量的确定与以下因素有关，即主要指标的性质（定量指标或定性指标）、临床上认为有意义的差值、检验统计量、检验假设、Ⅰ类和Ⅱ类错误概率等。确定样本含量的依据应在此阐明。

2. 统计分析数据的选择

在试验方案中应对全分析数据集和符合方案集做出明确的定义，并规定对主要指标要同时进行两个数据集的分析。对安全性分析的数据集也需在此定义。

3. 统计分析计划

统计分析方法应根据研究目的、研究设计方案和观察资料的性质等特点加以选择，应明确统计检验的单双侧性、统计学意义的显著性水平、不同性质资料的统计描述和假设检验方法，以及将采用的统计分析软件名称等。主要分析内容应包括受试者脱落分析、基线值的同质性分析、有效性分析和安全性分析这几个方面。

（十六）试验的质量控制和保证

临床试验过程中将由临床监查员定期进行研究医院现场监查访问，以保证研究方案的所有内容都得到严格遵守，并对原始资料进行检查以确保与 CRF 上的内容一致。设计方案中应包括有具体的质量控制措施，如多中心临床试验，参加人员应统一培训；当主要指标可能受主观影响时，需进行一致性检验；当各中心实验室的检验结果有较大差异或正常参考值范围不同时应采取一些有效措施进行校正，如统一由中心实验室检验，或进行检验方法和步骤的统一培训、一致性测定等。

（十七）伦理学要求

临床试验必须遵循赫尔辛基宣言和我国有关临床试验研究规范、法规进行。在试验开始之前，由临床研究负责单位的伦理委员会批准该试验方案后方可实施临床试验。

每一位患者入选本研究前，研究医师有责任以书面文字形式，向其或其指定代表人完整、全面地介绍本研究的目的、程序和可能的风险。应让患者知道他们有权随时退出本研究。入选前必须给每位患者一份书面患者知情同意书（以附录形式包括于方案中），研究医师有责任在每位患者进入研究之前获得知情同意，知情同意书应作为临床试验文档保留备查。

（十八）资料保存

对所有与本次临床试验有关的研究资料保存的地点、时间等进行具体规定。

（十九）参考文献

列出制定方案所参考的文献目录。

（二十）主要研究者签名和日期

各参加单位主要研究者签名并注明日期。

第五节　数据管理与统计分析

一、数据管理

数据的正确性对保证临床试验的质量极为重要，因此必须十分重视。认真进行监查及数据管理能及早地发现问题，并可尽量避免问题的发生和再现。具体数据管理相关要求应参照2012年3月12日国家食品药品监督管理局药品审评中心颁布的《临床试验数据管理工作技术指南》进行。

在进行临床试验数据管理之前，必须由数据管理部门根据项目实际情况制定数据管理计划（data management plan，DMP）。数据管理计划应包括以下内容和数据管理的一些时间点，并明确相关人员职责。数据管理计划应由数据管理部门和申办方共同签署执行。

研究者应根据受试者的原始观察记录，保证将数据正确、完整、清晰、及时地载入病例报告表。监查员须监查试验的进行是否遵循试验方案（如检查有无不符合入选或排除标准的病例等），确认所有病例报告表填写正确完整，与原始资料一致，如有错误和遗漏，及时要求研究者改正。修改时需保持原有记录清晰可见，改正处需经研究者签名并注明日期。

经过监查员检查后的病例报告表需及时送交临床试验的数据管理员。对于完成的病例报告表，在研究者、监查员、数据管理员之间的传送应有专门的记录并妥善保存。

应根据病例报告表和统计分析计划书的要求制定数据管理计划，在第一份病例报告表送到以前，由数据管理员建立数据库，并保证其完整、正确和安全。数据管理员还应对每一份病例报告表进行初步审核，再交由两名操作人员独立地输入数据库中，并用软件对两份输入结果进行比较。如果有不一致，需查出原因，加以更正。数据管理员按病例报告表中各指标数值的范围和相互关系拟定数据检查，如范围检查和逻辑检查等。所有错误内容及修改结果应有详细记录并妥善保存。如有必要，可再次对数据库中的指标（特别是主要指标）进行全部或抽样的人工检查，并与病例报告表进行核对。

数据管理中发现任何问题时，应及时通知监查员，要求研究者做出回答。他们之间的各种疑问及解答的交换应当使用疑问表，疑问表应保存备查。

上述工作完成后，由主要研究者、药品注册申请人、试验统计学专业人员和数据管理员进行盲态审核。盲态审核中确定每个病例所属分析集、缺失值的处理及离群值的判断等。以上任何决定都需用文件形式记录下来。盲态审核下所做的决定不应该在揭盲后被修改。经盲态审核认为所建立的数据库正确无误后，对数据库进行锁定。此后，对数据库的任何改动只有在以上几方人员均同意（可以书面形式）的情况下才能进行。

数据库锁定后需妥善保存备查，并进行第一次揭盲，同时将盲底和数据库交试验统计学专业人员进行统计分析。

二、统计分析

（一）统计分析计划书

统计分析计划书由试验统计学专业人员起草，并与主要研究者商定，其内容应比试验方案中所规定的要求更为具体。

统计分析计划书上应列出统计分析集的选择、主要指标、次要指标、统计分析方法、疗效及安全性评价方法等，按预期的统计分析结果列出统计分析表备用。

统计分析计划书应形成于试验方案和病例报告表确定之后。在临床试验进行过程中，可以修改、补充和完善。但是在第一次揭盲之前必须以文件形式予以确认，此后不能再变动。

（二）统计分析集

用于统计的分析集需在试验方案的统计部分中明确定义，并在盲态审核时确认每位受试者所属的分析集。在定义分析数据集时，需遵循以下两个原则：①使偏倚达到最小；②控制Ⅰ类错误的增加。

根据意向性分析（简称 ITT）的基本原则，主要分析应包括所有随机化的受试者，即需要完整地随访所有随机化对象的研究结果。但实际操作中往往难以达到，因此常采用全分析集进行分析。全分析集（简称 FAS）是指尽可能接近符合意向性分析原则的理想的受试者集。该数据集是从所有随机化的受试者中，以最少的和合理的方法剔除受试者后得出的。在选择全分析集进行统计分析时，对主要指标缺失值的估计，可以采用最接近的一次观察值进行结转。

受试者的“符合方案集（简称 PPS）”，亦称为“可评价病例样本”。它是全分析集的一个子集，这些受试者对方案更具依从性，依从性包括以下一些考虑，如所接受的治疗、主要指标测量的可行性及未对试验方案有大的违反等。将受试者排除在符合方案集之外的理由应在盲态审核时阐明，并在揭盲之前用文件写明。

在确证性试验的药物有效性评价时，宜同时用全分析集和符合方案集进行统计分析。当以上两种数据集的分析结论一致时，可以增强试验结果的可信性。当不一致时，应对其差异进行清楚的讨论和解释。如果符合方案集中被排除的受试者比例太大，则会影响试验的有效性分析。

在很多的临床试验中，全分析集方法是保守的，但更接近药物上市后的疗效。应用符合方案集可以显示试验药物按规定的方案使用的效果，但可能较以后实践中的疗效偏大。

对安全性评价的数据集选择应在方案中明确定义，通常安全性数据集应包括所有随机化后至少接受一次治疗的受试者。

（三）缺失值及离群值

缺失值是临床试验中的一个潜在的偏倚来源，因此，病例报告表中原则上不应有缺失值，尤其是重要指标（如主要的疗效和安全性指标）必须填写清楚。病例报告表中的基本数据，如性别、出生日期、入组日期和各种观察日期等不得缺失。试验中观察的阴性结果、测得的结果为零和未能测出者，均应有相应的符号表示，不能空缺，以便与缺失值相区分。

离群值问题的处理，应当从医学和统计学专业两方面去判断，尤其应当从医学专业知识判断。离群值的处理应在盲态检查时进行，如果试验方案未预先指定处理方法，则应在实际资料分析时，进行包括和不包括离群值的两种结果比较，研究它们的结果是否不一致及不一致的直接原因。

（四）数据变换

分析之前对关键变量是否要进行变换，最好根据以前的研究中类似资料的性质，在试验设计时即做出决定。拟采用的变换（如对数、平方根等）及其依据需在试验方案中说明，数据变换是为了确保资料满足统计分析方法所基于的假设，变换方法的选择原则应是公认常用的。一些特定变量的常用变换方法已在某些特定的临床领域得到成功应用。

（五）统计分析方法

临床试验中数据分析所采用的统计分析方法和统计分析软件应是国内外公认的，统计分析应建立在正确、完整的数据基础上，采用的统计模型应根据研究目的、试验方案和观察指标选择，一般可概括为以下几个方面：

1. 描述性统计分析

一般多用于人口学资料、基线资料和安全性资料，包括主要指标和次要指标的统计描述。

2. 参数估计、可信区间和假设检验

参数估计、可信区间和假设检验是对主要指标及次要指标进行评价和估计的必不可少的手段。试验方案中，应当说明要检验的假设和待估计的处理效应、统计分析方法及所涉及的统计模型。处理效应的估计应同时给出可信区间，并说明估计方法。假设检验应明确说明所采用的是单侧还是双侧，如果采用单侧检验，应说明理由。

3. 协变量分析

评价药物有效性的主要指标除药物作用以外，常常还有其他因素的影响，如受试者的基线情况、不同治疗中心受试者之间的差异等因素，这些因素在统计学中可作为协变量处理。在试验前应认真识别可能对主要指标有重要影响的协变量并确定如何进行分析，以提高估计的精度，补偿处理组间由于协变量不均衡所产生的影响。

在多中心临床试验中，如果中心间处理效应是齐性的，则在模型中常规地包含交互作用项将会降低主效应检验的效能。因此对主要指标的分析如采用一个考虑到中心间差异的统计模型来研究处理的主效应时，不应包含中心与处理的交互作用项。如中心间处理效应是非齐性的，则对处理效应的解释将很复杂。

（六）安全性评价

临床试验中，安全性评价是非常重要的一个方面。在临床试验的早期，这一评价主要是探索性的，且只能发现常见的不良反应；在后期，一般可通过较大的样本进一步了解药物的安全性。后期的对照试验是一个重要的以无偏倚的方式探索任何新的潜在的药物不良反应的方法。

为了说明在安全性和耐受性方面与其他药物或该药物的其他剂量比较的优效性或等效性，可设计某些试验。这种评价需要相应的确证性试验的支持，这与相应的有效性的评价要求是相同的。

药物安全性评价的常用统计指标为不良事件发生率和不良反应发生率。当试验时间较长、有较大的退出治疗比例或死亡比例时，需用生存分析计算累计不良事件发生率。用于评价药物安全性和耐受性的方法及度量准则依赖于非临床研究和早期临床研究的信息、该药物的药效学和药代动力学特性、服药方法、受试者类型及试验的持续时间等。而构成安全性评价的资料则主要来源于不良事件的临床表现、实验室检查等。

从受试者中收集的安全性和耐受性变量应尽可能全面，包括受试者出现的所有不良事件的类型、发生时间、严重程度、处理措施、持续的时间、转归及药物剂量与试验用药物的关系。

所有的安全性指标在评价中都需十分重视，其主要分析方法需在研究方案中指明。无论是否认为与处理有关，所有的不良事件均需列出。在安全性评价中，研究人群的所有可用资料均需考虑。实验室应提供检查指标的度量单位及参考值范围，毒性等级也必须事先确定，并说明其正确性。

在大多数的试验中，对安全性与耐受性的评价常采用描述性统计方法对数据进行分析，必要时辅以可信区间以利于说明。

（七）统计分析报告

试验统计学专业人员写出的统计分析报告是提供给主要研究者作为撰写临床试验总结报告的素材。

试验统计学专业人员根据确认的统计分析计划书完成统计分析工作，在统计分析报告中首先简单描述临床试验的目的、研究设计、随机化、盲法及盲态审核过程、主要指标和次要指标的定义、统计分析集的规定等。其次对统计分析报告中涉及的统计模型，应准确而完整地予以描述，如选用的统计分析软件、统计描述的内容、对检验水准的规定，以及进行假设检验和建立可信区间的统计学方法。如果统计分析过程中进行了数据变换，应同时提供数据变换的基本原理及变换数据的理由和依据。统计分析结论应使用精确的统计学术语予以阐述。最后，应按照统计分析计划书设计的统计分析格式详细给出统计分析结果。

对药物有效性评价，应给出每个观察时间点的统计描述结果。列出检验统计量、P 值。例如，两个样本的 t 检验的结果中应包括每个样本的数量、均值和标准差、中位数、最小和最大值、两样本比较的 t 值和 P 值；用方差分析进行主要指标有效性分析时，应考虑治疗、中心和分析指标基线值的影响，进行协方差分析。对于交叉设计资料的分析，应包括治疗顺序资料、每个阶段开始时的基线值、洗脱期及洗脱期长度、每个阶段中的脱落情况，还有用于分析治疗、阶段、治疗与阶段的交互作用方差分析表。

药物的安全性评价主要以统计描述为主，包括用药情况（用药持续时间、剂量、药物浓度），不良事件发生率及不良事件的具体描述（包括不良事件的类型、严重程度、发生及持续时间、与试验药物的关系），实验室检验结果在试验前后的变化情况，发生的异常改变及其与试验用药物的关系及随访结果。

第六节　中药新药临床试验总结报告的撰写

药物临床试验报告是反映药物临床试验研究设计、实施过程，并对试验结果做出分析、评价的总结性文件，是正确评价药物是否具有临床实用价值（有效性和安全性）的重要依据，是药品注册所需的重要技术资料。报告撰写者负有职业道义和法律责任。

临床试验报告不仅要对试验结果进行分析，还需重视对临床试验设计、试验管理、试验过程进行完整表达，以阐明试验结论的科学基础，这样才能对药物的临床效应做出合理评价。一个设计科学、管理规范的试验只有通过科学、清晰的表达，其结论才易于被接受。药物临床试验报告的撰写表达方法、方式直接影响着受试药品的安全性、有效性评价。研究试验报告的撰写方法和方式十分重要。

真实、完整地描述事实，科学、准确地分析数据，客观、全面地评价结果是撰写试验报告的基本准则。只有可靠真实的试验结论才能经得起重复检验，而经得起重复检验是科学品格的基本特征。

临床试验报告的结构与内容如下：

（一）报告封面

报告封面参照国家食品药品监督管理总局有关药品注册申报资料的形式要求。

（二）签名页

签名页包括报告题目、主要研究者对研究试验报告的声明、主要研究者、统计负责人、执笔者签名和日期。

（三）报告目录

（四）缩略语

（五）伦理学声明

（六）报告摘要

报告摘要应当简洁、清晰，通常不超过1500字。内容包括试验题目、临床批件文号、主要研究者和临床试验单位、试验的起止日期、试验目的及观察指标、对研究药物功能主治的描述、对试验设计做简短描述、试验人群、给药方案、评价标准、统计分析方法或模型、基线可比性分析结果、各组疗效结果和安全性结果、结论等。

（七）报告正文

1. 试验题目

2. 前言

前言一般包括：受试药品研究背景，研究单位和研究者，目标适应证和受试人群、治疗措施，受试者样本量，试验的起止日期，国家食品药品监督管理总局批准临床试验的文号，制定试验方案时所遵循的原则、设计依据，申办者与临床试验单位之间有关特定试验的协议或会议等应予以说明或描述。简要说明临床试验经过及结果。

3. 试验目的

报告应提供对具体试验目的的陈述（包括主要、次要目的）。具体说明本项试验的受试因素、受试对象、研究效应，明确试验要回答的主要问题。

4. 试验方法

（1）试验设计：①概括描述总体研究设计和方案。如试验过程中方案有修正，应说明原因、更改内容及依据。②对试验总体设计的依据、合理性进行适当讨论，具体内容应视设计特点进行有针对性的阐述。如采用单盲或非盲设计，应说明理由。③提供样本含量的具体计算方法、计算过程，以及计算过程中所用到的统计量的估计值及其来源依据。④描述期中分析计划。

（2）随机化设计：详细描述随机化分组的方法和操作，包括随机分配方案如何随机隐藏，并说明分组方法，如中心分配法、各试验单位内部分配法等。

（3）设盲水平：需明确说明盲法水平（双盲、单盲、非盲），并说明选择依据。描述盲法的具体操作方法。说明个例破盲的规定和操作程序。如果试验过程中需要非盲研究者（例如允许他们调整用药），则应说明使其他研究人员维持盲态的手段。用于数据稽查或期中分析时保持盲态的程序应加以说明。说明试验结束时揭盲的规定和操作程序。

此外，在难以设盲的试验中，需描述为减少偏倚、可靠判定受试药品临床疗效所采取的措施，以及如何使进行终点评价的人员对那些可能揭示治疗分组的信息保持盲态的措施。

（4）研究对象：应描述受试者的选择标准，包括所使用的诊断标准及其依据，所采用的纳入标准和排除标准、剔除标准。注意描述方案规定的疾病特定条件，如达到一定严重程度或持续时间的疾病；描述特定检验、分级或体格检查结果；描述临床病史的具体特征，如既往治疗的失败或成功等；选择研究对象还应考虑其他潜在的预后因素和年龄、性别或种族因素。应对受试者是否适合试验目的加以讨论。

中药新药以西医疾病与中医证结合的方式进行研究的，既要明确疾病诊断标准，又要列出中医证的诊断标准。若所选主治的疾病有不同分型（或分期、分度、分级），则要分别列出其标准。

关于受试者退出试验条件等的说明，则需根据具体品种和适应证的具体情况加以描述。

（5）对照方法及其依据：应描述对照的类型和对照的方法，并说明合理性。

对照药物包括阳性对照药和安慰剂。在说明阳性对照药的选择依据时，应注意说明受试药物与对照药在功能和适应证方面的可比性。

（6）治疗过程：应描述受试药物和对照药物的名称、来源、规格、批号、包装和标签。提供阳性对照药的说明书。

具体说明用药方法（即给药途经、剂量、给药次数和用药持续时间、间隔时间），应说明确定使用剂量的依据。描述对试验期间合并用药、伴随治疗所作出的规定。

（7）疗效评价指标与方法：应明确主要疗效指标和次要疗效指标。对于主要指标，应注意说明选择的依据，应如实反映主要指标确定的时间。应描述需进行的实验室检查项目、时间表（测定日，测定时间，时间窗及其与用药、用餐的关系）及测定方法。描述为使实验室检查和其他临床检测标准化或使其结果具有可比性所采用的技术措施。

如果采用替代指标（不能直接反映临床受益的实验室检查、体格检查或体征）作为研究终点，应做出特殊说明。中药研究应注意描述中医证的疗效的评价方法和标准。

陈述随访方案，包括随访目的、随访对象、随访指标、治疗规定、随访周期、观测访视时点等。

（8）安全性评价指标与方法：应明确用以评价安全性的指标，包括症状、体征、实验室检查项目及其时间表（测定日，测定时间，时间窗及其与用药、用餐的关系）、测定方法、评价标准。

明确预期的不良反应，描述临床试验对不良反应观察、记录、处理、报告的规定。说明对试验用药与不良事件因果关系、不良事件严重程度的判定方法和标准。

（9）质量控制与保证：临床试验必须有全过程的质量控制，实施 GCP 的各项规定是实现质量控制的基本保证，应就质量控制体系和方法做出简要描述。在不同的试验中，易发生偏倚、误差的环节与因素可能各不相同，应重点陈述针对上述环节与因素所采取的质控措施。

（10）数据管理：临床试验报告必须明确说明为保证数据质量所采取的措施，或者是数据的质量控制系统，包括采集、核查、录入、盲态审核、数据锁定过程和具体措施。

（11）统计学分析：描述统计分析计划和获得最终结果的统计方法。

应明确列出统计分析集（按意向性治疗原则确定的全分析集、符合方案集、安全性数据集）的定义，主要指标和次要指标的统计分析方法（公认的方法和软件）、疗效及安全性评价方法等。

重点阐述如何分析、比较和统计检验，以及离群值和缺失值的处理，包括描述性分析、参数估计（点估计、区间估计）、假设检验以及协变量分析（包括多中心研究时中心间效应的处理）。应当说明要检验的假设和待估计的处理效应、统计分析方法及所涉及的统计模型。处理效应的估计应同时给出可信区间，并说明计算方法。假设检验应明确说明所采用的是单侧检验还是双侧检验，如果采用单侧检验，应说明理由。

对研究中任何统计方案的修订需进行说明。

5. 试验结果

（1）受试人群分析：使用图表表述所有进入试验的受试者的总人数，提供进入试验不同组别的受试者人数、进入和完成试验每一阶段的受试者人数、剔除或脱落的受试者人数。

分析人口统计学和其他基线特征的均衡性：以主要人口学指标和基线特征数据进行可比性分析，一般包括全数据集的分析和符合方案数据集的分析，或以依从性、合并症、基线特征等分类的数据集的分析。分析时的主要指标包括年龄、性别和种族等人口学指标和目标疾病、入选指标、证的指标、病程、严重度、临床特征症状及实验室检查、重要预后指标、合并疾病、既往病史，以及其他的试验影响因素如体重、吸烟、饮酒、特殊饮食和月经状况等。

分析依从性：应说明依从性分析的方法和结果，说明依从性状况对试验结局的影响。

分析和说明合并用药、伴随治疗情况。

分析受试者被剔除或脱落的原因（可采用列表方式表述）。

（2）疗效评价

①疗效分析：建议采用全数据集和符合方案数据集分别进行疗效分析。对使用过受试药物但未归入有效性分析数据集的受试者情况应加以详细说明。

应对所有重要的疗效指标（分主要和次要疗效指标、证的指标等）进行治疗前后的组内比较，以及试验组与对照组之间的比较。基于连续变量（如平均血压或抑郁评分）和分类变量（如感染的治愈）的分析是同样可行的，如果这两种分析均已计划且均可使用，则两者均应描述。

中药应进行证的疗效分析。

在疗效确定试验中，一般应取得试验方案中所计划的所有分析的结果，并且包含全部有治疗后数据的患者的分析结果。这些分析应显示不同治疗组间差异的大小及相关的可信区间和假设检验的结果，并做出统计分析结论和专业结论的分析。

应分析合并用药、伴随治疗对试验结局的影响。

应注意随访结果分析。

多中心研究的各中心应提供多中心临床试验的各中心小结表。该中心小结表由该中心的主要研究者负责，需有该单位的盖章及填写人的签名。内容应包括该中心受试者的入选情况、试验过程管理情况、发生的严重和重要不良事件的情况及处理、各中心主要研究者对所参加的临床试验的真实性的承诺等。

临床试验报告需要进行中心效应分析。

②有效性小结：应根据主要和次要指标、预定的和可供选择的统计学方法及探索性分析的结果，对有关疗效的重要结论做出简明扼要的说明。

（3）安全性分析：在试验中任何使用至少一次受试药品的受试者均作为受试药品安全性分析的对象，列入安全性分析集。安全性分析包括三个层次：首先，应说明受试者用药的程度（试验药物的剂量、用药持续时间、受试者人数）。其次，应描述较为常见的不良事件和实验室指标改变，对其进行合理的分类及组间比较，以合适的统计分析比较各组间的差异，分析影响不良反应/事件发生频率的可能因素（如时间依赖性、剂量或浓度、人口学特征等）。最后，应描述严重的不良事件和其他重要的不良事件。应注意描述因不良事件（不论其是否被否定与药物有关）而提前退出研究的受试者或死亡患者的情况。

①用药程度：用药时间以药物使用时间的平均数或中位数来表示，可以采用某特定时程有多少受试者数来表示，同时应按年龄、性别、疾病等列出各亚组的数目。

用药剂量以中位数或平均数来表示，可以表示成每日平均剂量下有多少受试者数。可以将用药剂量和用药时间结合起来表示，如用药至少一个月，某剂量组的受试者有多少，同时应按年龄、性别、疾病等列出各亚组的数目。

②不良事件分析：应对试验过程中所出现的不良事件做总体上的简要描述。对受试药品和对照药的所有不良事件均应进行分析，并以图表方式直观表示，所列图表应显示不良事件的发生频度、严重程度和各系统情况及与用药的因果关系。

分析时比较受试组和对照组的不良事件的发生率，最好结合事件的严重度及因果判断分类进行。需要时，尚应分析其与给药剂量、给药时间、基线特征及人口学特征的相关性。

严重不良事件和主要研究者认为需要报告的重要不良事件应单独进行总结和分析。应提供每个发生严重不良事件和重要不良事件的受试者的病例报告，内容包括病例编号、人口学特征、发生的不良事件情况（发生时间、持续时间、严重度、处理措施、结局）和因果关系判断等。

合并用药情况下，判断受试药品的安全性需要陈述所做结论的合理性。

因不良事件中止试验，应提供相应报告。

③与安全性有关的实验室检查：根据专业判断，在排除无意义的与安全性无关的异常外，对有意义的实验室检查异常应加以分析说明，提供相应的异常项目一览表、受试组和对照组分析统计表，对其改变的临床意义及与受试药品的关系进行讨论。

临床实验室安全性检查结果包括每项实验室检查治疗前后发生异常改变频数表（包括治疗前正常治疗后变为异常，以及治疗前异常治疗后异常加重两种情况），个例具有临床意义的异常改变治疗前后测定值列表及随访检测、处理和转归情况。

④安全性小结：对受试药品的总体安全性进行小结，分析不良反应的严重程度和反应类型。特别注意以下内容：导致给药剂量改变或需给予治疗的不良事件，程度严重的不良事件，导致出组的不良事件，导致死亡的不良事件。分析受试药品的可能的高风险人群。阐述安全性问题对受试药品临床广泛应用的可能影响。

6. 讨论

在对试验方法、试验质量控制、统计分析方法进行评价的基础上，综合试验结果的统计学意义和临床意义。对受试药物的疗效和安全性结果及风险和受益之间的关系做出讨论和评价。其内容既不应该是结果的简单重复，也不应该引入新的结果。讨论和结论应清楚地阐明新的或非预期的发现，评论其意义，并讨论所有潜在的问题，例如有关检测之间的不一致性、受试药物临床使用应当注意的问题、受试药物疗效分析中可能存在的局限性等。结果的临床相关性和重要性也应根据已有的其他资料加以讨论。还应明确说明个别受试者或风险患者群的受益或特殊预防措施，及其对进行更深一步研究的指导意义。围绕药品的治疗特点，提出可能的结论、开发价值，讨论试验过程中存在的问题及对试验结果的影响。中药研究可探讨中医药理论对临床疗效和安全用药的指导作用，提倡进行证的疗效和疾病疗效的相关性分析。

7. 结论

说明本临床试验的最终结论，重点在于安全性、有效性最终的综合评价，明确是否推荐继续研究或申报注册。

8. 参考文献

列出有关的参考文献目录。

（八）附件

1. 国家食品药品监督管理总局的临床研究批件。
2. 最终的病例报告表（样张）。
3. 药品随机编码（如果是双盲试验应提供编盲记录）。

4. 独立伦理委员会批件、知情同意书样稿。
5. 阳性对照药的说明书、质量标准，受试药品（如为已上市药品）的说明书。
6. 盲态核查报告及揭盲和紧急破盲记录。
7. 统计计划书和统计分析报告。
8. 临床监查员的最终监查报告。
9. 严重不良事件及主要研究者认为需要报告的重要不良事件的病例报告。
10. 临床试验的流程图。
11. 多中心临床试验的各中心小结表。

第七节　中药新药临床研究中其他要关注的问题

一、受试者的权益保障

在药物临床试验的过程中，必须对受试者的个人权益给予充分的保障，并确保试验的科学性和可靠性。受试者的权益、安全和健康必须高于科学和社会利益。伦理委员会与知情同意书是保障受试者权益的主要措施。

组建伦理委员会应符合国家相关的管理规定。伦理委员会应由多学科背景的人员组成，包括从事医药相关专业人员、非医药专业人员、法律专家，以及独立于研究和试验单位之外的人员，至少5人，且性别均衡。确保伦理委员有资格和经验共同对试验的科学性及伦理合理性进行审阅和评估。伦理委员会的组成和工作不应受任何参与试验者的影响。

试验方案需经伦理委员会审议同意并签署批准意见后方可实施。在试验进行期间，试验方案的任何修改均应经伦理委员会批准；试验中发生严重不良事件，应及时向伦理委员会报告。

伦理委员会对临床试验方案的审查意见应在讨论后以投票方式做出决定，参与该临床试验的委员应当回避。因工作需要可邀请非委员的专家出席会议，但不投票。伦理委员会应建立工作程序，所有会议及其决议均应有书面记录，记录保存至临床试验结束后5年。

1. 伦理委员会应从保障受试者权益的角度严格按下列各项审议试验方案：

（1）研究者的资格、经验、是否有充分的时间参加临床试验，人员配备及设备条件等是否符合试验要求。

（2）试验方案是否充分考虑了伦理原则，包括研究目的、受试者及其他人员可能遭受的风险和受益及试验设计的科学性。

（3）受试者入选的方法，向受试者（或其家属、监护人、法定代理人）提供有关本试验的信息资料是否完整易懂，获取知情同意书的方法是否适当。

（4）受试者因参加临床试验而受到损害甚至发生死亡时，给予的治疗和保险措施。

（5）对试验方案提出的修正意见是否可接受。

（6）定期审查临床试验进行中受试者的风险程度。

2. 伦理委员会接到申请后应及时召开会议，审阅讨论，签发书面意见，并附出席会议的委员名单、专业情况及本人签名。伦理委员会的审查意见有以下几种情形：

（1）同意。

（2）做必要的修正后同意。

（3）做必要的修正后重审。

（4）不同意。

（5）终止或暂停已经批准的临床试验。

3. 研究者或其指定的代表必须向受试者说明有关临床试验的详细情况：

（1）受试者参加试验应是自愿的，而且有权在试验的任何阶段随时退出试验而不会遭到歧视或报复，其医疗待遇与权益不会受到影响。

（2）必须使受试者了解，参加试验及在试验中的个人资料均属保密。必要时，药品监督管理部门、伦理委员会或申办者，按规定可以查阅参加试验的受试者资料。

（3）试验目的、试验的过程与期限、检查操作、受试者预期可能的受益和风险，告知受试者可能被分配到试验的不同组别。

（4）必须给受试者充分的时间考虑是否愿意参加试验，对无能力表达同意的受试者，应向其法定代理人提供上述介绍与说明。知情同意过程应采用受试者或法定代理人能理解的语言和文字，试验期间，受试者可随时了解与其有关的信息资料。

（5）如发生与试验相关的损害时，受试者可以获得治疗和相应的补偿。

4. 经充分和详细解释试验的情况后获得知情同意书：

（1）由受试者或其法定代理人在知情同意书上签字并注明日期，执行知情同意过程的研究者也需在知情同意书上签署姓名和日期。

（2）对无行为能力的受试者，如果伦理委员会原则上同意、研究者认为受试者参加试验符合其本身利益时，则这些病人也可以进入试验，同时应经其法定监护人同意并签名及注明日期。

（3）儿童作为受试者，必须征得其法定监护人的知情同意并签署知情同意书，当儿童能做出同意参加研究的决定时，还必须征得其本人同意。

（4）在紧急情况下，无法取得本人及其合法代表人的知情同意书，如缺乏已被证实有效的治疗方法，而试验药物有望挽救生命，恢复健康，或减轻病痛，可考虑作为受试者，但需要在试验方案和有关文件中清楚说明接受这些受试者的方法，并事先取得伦理委员会同意。

（5）如发现涉及试验药物的重要新资料，则必须将知情同意书做书面修改送伦理委员会批准后，再次取得受试者同意。

二、临床试验中研究者的职责

研究者实施临床试验并对临床试验的质量及受试者安全和权益负责。

负责临床试验的研究者应具备下列条件：在医疗机构中具有相应专业技术职务任职和行医资格，具有试验方案中所要求的专业知识和经验，对临床试验方法具有丰富经验或者能得到本单位有经验的研究者在学术上的指导，熟悉申办者所提供的与临床试验有关的资料与文献，有权支配参与该项试验的人员和使用该项试验所需的设备。

研究者必须详细阅读和了解试验方案的内容，并严格按照方案执行。

研究者应了解并熟悉试验药物的性质、作用、疗效及安全性（包括该药物临床前研究的有关资料），同时也应掌握临床试验进行期间发现的所有与该药物有关的新信息。

研究者必须在有良好医疗设施、实验室设备、人员配备的医疗机构进行临床试验，该机构应具备处理紧急情况的一切设施，以确保受试者的安全。实验室检查结果应准确可靠。

研究者应获得所在医疗机构或主管单位的同意，保证有充分的时间在方案规定的期限内负责和完成临床试验。研究者需向参加临床试验的所有工作人员说明有关试验的资料、规定和职责，确保有足够数量并符合试验方案的受试者进入临床试验。

研究者应向受试者说明经伦理委员会同意的有关试验的详细情况，并取得知情同意书。

研究者负责做出与临床试验相关的医疗决定，保证受试者在试验期间出现不良事件时得到适当的治疗。

研究者有义务采取必要的措施以保障受试者的安全，并记录在案。在临床试验过程中如发生严重不良事件，研究者应立即对受试者采取适当的治疗措施，同时报告药品监督管理部门、卫生行政部门、申办者和伦理委员会，并在报告上签名及注明日期。

研究者应保证将数据真实、准确、完整、及时、合法地载入病历和病例报告表。

研究者应接受申办者派遣的监查员或稽查员的监查和稽查及药品监督管理部门的稽查和视察，确保临床试验的质量。

研究者应与申办者商定有关临床试验的费用，并在合同中写明。研究者在临床试验过程中，不得向受试者收取试验用药所需的费用。

临床试验完成后，研究者必须写出总结报告，签名并注明日期后送申办者。

研究者中止一项临床试验必须通知受试者、申办者、伦理委员会和药品监督管理部门，并阐明理由。

三、新药临床试验中申办者的职责

申办者是发起一项临床试验，并对该试验的启动、管理、财务和监查负责的公司、机构或组织。

申办者负责发起、申请、组织、监查和稽查一项临床试验，并提供试验经费。申办者按国家法律、法规等有关规定，向国家食品药品监督管理总局递交临床试验的申请，也可委托合同研究组织执行临床试验中的某些工作和任务。申办者选择临床试验的机构和研究者，认可其资格及条件以保证试验的完成。

申办者提供研究者手册，其内容包括试验药物的化学、药学、毒理学、药理学和临床的（包括以前的和正在进行的试验）资料和数据。

申办者在获得国家食品药品监督管理总局批准并取得伦理委员会批准件后方可按方案组织临床试验。

申办者、研究者共同设计临床试验方案，述明在方案实施、数据管理、统计分析、结果报告、发表论文方式等方面职责及分工。签署双方同意的试验方案及合同。

申办者向研究者提供具有易于识别、正确编码并贴有特殊标签的试验药物、标准品、对照药品或安慰剂，并保证质量合格。试验用药品应按试验方案的需要进行适当包装、保存。申办者应建立试验用药品的管理制度和记录系统。

申办者任命合格的监查员，并为研究者所接受。申办者应建立对临床试验的质量控制和质量保证系统，可组织对临床试验的稽查以保证质量。

申办者应与研究者迅速研究所发生的严重不良事件，采取必要的措施以保证受试者的安全和权益，并及时向药品监督管理部门和卫生行政部门报告，同时向涉及同一药物的临床试验的其他研究者通报。

申办者中止一项临床试验前，需通知研究者、伦理委员会和国家食品药品监督管理总局，并述明理由。

申办者负责向国家食品药品监督管理总局递交试验的总结报告。

申办者应对参加临床试验的受试者提供保险，对于发生与试验相关的损害或死亡的受试者承担治疗的费用及相应的经济补偿。申办者应向研究者提供法律上与经济上的担保，但由医疗事故所致者除外。

研究者不遵从已批准的方案或有关法规进行临床试验时，申办者应指出以求纠正，如情况严重或坚持不改，则应终止研究者参加临床试验并向药品监督管理部门报告。

四、临床试验中监查员的职责

监查员是由申办者任命并对申办者负责的具备相关知识的人员，其任务是监查和报告试验的进行情况和核实数据。

监查的目的是为了保证临床试验中受试者的权益受到保障，试验记录与报告的数据准确、完整无误，保证试验遵循已批准的方案和有关法规。

监查员是申办者与研究者之间的主要联系人。其人数及访视的次数取决于临床试验的复杂程度和参与试验的医疗机构的数目。监查员应有适当的医学、药学或相关专业学历，并经过必要的训练，熟悉药品管理有关法规，熟悉有关试验药物的临床前和临床方面的信息，以及临床试验方案及其相关的文件。

监查员应遵循标准操作规程，督促临床试验的进行，以保证临床试验按方案执行。具体内容包括：

1. 在试验前确认试验承担单位已具有适当的条件，包括人员配备与培训情况，实验室设备齐全、运转良好，具备各种与试验有关的检查条件，估计有足够数量的受试者，参与研究人员熟悉试验方案中的要求。

2. 在试验过程中监查研究者对试验方案的执行情况，确认在试验前取得所有受试者的知情同意书，了解受试者的入选率及试验的进展状况，确认入选的受试者合格。

3. 确认所有数据的记录与报告正确完整，所有病例报告表填写正确，并与原始资料一致。所有错误或遗漏均已改正或注明，经研究者签名并注明日期。每一受试者的剂量改变、治疗变更、合并用药、间发疾病、失访、检查遗漏等均应确认并记录。核实入选受试者的退出与失访已在病例报告表中予以说明。

4. 确认所有不良事件均记录在案，严重不良事件在规定时间内做出报告并记录在案。

5. 核实试验用药品按照有关法规进行供应、储藏、分发、收回，并做相应的记录。

6. 协助研究者进行必要的通知及申请事宜，向申办者报告试验数据和结果。

7. 应清楚如实记录研究者未能做到的随访、未进行的试验、未做的检查，以及是否对错误、遗漏做出纠正。

8. 每次访视后做一书面报告递送申办者，报告应述明监查日期、时间、监查员姓名、监查的发现等。

五、试验用药品的管理

试验用药品（investigational product）是用于临床试验中的试验药物、对照药品或安慰剂。

临床试验用药品不得销售。

申办者负责对临床试验用药品做适当的包装与标签，并标明为临床试验专用。在双盲临床试验中，试验药物与对照药品或安慰剂在外形、气味、包装、标签和其他特征上均应一致。

试验用药品的使用记录应包括数量、装运、递送、接受、分配、应用后剩余药物的回收与销毁等方面的信息。

试验用药品的使用由研究者负责，研究者必须保证所有试验用药品仅用于该临床试验的受试者，其剂量与用法应遵照试验方案，剩余的试验用药品退回申办者，上述过程需由专人负责并记录在案，试验用药品需有专人管理。研究者不得把试验用药品转交任何非临床试验参加者。

试验用药品的供给、使用、储藏及剩余药物的处理过程应接受相关人员的检查。

六、质量保证

申办者及研究者均应履行各自职责，并严格遵循临床试验方案，采用标准操作规程，以保证临床试验的质量控制和质量保证系统的实施。

临床试验中的所有观察结果和发现都应加以核实，在数据处理的每一阶段必须进行质量控制，以保证数据完整、准确、真实、可靠。

药品监督管理部门、申办者可委托稽查人员对临床试验相关活动和文件进行系统性检查，以评价试验是否按照试验方案、标准操作规程及相关法规要求进行，试验数据是否及时、真实、准确、完整地记录。稽查应由不直接涉及该临床试验的人员执行。

药品监督管理部门应对研究者与申办者在实施试验中各自的任务与执行状况进行视察。参加临床试验的医疗机构和实验室的有关资料及文件（包括病历）均应接受药品监督管理部门的视察。

附件1：知情同意书样稿

知情同意书

方案名称：

主要研究者：

申办者：（申办者的名字，若为本院医生自己发起的则写为“医院名称”，若为厂家发起的则写为“厂家名称”）。

尊敬的受试者：

您被邀请参加____________________（请在横线上填写方案名称）研究。请仔细阅读本知情同意书并慎重做出是否参加本项研究的决定。当您的研究医生或者研究人员和您讨论知情同意书的时候，您可以让他/她给您解释您看不明白的地方。我们鼓励您在做出参与此项研究的决定之前，和您的家人及朋友进行充分讨论。若您正在参加别的研究，请告知您的研究医生或者研究人员。本研究的目的、背景、研究过程及其他重要信息如下：

一、研究背景

本研究的研究背景是……（包括国内、国外研究进展，请简要描述，注意语言通俗易懂，尽量不要用专业术语，首次出现的英文缩写必须加注中文。）

二、研究目的

本研究的研究目的是……（请简明扼要）

三、研究过程

1. 多少人将参与这项研究

大约（　）人将参与在（　）（如果是多中心的，请注明研究机构/医疗机构的数目）个不同的研究机构/医疗机构开展的本项研究，大约（　）人会在本院参与本研究。

2. 研究步骤

如果您同意参加本研究，请您签署这份知情同意书。在整个研究期间计划采血____次，总量约为____ mL。确定您可以参加本研究后，您将……

[（注意：请具体描述出分组情况，若非随机分组，也应说明。还应说明随访次数，需进行何种检查。在描述本项研究内容时，请列出具体时间表。例如，第一天，您将接受心电图检查，并用针管从您的胳膊里抽______ mL的血进行血液检查。第二天，您将接受2个小时静脉药物治疗。以此类推。也可以根据随访建立一个时间表。例如，第一次随访，研究人员将给您一定数量的本研究药物，请每天按时服药一次，直到第二次随访（请按具体情况修改）。]

3. 这项研究会持续多久

在此处描述研究会持续几天/周/月。（如果适用）并且描述是否打算收集随访信息，并明确随访的期限。例如，随访持续至最后一次研究用药后的6个月，随访将一直持续下去等。

您可以在任何时间选择退出研究而不受到任何惩罚，也不会丧失您本应获得的任何利益。然而，如果在研究途中您决定退出本研究，我们鼓励您先和您的医生商议。考虑到您的安全性问题，有可能在退出后进行一次相关检查。

四、风险与受益

1. 参加本研究的风险是什么

参加本研究可能给您带来的风险如下。您应该和您的研究医生，或者您愿意，与您平日照看您的医生讨论一下这些风险。

研究期间，您可能会发生一些、所有或者不发生这些不良反应，如………

（注意：风险部分应该只包括同研究步骤相关的风险。该知情同意书不应包括常规治疗过程的风险。对于那些风险只存在于信息保密性和增加心理压力方面的“最小风险研究”如调查问卷、民意调查，相关风险也需要列出。例如：本研究不会带来风险。然而，可能存在信息安全方面的风险。我们会尽全力保护您提供的信息不被泄露，然而，我们并不能保证信息的绝对安全。本研究中我们所问您的一些问题可能会让您感到不舒服，你可以拒绝回答此类问题，同时，研究过程中您随时都可以休息。在研究中任何时刻，您都可以退出本研究。）

2. 参加研究有什么受益

直接受益：如果您同意参加本研究，您将有可能获得直接的医疗受益。（此处描述可能的直接医疗受益，如果没有，则删去此句话）。

潜在受益：本研究可能会治愈疾病或阻止/减缓疾病的进展，但是我们不能对此做出保证。（此句话作为参考）我们希望从您参与的本研究中得到的信息在将来能够使与您病情相同的病人获益。

五、备选的治疗方案

除了参与本研究，您有如下选择方案：（请根据实际情况补充）

请您和您的医生讨论一下这些及其他可能的选择。

（注意：如果唯一的选择是不参加，请把这一部分从本知情同意书中删除。）

六、研究结果的使用和个人信息的保密

在您和其他受试者的理解和协助下，通过本项目研究的结果可能会在医学杂志上发表，但是我们会按照法律的要求为您的研究记录保密。研究受试者的个人信息将受到严格保密，除非应相关法律要求，您个人信息不会被泄露。必要时，政府管理部门和医院伦理委员会及其他相关研究人员可以按规定查阅您的资料。（供参考）

七、关于研究费用及相关补偿

1. 研究所用的药物及相关检查费用

[根据2003年国家食品药品监督管理局颁发的《药物临床试验质量管理规范》对研究费用进行说明，详细阐明试验用药、器械、检查、护理费用和常规用药、器械、检查、护理费用各由哪方负责。注意：如果参加本研究给受试者带来潜在的额外花费（对这些花费他们也不会得到补偿），请务必在此部分阐明。]

2. 参加研究的补偿

为参与本研究所花费的开支（如您的停车费、燃油费和时间），您将得到（根据研究情况填写。请用大写，如“贰拾伍圆”，而不是“25 元”。）人民币的补偿。（如果没有，则删去第 2 点的全部内容）

3. 发生损伤后的补偿

如果发生与该项研究相关的损伤，您可以获得由（请注明由谁提供，如申办方或研究单位等）提供的免费治疗，或按中国有关法律进行补偿/赔偿。

八、受试者的权利和责任

1. 您的权利

在参加研究的整个过程中，您都是自愿的。如果您决定不参加本研究，也不会影响您应该得到的其他治疗。如果您决定参加，会要求您在这份书面知情同意书上签字。您有权在试验的任何阶段随时退出试验而不会遭到歧视或受到不公平的待遇，您相应医疗待遇与权益不受影响。

2. 您的责任

作为受试者，您需要提供有关自身病史和当前身体状况的真实情况；告诉研究医生自己在本次研究期间所发现的任何不适；不得服用医生已告知的受限制药物、食物等；告诉研究医生自己最近是否参与其他研究，或目前正参与其他研究。

九、相关联系方式

如果您有与本研究相关的任何问题，请通过电话____________与____________（研究者或相关人员）联系。

如果您有与自身权利/权益相关的任何问题，或者您想反映参与本研究过程中遭遇的困难、不满和忧虑，或者想提供与本研究有关的意见和建议，请联系××伦理委员会，联系电话________________，电子邮件________________。

知情同意声明

我已被告知此项研究的目的、背景、过程、风险及获益等情况。我有足够的时间和机会进行提问，问题的答复我很满意。

我也被告知，当我有问题，想反映困难、顾虑、对研究的建议，或想进一步获得信息，或为研究提供帮助时，应当与谁联系。

我已经阅读这份知情同意书，并且同意参加本研究。

我知道我可以选择不参加此项研究，或在研究期间的任何时候无需任何理由退出本研究。

我已知道如果我的状况更差了，或者我出现严重的不良反应，或者我的研究医生觉得继续参加研究不符合我的最佳利益，他/她会决定让我退出研究。无需征得我的同意，资助方或者监管机构也可能在研究期间终止研究。如果发生该情况，医生将及时通知我，研究医生也会与我讨论我的其他选择。

我将得到这份知情同意书的副本，上面包含我和研究者的签名。

受试者签名：____________________　　　　日期：____________

（注：如果受试者无行为能力时，则需法定代理人签名）

法定代理人签字：____________________　　日期：____________

研究者签名：____________________　　日期：____________

附件2：伦理委员会批准件

××医院伦理委员会
批　准　书

批准号

项目名称：

项目负责人：　　　　职称：　　　　联系电话：

负责研究单位：

合作研究单位：

研究时间：

研究项目来源：

□政府　□基金会　□公司　□国际合作　□自主　□其他

研究经费资助者：

评审意见："______________________________"的实验方案经伦理委员会审查：

国家相关部门批件：□有　□无

□符合伦理学要求，可以按照此方案进行研究。

□不符合伦理学要求，请修改后报伦理委员会审查。

知情同意书：□有　□无

获取知情同意书方法：□适当　□不适当

请对：□实验方案，□知情同意书进行修改，□补充资料后，再经伦理委员会审查批准。

××医院伦理委员会

主任委员：

年　月　日

第十三章 中药新药使用说明书及包装设计

第一节　中药新药使用说明书及标签

一、药品说明书及标签的定义与性质

（一）说明书

药品说明书系指药品生产企业印制并提供给医务人员和患者的，与药物应用相关的所有重要信息的文书，用以指导安全、合理使用药品的法定文件，主要包括药品的安全性和有效性等重要科学数据、结论及其他相关信息。

药品说明书的具体格式、内容和书写要求由国家食品药品监督管理总局制定并发布。说明书内容必须尽可能来源于药品的人体应用经验和数据。假如安全性方面的证据不充分，则不应在其临床应用方面提供暗示性建议。根据动物研究资料得出的对人体安全、有效用药必需的结论应予确认并与人体资料一同包含在说明书的相应部分。说明书中的疾病名称、临床检验方法和结果、药学专业名词、药品名称及度量衡单位等，均须采用国家统一颁布或规范的专用词汇并符合国家标准的规定。

药品说明书内容必须具有知识性和准确性，语气不能带有宣传性，更不能虚假或误导。说明书上不能加上未经批准的介绍或宣传产品、企业的文字、图案及其他资料，其文字必须以中文为主并使用国家语言文字工作委员会公布的规范化汉字；通用名中不可加有括号；商品名须经国家食品药品监督管理总局批准方可标注且与通用名用字比例（单个字的面积比）不得大于2∶1，不与通用名连用，应分行使用等。

药品生产企业根据要求撰写的药品说明书，必须经国家食品药品监督管理总局核准。且核准日期及修改日期必须在药品说明书醒目标示。药品生产企业对药品说明书的正确性与准确性负责，并应当主动跟踪药品上市后的安全性、有效性情况。新药审批后的说明书，不得自行修改。需要对药品说明书进行修改的，应当及时提出申请。国家食品药品监督管理总局也可以根据药品的不良反应监测、药品再评价结果等信息，要求药品生产企业修改药品说明书。

药品说明书的具体内容应包括核准日期、修改日期、注册商标、药品的通用名、商品

名、主要成分、规格、适应证或功能主治、用法、用量、禁忌、不良反应和注意事项、药品批准文号、有效期、贮藏、生产企业，中药制剂说明书还应包括主要药味（成分）性状、药理作用等信息。

药品生产企业生产供上市的最小销售包装必须附有说明书。

（二）标签

药品标签是指药品包装上印有或者贴有的内容，分为内标签和外标签。药品内标签指直接接触药品的包装的标签，外标签指内标签以外的其他包装上的标签。药品的内标签应当包含药品通用名、适应证或者功能主治、规格、用法用量、生产日期、产品批号、有效期、生产企业等内容。药品外标签应当注明药品通用名称、成分、性状、适应证或者功能主治、规格、用法用量、不良反应、禁忌、注意事项、贮藏、生产日期、产品批号、有效期、批准文号、生产企业等内容。适应证或者功能主治、用法用量、不良反应、禁忌、注意事项等，不能全部注明的，应当标出主要内容并注明“详见说明书”字样。标签是药品包装的重要组成部分，且系每个单剂量包装的必备物，其目的是向人们科学而准确地介绍具体品种的基本内容、商品特性、生产工厂的风格，以便使用者识别、了解和掌握。

用于运输、储藏的包装的标签，至少应当注明药品的通用名称、规格、贮藏、生产日期、产品批号、有效期、批准文号、生产企业，也可根据需要标明包装数量、运输注意事项或者其他标记等必要内容。

药品的标签应当以说明书为依据，其内容不得超出说明书的范围，不得印有暗示疗效、误导使用和不适当宣传产品的文字和标识。

二、中药、天然药物处方药、非处方药的说明书格式、内容书写要求及撰写指导原则

国家食品药品监督管理局于2006年6月22日发布了《关于印发中药、天然药物处方药说明书格式内容书写要求及撰写指导原则的通知》，通知中明确规定了中药、天然药物处方药说明书的格式、内容书写要求及撰写指导原则，具体内容参见附件1。同年10月，制定了《中成药非处方药说明书规范细则》，对中成药非处方药说明书格式、内容书写要求做出了明确规定，具体内容参见附件2。

三、标签设计与制定

药品包装标签的式样设计总的要求是内容不得超出国家食品药品监督管理总局批准的药品说明书所限定的内容，其文字及图案不得加入任何未经审批的内容，对产品的表述应准确无误，除安全、合理用药的表述外，不得印有各种不适当宣传产品的文字和标识，其格式应符合国家食品药品监督管理总局相关要求。具体内容参见附件3。

国家食品药品监督管理总局对标签的制定还做了以下规定：

1. 药品通用名称必须使用黑色或者白色，不得使用其他颜色。浅黑、灰黑、亮白、乳白等黑、白色号均可使用，但要与其背景形成强烈反差。

2. 根据《药品说明书和标签管理规定》（以下简称《规定》）第十八条，药品适应证

或者功能主治、用法用量、不良反应、禁忌、注意事项不能全部注明的，应当标出主要内容并注明“详见说明书”字样，不得仅注明“详见说明书”。注明的“主要内容”应当与说明书中的描述用语一致，不得修改和扩大范围。

3. 适应证或者功能主治等项目难以标出主要内容或者标出主要内容易引起误用的，可以仅注明“详见说明书”。

4. 药品标签印制的适应证（功能主治）的字体、字号和颜色应当一致，不得突出印制其中的部分内容。

5. 按照《规定》第十七条，药品内标签应当标注有效期项。暂时由于包装尺寸或者技术设备等原因使有效期确难以标注为“有效期至某年某月”的，可以标注有效期实际期限，如“有效期 24 个月”。

6. 运输用的药品标签，包括原料药的标签，可以按照《规定》的要求自行印制。

7. 根据《规定》第三条，药品标签不得超出说明书的范围，不得印制暗示疗效、误导使用和不适当宣传产品的文字和标识。因此，药品标签不得印制“××省专销”“原装正品”“进口原料”“驰名商标”“专利药品”“××监制”“××总经销”“××总代理”等字样。“企业防伪标识”“企业识别码”“企业形象标志”等不违背《规定》第三条规定的文字图案可以印制。“印刷企业”“印刷批次”等与药品的使用无关的，不得在药品标签中标注。

8. 以企业名称等作为标签底纹的，不得以突出显示某一名称来弱化药品通用名称。

9. 个别品种因特殊情况如设备技术等原因，其内标签印制药品通用名、规格、生产批号和有效期确有困难的，药品生产企业应当向国家食品药品监督管理总局提出申请，同意后方可减少标注内容。

第二节 中药新药的包装设计

一、概述

包装的理解与定义，在不同的时期、不同的国家，也不尽相同。美国包装学会对包装的定义为：符合产品之需求，依最佳之成本，便于货物之传送、流通、交易、贮存与贩卖，而实施的统筹整体系统的准备工作。日本工业规格 JIS101 对包装的定义为：包装系指便于物品之输送及保管，并维护商品的价值，保持其状态，而以适当的材料或容器，对物品所实施的技术与状态。我国一些版本的教材中对包装的定义为：为了保证商品的原有性状及质量在运输、流动、交易、贮存及使用时不受到损害和影响，而对商品所采取的一系列技术手段。虽然每个国家和地区对包装的定义略有差异，但都是以包装的功能为核心内容的。

中成药的包装是保证药品质量、疗效及安全的重要组成部分之一。随着现代化的包装材料与设备在医药工业生产中的广泛应用，以及人们生活水平的逐步提高，药品包装也越来越受到重视，新型的医药包装材料及包装设备层出不穷。

（一）包装的目的与作用

1. 保存药品

对产品的保存是药品包装的最基本功能。高质量的包装设计必须既考虑到产品的需要，又考虑到生产和经营体系的需要，因而包装应满足以下要求：①产品不泄露、不扩散、不渗透；②正常操作条件下足够坚固以保存内容物；③不被制剂中的成分所改变。

2. 保护药品

药品不管其剂型物态如何，一般均有遇空气易氧化、染菌，遇光易分解变色，遇湿易潮解变质，遇热易挥发、软化、熔解、崩裂，遇激烈的震动变形、碎裂等问题发生。药品物理性质或化学性质的改变，均会使药品失效，不但不能治病，有的反而会致病。多数药品的有效期为2~3年，在这么长的时间内，通过容器的微孔（如聚乙烯、聚丙烯等塑料）或容器与盖之间的间隙（密封不严实或变形）进入的气体、水分都会导致药品变质。药品包装不论在造型、结构和装潢的设计上，还是材料的选择上，都应把保护功能作为首要因素来考虑，包装对药品的保护功能主要表现在以下几个方面：

（1）阻隔作用：包装应使容器内的药物成分不能穿透、遗漏出去，同时使外界的空气、光线、水分、热、异物、微生物等不得进入容器内与药品接触。许多药品的稳定性和疗效会随进入或逸出包装容器的气体、光、热、水分等而发生改变。如散剂、丸剂、片剂、颗粒剂等固体制剂因吸潮而发霉变质，糖浆剂、煎膏剂、合剂等液体制剂因受温度、光、空气、微生物的作用而发酵等。药品包装的阻隔作用主要通过以下几个方面来实现。

①防穿透：挥发性药物成分能溶解于有些包装材料的内侧，借渗透压的作用向另一侧扩散移动。即挥发性成分从容器壁的分子间扩散出来，从包装外面可以明显嗅出药味来。尤其是纸质、聚乙烯单层塑料薄膜之类的包装，具明显的透气、透光、透水分的性能。不但芳香性药物成分从包装中逸出，外界气体（如 O_2、CO_2）、水蒸气等也会直接透过包装材料进入容器，从而影响药品的稳定性。如含芸香草油之类成分的制剂对一般的有机物包装材料有很强的溶蚀作用，其穿透性更明显，盛于明胶做的硬胶囊壳内不到两周就穿透出来。为了防止穿透现象的发生，在选择包装材料时应选择透性小的材料作为药品的单个包装。防穿透效果较好的包装容器有各种复合膜容器、玻璃容器、金属容器、陶瓷窑器等。

②防泄漏：药品的挥发性或不挥发性组分、固体或液体药物可经过包装材料上的针孔、裂缝或盖与容器之间的间隙而逸出或漏出。这种情况的发生多半是因为包装容器的结构设计或包装工艺的不当造成的，当然有时也会因选料不当而造成。如用大口瓶装糖浆时常常漏出药液；风油精、痰咳等因盖子与容器不完全吻合而盖不严，安瓿因封口时有针眼而漏药液等。

③遮光：颅痛定等药物成分遇光线照射会氧化变质，导致其包衣丸、片因光照而颜色变暗。对这类药物的包装，除密封外还需遮光。药品包装遮光常采用三种办法：传统多用棕色瓶或瓶内药物用纸包裹；新材料系用铝塑合膜，铝、纸塑复合膜；在包装材料内添加遮光剂，如二氧化钛之类。

④绝热、防冻：大蜜丸、颗粒剂、煎剂、膏药、软膏剂等制剂对温度较为敏感。所以，

包装还应具绝热、防冻的功能。但目前一般药品的包装都达不到此要求，只有陶瓷容器比塑料容器的绝热性能好些。

（2）缓冲作用：药品在运输、贮存过程中，要受到各种外力的振动、冲击和挤压，易造成破损，如玻瓶包装碎裂，薄膜、纸袋之类药品包装又易受压变形。为此，药品包装应具有缓冲作用，以防止震动、冲击和挤压。

①衬垫的作用：单个包装的内外都要使用衬垫，它是密封装置的重要组成部分，是防止震动的有力措施。丸、片等固体药物，常于容器内多余空间部位填装消毒的棉花、纸条或塑料盖上带的塑料弹簧圈，使瓶子塞满后药物无移动的空间。单个包装的外面（即容器之间）多使用瓦楞纸或硬质塑料做成瓦楞形槽板，将每个容器固定且分隔起来。目前还有用新材料如发泡聚乙烯、泡沫聚丙烯及聚乙烯和聚苯乙烯共聚树脂泡沫等缓冲材料做成缓冲包装的，效果良好。

②外包装（又称分发包装）的作用：系以具一定机械强度的材料制成的大容器，具有防震动、耐压和封闭的作用。

（3）其他：包装材料内表面与药物长期接触不能发生任何反应，而且其释出物与药品之间、药品释出物与包装材料之间也不能产生任何反应。但一些药品对包装容器有很强的腐蚀性。如油类能使橡胶塞膨胀，使明胶囊壳、塑料薄膜软化；碱液能使玻璃瓶壁的玻璃剥离；有机溶煤、表面活性剂存在能引起橡胶发生臭气、龟裂等。为此又研究出新的防腐蚀的包装材料，如用不锈钢、有机材料，或于金属性包装材料表面进行电镀、喷镀、涂有机物、涂塑料等。另外，包装材料如塑料的降解产物，涂料、塑料、橡胶等材料中所含的各种添加剂（如增塑剂、润滑剂、脱模剂、稳定剂、抗氧剂、抗静电剂、色素等），在贮存过程中可逐渐释出污染药物，选择时必须慎重考虑。

3. 方便使用

药品包装不仅具有保护作用，且要有利于临床使用方便。

（1）便于阅读：包装上的说明书与标签是药品包装的重要组成部分，且系每个单剂量包装的必备物，其目的是向人们科学而准确地介绍具体品种的基本内容、药品特性、药品生产企业的风格，以便医务人员和患者识别、了解和掌握。

为了帮助医务人员和患者识别真伪和正确取用药品，还需要加特殊标志：

①安全标志：对毒、剧、麻、精神、外用、放射性、易燃药品皆应按规定加特殊而鲜明的标志，以防误用。

②防掺伪标志：在包装容器的封口处贴有特殊记号且配以牢固的封口签，配合商标作为防掺伪的标志。一些作用强烈而又名贵的中成药尤有必要使用。

（2）方便开封和携带：药品既要封严又要便于开启和再封，既要防伪又要便于携带，这就要求严格选择包装材料，精心设计其包装结构，包装的各部件应十分吻合，方可达到目的。

（3）便于取用和分剂量：近年这方面的发展速度随着整个科学技术的进步而十分迅猛，药品在引进食品、化妆品的包装技术基础上也有不少创新。

①包装多样化：剂量化包装适合于药房发药，方便患者使用，减少药品的浪费。一次

用量（单剂量包装）包装主要适用于临时性、一次性服用的药品，即“必要时服用”的药品如止痛药、抗过敏药和催眠药等。目前，口服液亦多用单剂量包装。疗程化包装是按药物对疾病治疗所需疗程进行包装的，如某些抗癌药及驱肠虫药等。

②防毒包装：是一种用于保护儿童安全的包装，即对某些有毒害的药品和化学物品实行特殊包装，使5岁以下儿童在一定的时间内难以开启或难以取出相当的数量，以避免儿童在接触、使用或吞服后引起中毒事故等。显然，这种包装比普通包装结构复杂、成本昂贵。但即使如此，为了保障儿童安全，防毒包装已在欧美若干国家使用多年，特别是在美国使用更为普遍。普通防毒标志：在毒剧药品的标签上用黑色标注“毒”；用红色标注“限制”。在危险物品的标签上用红色标注“爆炸品”“易燃品”。在外用药品标签上加注“外用”。以防误食、误用而造成事故。

外包装的运输保存标志：为了防止药品在贮运过程中质量受到影响，每件外包装（运输包装）上应有特殊标志。

识别标志（包括主要标记）：一般用三角形图案配以代用简字作为发货人向收货人表示该批货的特定记号；同时还要标出品名、规格、数量、批号、出厂日期、有效期、体积、重量、生产单位等等，以防弄错。

指标标志：对装卸、搬运操作的要求或存放保管条件应在包装上明确提出如“向上”“防潮”“小心轻放”“防晒”“冷藏”等。

（二）包装的分类

根据药品使用以及生产操作步骤，包装大致可分为以下几类：

1. 个装

多为剂量型包装，主要根据剂型特点、药物性质、用药方式、治疗剂量等因素，选用适当的容器和材料，按剂量进行包装。例如，丸剂、片剂或胶囊剂的瓶装或复合材料单剂量型包装，注射剂的安瓿封装，外用软膏小包装等均属于此类包装。

2. 内包装

为数个或数十个个装品集中于一个容器或材料内包装而成，主要防止水分、光线、温度、微生物等因素对药品质量的影响。

3. 外包装

将完成内包装的中成药装入箱、袋、桶、罐等容器，主要目的是方便药品的运输与贮存。

随着包装工业的不断发展，药品包装工业在引进国外先进包装技术及参考食品、化妆品包装工艺的基础上也出现了许多创新，其中主要突出于包装形式的多样化，例如，适用于临时性、一次性用药需要的单剂量包装，适用于按治疗疗程需要使用的疗程化包装，为便于使用或与治疗目的相配套的配套包装等。这些包装形式无论在材料选用，还是实际使用中都能达到节约材料、方便使用、有效美观等目的，并且也逐步在中药包装中得到应用。

二、包装设计

在当今药品工业化生产的环境中，随着新的包装材料，尤其是各种复合材料的开发与普及，包装设备由单项操作向连续化、自动化、电脑化、多样化的方向发展，药品包装的品种将越来越多，销售范围将越来越广，质量要求也将越来越高。任何一种理想包装的设计，均包括结构设计与装潢设计两大部分，结构设计赋予包装的形体，而装潢设计则赋予包装的美观，两者结合将构成一个完整的包装形式。

药品包装设计是将美学与药学等自然科学相结合，运用到药物产品的包装保护和美化方面，体现了科学、艺术、材料、经济、心理、市场等综合要素的多功能的结合，它是在药物剂型设计的基础上完成的。由于每一种剂型都具有独特的物理和药学特性，所以在药品包装设计中都应予以关注。

药品包装设计的基本任务是科学合理而又经济节约地完成药物产品包装的机构设计和装潢设计，符合药品包装的终极目的。

（一）结构设计

药品包装的结构设计属于三维立体设计。结构主要指包装的外部和内部结构。包装结构设计是从包装的保护性、方便性、复用性等基本功能和生产实际条件出发，依据科学原理而进行的具体设计。它不仅要根据制剂所含药物性质、剂型及临床使用要求来考虑，而且也要根据包装材料的性质来考虑。

1. 药品包装结构设计的目的

结构设计的目的主要是使被包装药品保持其特殊状态，并通过包装成为具特异形态的个体，达到功能齐全、贮运方便、价廉物美等要求。

2. 设计前的注意事项

包装结构的设计首先要满足药物的临床用药要求，充分体现药物剂型的特点，并最大限度地保证药物制剂的性质与质量，此外，在提出一个完整的包装结构设计方案前，需认真考虑以下几点：

（1）选择合适的包装材料：包装材料的选择应满足以下条件：适合包装药品形态需要，符合药品本身类别和特点，对药品有最大的保护能力，利于生产及贮存，有适当的成本。

（2）适应工业生产：包装材料和形式的制作与印刷必须适应工厂现有生产设备与技术，确保包装质量与生产效率。

（3）便于运输和保管：包装物必须体积小，重量轻，耐久性强，便于堆码。

（4）具有良好的保护性能：包装的药物不应受运输过程中的震动、压力、日晒、雨淋而改变质量，包装材料本身也不应与药品发生相互作用。

（5）陈列效果与经济效益：包装结构设计适当能够产生较好的销售效果，同时，在确保经济效益的前提下，应该算包装本身的成本。

3. 中药新药包装结构设计程序

包装结构设计程序如下所示（图 13 -1）：

研究中药新药制剂的质量特性

↓ 掌握中药新制剂的化学、物理、生物学性质，还要了解温度、湿度、光线、氧气等对主药的稳定性的影响

研究包装形态方案

↓ 制剂形态与商品化计划、包装材料的选择、包装样式的探讨

苛刻（加速）试验

↓ 掌握流通环境下的温度、湿度、光线、氧气对主药物性及稳定性的影响，掌握包装开箱后温度、湿度、光线等主药物性及稳定性的影响

流通环境下的存放试验

↓

流通环境下的货物试验

↓

决定包装形态

↓

决定包装的规格

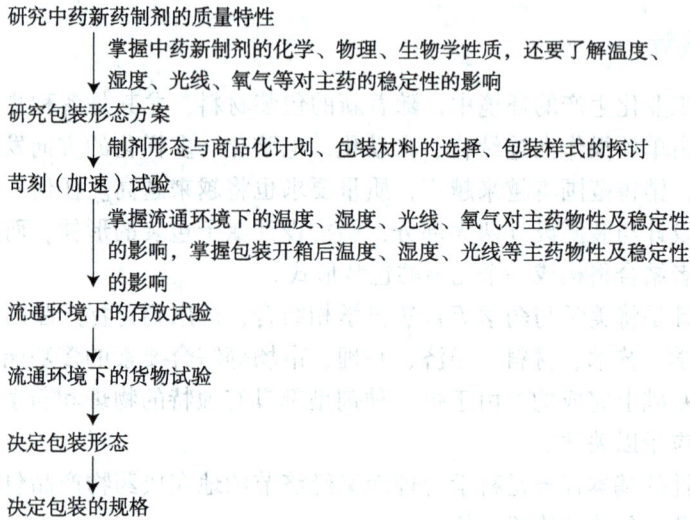

图 13－1 中药新药包装结构设计程序

（二）药品包装的装潢设计

装潢是传达信息的媒介，其设计属于平面设计。药品包装除保护药品，方便贮运外，还需要准确地将药品的属性、功能、质量、用途、用法，治疗对象等信息传达给使用者。装潢设计即利用艺术手段，生动而鲜明地将药品属性和各种信息传达出来，与人们进行视觉交换，引起使用者的注意及兴趣，产生诱惑力，使包装从一般保护、美化进而达到促推销售的作用。此外，科学合理的高水平的药品包装装潢对人们的心理会产生良好的影响作用，可以推动社会精神文明的建设。

药品包装装潢设计应遵循科学、经济、牢固、美观、适销的原则。科学合理的药品包装装潢设计主要表现在它能完整而清晰地传达出所有的信息，并能够主次分明、重点突出，使人们在简明直观之后产生特别的印象，并在心理上产生刺激和新意的感受，进而迅速而准确无误地选到需要的药品。

1. 色彩、图形、文字的作用

药品包装装潢设计是以色彩、图形、文字为工具，采用艺术手法，将一个药品的品名、商标、批准文号、主要成分、装量、功能与主治、用法与用量、禁忌、厂名、批号、有效期及特殊标志等内容集中表现于药品包装容器的表面。

（1）色彩：是传递信息的第一视觉印象，比文字更具概括力。装潢用色有对比色、强调色、形象色、象征色、标志色、辅助色，但皆需注意其基色的明度、纯度、色相三个属性，以便使整个装潢的色调给人以严肃、科学、美观、恰当和符合色彩心理学观点的印象。如要突出品名，需使用对比度大的色调来区别底色与药品品名。

（2）图形：是直接表达药品内容的形式，给人的视觉印象亦深。它用点、线、面组成特殊几何图形，或将商标、品名、厂名等设计成独特的图形，或选择具典型代表性的图画

等具有特定意义的图案来表现药品的属性、内容、治疗对象和美化包装。

(3) 文字：是传递药品信息最直接、最具体而详细的形式。在我国生产并在国内销售使用的药品，其包装、标签及使用说明书必须使用中文，并以国家语言文字工作委员会公布的汉字简化字为准。包装和标签上也可同时加注汉语拼音或外文，但必须以中文为主体。

2. 符合中成药特点

中医中药是我国优秀文化遗产的重要组成部分，是中华民族几千年来同疾病做斗争的经验总结。中成药又是利用现代科学技术大规模生产的，具有明确的功能主治的药品。因此，中成药的装潢设计应把其既古老又新颖的特点有机地结合起来。

三、包装材料的选择

现代中药包装材料包括纸材、塑料、金属、复合材料、玻璃、木材等主要包装材料，以及黏合剂、涂料、油墨、缓冲材料、封缄和捆扎材料等辅助包装材料。为了实现保护产品、利于贮运流通、便于携带使用、促进销售等包装功能，包装材料必须具备一定的性能，如具有拉伸强度、抗压强度、耐撕裂和耐戳穿强度、硬度等机械性能和机械加工性能，具有耐热性或耐寒性、透气性或阻气性、对香气或其他气味的阻隔性、透光性或遮光性、对电磁辐射的稳定性或对电磁辐射的屏蔽性等物理性能，具有耐化学药品性、耐腐蚀性及在特殊环境中的稳定性等化学性能，以及具有封合性、印刷适性等包装要求的特殊性能等。

各类材料的基本性质和用途分述如下：

（一）塑料

塑料是可塑造成型的材料，其主要成分是树脂和添加剂。塑料作为包装材料被广泛地应用，与其他包装材料相比，具有以下优点：①透明度好，内装物可以看清；②具有一定的物理强度；③防潮、防水性能好；④耐药品、耐油脂性能好；⑤耐热、耐寒性能良好；⑥耐污染，包装物卫生；⑦适宜于各种气候。

正因为具有上述优点，塑料包装得到了突飞猛进的发展。20 世纪 70 年代以来，在比较发达的国家中，塑料包装应用约占塑料制品总产量的 30%。目前的塑料包装不仅在解决运输过程中包装的破损，提高经济效益方面有显著的效果，而且在包装科学和商品功能实现等方面也有独特的作用。

目前我国生产包装塑料制品的工厂约有上千家之多，聚乙烯、聚丙烯、聚氯乙烯、聚酯、聚苯乙烯等已成为我国重要的包装材料。

1. 塑料的基本组成

塑料系由高聚物做基材加入各种附加剂而构成。用于塑料的高聚物有两大类：一类是热塑性塑料，它受热后熔融塑化，冷后变硬成型，但其分子结构和性能无显著变化，如聚乙烯、聚丙烯、聚氯乙烯等；另一类为热固性塑料，它受热后，分子结构被破坏，不能回收再次成型，如酚醛塑料、环氧树脂塑料等。塑料所用附加剂种类甚多。如增塑剂，可以提高制品的柔曲性、弹性抗冲击性及耐寒性；稳定剂，于塑料中加入一些金属氧化物与脂肪酸盐类，可以阻止或延缓塑料在光线或高热作用下发生降解或变色，但时间过久，稳定剂会渗透到表面而致使塑料变性，进而污染药品；抗氧剂，可阻止氧化而防止高聚物分子链的降解，防止交联度和外观性能的降低；润滑剂，可以改善流动性，降低与模的摩擦系数；抗静电剂，塑料多具高电阻，表面滞留静电荷具吸附力，易吸尘，为此加入抗静电剂（包括外抗静电剂和内抗静电剂）可减少塑料表面的静电荷；还有着色剂、填充剂、防腐剂、阻燃剂、紫外线稳定剂等。一般附加剂皆混悬于高聚物中。

2. 常用塑料的种类

世界上目前用于包装的塑料有六种。医药包装，尤其是国内的药品包装多用其中的聚乙烯、聚氯乙烯、聚丙烯，后又逐步应用聚酯。现将其常用塑料品种的一般情况简介如下：

（1）聚乙烯（PE）：其化学通式为 $\left[CH_2—CH_2 \right]_n$，有低密度（LDPE）、中密度（MDPE）、高密度（HDPE）三种，高密度聚乙烯是目前广泛应用的一种。聚乙烯为乳白色，半透明，防潮性能好，但氧气与一些气体能透过。大多数溶媒与强酸强碱对它无作用，但隔绝异味差。

聚乙烯的密度（0.9~0.96）决定了它的基本性质，如刚性、湿气透过性、应力破裂（shress cracking）与透明度等。密度增大时其刚性增高，耐热耐寒性好，透湿透气性低。高密度聚乙烯的分子结构与低密度相同，只是侧链少了些。

聚乙烯在制备过程中，以及暴露在空气中容易被氧化降解，必须加抗氧剂。抗氧剂的一般用量为数百 ppm。常用的抗氧剂为丁基羟基甲苯或双十二烷基硫化二丙酸酯。

在制瓶用聚乙烯制瓶的过程中往往加入抗静电剂，可以防止瓶上聚尘。常用的抗静电剂为聚乙烯二醇或长链脂肪胺（0.1%~0.2%）。

（2）聚丙烯（PP）：其通式为 $\left[CH_2—\underset{}{\overset{CH_3}{\overset{|}{C}}}H \right]_n$，与聚乙烯一样有很多优点，但没有聚乙烯应力破裂的缺点。除热芳香性或卤化溶媒能使之软化，几乎耐受所有类型的化合物，包括强酸强碱与大多数有机化合物。聚丙烯的熔点较高，在170℃时的耐热性好而适用于灭菌制剂的包装用。本品为乳白色，不透明，其不透湿与不透气的性能比低密度聚乙烯好。其缺点是低温时发脆，纯粹的聚丙烯在零度时非常脆，故需与聚乙烯或其他塑料混合以提高抗冲击的能力。

（3）聚苯乙烯（PS）：其通式为 $\left[CH_2—\overset{C_6H_5}{\overset{|}{C}}H \right]_n$，是坚硬、无色、透明的塑料，价值低廉，常用于包装固体制剂。本品的透湿性、透气性能高于 HDPE，跌下时容易破裂，容易集聚静电，其熔点较低（88℃），不能高温使用。本品耐酸碱，但不耐强氧化性酸，容易受多种化学品的侵蚀而破裂（如异丙豆蔻酸），所以只能盛装固体制剂。

与不同浓度的橡胶及丙烯酸混合，可以改进聚苯乙烯的抗冲程度与脆性。

（4）聚氯乙烯（PVC）：其通式为 $\left[CH_2—\overset{Cl}{\overset{|}{C}}H \right]_n$，无色透明、不透气、不透水、坚硬、

抗油性好、能保持药物的气味。坚硬的塑料瓶抗酸碱（氧化性酸除外），但其抗冲击力较差，加增塑剂可以制成软聚氯乙烯，常用的增塑剂为邻苯二甲酸酯，软聚氯乙烯常用于制备药品的软袋包装。本品常加各种稳定剂、增塑剂、抗氧剂、润滑剂或着色剂等，最常用的稳定剂为锡化物，如马来酸和月桂酸的二烃基锡酯。二辛基硫基醋酸锡与马来酸盐亦可做本品的稳定剂，但新制成的瓶子中往往有轻微的气味。其他可用的稳定剂还有硬脂酸钙与锌，但该稳定剂常使瓶子带黄色。

（5）聚酰胺（尼龙，Polyamide）：其通式为$\text{+CO(CH}_2\text{)}_5\text{NH+}_n$，由双盐基酸与双胺化合而成。双盐基酸品种很多，双胺也各种各样，因此聚酰胺的种类繁多。聚酰胺所用酸与胺的类型一般用数字标出。例如聚酰胺 6/10 即表示双胺有六个碳原子，酸有十个碳原子。聚酰胺与类似的聚胺可以制成薄型容器，能经受热压灭菌，非常坚牢不易损坏，而且能耐受很多无机和有机的化学药品，因而被广泛应用。但聚酰胺的吸湿与透湿性较大，可能与药品发生反应，因此在聚酰胺薄膜内衬以聚乙烯或聚偏二氯乙烯，即使之成为具有耐热、耐寒、耐水、耐油和不透气等性质适宜的药品包装材料。

（6）聚碳酸酯（Polycarbonate，PB）：其通式为$\left(O—C_6H_4—\underset{CH_3}{\overset{CH_3}{\underset{|}{\overset{|}{C}}}}—C_6H_4—O—\overset{O}{\overset{\|}{C}} \right)_n$。聚碳酸酯制成的容器清澈透明，坚硬似玻璃，能耐受反复灭菌（蒸汽灭菌或沸水灭菌），可替代玻璃小瓶或针筒，但价格较高。本品耐油性强，透气、吸水（但吸潮性小）、抗稀酸，也能抗氧化剂与还原剂及盐、脂肪烃等。本品可被酮、酯、芳香烃及一些醇所侵蚀。本品可用作眼用药水瓶，其抗冲击性能是普通塑料的 5 倍。

（7）多聚丙烯（聚腈）［Acrylic - multipolymers（nitrile polymers）］、丙烯腈（$CH_2=CHCN$）或甲基丙烯腈（Methacrylonitrile）：单体的聚合物属于这一类。其特点是：对气体有极高的屏障力，抗化学性能好，有优良的机械强度，能安全焚化处理。当其他塑料不适应时采用聚丙烯腈，如常用以盛装汽水、热装食品、对氧气敏感的制品等，特别有利于包装食品。本品耐油、不改味，制成的容器相当清澈。美国 FDA 已批准应用于一些药品的包装。

3. 塑料的一般特性

由于塑料系合成高分子材料，与金属的多晶体结构不同，具有特有的网状结构，所以具有良好的柔韧性、弹性和抗撕裂性，抗冲击的能力强，用作包装材料既便于造型，又不易破碎，质轻好携带。

常用塑料薄膜和塑料瓶性能详见表 13 - 1、表 13 - 2。

表 13－1　各种塑料薄膜的优缺点

材料	阻隔性			透明性	耐水性	耐油性	耐热性	耐寒性	强度	机械适应性	热成型性	热封性	印刷适应性
	水蒸气	气体	香臭气										
铝箔	⊙	⊙	⊙	×	△	⊙	⊙	⊙	⊙	⊙	×	×	⊙
赛璐玢	×	○	△	○	×	◎	◎	×	○	⊙	×	×	⊙
聚偏二氢乙烯涂层的赛璐玢	○	◎	◎	◎	△	◎	○	×	○	◎	×	×	◎
低密度聚乙烯	○	×	×	○	◎	△	△	○	○	×	◎	◎	○
中密度聚乙烯	○	×	△	○	◎	△	△	○	○	×	◎	◎	○
高密度聚乙烯	◎	×	△	△	◎	○	○	○	○	×	◎	○	○
聚丙烯	○	×	○	○	◎	○	○	△	○	△	⊙	○	○
离聚物（萨林 A）	○	×	△	○	○	◎	△	◎	○	×	◎	⊙	◎
乙烯－醋酸乙烯共聚物	△	×	△	○	○	○	△	◎	○	×	○	⊙	◎
聚苯乙烯	△	×	○	◎	○	○	○	○	○	○	⊙	×	○
聚碳酸酯	△	×	◎	◎	○	○	◎	◎	◎	○	○	×	○
聚酯	○	○	◎	◎	○	◎	○	◎	◎	◎	◎	△	◎
尼龙	△	◎	○	◎	△	◎	◎	○	◎	○	◎	×	○
聚氯乙烯	○	○	○	◎	○	◎	△	△	○	◎	⊙	○	○
乙烯基乙烯醇	×	⊙	⊙	◎	×	◎	○	○	○	×	◎	×	○
聚偏二氯乙烯	⊙	◎	◎	○	○	◎	○	○	○	×	○	△	○
聚三氟氯乙烯	⊙	○	○	○	◎	◎	⊙	⊙	○	○	△	×	×

⊙：最优　◎：优秀　○：良好　△：可以　×：不可以

表 13－2　塑料瓶的特性

塑料名称	密度	透明度	吸水	水蒸气穿透	氧气穿透	二氧化碳穿透	抗酸	抗乙醇	抗碱性	抗矿物油	抗溶媒	抗热性	抗冷性	耐光	抗高湿性	硬度	抗冲击力	价格	用途
LDPE	0.91～0.92	半透明	低	低	高	高	好～极好	好	好	不好	好	不好	优	好	优	低	优	低	化妆品、食品
HDPE	5.0	半透明	低	极低	中～高	中～高	好～极好	好	好	好	好	好	优	好	优	中	好	低	食物、药品、化妆品
PP	0.95～0.96	透明	低	极低	中～高	中～高	好～极好	好	极好	好	好	好	不好～好	好	优	中～高	好	低	药品、糖浆、果汁等
PS	0.89～0.91	透明	中～高	高	高	高	好～极好	不好	好	好	好	好	不好	好～不好	优	中～高	不好～好	低	干燥药物 凡士林、冻胶
硬质 PVC	1.0～1.1	透明	低	低	低	低	极好	极好	好	好	好	好～不好	极不好	极好	优	中～高	好～优	中	酒、醋、油
丙烯酸多聚物	1.2～1.4	透明	中	高	低	中	好	好	不好	好	不好	好	不好	好	好	中～高	不好～好	中	食品、药品、化妆品
聚腈(nitrile－Polymers)	1.09～1.14	透明	中	中	极低	极低	不好～好	好	好	极好	好	好	不好	好	优	中～高	好	高	食物、药品、饮料
苯乙烯－丙烯腈共聚物	1.10～1.17	透明	低	高	高	高		不好	好	好	不好	好	不好	良～不好	优	中～高	不好～好	中	干燥药物
(SaN)	1.07～1.08	透明	高	低	低	低		不好	好	好	不好	好	好	好		高	好	高	眼药水、针筒
聚碳酸酯	1.2		低																

4. 塑料容器存在的主要问题

（1）穿透性：大多数塑料容器皆具明显透气、透光和透水的缺点，包装的阻隔作用差。光线、氧气和水蒸气皆能进入包装而接触药品；药品的挥发性成分亦已通过包装而逸散出来，引起药品变质（表 13－2）。

（2）沥漏性：塑料中加有各种附加剂，且多混合于其中，包装后附加剂的分子会沥漏或移入被包装制剂中造成污染。有人对聚氯乙烯输液袋做了试验，发现会引入微粒，且所用增塑剂苯二甲酸二乙酯亦明显移入输液中。见表 13－3、表 13－4。

表 13－3　聚氯乙烯输液袋及玻璃容器的振动引起微粒数变化

时间	每毫升的微粒粒子数 聚氯乙烯输液袋	玻璃瓶
0	345	87
2 小时	16122	893
30 小时	24308	150

表 13－4　盛装输液的聚氯乙烯袋存放时间与析出苯二甲酸二乙酯量

使用时间（小时）	溶液（1L）	DEHP 数量测定结果（mg/袋）	
		未搅动时	搅动后
6	0.9% 氯化钠注射液	0. 123	0. 675
8		0. 109	0. 458
12		0. 172	0. 635
24		0. 101	0. 582
6	0.5% 葡萄糖注射液	0. 101	1. 031
8		0. 099	2. 041
12		0. 142	2. 869
24		0. 104	1. 535
6	林格注射液	0. 119	0. 669
8		0. 169	0. 431
12		0. 168	0. 551
24		0. 099	0. 454
6	m/6 乳酸钠注射液	0. 064	1. 730
8		0. 060	0. 689
12		0. 087	0. 848
24		0. 067	0. 728

续表

使用时间（小时）	溶液（1L）	DEHP 数量测定结果（mg/袋）	
		未搅动时	搅动后
6	无菌冲洗剂	0. 097	1. 682
8		0. 085	0. 991
12		0. 096	1. 592
24		0. 102	1. 151

另有研究结果表明，塑料中的附加剂不仅能转移到液体、胶体溶液中，而且还能进入药粉和药片中，只是一般转移的量较少。

（3）吸附性：塑料包装容器有吸附药物的作用，引起主药含量的降低、防腐力降低等使药品稳定性变化的现象。如有人测得，用低密度聚乙烯瓶盛装氯霉素眼药水，其氯霉素和防腐剂尼泊金乙酯的含量皆有降低的现象。影响塑料吸附药物量的因素是多方面的，如pH值、化学结构、溶媒种类、主药浓度、受热温度、接触面积与时间等。

（4）化学反应：塑料的组成成分并非完全为惰性物质，在一定条件下会与某些被包装成分发生化学反应，对保证药品质量十分不利。

（5）变形：塑料因光、热、药物成分的作用会引起化学反应、老化、变性等现象，甚至发生降解。如油能使聚乙烯软化，冬季寒冷时塑料薄膜变脆易破裂。有的塑料的降解产物对人体十分有害，如聚氯乙烯的降解产物氯乙烯为致癌物质，因此国家规定氯乙烯含量不能超过1ppm。

近年来，人们针对塑料的这些特点，开展了深入的研究，找出了许多行之有效的解决办法，推动了塑料工业的发展，同时也改变了医药包装的面貌。

（二）复合膜

以上介绍的几大类常用包装材料皆各有优、缺点，单独使用有时不能满足需要。现代商业的发展要求包装既要有良好的包装功能，又能大批量生产，并且成本低，贮运方便。为此，应将各种材料综合使用，取长补短，制造出新型的、更理想的包装材料——复合材料。目前多层复合膜和共挤压多层复合膜的发展速度高于单层塑料膜。

1. 复合膜的基本组成

复合膜由基材、涂料、填充剂、黏合剂等几类物质经特殊加工（干式黏合、湿式黏合、热熔及直接挤压等）而成。

（1）基材：制造复合膜的基本材料主要是前面介绍的几种常用塑料。目前应用最多的是聚乙烯、聚丙烯、聚酯、铝箔、纸之类。且多以纸、玻璃纸、铝箔、尼龙、拉伸聚丙烯等非热塑性高熔点材料为外层，而以未拉伸聚丙烯、聚乙烯、聚偏二氯乙烯、离子交联聚合物等热塑性材料为内层，中间可夹一些具有特殊性能的物质。

（2）涂料：构成复合膜的主要材料除基材外，还有涂布加工材料。如硝化纤维素、聚偏二氯乙烯、氯化聚丙烯等乳剂或溶液。涂于薄膜上，使之具有防潮性和避气性，主要用于聚乙烯薄膜。另外，采用薄膜蒸镀铝的技术制成镀铝薄膜，既华丽又防潮阻气，也便于加工。

（3）填充材料：为了改善塑料的性能，降低成本，可于高分子聚合物中掺入适当的填充材料。既不降低合成树脂原有的特性，又可起到填充增重、改性的作用。常用填充材料分无机物和有机物两大类。无机填充物有滑石粉、石粉、重金属粉、云母、玻璃纤维、陶土、铝粉、铜粉、锌粉，以及铝、铜、镁、钛、锌等金属的氧化物；有机填充物有木粉、纸、布、麻、碳纤维等。不同的填充材料对塑料影响各异，如：在塑料原料中添加一些纤维性组织或有强力的惰性材料如炭黑、玻璃纤维、石棉、麻丝、棉绒、布头等，可使塑料制品强度增加；而性能特殊的碳纤维、硼纤维、陶瓷纤维，不但有增加强度的作用，还有抗老化的作用；在合成树脂中加入铜、铅、锌等导电、导热材料和硫酸钡等金属盐类导磁材料，可改善塑料制品的导热、导电、导磁性能；加入硫酸钡、铝粉及其氧化物，除能增加比重外，还有良好的对抗 γ 射线辐射的能力；若加入少量的石墨等润滑剂，既可提高生产速度，又可提高自身的润滑性能。药用包装的复合袋，可根据需要选择适当的填充材料掺入其中，可增加其自身的包装功能。

（4）黏合剂：复合膜系用黏合剂将单层膜黏结而成。干式黏合法中常用蜡，加豆胶可以防止其过黏；还可加异醋酸乙烯酯、聚氯乙烯、聚氯乙烯—乙烯基醋酸酯共聚物、聚异腈酸树脂、合成橡胶、天然橡胶、环氧树脂等。湿式黏合法中常用合成树脂、天然树脂、乳胶等。热熔复合法中常用乙烯－醋酸乙烯共聚物、低分子聚乙烯、聚酯酸乙烯、聚氨酯、松脂、丁基橡胶、石蜡、微晶石蜡等。挤压复合物中常用聚氨酯。

一般情况下是按包装的需要，选择两种或两种以上的单体膜和一些辅助材料，经加工制成 2～8 层的复合膜，这种膜综合了各种构成材料的优点，其性能有很大提高。

2. 复合膜的加工方法

（1）粘接复合：包括湿式贴合法、干式贴合法、加热熔融式贴合法。

①湿式贴合法：一般称为“糨糊贴合”，主要是用乳液状水性黏合剂把纸、薄板纸和普通玻璃纸等多孔性材料贴合在铝箔或蒸镀铝上。

②干式贴合法：把溶解在有机溶剂内的黏合剂涂敷到塑料薄膜、玻璃纸、金属箔等两种无孔性基材上，蒸发干燥后进行压合。一般食品、药品包装复合膜多用此法生产，且常用 CPP 薄膜和 PE 薄膜作为密封基材。

加热熔融式贴合法：又称石蜡贴合法，黏合剂主要使用链烷烃石蜡。

（2）挤出法：包括挤出复合、共挤出复合。

挤出复合法：主要以高压聚乙烯为主体，加上 EVA、离聚物和 PP 等为原材料进行挤出加工。一般称为“复合聚乙烯”或“夹层聚乙烯”，涂敷时称为“涂膜聚乙烯”。

共挤出复合法：有 T 型膜和吹塑法两种加工工艺，现多用后者。如由尼龙、聚乙烯的共挤膜或尼龙、高压聚乙烯、离聚物、PP、低压聚乙烯等制成的膜，可用作防氧化的真空包装、耐煮沸消毒的含水食品包装、耐油包装、充气包装及做衬袋纸盒等。

（3）热复合：热层压贴合法系通过热压辊，使热贴合薄膜及热塑性薄膜贴合成一体。

3. 复合膜的包装特性与实例

（1）复合膜的一般特性：由于复合膜系由多种性能不同的材料和选用恰当方法加工而成，其种类甚多，特性各异。可按包装不同物品的实际需要出发，从其保护性、安全性、作业性、商品性、陈列性、销售性、经济性、社会性等方面进行考虑，制成具综合特性的包装材料。一般情况下，复合膜的理化性能皆优于单层膜（表 13－5）。

表 13－5 代表性复合薄膜的特性

特性 薄膜＊	延伸强度 （kg/15mm 宽）	延伸	冲击强度 （kg/cm^2）	透湿度 （$g/m^2 \cdot d$）	氧渗透率 （$cm^3/m^2 \cdot d$）△	使用可能的 温度范围（℃）	静电发生 大小	印刷 适应性	层压强度 （g/25mm 宽）	热封强度 （g/15mm 宽）
KC#300 PE40	2.7～4.8	20～50	5	8.6	10	0～80	少	良	200 以上	2000
KC#300 PE20 CPP30	4.4～5.4	20～60	6.5	6.3	10	0～50	少	良	200 以上	1500
KC#300 KOP#20	8.6～9.3	20～35	8.5	3.8	5	0～50	少	良	200 以上	200
KC#300 PE20 KC#300	4.5～9.3	20～60	7	6.3	5	0～50	少	良	200 以上	200
KC#300 A17 PE40	3.0～5.8	20～60	5.5	0.2	2	0～80	少	良	200 以上	2000
OPP#20 KC#300 PE40	9.0～9.7	20～35	8.9	3.9	10	0～90	少	良	200 以上	2000
C#300 PE40	2.2～4.5	20～57	5	20	200	0～50	少	良	200 以上	2000
OPP#20 PE40	5.2～8.5	30～130	8.9	5.2	1500	－20～50	多	良	200 以上	1600

续表

特性 薄膜*	延伸强度 (kg/15mm 宽)	延伸	冲击强度 (kg/cm^2)	透湿度 ($g/m^2 \cdot d$)	氧渗透率 ($cm^3/m^2 \cdot d$)△	使用可能的 温度范围(℃)	静电发生 大小	印刷 适应性	层压强度 (g/25mm 宽)	热封强度 (g/15mm 宽)
C#300 PE20 CPP30	4.1~4.8	20~60	6.5	11	120	0~50	少	良	200 以上	2000
KOP#20 PE40	5.4~9.4	30~130	8.9	4	120	-20~90	多	良	200 以上	3000
ON#15 PE40	5.6~6.0	77~81	12	16	10	-40~95	稍少	良	200 以上	3000
PET#12 PE40	4.6~4.8	92~100	9	15		-40~5	多	良	200 以上	3000
KOP#20 CPP30	5.8~10.0	38~130	8.8	4.1		0~50	多	良	200 以上	3000

*KC：偏氯乙烯涂层玻璃纸；ON：延伸尼龙；PE：聚乙烯；CPP：未延伸聚丙烯；C：聚酯玻璃纸；PET：聚酯；OPP：延伸聚丙烯；KOP：偏氯乙烯涂层延伸聚丙烯

△20℃，相对湿度（RH）80%

(2) 聚丙烯、聚乙烯复合膜：这种药用复合膜内层为聚乙烯单膜，外层为聚丙烯单膜，中间有黏合剂，它综合了两者的优点，又有一定的厚度，故其性能比原单膜好得多，如表13-6所示。而且还可预先将名称、商标、说明等印刷在单层膜上，然后再进行复合，这样印刷不会被抹掉，使制品色泽鲜艳，字迹图案清晰。

表13-6　聚丙烯/聚乙烯复合膜的理化性能

分类	项目		指标
物理性能	抗拉强度（N/cm^2）		纵向≥2943，横向≥4905
	断裂伸长率（%）		纵向≥60，横向≤30
	热封强度（N/15mm）		≥7.848
	撕裂强度（N/mm）		纵向≥392.4，横向≥586.6
	透氧气量（$mL/m^2 \cdot 24h \cdot atm$）		≤1600
	透湿量（$g/m^2 \cdot 24h$）		≤6.0
	剥离强度（N/15mm）		≥1.4715
化学性能	钡		不得检出
	溶出物试验	澄清度	溶液应澄清
		重金属	不得检出
		易氧化物	消耗0.1mol/L $KMnO_4$溶液不超过0.3mL

(3) 镀铝薄膜：镀铝薄膜是用铝箔和收缩薄膜复合而成的。由于铝箔是非收缩性物质，与薄膜的收缩性不一致，用普通的黏合方法不能将其复合。它是根据收缩薄膜的收缩率设计出黏合部和非黏合部，将其分布成直线形或网格形贴合。贴合普通薄膜时要用高温促进黏合剂的干燥，而收缩薄膜则不能加温，使用高强度的、在低温条件下即发生反应的黏合剂。

镀铝薄膜由于其黏合部保持铝箔和黏合剂特性，不发生收缩而具金属光泽和良好阻隔性能；非黏合部呈现收缩薄膜原有特性，发生收缩，形成美丽的皱纹图案，又具有良好的印刷性能和高的强度，故而是一种崭新的收缩包装材料。其物理性能见表13-7。

表13-7　镀铝薄膜的物料性质

试验项目		试药		实验方法
		直线形	十字形	
抗拉强度（kgf/cm^2）	竖	460	480	JIS
	横	1065	1090	K-6734
延长率（%）	竖	230	175	JIS
	横	40	38	K-6734

续表

试验项目		试药		实验方法
		直线形	十字形	
抗裂强度（kg/cm^2）	竖	12	12	JIS
	横	14	11	Z－1702
加热收缩率（%）	竖	2	3.5	80℃甘油溶解浸泡30秒钟
	横	2.5	39	
	竖	1.5	5	100℃甘油溶解浸泡30秒钟
	横	50	1	

（4）PVC/PVDC薄膜：偏二氯乙烯树脂是一种隔气性强且不随温度变化而变化的材料，可与多种塑料薄膜复合。它能以乳液或溶液状涂敷在其他塑料薄膜、纸之类的材料上，也可以与其他薄膜共挤成型。而在药用泡罩眼包装上，多将其涂敷在聚氯乙烯薄膜或聚氯乙烯、聚乙烯膜间、复合膜上。

这种膜具优良的隔气性、耐热性、透明性，而氧气透过率和湿度依变性却很小。据报道，该膜的水蒸气透过量（每100英寸/24h），A型为0.02～0.01g，B型为0.097～0.003g，C型为0.02g；而每100英寸/24h的氧气透过量，A、B、C型皆为0.0065mL。又从试验得知，对水蒸气和氧气的阻隔性能，其复合结构膜要比涂膜结构膜的有效性低20%～30%。所以这种涂布式的PVC/PVDC是一种较好的防止氧化的薄膜，目前广泛被用来包装药片、药丸和胶囊剂。

（5）BS复合膜：是由隔气、隔氮、隔CO_2性能都很优异的变性聚乙烯醇（乙烯－醋酸聚乙烯共聚体皂化物），与透明性、防潮性、机械适应性良好的聚内烯薄膜层叠而成的共挤出双向拉伸膜。

这种膜的包装功能相当好，它透明而又防潮、隔气，且有一定机械强度。

①隔气性：BS膜因夹有变性聚乙烯醇，其隔气性良好，它既可防止气体、细菌等进入包装内，也可防止内装物的香味挥发。

②防潮性：因为以双向拉伸聚丙烯膜为底膜，其透湿度甚小，在JISL—0200（40℃，90%RH）条件下测定值BS为$40g/m^2·24h$，BS60与BS80皆为$4.0g/m^2·24h$。

③透明度：因为它具有良好的平滑性和耐磨性，所以在进行印刷与复印加工后仍保持理想的光泽和透明度。

④机械性质：BS膜能在广泛的范围内保持其强度，故可用于重型包装袋；耐针扎性、二次加工性良好；耐热性与耐寒性优异，可在50～120℃的温度范围内使用，即BS膜袋可以在沸水中煮。

⑤化学性质：BS膜具耐有机溶媒与耐水性，包装含水和油的食品不降低它的透明度和强度。

⑥其他加工性：热封合性、印刷性皆良好。

(三) 纸质包装材料

纸系天然纤维制品，在包装上应用最广泛，几乎涉及各个行业产品的包装，药品亦不例外，无论什么剂型，在其小、中、大的包装上总是可见它的存在。

1. 包装纸的种类

(1) 单层纸：广泛用于制作小纸袋或印刷标签、说明书及各种标志。

(2) 厚纸板：一般采用亚硫酸盐纸浆及白牛皮纸浆等，里面以碎木纸浆为主加工制成。马尼拉板薄且质优，而白厚纸板用回炉纸作芯，内面用新闻纸或再生牛皮纸制成，质量次之。如将黏土或高岭土等白色颜料与淀粉、聚乙烯醇等粘接剂混合，涂布在厚板纸及马尼拉板纸表面，得到涂层板纸要比没有涂层的白净得多，且印刷性能好。

厚纸板易于造型，可做成各种各样的纸盒。单个药品包装除特殊情况外，几乎最终都装入厚纸盒。

(3) 瓦楞纸板：瓦楞纸板系由垫板及芯组成。芯需制成槽形，瓦楞纸从结构讲有单面板、两面板、双层板、三层板等多种规格。瓦楞纸的槽数以长30cm、内槽数来计有A(36±3槽)、B(51±3槽)、C(42±3槽)等3种类型。槽数越少，则槽的深度越深。就其强度及经受垂直压力来讲，A>C>B；平面压力和平行压力则相反，B>C>A。具体应用由捆包内容物的性质及包装大小、重量来决定选用何种芯材的瓦楞纸。药品的捆包通常较小，重量亦轻，故多用A槽两面板瓦楞纸板，稍大且重的捆包就用双层瓦楞纸板。D槽板系用于做大型的厚纸箱。

瓦楞纸板在包装上主要作运输包装箱。因它既具有一定的机械强度可保护内容物，又轻便好贮运，一般物品都采用适当规格的瓦楞纸箱作大型捆扎包装。

(4) 纸浆模塑品：以废纸为主要原料做成纸浆，通过模具，根据不同用途制成各种形状后加以干燥形成的纸制品。有软质模塑品和硬质模塑品两类。此包装材料具有节省资源、废物再利用、美观价廉、轻便等特点，且滤水性和抗拉强度皆好。

2. 包装纸及其纸容器的特性

(1) 一般特性：纸及纸容器能广泛用于各种物品的包装，主要取决于它本身具有若干优良的特点：纸取材于自然界中的多种纤维素原料，不但来源易得，且价廉物美而无毒；纸有一定的机械强度和遮光性，且有包装保护作用；本身光洁，又具有良好的印刷适应性；其性易于改变，衍生不少新产品，规格品种繁多，可适应包装上的需要；体轻，不易碎裂而方便运输；可回收处理，既节省资源，又能减轻垃圾处理负担；加工性能好，可做各种形式的包装容器。

(2) 纸容器的防潮性：纸本身不耐水，防潮性能极差。但它又多用固体的小包装和运输包装，这就要求它具有一定的防潮能力。为此，对纸的改造做了大量成功的试验，效果良好。

①普通纸：除传统方法采取浸蜡和填充沥青外，可进行表面加工。表面加工后，可赋予防潮性、防水性、耐油性、抗药性、难燃烧、耐热性等各种实用性，以及改善纸的剥离性、防滑性、磨损性等。其表面加工方法多种：一是用具有良好成膜性的高分子化合物(如聚乙烯、聚丙烯、聚氯乙烯、聚偏二氯乙烯等)进行涂敷、贴附及内部填充而形成一体

化。这种纸防潮性能好，但废品难以回收处理。二是在浆液中添加石蜡系乳胶、硬化剂或增加纸张润湿剂、上胶剂、硫酸复合剂等制成耐水纸，但包装功能欠佳。三是在纸表面涂敷合成橡胶，如乳胶与石蜡系乳胶混合物。此类纸耐水性良好，透湿度仅28g/m^2·24h，具耐热性、防潮性。由于它在水中容易离解，亦方便回收。

②厚纸板：不仅可于表面贴附或涂敷塑料薄膜，而且在纸间夹铝箔，大大提高耐水性，降低透湿度，其纸盒可盛装液体。

③瓦楞纸板：瓦楞纸的防潮性是研究的重点项目，形成的产品亦多。现有专门的防潮瓦楞纸板，就是对瓦楞纸的垫板或芯纸进行特殊加工处理，以防止纸板在遇水或遇潮后发生破坏而损害内装物，并防止内装物吸潮，脱水而致质量下降。防潮瓦楞纸板大致有以下几类：聚乙烯薄膜、铝箔等夹层瓦楞纸板；涂敷石蜡纸板；含浸石蜡瓦楞纸板；聚乙烯合成纸浆混抄纸，涂沥青衬纸和聚乙烯、聚丙烯、聚酯等薄膜夹入衬纸层之间的复合材料瓦楞纸板；塑料汽塑成型的塑料瓦楞纸板；用MS衬纸和超级耐水纸芯构成的RC瓦楞纸板。各隔潮材料和瓦楞纸板原纸的透湿度见表13－8。

表13－8　隔潮材料和瓦楞纸原纸的透湿度

种类	透湿度（g/m^2·24h）	种类	透湿度（g/m^2·24h）
高密度聚乙烯膜	9	特殊耐水衬纸（M，300g/m^2）	1889
防水纸	40	一般瓦楞纸板纸芯（强化200g/m^2）	3681
聚氯乙烯加工纸	40	特殊耐水纸芯（RC，230g/m^2）	2680
一般瓦楞纸板衬纸（K，320g/m^2）	38		

（3）纸的印刷适应性：不论标签、说明书、标志和纸容器，皆需印刷。从包装装潢的角度出发，要求有好的印刷效果，所以在包装工作上很讲究纸容器的表面处理。目前采用聚乙烯系列油漆涂料、硝基纸纤维素漆、氨硬化环氧树脂涂料等多种涂膜性能好的印刷涂料，再加上各种良好的附加剂，大大提高了纸容器的表面印刷效果。使之着色力强，光泽好，不易褪色。有人认为，纸盒比金属盒更有优点：可用任何一种方法印刷，无论在色彩方面或是在风格方面都能取得比印铁制品高得多的装潢效果；通过压轧，可取得精美的浮雕效果；能通过表面修饰得到“缎面”“绒面”的特殊效果；印刷与制盒的生产率高，易于实现自动化；质轻价廉。

（四）玻璃

玻璃是药品包装材料中应用最为普遍的材料之一。

1. 玻璃的组成

玻璃的主要成分是二氧化硅、碳酸钠、碳酸钙等。玻璃的组分常随不同的制造要求变更其主要成分的比例，且加入不同量的各种附加剂。附加剂给玻璃引入金属元素而产生许多可贵的性质。如氧化钠、氧化钾可降低其熔点使玻璃易于熔融，但过量可使其抗化学性能降低；氧化硼可使玻璃耐用、抗热、抗震、增强机械强度；微量的铅可赋予玻璃以透明度与光彩；氧化铝能增加玻璃的硬度和耐用性、抗化学性、着色性及润滑性等。所以玻璃（药用玻璃）的组分中的阳离子除硅、硼、钠、钾以外，还含有铝、钙、镁、锌、钡，特殊的还有氟、氯等离子；阴离子只有氧。一般玻璃的组分、药用注射剂用安瓿玻璃组分，可参见表13－9、表13－10。

表13－9 钠、钙玻璃的组成成分（%）

成分	铅玻璃	琥珀玻璃	器皿玻璃	板玻璃
SiO_2	72.2	72.0	73.6	71.4
Al_2O_2	1.6	1.8	1.2	1.0
CaO	11.4	10.9	6.0	9.8
MgO	0.1	0.1	4.0	4.3
Na_2O	14.4	14.6	14.7	13.3
K_2O	0.3	0.4	0.3	0.2
Fe_2O_3	0.04	0.22	0.03	0.04

表13－10 几种安瓿玻璃的组成成分（%）

玻璃种类	SiO_2	B_2O_3	Al_2O_3	Na_2O	K_2O	CaO	BaO	其他	总和
美国 KN－51－A	73.95	9.09	5.42	6.40	0.90	0.91	2.91	－	99.58
苏联 HC－1	73.0	4.0	4.5	8.5	2.0	7.0	－	(MgO) 1.0	100.00
德国 Schott－Maing	74.43	7.79	6.10	5.59	0.88	1.23	3.93	－	99.95
法国中性	71.71	6.77	5.27	10.94	0.92	0.35	3.54	－	100.00
意大利 Tenax	69.85	8.12	9.18	6.30	－	3.71	2.75	－	99.95
德国 JenaDX	75.00	6.36	5.05	6.49	1.37	0.90	4.10	－	100.00
上海安瓿	71.5	4.3	3.7	11.5	11.5	3.5	－	(ZnO) 3.0 (ZnO_2) 1.0	100.00
杭州A料	71.5	5.0	4.5	11.5	11.5	2.5	－	(ZnO) 3.0 (ZnO_2) 1.0	100.00

2. 玻璃的种类

按英国、美国等国的药典规定，将药剂包装用玻璃分为四类，见表13－11。

表13－11 玻璃的分类

NO	玻璃种类	特性
Ⅰ	高度抗水硼－硅玻璃	中性玻璃，化学耐腐蚀性好 可用于酸性、中性、碱性药液的包装瓶、瓿尔瓿、安瓿

续表

NO	玻璃种类	特性
Ⅱ	表面已处理过的钠-钙玻璃	玻璃表面的化学耐腐蚀性会改变 可用于酸性、中性及化学稳定性好的碱性溶液的包装瓶、瓿尔瓿、安瓿
Ⅲ	表面未处理过的钠-钙容器	化学耐腐蚀性差 通常不用于注射剂药液的罐装容器，但可用于无水粉末注射剂包装容器
Ⅳ	普通的钠-钙玻璃	化学耐腐蚀性极差 该种玻璃只用于注射剂以外的口服制剂和一些特殊用途的包装容器

Ⅰ类：中性玻璃或称硼-硅玻璃，玻璃中含碱土金属离子硼或铝、锌。化学稳定性极好，故可用于盛装碱性溶液及注射液。

Ⅱ类：表面经水与 SO_2 处理过的钠-钙玻璃。即在每只玻璃容器进入退火炉前加入一粒硫酸铵，退火时硫酸铵分解放出 SO_2。与玻璃表面过量的 Na^+ 反应生成 Na_2SO_4 或 Na_2SO_3，即可用水冲去玻璃表面多余的 Na^+ 而降低其碱性，故这类玻璃可用来盛装酸性物和中性注射液，优质的亦可盛装碱性注射液。

Ⅲ类：表面未经处理的钠-钙玻璃，不能用作包装注射液的容器。因为这种玻璃表面含 Na^+ 量高，Na^+ 与溶液（水溶液）中 OH—结合生成 NaOH，这一方面会改变药液的 pH 值，另一方面 NaOH 再与玻璃表面的 SiO_4 作用产生 SiO_2，SiO_2 进入溶液即成微粒。若有数据证明对药液无影响的，也可用于包装一般的注射液。

Ⅳ类：普通的钠-钙玻璃，只能用来包装口服或外用的制剂。钠-钙玻璃具有轻微的碱性，但不会影响一般口服、外用的固、液体制剂的稳定性。一些盐类如枸橼酸、酒石酸或磷酸的钠盐可侵蚀此种玻璃表面，特别是在热压灭菌的条件下，玻璃表面往往出现脱片现象。因此，含枸橼酸、酒石酸或磷酸的钠盐的口服或外用制剂不宜使用普通的钠-钙玻璃做包装材料。

一般药用玻璃颜色常为无色透明或棕色。也有蓝、绿、白、红、黄色等做装饰用途的。要避免日光中的紫外线，可采用棕色或红色者，《美国药典》（1975 年版）规定避光容器的玻璃要阻隔 290～450nm 的光线。棕色玻璃能符合此要求。但制备棕色玻璃时加入的氧化铁能掺入药物中，故药物中若含有与之发生反应或被催化的成分时不宜用棕色玻璃包装。

玻璃的颜色是因加入色素而形成，常用的着色剂有：碳与硫或铁与锰，棕色；镉与硫的化合物，黄色；氧化钴与氧化铜，蓝色；氧化铁、二氧化锰，绿色；硒与镉的亚硫化物红，宝石色；氟化物或磷酸盐乳，白色。

3. 玻璃容器的特性

（1）玻璃容器的一般优缺点：由于玻璃具有的以下优点（表 13-12），作为包装材料，不论其保护作用，还是信息功能皆较理想，几乎适用于所有剂型的包装，最受人们欢迎，所以在相当长的时间里，玻璃容器被用于药品包装。

表 13-12　玻璃容器的优缺点

优　点	缺　点
1. 组成为化学惰性成分，耐水性、抗药性和耐溶剂性强	1. 耐冲击性差
2. 无透湿性、透气性及透药香性	2. 重量大
3. 容易洗涤、灭菌、干燥	3. 耐热冲击性差
4. 透明有光泽	4. 有时会析出碱，并成片剥落
5. 抗拉强度大、不变性	5. 在截断、粘接等高精细加工上比较困难
6. 卫生	
7. 原料易得，可再生	
8. 价格便宜	
9. 容易成型	
10. 再密封性良好	
11. 耐热性强	
12. 可再次使用	
13. 耐风蚀性强	

（2）耐水解性：药用玻璃容器，尤其注射剂用安瓿、瓿尔瓶，其清洁要求甚高，盛药前需充分洗涤干净，这就要求玻璃具有良好的耐水性。虽然玻璃含有大量的惰性成分，但也含有一定量的各种金属氧化物，这些金属氧化物遇水后会发生不同程度的水解作用而生成氢氧化物。有人提出用溶度积规则判断硅酸盐玻璃中各种金属氧化物增加玻璃耐水性的顺序是：$ZnO_2 > Al_2O_3 > SnO > ZnO > PbO > MgO > CaO > BaO > LiO > K_2O > Na_2O$。

各类玻璃的耐水性能为：Ⅰ类玻璃 > Ⅱ类玻璃 > Ⅲ类玻璃。

水解作用使玻璃表面生成硅酸磷胶和氢氧化物。在温度较低时水解作用和凝胶的生成未达到玻璃表面的内层，其水解过程主要为离子交换；而在高温高压灭菌过程中，玻璃中的 -Si-O-Si- 晶体发生变化，进而发生水解。中性药用玻璃遇高温（>160℃）或长时间盛装水溶液（尤其偏碱性的水溶液）时，常发生水解作用而产生新的氢氧化物和脱片现象。溶出的苛性碱与药液中某些物质作用生成的沉淀和脱下的细小磷片块物，随注射剂进入人体内将导致过敏或血管栓塞。

（五）金属

用作药品包装的金属材料有锡、铝、铁等，目前应用最多的是马口铁和铝。

1. 金属材料的一般特性

金属具有很好的延伸性，是其包装容器加工的良好基础；具有良好的强度和刚性，故金属容器的机械保护作用良好；光泽好；能耐受热、寒的影响；气密性良好，不透气、不透光，亦不透水。但金属材料的价格昂贵。

2. 常用金属材料

（1）锡：稳定性好，可用于食品和药品的包装，具有良好的冷锻性，可坚固地包附在很多金属的表面。但价格昂贵。目前除眼用软膏用纯锡管外，一般药品多用镀锡管或镀铝管。

（2）马口铁：是包涂纯锡的低碳钢皮。铁本属活泼金属，表面镀锡后则具有强的抗腐蚀力，再加它有很好的刚性，包装上多用作中包装的桶、盒、罐之类，保护作用好。在马口铁表面涂漆可改其特性，使之更适应药物的包装要求。内面衬蜡后可盛装水溶性基质的药物制剂，涂酚树脂可装酸性的药物制剂，涂环氧树脂可装碱性的药物制剂。

（3）铝：质轻，硬度大，具延展性、可锻性，无味、无毒、无三透性；加工性能良好，可制成刚性的、半刚性的、柔软的容器。经处理后可改良其特性，铝中加入3%锑可以增加硬度；表面镀锡或涂漆皆可克服其活泼性而防腐蚀；铝表面与空气中的氧反应能形成氧化铝薄层，坚硬、透明，保护铝不再继续氧化。铝是目前药用包装中应用最多的金属包装材料。

①铝板：可作为桶、箱、盒、罐、瓶盖，也可作软膏管，部分代替锡管用。铝管优缺点见表13－13。

表13－13　铝管的优缺点

优点	缺点
1. 气密性良好	1. 耐药性差
2. 可分割使用	2. 摩擦率大
3. 可再密封	3. 污染环境
4. 可做内面涂饰	4. 易破裂
5. 使用方便	5. 其他
6. 携带方便	
7. 尺寸误差小	
8. 其他	

②铝箔：在药品包装中使用越来越广泛，主要包装形式是泡形包装、条形包装和分包。铝箔具有良好的加工性和保护、使用性能。其优缺点见表13－14。

表13－14　铝箔的特点

优点	缺点
1. 密度小（比重2.7）	1. 不能透视内装物
2. 不生锈，氧化物为白色	2. 如果没有高分子涂覆，则无热密封性
3. 遮光性大	3. 物理性脆弱

续表

优点	缺点
4. 热反射性	4. 耐腐蚀性能低
5. 防潮性好，气体透过性大	5. 价格高
6. 不通过昆虫、细菌等	6. 存在气孔
7. 加工性能好	7. 易出现皱折
8. 无毒、无害	8. 发生硫化变黑
9. 非磁性	
10. 开封容易	
11. 导热性大	
12. 有光泽	

③蒸镀铝、电化铝：金属铝以蒸镀或电镀的方法附着在其他材料上，目前被广泛用于药品外包装的装潢上。

（六）橡胶

1. 橡胶的种类

（1）天然橡胶：从橡胶树得到的胶乳是一种胶体混悬液。胶乳约含橡胶碳氢化合物30% ~50%，树脂、蛋白质、糖类、盐类等约5%，其余是水。加酸于胶乳中可产生沉淀物，将其熏干后得到黑棕色固体——天然橡胶，经吸收入足量的酚类能防止微生物的破坏。亚硫酸氢盐能阻止胶乳的氧化变色，也能抑制霉菌的生长。

（2）合成橡胶：是由苯乙烯与丁二烯，在肥皂溶液中乳化聚合而成的弹性体。如丁腈橡胶、聚硫橡胶、氯丁橡胶与硅橡胶等。

（3）硅橡胶：硅橡胶的链与链间是由接在硅原子的甲基交联的。天然橡胶与合成橡胶分子间的交联是加硫共热而成，聚硫橡胶链内的硫是加氧化锌共热而交联的。

天然橡胶经硫化后，质地坚韧，其氧敏感性亦下降，能在有机溶媒中膨胀而不溶，且具有较高的弹性。为改变橡胶的硬度与其他机械性质，也可在橡胶混合时加入一些增强剂如白土、碳酸镁等，这些填充剂可能与聚合链结合或嵌于其中。

2. 橡胶包装品的一般特性

（1）各种橡胶的一般性质：见表13－15。

表13－15　各种橡胶的性质

特性	丁基橡胶	天然橡胶	氯丁橡胶	聚丁二烯橡胶	SBR（丁苯橡胶）	硅酮橡胶	氟系橡胶	EPT（三元乙丙橡胶）
水蒸气渗透性	◎	○	△	△	△	×	○	○
气体渗透性	◎	○	△	○	○	×	○	◎

续表

特性		丁基橡胶	天然橡胶	氯丁橡胶	聚丁二烯橡胶	SBR（丁苯橡胶）	硅酮橡胶	氟系橡胶	EPT（三元乙丙橡胶）
碎片剥离性		△	◎	○	△	×	×	△	×
耐压缩性		×	◎	○	○	△	×	○	△
经时稳定性		○	○	◎	○	○	○	◎	◎
机械应力性		×	○	△	○	△	△	○	○
杀菌性		◎	○	○	○	○	◎	◎	○
耐磨损性		○	△	△	○	△	△	○	○
耐溶剂性	水	◎	○	△	○	△	◎	○	○
	动物油	◎	×	○	◎	×	○	◎	△
	矿物油	◎	×	○	◎	×	◎	◎	△
	脂肪族溶剂	×	×	○	◎	×	△	◎	×
	芳香族溶剂	×	×	○	×	×	×	◎	×
	氯化溶剂	○	○	×	○	×	×	◎	×
		×	×	×	×	×	×	◎	×

◎：优良 ○：良好 △：比较良好 ×：低劣

（2）遮光性和弹性：橡胶在包装上多做成塞子与垫片用于密封玻璃瓶口。橡胶的密封性来源于它的两大特性——遮光性和弹性。天然橡胶的弹性最好；丁基橡胶的弹性不及天然橡胶，但有较高的抗溶媒能力；氯丁橡胶具有橡胶的所有优点，其抗溶媒与抗化学试剂的能力高，由于链中有氯原子，又具有耐久性；硅橡胶是完全饱和的惰性体，可以经多次高压灭菌，在大幅度温度范围内仍能保持其弹性；而异丁烯橡胶片是橡胶中弹性最小的，能导致永久性变形，再有封闭性不够好。目前药品包装上使用最多的是氯丁基橡胶。

从表 13－15 中可以看出橡胶也存在氧气与水蒸气的穿透问题，其穿透常数均值为：氧为 230，水蒸气为 $25000cm^3/cm^2/mm/sec/cmHg \times 10^{10}$。

（3）沥漏：由于橡胶配料中加有一定量的无机或有机添加剂。当与某些液体接触时，添加剂就会沥漏出来进入液体而污染药品。最突出的是锌和有机物，这些物质在注射剂、输液中会沥漏而形成微粒——杂质。

（4）吸收：橡胶能吸收制剂中的某些组成成分，对药品的稳定性有很大影响：如防腐剂被橡胶吸收则制剂的防腐能力降低。温氏研究对约 30 个橡胶处方配方进行了研究，结果表明：开始时橡胶的吸收快，以后逐渐变慢，最后达到平衡。吸收速率随温度的增高而增大，但在较高温度时分配系数的作用不大。橡胶与酚、煤酚或尼泊金甲酯接触可吸附约

1/3。在与氯甲酚、三氯甲基叔丁醇、硝基苯汞接触时，从溶液中吸出量可达90%之多。硝基苯汞可能被橡胶中的—SH基灭活。如果防腐剂是挥发物（如煤酚），它可以从橡胶表面不断蒸发，进入大气中，直至溶液中完全耗尽为止。因此，含有以上防腐剂的药品不能用橡胶直接包装。

为了防止橡胶包装物影响制剂质量，尤其是注射用药品的稳定性，橡胶在使用前需要用稀酸、稀碱溶液进行煮、洗，以除去微粒，有的还用其他被吸收物饱和胶塞。

另外，由于天然橡胶与液体长时间接触溶出的异性蛋白对人体可能是致热原，溶出的吡啶类化合物是致癌、致畸、致突变的因素，国家食品药品监督管理局规定自2005年1月1日起停止使用普通天然橡胶作为液体药品的包装，但口服固体药品包装用胶塞、垫片、垫圈仍可使用。

（七）陶瓷

陶瓷是采用天然无机物做原料，混合成型经烧制固化而成，造型各异，能上釉色、写字、作画。作包装容器不但光泽好、美观、陈列价值高，且具良好的耐热性、耐酸性、耐碱性、耐磨性、遮光性和绝缘性，所以名贵药品，尤其是吸潮易变质的药品多选用陶瓷容器做包装。

但由于陶瓷容器体积大且沉重，受震动或冲击容易龟裂或破碎，贮存运输不利，所以有逐渐被复合材料取代的倾向。

（八）木材

木材多作贵重物品运输包装。因木材机械强度高而又有一定韧性，不易碎，性质稳定，遮光，轻便，易于着色、写字、粘贴，但木材价格昂贵，来源困难。

第三节　包装及说明书举例

一、药品包装举例

由于药品关乎人的生命，国家对上市药品的管理非常严格。所以药品包装设计也需格外谨慎，必须以国家食品药品监督管理总局所核准的内容和形式进行设计。药品的批准文号必须印制在包装的正面，药品的通用名、处方、适用范围及用法、用量等文字必须准确，不能有错误，药品的最小销售包装内必须配有药品说明书；药品包装设计必须有利于人们的身体健康，设计的心理把握要准，要让患者有药到病除的心理安慰感。

1. 以横线为主的药品包装设计

“舒筋活血片”包装设计以整齐、流畅的横线为主，占据包装盒高度一半的画面，给人以经脉疏通的印象（图13－2）。

“维C银翘片（薄膜衣）”包装设计以横线为主，横线营造了安静、祥和的感觉，绿色的基调配以红色横线设计，又给患者安定、温暖之感，增加了药物的可信度（图13－3）。

图 13－2　“舒筋活血片”包装设计

图 13－3　“维 C 银翘片”包装设计

2. 以抓住患者的心理为主的药品包装设计

“宝宝一贴灵”儿童用药包装。儿童用药包装一般都结合儿童喜欢鲜艳色彩的特点，配以可爱的卡通图案，准确地抓住了孩子的心理（图 13－4）。

图 13－4　“宝宝一贴灵”包装设计

“鼻炎灵片”包装：针对疾病的特点，配合图案、色彩以预示药品疗效。患者得了鼻炎，鼻子红肿难受、用了此药可以有效缓解病状。此件鼻炎药的包装设计针对患者的心理，用隐约可见的蓝色流线型图案来表现鼻子，用不同方向的弯曲箭头来表示鼻炎的好转，暗示着炎症减轻的视觉心理，主题非常明确（图 13 –5）。

图 13 –5　“鼻炎灵”片包装设计

3. 色彩心理运用的药品包装

“益母草颗粒”的包装设计，采用鲜艳的大红色，以表现治疗妇女月经不调、量少的效果；下部是大小不同的圆形图形，体现了颗粒的概念（图 13 –6）。

图 13 –6　“益母草颗粒”包装设计

安眠养发丸的设计用了夜空的深蓝色，代表了睡眠的酣畅（图 13 –7）。

图 13 –7　“安眠养发丸”包装设计

一、中药说明书举例

（一）处方药说明书

1. 安宫牛黄丸说明书

核准日期：

安宫牛黄丸说明书

请仔细阅读说明书并在医师指导下使用

警示语：孕妇慎用

［药品名称］
通用名称：安宫牛黄丸
汉语拼音：Angong Niuhuang Wan
［成　　份］体外培育牛黄、水牛角浓缩粉、人工麝香、珍珠、朱砂、雄黄、黄连、黄芩、郁金、冰片。
［性　　状］本品为黄橙色至红褐色的大蜜丸；气芳香浓郁，味微苦。
［功能主治］清热解毒，镇惊开窍。用于热病，邪入心包，高热惊厥，神昏谵语；中风昏迷及脑炎、脑膜炎、中毒性脑病、脑出血、败血症见上述证候者。
［规　　格］每丸重3g
［用法用量］口服。一次1丸，一日1次；小儿三岁以内一次1/4丸，四岁至六岁一次1/2丸，一日1次；或遵医嘱。
［不良反应］尚不明确
［禁　　忌］尚不明确
［注意事项］孕妇慎用。
［贮　　藏］密封。
［包　　装］药用高密度聚乙烯球壳，6丸/盒
［有 效 期］60个月
［执行标准］中国药典2005年版一部
［批准文号］国药准字Z23021898
［生产企业］
企业名称：齐齐哈尔参鹤药业有限公司
生产地址：齐齐哈尔市建华区军校街军民胡同1号
邮政编码：161000
电话号码：0452-2552152
传真号码：0452-2552650
注册地址：齐齐哈尔市建华区军校街军民胡同1号
网　　址：www.shengeyaoye.com

2. 艾迪注射液说明书

益佰制药

艾迪注射液

AIDI ZHUSHEYE

说明书

【药品名称】
品名：艾迪注射液
汉语拼音：Aidi Zhusheye
【成份】斑蝥、人参、黄芪、刺五加
【性状】本品为浅棕色的澄明液体
【药理作用】[illegible]
【功能主治】清热解毒，消瘀散结。用于原发性肝癌、肺癌、直肠癌、恶性淋巴瘤、妇科恶性肿瘤等。
【用法用量】[illegible]
【不良反应】[illegible]
【注意事项】[illegible]
【规格】每支10ml
【贮藏】密封，避光。
【包装】[illegible]
【有效期】2年
生产日期及产品批号见盒外
【批准文号】国药准字Z52020236
【生产企业】
企业名称：贵州益佰制药股份有限公司
地　　址：[illegible]
邮政编码：550008
电话号码：(0851)4705590
传真号码：(0851)4704019
网　　址：www.gz-yibai.com

（二）非处方药说明书

1. 二妙丸说明书

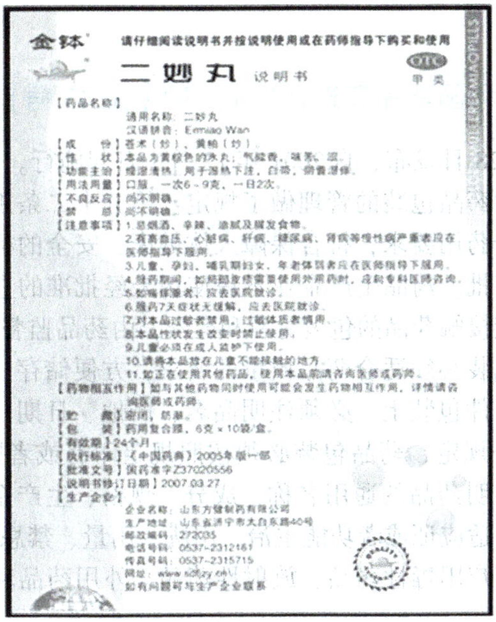
金钵
请仔细阅读说明书并按说明使用或在药师指导下购买和使用
OTC 甲类
二妙丸 说明书

【药品名称】
通用名称：二妙丸
汉语拼音：Ermiao Wan
【成　　份】苍术（炒）、黄柏（炒）。
【性　　状】本品为黄棕色的水丸；气微香，味苦、涩。
【功能主治】燥湿清热。用于湿热下注，白带，俯骨湿疹。
【用法用量】口服。一次6～9克，一日2次。
【不良反应】尚不明确。
【禁　　忌】尚不明确。
【注意事项】1.忌烟酒、辛辣、油腻及腥发食物。
2.有高血压、心脏病、肝病、糖尿病、肾病等慢性病严重者应在医师指导下服用。
3.儿童、孕妇、哺乳期妇女、年老体弱者应在医师指导下服用。
4.服药期间，如局部皮疹需要使用外用药时，应向专科医师咨询。
5.如皮肤溃烂者，应去医院就诊。
6.服药7天症状无缓解，应去医院就诊。
7.对本品过敏者禁用，过敏体质者慎用。
8.本品性状发生改变时禁止使用。
9.儿童必须在成人监护下使用。
10.请将本品放在儿童不能接触的地方。
11.如正在使用其他药品，使用本品前请咨询医师或药师。
【药物相互作用】如与其他药物同时使用可能会发生药物相互作用，详情请咨询医师或药师。
【贮　　藏】密闭，防潮。
【包　　装】药用复合膜，6克×10袋/盒。
【有效期】24个月。
【执行标准】《中国药典》2005年版一部
【批准文号】国药准字Z37020556
【说明书修订日期】2007.03.27
【生产企业】
企业名称：山东方健制药有限公司
生产地址：山东省济宁市太白东路40号
邮政编码：272035
电话号码：0537-2312161
传真号码：0537-2315715
网址：www.sdfjzy.cn
如有问题可与生产企业联系

2. 归元筋骨宁湿敷剂说明书

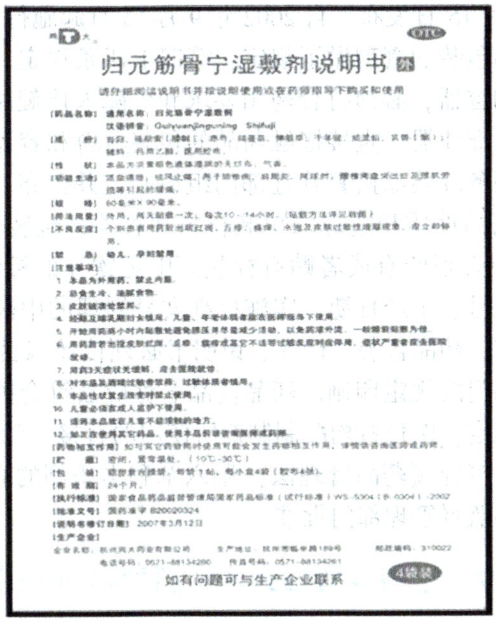
OTC
归元筋骨宁湿敷剂说明书 外
请仔细阅读说明书并按说明使用或在药师指导下购买和使用

【药品名称】通用名称：归元筋骨宁湿敷剂
汉语拼音：Guiyuanjinguning Shifuji
【成　　份】当归、[illegible]
辅料：[illegible]
【性　　状】本品为[illegible]，气香。
【功能主治】[illegible]
【规　　格】60毫米×90毫米。
【用法用量】外用，每天贴敷一次，每次10～14小时。（贴敷方法详见附图）
【不良反应】个别患者用药后出现红斑、丘疹、瘙痒、水泡及皮肤过敏性瘙痒现象，应立即停用。
【禁　　忌】幼儿、孕妇禁用
【注意事项】
1. 本品为外用药，禁止内服。
2. 忌食生冷、油腻食物。
3. 皮肤破溃处禁用。
4. 经期及哺乳期妇女慎用，儿童、年老体弱者应在医师指导下使用。
5. 开始用药两小时内贴敷处避免受压并尽量减少活动，以免药液外流，一般[illegible]为佳。
6. 用药后若出现皮肤红斑、丘疹、瘙痒或其它不适等过敏反应时应停用，症状严重者应去医院就诊。
7. 用药3天症状无缓解，应去医院就诊。
8. 对本品及酒精过敏者禁用，过敏体质者慎用。
9. 本品性状发生改变时禁止使用。
10. 儿童必须在成人监护下使用。
11. 请将本品放在儿童不能接触的地方。
12. 如正在使用其它药品，使用本品前请咨询医师或药师。
【药物相互作用】如与其它药物同时使用可能会发生药物相互作用，详情请咨询医师或药师。
【贮　　藏】密闭，置阴凉处。（10℃-30℃）
【包　　装】[illegible]，每袋1贴，每小盒4袋（[illegible]）。
【有 效 期】24个月。
【执行标准】国家食品药品监督管理局国家药品标准（试行标准）WS-5304（B-0304）-2002
【批准文号】国药准字B20020324
【说明书修订日期】2007年3月12日
【生产企业】
企业名称：杭州两大药业有限公司　生产地址：杭州市[illegible]189号　邮政编码：310022
电话号码：0571-88134260　传真号码：0571-88134261
如有问题可与生产企业联系

第四节　与说明书、标签和包装有关的条例和办法

一、《中华人民共和国药品管理法》(主席令第45号)

本法于2001年2月28日发布，自2001年12月1日起施行。

该管理法在第六章对药品包装的管理做了规定：第五十二条规定，直接接触药品的包装材料和容器，必须符合药用要求，符合保障人体健康、安全的标准，并由药品监督管理部门在审批药品时一并审批。药品生产企业不得使用未经批准的直接接触药品的包装材料和容器。对不合格的直接接触药品的包装材料和容器，由药品监督管理部门责令停止使用。第五十三条规定，药品包装必须适合药品质量的要求，方便储存、运输和医疗使用。发运中药材必须有包装。在每件包装上，必须注明品名、产地、日期、调出单位，并附有质量合格的标志。第五十四条规定，药品包装必须按照规定印有或者贴有标签并附有说明书。标签或者说明书上必须注明药品的通用名称、成分、规格、生产企业、批准文号、产品批号、生产日期、有效期、适应证或者功能主治、用法、用量、禁忌、不良反应和注意事项。麻醉药品、精神药品、医疗用毒性药品、放射性药品、外用药品和非处方药的标签，必须印有规定的标志。

二、《中华人民共和国药品管理法实施条例》(国务院令第360号)

本条例于2002年8月15日发布，自2002年9月15日起施行。

该条例第六章对药品包装的管理做了规定：第四十四条规定，药品生产企业使用的直接接触药品的包装材料和容器，必须符合药用要求和保障人体健康、安全的标准，并经国务院药品监督管理部门批准注册。直接接触药品的包装材料和容器的管理办法、产品目录和药用要求与标准，由国务院药品监督管理部门组织制定并公布。第四十五条规定，生产中药饮片，应当选用与药品性质相适应的包装材料和容器；包装不符合规定的中药饮片，不得销售。中药饮片包装必须印有或者贴有标签。中药饮片的标签必须注明品名、规格、产地、生产企业、产品批号、生产日期，实施批准文号管理的中药饮片还必须注明药品批准文号。第四十六条规定，药品包装、标签、说明书必须依照《药品管理法》第五十四条和国务院药品监督管理部门的规定印制。药品商品名称应当符合国务院药品监督管理部门的规定。第四十七条中规定，医疗机构配制制剂所使用的直接接触药品的包装材料和容器、制剂的标签和说明书应当符合《药品管理法》第六章和本条例的有关规定，并经省、自治区、直辖市人民政府药品监督管理部门批准。

三、《药品包装用材料、容器管理办法》(暂行)(局令第21号)

本办法于2000年4月29日发布，自2000年10月1日起施行。

该办法把药包材产品分为Ⅰ、Ⅱ、Ⅲ三类。Ⅰ类药包材指直接接触药品且直接使用的

药品包装用材料、容器。Ⅱ类药包材指直接接触药品，但便于清洗，在实际使用过程中，经清洗后需要并可以消毒灭菌的药品包装用材料、容器。Ⅲ类药包材指Ⅰ、Ⅱ类以外其他可能直接影响药品质量的药品包装用材料、容器。

该办法第三章注册管理中规定药包材须经药品监督管理部门注册并获得《药包材注册证书》后方可生产。未经注册的药包材不得生产、销售、经营和使用。生产Ⅰ类药包材，须经国家药品监督管理局批准注册，并发给《药包材注册证书》。生产Ⅱ、Ⅲ类药包材，须经所在省、自治区、直辖市药品监督管理部门批准注册，并发给《药包材注册证书》。首次进口的药包材（国外企业、中外合资境外企业生产），须取得国家药品监督管理局核发的《进口药包材注册证书》，并经国家药品监督管理局授权的药包材检测机构检验合格后，方可在中华人民共和国境内销售、使用。

在附件一中该办法还对实施注册管理的药包材产品进行了分类：

1. 实施Ⅰ类管理的药包材产品

（1）药用丁基橡胶瓶塞

（2）药品包装用 PTP 铝箔

（3）药用 PVC 硬片

（4）药用塑料复合硬片、复合膜（袋）

（5）塑料输液瓶（袋）

（6）固体、液体药用塑料瓶

（7）塑料滴眼剂瓶

（8）软膏管

（9）气雾剂喷雾阀门

（10）抗生素瓶铝塑组合盖

（11）其他接触药品直接使用药包材产品

2. 实施Ⅱ类管理的药包材产品

（1）药用玻璃管

（2）玻璃输液瓶

（3）玻璃模制抗生素瓶

（4）玻璃管制抗生素瓶

（5）玻璃模制口服液瓶

（6）玻璃管制口服液瓶

（7）玻璃（黄料、白料）药瓶

（8）安瓿

（9）玻璃滴眼剂瓶

（10）输液瓶天然胶塞

（11）抗生素瓶天然胶塞

（12）气雾剂罐

（13）瓶盖橡胶垫片（垫圈）

（14）输液瓶涤纶膜
（15）陶瓷药瓶
（16）中药丸塑料球壳
（17）其他接触药品便于清洗、消毒灭菌的药包材产品
3. 实施Ⅲ类管理的药包材产品
（1）抗生素瓶铝（合金铝）盖
（2）输液瓶铝（合金铝）、铝塑组合盖
（3）口服液瓶铝（合金铝）、铝塑组合盖
（4）除实施Ⅱ、Ⅲ类管理以外其他可能直接影响药品质量的药包材产品
在附件二中，该办法对包材生产中的各个环节进行了详细的规定，如机构和人员的设置、厂房的布局、洁净级别的要求、设施的配备、物料的处理、卫生条件及文件管理等。并在附件三中列出了药品包装用材料、容器注册验收评分明细表。

四、《直接接触药品的包装材料和容器管理办法》（局令第13号）

本办法于2004年7月20日发布，自公布之日起施行。
该办法规定生产、进口和使用直接接触药品的包装材料和容器（以下简称“药包材”），必须符合药包材国家标准。药包材国家标准由国家食品药品监督管理局制定和颁布。药包材须经药品监督管理部门注册并获得《药包材注册证书》后方可生产、进口。
在该办法包含了如下附件：
1. 实施注册管理的药包材产品目录
2. 药包材生产申请资料要求
3. 药包材进口申请资料要求
4. 药包材再注册申请资料要求
5. 药包材补充申请资料要求
6. 药包材生产现场考核通则
7. 药包材生产洁净室（区）要求

五、《药品说明书和标签管理规定》（局令第24号）

本规定于2006年3月10日公布，自2006年6月1日起施行。
药品说明书和标签由国家食品药品监督管理局予以核准。
药品说明书应当包含药品安全性、有效性的重要科学数据、结论和信息，用以指导安全、合理使用药品。药品说明书的具体格式、内容和书写要求由国家食品药品监督管理局制定并发布。
药品的标签是指药品包装上印有或者贴有的内容，分为内标签和外标签。药品内标签指直接接触药品的包装的标签，外标签指内标签以外的其他包装的标签。药品的内标签应当包含药品通用名称、适应证或者功能主治、规格、用法用量、生产日期、产品批号、有效期、生产企业等内容。药品外标签应当注明药品通用名称、成分、性状、适应证或者功

能主治、规格、用法用量、不良反应、禁忌、注意事项、贮藏、生产日期、产品批号、有效期、批准文号、生产企业等内容。适应证或者功能主治、用法用量、不良反应、禁忌、注意事项不能全部注明的，应当标出主要内容并注明“详见说明书”字样。

麻醉药品、精神药品、医疗用毒性药品、放射性药品、外用药品和非处方药品等国家规定有专用标识的，其说明书和标签必须印有规定的标识。

六、《关于印发中药、天然药物处方药说明书格式内容书写要求及撰写指导原则的通知》（国食药监注［2006］283号）

本通知于2006年6月22日发布，自2006年7月1日起执行。

该通知对申请注册的中药、天然药物的说明书进行核准和发布，对天然药物的说明书格式内容书写及撰写指导原则做出了具体要求，且药品生产企业应当按照国家局核准的说明书进行印制。

该通知还包含了如下附件：

1. 中药、天然药物处方药说明书格式
2. 中药、天然药物处方药说明书内容书写要求
3. 中药、天然药物处方药说明书撰写指导原则

七、《关于印发非处方药说明书规范细则的通知》（国食药监注［2006］540号）

该通知于2006年10月20日发布。其中制定了《化学药品非处方药说明书规范细则》和《中成药非处方药说明书规范细则》。

附件1：中药、天然药物处方药说明书格式

核准日期和修改日期

特殊药品、外用药品标识位置

×××说明书

请仔细阅读说明书并在医师指导下使用

警示语

【药品名称】

通用名称：

汉语拼音：

【成分】

【性状】

【功能主治】/【适应证】

【规格】

【用法用量】

【不良反应】
【禁忌】
【注意事项】
【孕妇及哺乳期妇女用药】
【儿童用药】
【老年用药】
【药物相互作用】
【临床试验】
【药理毒理】
【药代动力学】
【贮藏】
【包装】
【有效期】
【执行标准】
【批准文号】
【生产企业】
企业名称：
生产地址：
邮政编码：
电话号码：
传真号码：
注册地址：
网　　址：

附件2：中药、天然药物处方药说明书内容书写要求

"核准日期和修改日期"

核准日期和修改日期应当印制在说明书首页左上角。修改日期位于核准日期下方，进行过多次修改的，仅列最后一次的修改日期；未进行修改的，可不列修改日期。

核准日期指国家食品药品监督管理局批准该药品注册的日期。

对于2006年7月1日之前批准注册的中药、天然药物，其"核准日期"应为按照《关于印发中药、天然药物处方药说明书格式内容书写要求及撰写指导原则的通知》要求提出补充申请后，国家食品药品监督管理局或省级食品药品监督管理局予以核准的日期。

修改日期指该药品说明书的修改被国家食品药品监督管理局或省级食品药品监督管理局核准的日期。

"特殊药品、外用药品标识"

麻醉药品、精神药品、医疗用毒性药品和外用药品等专用标识在说明书首页右上方标注。

按医疗用毒性药品管理的药材及其饮片制成的单方制剂，必须标注医疗用毒性药品标识。

凡国家标准中用法项下规定只可外用，不可口服、注射、滴入或吸入，仅用于体表或某些特定黏膜部位的液体、半固体或固体中药、天然药物，均需标注外用药品标识。

对于既可内服，又可外用的中药、天然药物，可不标注外用药品标识。

外用药品标识为红色方框底色内标注白色“外”字，样式：外。药品标签中的外用药标识应当彩色印制，说明书中的外用药品标识可以单色印制。

“说明书标题”

“×××说明书”中的“×××”是指该药品的通用名称。

“请仔细阅读说明书并在医师指导下使用”

该内容必须标注，并印制在说明书标题下方。

“警示语”

是指对药品严重不良反应及其潜在的安全性问题的警告，还可以包括药品禁忌、注意事项及剂量过量等需提示用药人群特别注意的事项。

含有化学药品（维生素类除外）的中药复方制剂，应注明本品含××（化学药品通用名称）。

有该方面内容的，应当在说明书标题下以醒目的黑体字注明。无该方面内容的，可不列此项。

【药品名称】

药品名称应与国家批准的该品种药品标准中的药品名称一致。

【成分】

应列出处方中所有的药味或有效部位、有效成分等。注射剂还应列出所用的全部辅料名称；处方中含有可能引起严重不良反应的辅料的，在该项下也应列出该辅料名称。

成分排序应与国家批准的该品种药品标准一致，辅料列于成分之后。

对于处方已列入国家秘密技术项目的品种，以及获得中药一级保护的品种，可不列此项。

【性状】

应与国家批准的该品种药品标准中的性状一致。

【功能主治】/【适应证】

应与国家批准的该品种药品标准中的功能主治或适应证一致。

【规格】

应与国家批准的该品种药品标准中的规格一致。

同一药品生产企业生产的同一品种，如规格或包装规格不同，应使用不同的说明书。

【用法用量】

应与国家批准的该品种药品标准中的用法用量一致。

【不良反应】

应当实事求是地详细列出该药品不良反应。并按不良反应的严重程度、发生的频率或症状的系统性列出。

尚不清楚有无不良反应的，可在该项下以“尚不明确”来表述。

【禁忌】

应当列出该药品不能应用的各种情况，例如禁止应用该药品的人群、疾病等情况。

尚不清楚有无禁忌的，可在该项下以“尚不明确”来表述。

【注意事项】

列出使用时必须注意的问题，包括需要慎用的情况（如肝、肾功能的问题），影响药物疗效的因素（如食物、烟、酒），用药过程中需观察的情况（如过敏反应，定期检查血象、肝功、肾功）及用药对于临床检验的影响等。

如有药物滥用或者药物依赖性内容，应在该项下列出。

如有与中医理论有关的证候、配伍、妊娠、饮食等注意事项，应在该项下列出。

处方中如含有可能引起严重不良反应的成分或辅料，应在该项下列出。

注射剂如需进行皮内敏感试验的，应在该项下列出。

中药和化学药品组成的复方制剂，必须列出成分中化学药品的相关内容及注意事项。

尚不清楚有无注意事项的，可在该项下以“尚不明确”来表述。

【孕妇及哺乳期妇女用药】

如进行过该项相关研究，应简要说明在妊娠、分娩及哺乳期，该药对母婴的影响，并说明可否应用本品及用药注意事项。

如未进行该项相关研究，可不列此项。如有该人群用药需注意的内容，应在【注意事项】项下予以说明。

【儿童用药】

如进行过该项相关研究，应说明儿童患者可否应用该药品。可应用者需应说明用药须注意的事项。

如未进行该项相关研究，可不列此项。如有该人群用药需注意的内容，应在【注意事项】项下予以说明。

【老年用药】

如进行过该项相关研究，应对老年患者使用该药品的特殊情况予以说明。包括使用限制、特定监护需要、与老年患者用药相关的危险性、以及其他与用药有关的安全性和有效性的信息。

如未进行该项相关研究，可不列此项。如有该人群用药需注意的内容，应在【注意事项】项下予以说明。

【药物相互作用】

如进行过该项相关研究，应详细说明哪些或哪类药物与本药品产生相互作用，并说明相互作用的结果。

如未进行该项相关研究，可不列此项，但注射剂除外，注射剂必须以“尚无本品与其他药物相互作用的信息”来表述。

【临床试验】

对于2006年7月1日之前批准注册的中药、天然药物，如在申请药品注册时经国家药品监督管理部门批准进行过临床试验，应当描述为“本品于××××年经＿＿＿＿＿批准进行过＿＿＿例临床试验”。

对于2006年7月1日之后批准注册的中药、天然药物，如申请药品注册时，经国家药品监督管理部门批准进行过临床试验的，应描述该药品临床试验的概况，包括研究对象、给药方法、主要观察指标、有效性和安全性结果等。

未按规定进行过临床试验的，可不列此项。

【药理毒理】

申请药品注册时，按规定进行过系统相关研究的，应列出药理作用和毒理研究两部分内容：

药理作用是指非临床药理试验结果，应分别列出与已明确的临床疗效密切相关的主要药效试验结果。

毒理研究是指非临床安全性试验结果，应分别列出主要毒理试验结果。

未进行相关研究的，可不列此项。

【药代动力学】

应包括药物在体内的吸收、分布、代谢和排泄过程以及药代动力学的相关参数，一般应以人体临床试验结果为主，如缺乏人体临床试验结果，可列出非临床试验结果，并加以说明。

未进行相关研究的，可不列此项。

【贮藏】

应与国家批准的该品种药品标准〔贮藏〕项下的内容一致。需要注明具体温度的，应按《中国药典》中的要求进行标注。如：置阴凉处（不超过20℃）。

【包装】

包括直接接触药品的包装材料和容器及包装规格，并按该顺序表述。包装规格一般是指上市销售的最小包装的规格。

【有效期】

应以月为单位表述。

【执行标准】

应列出目前执行的国家药品标准的名称、版本及编号，或名称及版本，或名称及编号。

【批准文号】

是指国家批准该药品的药品批准文号、进口药品注册证号或者医药产品注册证号。

【生产企业】

是指该药品的生产企业，该项内容必须与药品批准证明文件中的内容一致，并按下列方式列出：

企业名称：

生产地址：

邮政编码：

电话号码：须标明区号。

传真号码：须标明区号。

注册地址：应与《药品生产许可证》中的注册地址一致。

网址：如无网址，此项可不保留。

附件3：中药、天然药物处方药说明书撰写指导原则

一、概述

根据《药品说明书和标签管理规定》（局令第24号）、《中药、天然药物处方药说明书格式》、《中药、天然药物处方药说明书内容书写要求》，制定《中药、天然药物处方药说明书撰写指导原则》。

本指导原则是指导药品注册申请人根据药品药学、药理毒理、临床试验的结果、结论和其他相关信息起草和撰写药品说明书的技术文件，也是药品监督管理部门审核药品说明书的重要依据。

二、说明书内容及撰写的一般要求

（一）说明书应包括下列项目：核准日期和修改日期、特殊药品/外用药品标识、说明书标题、警示语、【药品名称】、【成分】、【性状】、【功能主治】／【适应证】、【规格】、【用法用量】、【不良反应】、【禁忌】、【注意事项】、【孕妇及哺乳期妇女用药】、【儿童用药】、【老年用药】、【药物相互作用】、【临床试验】、【药理毒理】、【药代动力学】、【贮藏】、【包装】、【有效期】、【执行标准】、【批准文号】、【生产企业】。

（二）说明书的内容必须包括对安全和有效用药所需的重要信息，应尽可能完善。

（三）说明书的内容应尽可能来源于可靠的临床试验（应用）的结果，以及与人体安全有效用药密切相关的动物研究信息。

（四）说明书的文字表述应客观、科学、规范、准确、简练，不能带有暗示性、误导性和不适当宣传的语言。

（五）说明书对药品名称、药学专业名词、疾病名称、临床检验名称和结果的表述，应采用国家统一颁布或规范的专用词汇，度量衡单位应符合国家标准的规定。

（六）药品说明书应使用国家语言文字工作委员会公布的规范化汉字，增加其他文字对照的，应以汉字表述为准。

（七）由于临床试验不可能完全暴露与药品临床应用相关的所有安全性和有效性信息，使得药品说明书具有不完善的特征，因此药品说明书的完善、修订以及维护应成为经常性的工作。

三、说明书各项内容撰写的具体要求

（一）核准日期和修改日期

核准日期和修改日期应当印制在说明书首页左上角。修改日期位于核准日期下方，进行过多次修改的，仅列最后一次的修改日期；未进行修改的，可不列修改日期。

核准日期指国家食品药品监督管理局批准该药品注册的日期。

对于2006年7月1日之前批准注册的中药、天然药物，其“核准日期”应为按照《关于印发中药、天然药物处方药说明书格式内容书写要求及撰写指导原则的通知》要求提出

补充申请后，国家食品药品监督管理局或省级食品药品监督管理局予以核准的日期。

修改日期指该药品说明书的修改被国家食品药品监督管理局或省级食品药品监督管理局核准的日期。

表示的方法应按照年、月、日的顺序标注，年份用4位数字表示，月、日用2位数表示。

其具体标注格式为：

核准日期：××××年××月××日或××××.××.××（×用阿拉伯数字表示，以下同）

修订日期：××××年××月××日或××××.××.××。

（二）特殊药品、外用药品标识

麻醉药品、精神药品、医疗用毒性药品和外用药品等专用标识在说明书首页右上方标注。

按医疗用毒性药品管理的药材及其饮片制成的单方制剂，必须标注医疗用毒性药品标识。

凡国家标准中用法项下规定只可外用，不可口服、注射、滴入或吸入，仅用于体表或某些特定黏膜部位的液体、半固体或固体中药、天然药物，均需标注外用药品标识。

对于既可内服，又可外用的中药、天然药物，可不标注外用药品标识。

外用药品标识为红色方框底色内标注白色“外”字，样式：外。说明书中的外用药品标识也可以单色印制。

（三）说明书的标题

“×××说明书”中的“×××”是指该药品的通用名称。

处方药应该注明“请仔细阅读说明书并在医师指导下使用”，该内容必须标注，并印制在说明书标题下方。

（四）警示语

是指对药品严重不良反应及其潜在的安全性问题的警告，还可以包括药品禁忌、注意事项及剂量过量等需提示用药人群特别注意的事项。

含有化学药品（维生素类除外）的中药复方制剂，应注明本品含××（化学药品通用名称）。

有该方面内容的，应当在说明书标题下以醒目的黑体字注明。无该方面内容的，可不列此项。

在该项下，应注明药品的严重不良反应、潜在的危险、使用上的限制，以及一旦发生严重药品不良反应应采取的措施。如果有合理的证据证明某种危险与该药品的使用有关，应在说明书中注明这一警告。

应将特殊的情况尤其是可能导致死亡或严重损伤的情况用醒目的文字列出。警告通常以临床数据为基础，如果缺少临床数据，也可以用动物的严重毒性试验数据。必须包含以黑体形式出现的“警告”的文字标题，以表达其信息的重要性。如果其涉及危险性的信息内容很多，其详细的信息资料应该用黑体字的形式在说明书的相应部分说明（如【禁忌】、

【不良反应】或【注意事项】)。而警告中的警示必须告知其详细所在的位置。警示语不能含有任何提示或暗含宣传本品的作用，也不能有变相宣传其他产品的作用。

一般可从以下几方面考虑：

——重要的禁忌；

——临床应用中可能出现的严重的不良反应以及如果发生严重不良反应应采取的措施；

——特殊用药的注意事项；

——组方中含有较大毒性或配伍禁忌的药品；

——需要特殊说明的其他问题。

(五)【药品名称】

药品名称应与国家批准的该品种药品标准中的药品名称一致。

新药的药品名称必须符合药品通用名称命名原则。其中剂型的表述一般应按药典的规范表述，如胶丸应称为软胶囊等。

汉语拼音：根据药品的通用名称的汉语拼音来确定。

(六)【成分】

应列出处方中所有的药味或有效部位、有效成分等，成分排序应与国家批准的该品种药品标准一致。

成分系指处方所含的药味、有效部位或有效成分等。成分的名称应与药品质量标准中〔处方〕项下的规范名称一致。为了公众健康利益的需要，便于用药者全面掌握药品特点，应列出处方中的全部成分。如果复方中所含药味本身为复方且为法定成方制剂的，只需写出复方药名，不必列出所含具体药味，如山楂麦曲颗粒的【成分】为山楂、麦芽、黔曲。其中的黔曲为法定复方成方制剂（部颁标准第二册），由广藿香、莱菔子、辣蓼、青蒿等二十四味药组成，在【成分】项中只写明黔曲即可。若所含药味为非法定成方制剂的复方，则不可将复方药名列入，而应将其所含药味列入【成分】项。如双龙风湿跌打膏的主要成分中，双龙风湿跌打流浸膏应该用其所含药味，双眼龙、两面针、三叉苦、牛大力、山桂花等药味来表示。

对于处方中的药味属于国家规定已经禁用或取消的品种，如虎骨、犀角、关木通等，应按取消通知中的相关规定，以实际代用的药味来表示。

关于处方药味的排序，中药复方制剂药味或成分的排列顺序需符合中医药的组方原则，能够体现药品的基本功效。中西药复方制剂，药味排序应先列出中药，后列出化学药。

注射剂还应列出所用的全部辅料名称；处方中含有可能引起严重不良反应的辅料者，在该项下也应列出该辅料名称。辅料列在成分之后，注明辅料为××。

对于处方已列入国家秘密技术项目的品种，以及获得中药一级保护的品种，可不列此项。

(七)【性状】

应与国家批准的该品种药品标准中的性状一致。

包括药品的外观、气、味等，根据中国药典，按颜色、外形、气、味依次规范描述。

（八）【功能主治】/【适应证】

应与国家批准的该品种药品标准中的功能主治或适应证一致。

在我国传统医药理论指导下研究和使用的药品，该项用【功能主治】表述，在现代医药理论指导下研究和使用的药品，该项用【适应证】表述。

该项内容是说明书中最重要的内容之一，一般包括药品的功能与主治两部分，之间以句号分开。

功能：应根据药品的处方组成、中医药理论和临床试验结果用中医药术语规范表述。

主治：除《药品注册管理办法》规定不需要进行临床试验的药品外，一般药品说明书中所列的主治必须有充分的临床证据支持，应来源于规范的临床试验。

中药药品，其主治中一般应有相应的中医证候或中医病机的表述，有明确的中西医病名者，应根据临床试验的结果确定其合理表述。但中医病名应注意其概念的认同性，尽量不用生僻或容易产生误解的概念和名称。同时为了便于指导临床用药，应包括相应的症状和体征等内容。

应注意中医病名、西医病名、中医证候、中西医临床症状和体征的规范表述，注意用于疾病治疗、证候治疗和症状治疗在表述上的区别，注意区分疾病治疗、缓解或减轻症状、辅助治疗、联合用药的不同。注意药品作用特点的说明，如用于缓解急性发作或降低发作频率等。另外，注意根据临床试验的结果说明适用病证的病情、分期、分型的限定等，以全面反映临床试验的结果。

不应在说明书的其他部分暗示或建议没有包括在该标题下的主治病症或临床用途。

（九）【规格】

应与国家批准的该品种药品标准中的规格一致。

表示方法一般按中国药典要求规范书写。

（十）【用法用量】

应与国家批准的该品种药品标准中的用法用量一致。

一般包括用法和用量两部分，之间以句号分开。

有规范的临床试验者，应根据临床试验结果说明临床推荐使用的药品的用法和用量。

1. 用法

应明确、详细地列出该药品的临床使用方法。具体可以包括以下几个方面：

给药途径：如口服、外用、肌内注射等。

给药方式：如开水冲服，开水泡服，含服等。

给药时间：如饭前、饭后、睡前等。

药引：如需要药引，应予以说明。

给药前的药品处理：需要根据临床实际详细描述，尤其不太常用的方法、注射液、外用药及其他特殊制剂，如临床应用前的稀释、配制、分剂量等步骤和方法应详细说明。

给药途径、给药方式和给药前的药物处理方法可在一起表述，如舌下含服。

穴位给药：需要说明具体的选穴原则和具体操作方法。

有些药品，其用法需要由医护人员、甚至需要专科医师才能实施的，应在说明书的该项中特别予以说明。

使用前需加入溶剂稀释才能应用的静脉注射或滴注用的注射剂，应包含稀释、配制溶剂、配制方法、配制浓度、溶剂用量、维持药品或所配溶液的稳定性所需的储存条件。使用中注射、滴注的速度等内容的说明。

另外，同一药物不同的适应证、不同的年龄段其用法可能不完全一致。在用法项也需要注意分别说明。

2. 用量

须根据临床试验的结果说明临床推荐使用的剂量或常用的剂量范围，给药间隔及疗程。同时，可根据临床试验的结果提供在特殊患者人群用药所需的剂量调整。

应准确地列出用药的剂量、计量方法、用药次数，并应特别注意用药剂量与制剂规格的关系。

用量一般以“一次××（或者××～××）片（粒、支、袋等），一日×（或者××～××）次”来表示。不采用“××（或者××～××）/次，×次（或者×～×次）/日”的表示方法，也不以英文字母代替“日”。用法特殊的，也应根据临床试验的用法用量如实说明。其中的××需要用阿拉伯数字表示。

如果有多个规格，除了应在用量之前加入规格规定外，为了防止混淆还应在每次片（粒、支、袋等）计数之后的括号中加入重量或容量单位（如 g、mg、ml 等国际计量单位）。如每个剂量单位的用药剂量是以有效部位或指标性成分等计量者，也可以此成分的含量来计，如三七总皂苷，表示方法可以在规格之后的括号中表述。

如该药品为注射液、注射用冻干粉针、口服液、有效成分制成的制剂、其他以计量单位表述更清楚者，则须用重量或容量等计量单位。如：一次××（或者××～××）（如 g、mg、ml 等国际计量单位），为了便于理解和掌握，必要时可在其重量或容量单位之后的括号中加入规格，例如××支、片等，表示方法可以在重量或容量单位之后的括号中表述。

有些药品的剂量分为负荷量及维持量；或者用药时从小剂量开始逐渐增量，以便得到适合于患者的剂量；或者需要按一定的时间间隔用药者，应详细说明。

凡是疗程用药或规定用药期限者，则必须注明疗程、期限和用法。

如药品的剂量需按体重或体表面积计算时，以“按体重一次××/kg（或者××～××/kg），一日×次（或者×～×次）”，“或者以按体表面积一次××/m^2（或者××～××/m^2），一日×次（或者×～×次）”来表述。

（十一）【不良反应】

药品不良反应是指合格药品在正常用法用量下出现的与用药目的无关的或意外的有害反应。

在该项下应实事求是地详细列出应用该药品时发生的不良反应。

列出的不良反应可以根据器官系统、反应的严重程度、发生频率，或毒理机制，或综合上述情况来进行分类。如已有来源于规范的临床试验的不良反应发生率结果，应按频率的高低顺序列出。在同类不良反应中，较严重的不良反应应列在前面。如没有来源于严格临床试验的不良反应发生率资料，其分类和各类不良反应应按其严重程度从重到轻的顺序列出。

尚不清楚有无不良反应的，可在该项下以“尚不明确”来表述。

（十二）【禁忌】

该项下必须阐述药品不能应用的各种情况。

这些情况包括：使用该药品可产生严重过敏反应者；某些人群由于特殊年龄、性别、生理状态、疾病状态、伴随治疗、合并用药、中医证候或体质等，应用该药品具有明显的危害性；或出现不可接受的严重不良反应者。以上情况下，用药的危险性明确地超出其可能的治疗价值。

尚不清楚有无禁忌的，可在该项下以“尚不明确”来表述。

（十三）【注意事项】

该项下应该列出用该药品时必须注意的问题，包括需要慎用的情况（如肝功能、肾功能、中医特殊证候和体质的问题等），影响药品疗效的因素（如饮食、烟、酒等对用药的影响），用药过程中需观察的情况（如过敏反应，定期检查血象、肝功能、肾功能等），用药对于临床检验指标的影响等。具体内容一般包括以下几个方面：

1. 一般注意事项：应包括使执业医师对药品安全性和有效性产生担忧的任何问题。

2. 病人须知方面：需要提供给病人用药的安全性和有效性信息，如与驾驶有关的注意事项，以及合并用药可能使毒副作用和治疗作用改变的相关信息。

3. 出现不良反应时需要处理的措施、方法以及应注意的情况。

4. 实验室检查：应明确哪些实验室检查项目有助于疗效随访，哪些实验室检查项目有助于发现可能的不良反应。尽量提供在某些特定状态下某些特殊实验室检查项目的正常值和异常值的范围，以及这些实验室检查项目推荐的检查频次（在治疗前、治疗期间或治疗后）。

5. 药物对实验室检查的干扰：如已知药品会对实验室检查结果产生干扰，应简要地说明该干扰作用。

6. 过敏试验：如用药前需进行过敏试验，应在该项说明过敏试验的方法、过敏试验用制剂的配制方法及过敏试验结果的判定方法。

7. 可能产生药品滥用或药品依赖性的内容。

8. 因为中医证候、病机或体质等因素需要慎用者以及饮食、妊娠、配伍等方面与药物有关的注意事项。

9. 中药和化学品组成的复方制剂，必须列出成分中化学药品的相关内容及注意事项。

10. 药品处方中含有可能引起严重不良反应的成分或辅料，应予以说明。

11. 注射剂如需进行皮内敏感试验的，应在该项下列出。

12. 其他需要注意提醒的情况。

尚不清楚有无注意事项的，可在该项下以“尚不明确”来表述。

（十四）【孕妇及哺乳期妇女用药】

该项着重说明该药品对妊娠过程的影响（如能否通过胎盘屏障而影响胎儿生长发育或致畸）以及对哺乳婴儿的影响（如能否通过乳腺分泌而影响哺乳婴儿的健康），并写明可否应用本药品及用药注意。

如果进行了相关的动物试验或/和临床试验，应说明在妊娠期、分娩期及哺乳期，该药对母婴影响的简要信息，并写明可否应用该药及用药注意事项。

如未进行该项相关研究，可不列此项。如有该人群用药需注意的内容，应在【注意事项】项下予以说明。

（十五）【儿童用药】

由于生长发育的关系，儿童对于药品在吸收代谢、药物反应等方面与成人有一定差异，因此，须写明儿童可否应用本药品及用药注意。

这里的儿童是指从出生到16岁的人群。

1. 如果在儿童群体中所进行的规范的临床试验结果，支持用于儿童的某一主治病症，则应在说明书的【功能主治】中列出，儿童适用的剂量应在【用法用量】中表述，如果药物同时用于成人和儿童，则应在【用法用量】中分别列出。

2. 应标明儿童适应证的所有限制要求，特殊监测的必要性以及在儿童使用时所出现的与药品有关的特殊损害（例如：出生不满一个月的新生儿），儿童与成人对药品反应的区别和其他关于儿童安全有效使用药品的内容。如果必要，应在【临床试验】中进行更详细的说明。

3. 对儿童用药中的特殊人群（如不满一周岁等）未进行过临床试验，应说明在某年龄段的儿童中使用该药品的安全性和有效性尚不明确。

如未进行该项相关研究，可不列此项。如有该人群用药需注意的内容，应在【注意事项】项下予以说明。

（十六）【老年用药】

老年人由于机体某些机能衰退等原因而造成对药品吸收代谢、药物反应等方面与中青年人存在差异，从而影响老年人群用药的有效性和安全性，因此，应写明老年人群可否应用本药品及用药注意。

这里的老年人是指65岁及以上的人群。

1. 如果所进行的规范的临床试验结果，支持用于老年人的某一主治病症，必须在说明书的【功能主治】中列出，而相应的老年人用药剂量必须在【用法用量】中给予说明。在说明书的【老年患者用药】中应引述有关老年患者适应证方面的任何限制，特别监测的需要，与药品用于老年人群适应证相关的具体危险性，以及其他与药品安全和有效的相关信息。

2. 批准一般主治成人病症的药品可用于老年患者时，需在该项下说明已有的与老年患者合理用药相关的所有内容。

如未进行该项相关研究，可不列此项。如有该人群用药需注意的内容，应在【注意事项】项下予以说明。

（十七）【药物相互作用】

1. 列出与该药品产生相互作用的药品，并说明相互作用的结果及合并用药的情况。如未进行该项相关研究，可不列此项。

2. 注射剂应明确有无药品相互作用的研究结果，如果没有研究资料，应注明，以“尚无本品与其他药物相互作用的信息”来表述。

3. 其他需要说明的情况。

（十八）【临床试验】

对于2006年7月1日之前批准注册的中药、天然药物，如在申请药品注册时经国家药品监督管理部门批准进行过临床试验，应当描述为“本品于××××年经＿＿＿＿＿＿批准进行过＿＿＿例临床试验”。

对于2006年7月1日之后批准注册的中药、天然药物，如申请药品注册时，经国家药品监督管理部门批准进行过临床试验的，应描述该药品临床试验的概况，包括研究对象、给药方法、主要观察指标、有效性和安全性结果等。

未按规定进行过临床试验的，可不列此项。

（十九）【药理毒理】

该项内容包括药理作用和毒理研究两部分内容。

该项下的药理作用是指非临床药理试验结果，应是与已明确的临床疗效密切相关的主要药效试验结果。

该项下的毒理研究是指非临床安全性试验结果，应列出安全性试验中出现的对临床用药安全有参考意义的试验结果。应描述动物种属类型、给药方法（剂量、给药周期、给药途径）和主要毒性表现等重要信息。

一般包括长期毒性、遗传毒性、生殖毒性、致癌性等内容，必要时应包括一般药理学、急性毒性、依赖性及其他与给药途径相关的特殊毒性研究等信息。

未进行相关研究的，可不列此项。

（二十）【药代动力学】

该项内容是指药品在体内吸收、分布、代谢和排泄的全过程及其药代动力学的相关参数，一般情况下应以临床人体药代动力学为主，如果人体药代动力学缺乏相关参数，可以列出非临床药代动力学的相关参数，但需明确是动物药代动力学试验还是人体药代动力学试验的结果。

未进行相关研究的，可不列此项。

（二十一）【贮藏】

应与国家批准的该品种药品标准〔贮藏〕项下的内容一致。

贮藏条件的表示方法按中国药典要求规范书写，对贮藏条件有特殊要求的制剂需要予以详细说明（如：注明温度等）。

（二十二）【包装】

包括包装规格和直接接触药品的包装材料和容器。包装规格一般是指上市销售的最小包装的规格。应先表述直接接触药品的包装材料和容器，再表述包装规格。

（二十三）【有效期】

是指该药品在规定的贮藏条件下，能够保持质量稳定的期限。

有效期应以月为单位表述。

可以表述为：××个月（×用阿拉伯数字表示）。

（二十四）【执行标准】

应列出目前执行的国家药品标准的名称、版本及编号；或名称及版本；或名称及编号。如国家食品药品监督管理局国家药品标准（新药转正标准）第37册 WS3－229（Z－229）－2002（Z）、《中国药典》2005年版一部、进口药品注册标准 JZ20010001。

（二十五）【批准文号】

是指国家批准该药品的药品批准文号、进口药品注册证号或者医药产品注册证号。

（二十六）【生产企业】

是指该药品的生产企业，该项内容必须与药品批准证明文件中的内容一致，并按下列方式列出：

企业名称：

生产地址：

邮政编码：

电话号码：须标明国内区号

传真号码：须标明国内区号

注册地址：应与《药品生产许可证》中的注册地址一致。

网　　址：如无网址可不写，此项不保留

附件4：中成药非处方药说明书规范细则

一、中成药非处方药说明书格式

非处方药、外用药品标识位置

×××说明书

请仔细阅读说明书并按说明使用或在药师指导下购买和使用

警示语位置

【药品名称】

【成分】

【性状】

【功能主治】

【规格】

【用法用量】

【不良反应】

【禁忌】

【注意事项】

【药物相互作用】

【贮藏】

【包装】

【有效期】

【执行标准】

【批准文号】

【说明书修订日期】

【生产企业】

如有问题可与生产企业联系

二、中成药非处方药说明书各项内容书写要求

非处方药、外用药品标识

非处方药、外用药品标识在说明书首页右上角标注。

外用药品专用标识为红色方框底色内标注白色“外”字。药品说明书如采用单色印刷，其说明书中外用药品专用标识亦可采用单色印刷。

非处方药专有标识按《关于公布非处方药专有标识及管理规定的通知》规定使用。

说明书标题

“×××说明书”中的“×××”是指该药品的通用名称。

请仔细阅读说明书并按说明使用或在药师指导下购买和使用

该忠告语必须标注，采用加重字体印刷。

警示语

是指需特别提醒用药人在用药安全方面需特别注意的事项。

有该方面内容的，应当在说明书标题下以醒目的黑体字注明。无该方面内容的，不列该项。

【药品名称】

按下列顺序列出：

通用名称：如该药品属《中华人民共和国药典》收载的品种，其通用名称应当与药典一致；药典未收载的品种，其名称应当符合药品通用名称命名原则。

汉语拼音：

【成分】

除《中药品种保护条例》第十三条规定的情形外，必须列出全部处方组成和辅料，处方所含成分及药味排序应与药品标准一致。

处方中所列药味其本身为多种药材制成的饮片，且该饮片为国家药品标准收载的，只需写出该饮片名称。

【性状】

包括药品的外观（颜色、外形）、气、味等，依次规范描述，性状应符合药品标准。

【功能主治】

按照国家食品药品监督管理局公布的非处方药功能主治内容书写，并不得超出国家食品药品监督管理局公布的该药品非处方药功能主治范围。

【规格】

应与药品标准一致。数字以阿拉伯数字表示，计量单位必须以汉字表示。

每一说明书只能写一种规格。

【用法用量】

用量按照国家食品药品监督管理局公布的该药品非处方药用量书写。数字以阿拉伯数字表示，所有重量或容量单位必须以汉字表示。

用法可根据药品的具体情况，在国家食品药品监督管理局公布的该药品非处方药用法用量和功能主治范围内描述，用法不能对用药人有其他方面的误导或暗示。

需提示用药人注意的特殊用法用量应当在注意事项中说明。

【不良反应】

不良反应是指合格药品在正常用法用量下出现的与用药目的无关的或者意外的有害反应。

在本项目下应当实事求是地详细列出该药品已知的或者可能发生的不良反应。并按不良反应的严重程度、发生的频率或症状的系统性列出。

国家食品药品监督管理局公布的该药品不良反应内容不得删减。

【禁忌】

应列出该药品不能应用的各种情况，如禁止应用该药品的人群或疾病等情况。国家食品药品监督管理局公布的该药品禁忌内容不得删减。【禁忌】内容应采用加重字体印刷。

【注意事项】

应列出使用该药必须注意的问题，包括需要慎用的情况（如肝、肾功能的问题），影响药物疗效的因素（如食物、烟、酒等），孕妇、哺乳期妇女、儿童、老人等特殊人群用药，用药对于临床检验的影响，滥用或药物依赖情况，以及其他保障用药人自我药疗安全用药的有关内容。

必须注明“对本品过敏者禁用，过敏体质者慎用”“本品性状发生改变时禁止使用”“如正在使用其他药品，使用本品前请咨询医师或药师”“请将本品放在儿童不能接触的地方”。

对于可用于儿童的药品必须注明“儿童必须在成人监护下使用”。处方中含兴奋剂的品种应注明“运动员应在医师指导下使用”。

对于是否适用于孕妇、哺乳期妇女、儿童、老人等特殊人群尚不明确的，必须注明“应在医师指导下使用”。

如有与中医理论有关的证候、配伍、饮食等注意事项，应在该项下列出。中药和化学药品组成的复方制剂，应注明本品含××（化学药品通用名称），并列出成分中化学药品的相关内容及注意事项。

国家食品药品监督管理局公布的该药品注意事项内容不得删减。【注意事项】内容应采用加重字体印刷。

【药物相互作用】

应列出与该药产生相互作用的药物及合并用药的注意事项。未进行该项实验且无可靠参考文献的，应当在该项下予以说明。

必须注明“如与其他药物同时使用可能会发生药物相互作用，详情请咨询医师或药师”。

【贮藏】

按药品标准书写，有特殊要求的应注明相应温度。

【包装】

包括直接接触药品的包装材料和容器及包装规格，并按该顺序表述。

【有效期】

是指该药品在规定的贮藏条件下，能够保持质量稳定的期限。

有效期应以月为单位描述，可以表述为：××个月（×用阿拉伯数字表示）。

【执行标准】

列出执行标准的名称、版本或药品标准编号，如《中国药典》2000年版二部、国家药品标准WS-10001（HD-0001）-2002。

【批准文号】

是指该药品的药品批准文号、进口药品注册证号或者医药产品注册证号。

【说明书修订日期】

是指经批准使用该说明书的日期。

【生产企业】

国产药品该项应当与《药品生产许可证》载明的内容一致，进口药品应当与提供的政府证明文件一致。按下列方式列出：

企业名称：

生产地址：

邮政编码：

电话号码：（须标明区号）

传真号码：（须标明区号）

网　　址：（如无网址可不写，此项不保留）

如有问题可与生产企业联系

该内容必须标注，并采用加重字体印刷在【生产企业】项后。

附件5：药品说明书和标签管理规定（局令第24号）

第一章　总　则

第一条　为规范药品说明书和标签的管理，根据《中华人民共和国药品管理法》和《中华人民共和国药品管理法实施条例》制定本规定。

第二条　在中华人民共和国境内上市销售的药品，其说明书和标签应当符合本规定的要求。

第三条　药品说明书和标签由国家食品药品监督管理局予以核准。药品的标签应当以说明书为依据，其内容不得超出说明书的范围，不得印有暗示疗效、误导使用和不适当宣传产品的文字和标识。

第四条　药品包装必须按照规定印有或者贴有标签，不得夹带其他任何介绍或者宣传产品、企业的文字、音像及其他资料。药品生产企业生产供上市销售的最小包装必须附有说明书。

第五条　药品说明书和标签的文字表述应当科学、规范、准确。非处方药说明书还应当使用容易理解的文字表述，以便患者自行判断、选择和使用。

第六条　药品说明书和标签中的文字应当清晰易辨，标识应当清楚醒目，不得有印字脱落或者粘贴不牢等现象，不得以粘贴、剪切、涂改等方式进行修改或者补充。

第七条　药品说明书和标签应当使用国家语言文字工作委员会公布的规范化汉字，增加其他文字对照的，应当以汉字表述为准。

第八条　出于保护公众健康和指导正确合理用药的目的，药品生产企业可以主动提出在药品说明书或者标签上加注警示语，国家食品药品监督管理局也可以要求药品生产企业在说明书或者标签上加注警示语。

第二章　药品说明书

第九条　药品说明书应当包含药品安全性、有效性的重要科学数据、结论和信息，用以指导安全、合理使用药品。药品说明书的具体格式、内容和书写要求由国家食品药品监督管理局制定并发布。

第十条　药品说明书对疾病名称、药学专业名词、药品名称、临床检验名称和结果的表述，应当采用国家统一颁布或规范的专用词汇，度量衡单位应当符合国家标准的规定。

第十一条　药品说明书应当列出全部活性成分或者组方中的全部中药药味。注射剂和非处方药还应当列出所用的全部辅料名称。药品处方中含有可能引起严重不良反应的成分或者辅料的，应当予以说明。

第十二条　药品生产企业应当主动跟踪药品上市后的安全性、有效性情况，需要对药品说明书进行修改的，应当及时提出申请。根据药品不良反应监测、药品再评价结果等信息，国家食品药品监督管理局也可以要求药品生产企业修改药品说明书。

第十三条　药品说明书获准修改后，药品生产企业应当将修改的内容立即通知相关药品经营企业、使用单位及其他部门，并按要求及时使用修改后的说明书和标签。

第十四条　药品说明书应当充分包含药品不良反应信息，详细注明药品不良反应。药品生产企业未根据药品上市后的安全性、有效性情况及时修改说明书或者未将药品不良反应在说明书中充分说明的，由此引起的不良后果由该生产企业承担。

第十五条　药品说明书核准日期和修改日期应当在说明书中醒目标示。

第三章　药品的标签

第十六条　药品的标签是指药品包装上印有或者贴有的内容，分为内标签和外标签。药品内标签指直接接触药品的包装的标签，外标签指内标签以外的其他包装的标签。

第十七条　药品的内标签应当包含药品通用名称、适应证或者功能主治、规格、用法用量、生产日期、产品批号、有效期、生产企业等内容。包装尺寸过小无法全部标明上述内容的，至少应当标注药品通用名称、规格、产品批号、有效期等内容。

第十八条　药品外标签应当注明药品通用名称、成分、性状、适应证或者功能主治、规格、用法用量、不良反应、禁忌、注意事项、贮藏、生产日期、产品批号、有效期、批准文号、生产企业等内容。适应证或者功能主治、用法用量、不良反应、禁忌、注意事项不能全部注明的，应当标出主要内容并注明“详见说明书”字样。

第十九条　用于运输、储藏的包装的标签，至少应当注明药品通用名称、规格、贮藏、生产日期、产品批号、有效期、批准文号、生产企业，也可以根据需要注明包装数量、运输注意事项或者其他标记等必要内容。

第二十条　原料药的标签应当注明药品名称、贮藏、生产日期、产品批号、有效期、执行标准、批准文号、生产企业，同时还需注明包装数量以及运输注意事项等必要内容。

第二十一条　同一药品生产企业生产的同一药品，药品规格和包装规格均相同的，其标签的内容、格式及颜色必须一致；药品规格或者包装规格不同的，其标签应当明显区别或者规格项明显标注。同一药品生产企业生产的同一药品，分别按处方药与非处方药管理的，两者的包装颜色应当明显区别。

第二十二条　对贮藏有特殊要求的药品，应当在标签的醒目位置注明。

第二十三条　药品标签中的有效期应当按照年、月、日的顺序标注，年份用四位数字表示，月、日用两位数表示。其具体标注格式为“有效期至××××年××月”或者“有效期至××××年××月××日”；也可以用数字和其他符号表示为“有效期至××××.××.”或者“有效期至××××/××/××”等。预防用生物制品有效期的标注按照国家食品药品监督管理局批准的注册标准执行，治疗用生物制品有效期的标注自分装日期计算，其他药品有效期的标注自生产日期计算。有效期若标注到日，应当为起算日期对应年月日的前一天，若标注到月，应当为起算月份对应年月的前一月。

第四章　药品名称和注册商标的使用

第二十四条　药品说明书和标签中标注的药品名称必须符合国家食品药品监督管理局公布的药品通用名称和商品名称的命名原则，并与药品批准证明文件的相应内容一致。

第二十五条　药品通用名称应当显著、突出，其字体、字号和颜色必须一致，并符合以下要求：

（一）对于横版标签，必须在上三分之一范围内显著位置标出；对于竖版标签，必须在右三分之一范围内显著位置标出；

（二）不得选用草书、篆书等不易识别的字体，不得使用斜体、中空、阴影等形式对字体进行修饰；

（三）字体颜色应当使用黑色或者白色，与相应的浅色或者深色背景形成强烈反差；

（四）除因包装尺寸的限制而无法同行书写的，不得分行书写。

第二十六条　药品商品名称不得与通用名称同行书写，其字体和颜色不得比通用名称更突出和显著，其字体以单字面积计不得大于通用名称所用字体的二分之一。

第二十七条　药品说明书和标签中禁止使用未经注册的商标以及其他未经国家食品药品监督管理局批准的药品名称。药品标签使用注册商标的，应当印刷在药品标签的边角，含文字的，其字体以单字面积计不得大于通用名称所用字体的四分之一。

第五章　其他规定

第二十八条　麻醉药品、精神药品、医疗用毒性药品、放射性药品、外用药品和非处方药品等国家规定有专用标识的，其说明书和标签必须印有规定的标识。

国家对药品说明书和标签有特殊规定的，从其规定。

第二十九条　中药材、中药饮片的标签管理规定由国家食品药品监督管理局另行制定。

第三十条　药品说明书和标签不符合本规定的，按照《中华人民共和国药品管理法》的相关规定进行处罚。

第六章　附　则

第三十一条　本规定自2006年6月1日起施行。国家药品监督管理局于2000年10月15日发布的《药品包装、标签和说明书管理规定（暂行）》同时废止。

第十四章 中药新药的申报资料撰写整理要求及申报过程

中药新药研制单位在进行临床研究之前，必须向省、自治区、直辖市食品药品监督管理局提出临床研究申请，根据中药新药的不同类别，报送有关资料及样品，由省、自治区、直辖市药品监督管理局对申报资料进行初审和核查后，向国家食品药品监督管理总局申报，获得审批后进行临床研究。中药新药研制单位在中药新药临床研究结束后，如需生产，必须向所在省、自治区、直辖市食品药品监督管理局提出申请，报送有关资料及样品，经审查同意后转报国家食品药品监督管理总局，由国家食品药品监督管理总局审核批准，发给新药证书及生产批准文号。未取得生产批准文号的中药新药不得生产。在以上的中药新申请过程中，其申报资料的完整性、规范性，数据的真实性、可靠性是申报成功的关键。

第一节　临床研究的申报资料撰写整理要求及申报过程

一、申报资料的撰写整理要求

中药新药研究单位在完成新药的临床前研究后，应将研究资料进行整理，准备申报临床研究。其申报资料的基本要求是：①新药申报资料必须齐全、完整。申报资料的完整性是新药申报与审批的基本要求，是审评的基础。研究单位应根据所研究新药的所属类别准备申报资料，缺一不可。为了避免延长申报时间，申请人必须高度重视申报资料的完整性。②申报资料的体例应按实验报告形式整理，不用论文形式，文字多少不限，但要语句通顺，简明扼要，准确详实。③申报资料一律要全文，不是摘要式，引用的文献资料也要全文。④申报资料的编号和标题按中药、天然药物分类及申报资料要求编写，项目资料的编号和标题一致。⑤所有申报资料均应打印，字迹清晰，字体不宜过小。⑥每份申报资料均单独装订。

《药品注册管理办法》规定，药物临床前研究包括药物的合成工艺、提取方法、理化性质及纯度、剂型选择、处方筛选、制备工艺、检验方法、质量指标、稳定性、药理、毒理、药代动力学等。中药制剂还包括原药材的来源、加工及炮制等。研究资料的具体要求，要根据所研究新药的所属类别，按《药品注册管理办法》的规定和相关技术指导原则，整理报送资料。现以第六类中药复方制剂为例，按《药品注册管理办法》（2007 年 10 月 1 日起施行）的规定及相关技术指导原则，按照申报资料编号顺序，分别将必须申报临床的各项资料撰写要求介绍如下：

（一）综述资料

资料项目1——药品名称

药品名称包括：中文名、汉语拼音及制剂的命名依据。新药命名要明确、简短、科学，不用代号、人名、地名及容易混同、误解或夸大疗效的名称。要尽量避免采用疗效或以主要用途命名，因为对药物的不断研究可能会发现新的用途，且相同功效的成品较多，容易混淆。属于《中国药典》已收载品种的改变剂型品种应与《中国药典》名一致。汉语拼音名按中国汉字改革委员会的规定拼音，不用音标符号，药名较长者按音节可分为两组拼音，剂型为一组拼音。药品名称应符合《中药命名原则》及其他有关规定。

资料项目2——证明性文件

证明性文件包括以下几个方面：①申请人合法登记证明文件、《药品生产许可证》、《药品生产质量管理规范》认证证书复印件，申请新药生产时应当提供样品制备车间的《药品生产质量管理规范》认证证书复印件；②申请的药物或者使用的处方、工艺、用途等在中国的专利及其权属状态的说明，以及对他人的专利不构成侵权的声明；③麻醉药品、精神药品、医用毒性药品研制立项批复文件复印件；④申请新药生产时应当提供《药物临床试验批件》复印件；⑤直接接触药品的包装材料（或容器）的《药品包装材料和容器注册证》或《进口包装材料和容器注册证》复印件；⑥其他证明文件。

资料项目3——立题目的与依据

简述拟选择适应病症的病因、病机、治疗等研究现状及存在的主要问题，包括处方来源、选题目的与依据。说明有关文献综述检索工具、查询范围（包括时间），有关传统中医理论、古籍文献、国内外研究现状或生产、使用情况的资料综述，以及对该品种创新性、可行性等的分析，简述与国内外已上市同类品种比较，申请注册药物的特点和拟临床定位。简述处方来源，处方中君、臣、佐、使及各自功用（如非按照中医理论组方，可略），明确处方中是否含有毒性药材及十八反、十九畏等配伍禁忌；如有临床应用经验，还应简述原临床适应病症、用法、用量、疗程、疗效及效应特点、安全性情况。撰写时应强调中医药理论的指导，突出中药复方的组方原则及特点。

资料项目4——对主要研究结果的总结及评价

①药学主要研究结果的总结：简述剂型选择及规格确定的依据，概述制法及工艺参数，简要说明中试研究结果和质量检测结果，简述质量标准中列入的鉴别和检查项目、方法和结果，说明含量测定指标、方法及含量限度，简述稳定性考察方法及结果，说明直接接触药品的包装材料和容器、拟定的贮藏条件。②药理毒理主要研究结果的总结：简述药效学试验结果，重点说明支持功能主治或适应病症的试验结果，注意描述药物的时效关系、量效关系、最小有效剂量。对已进行的作用机制研究应给予简要说明。简述一般药效学的实验结果。急性毒性试验，应着重描述毒性症状的表现，如动物毒性反应出现时间和恢复时间、致死剂量、死亡情况。尽可能描述毒性作用、毒性靶器官、半数致死量（LD_{50}）、最大耐受量（MTD）或最大给药量。长期毒性试验，应简述受试动物，剂量组别，给药途径，

给药周期，无毒反应剂量、中毒剂量、毒性作用靶器官以及毒性反应可逆程度等。简述致突变、生殖毒性、致癌性实验结果。简述过敏性、溶血性、刺激性及依赖性实验结果。简述动物药代动力学研究（吸收、分布、代谢与排泄）的特点，报告主要的药代动力学参数。③临床：简述处方中君、臣、佐、使及各自功用（如非按照中医理论组方，可略），如有临床应用经验，还应简述原临床适应病症、用法、用量、疗程、疗效及特点和安全性情况。简述拟选择适应病症的病因、病机、治疗等研究现状及存在的主要问题；简述与国内外已上市同类品种的比较，申请注册药物的特点和拟临床定位。简述临床试验计划；若有不同期或阶段的临床试验，需要考虑不同试验的联系和区别，可围绕拟选适应证结合受试药物的特点，分析试验设计的合理性。如申请减或免临床研究，需说明理由。

申请人应根据研究结果，结合立题依据，对申报品种的质量可控性、安全性、有效性及研究工作的科学性、规范性和完整性进行综合分析和评价。

（二）药学研究资料

资料项目7——药学研究资料综述

申请人需对所研制品种从剂型选择及规格的确定依据、制备工艺及研究内容、质量研究及质量标准、初步稳定性考察、包装材料等方面的各项试验及试验结果的综合评价。对剂型选择、工艺研究、质量控制研究、稳定性考察的结果进行总结，分析各项药学研究工作之间的联系，结合临床应用背景、药理毒理研究结果及文献资料等，分析药学研究工作与产品的安全性、有效性之间的相关性，评价工艺合理性、质量可控性，初步判断稳定性。

资料项目8——药材来源及鉴定依据

申请人对所研制品种处方中药材的合法来源要进行说明。说明药材鉴定依据及质量标准，包括药材标准、浸膏标准、总提取物或单体标准。

资料项目12——生产工艺的研究资料及文献资料，辅料来源及质量标准

除必须写出处方组成与所用辅料名称、数量、质量依据及完整的工艺路线外，重点应写出选定工艺路线的理论依据和工艺参数的实验数据，说明工艺的科学性、合理性、可行性。处方药味凡属《中国药典》收载品种，均应按《中国药典》名称，处方药味顺序应根据处方原则按君、臣、佐、使排列，炮制品需注明，处方计量单位用克（g）。处方量根据不同剂型有不同要求，如片剂制成1000片，糖浆剂制成1000mL，与工艺批量生产量有所区别。辅料应注明来源，并附质量标准。说明原料、辅料法定标准出处、药材检验的依据，说明对原药材建立的质量控制方法。

中试研究的投料量要适量，生产规模大小主要由设备能力和常规批量大小而定。中试研究一般需经过多批次试验，验证与完善实验室工艺，以达到工艺稳定的目的。申报临床研究时，应提供至少一批稳定的中试研究数据，包括批号、投料量、半成品量、辅料量、成品量、成品率及质量检查结果等。

无法定标准的药材或辅料，说明是否按照法规进行了相关研究及申报，说明是否研究建立了质量标准。与样品含量测定相关的药材，应提供所用药材及中试样品含量测定数据，并计算转移率。

资料项目 14——质量研究工作的试验资料及文献资料

该项资料要求列出处方各药味、各中间体及制成品与质量有关的物理、化学性质，包括研究资料及文献资料。它为该项目的工艺研究、质量标准研究及稳定性试验提供依据和指导性意见。简述质量标准的内容，说明未列入质量标准的研究内容。

资料项目 15——药品标准草案及起草说明，并提供药品标准物质及有关资料

药品标准草案按照“中药新药质量标准研究的技术要求”进行研究。新药处方确定后，设计剂型、工艺研究方案，考察工艺研究和质量标准研究的相互关系，同时还要制定半成品、中间体质量标准。

（1）按《中国药典》的格式书写质量标准草案

①性状：药品性状的描述一定要客观、准确。按各种剂型样品外观性状，依色泽、形状、气味顺序描述。

②鉴别：简述质量标准中列入的鉴别项目，简述方法及结果，包括所采用的鉴别方法、鉴别药味、对照药材和（或）对照品，阴性对照结果，方法是否具有专属性。对未列入质量标准中的药味所进行的研究工作，说明不列入标准（草案）正文的理由。说明对照品和对照药材的来源。中药制剂一般药味较多，鉴别对象的选择应根据剂量大小及组方的实际情况选择药材加以鉴别。一般君药、贵重药和毒剧药有鉴别特征者应首选。研究过程中，应对处方药味逐一进行鉴别，未成功者，其研究资料列入起草说明中。鉴别方法要求专属、灵敏、快速、重现性好、简便。鉴别方法包括显微、理化及色谱鉴别。显微鉴别应附显微特征图谱，薄层色谱鉴别应附图谱彩色照片。

③检查：说明检查项目、检查方法及结果。说明特殊检查的检查方法、依据及结果。说明与安全性有关的指标是否建立了质量控制方法和限度。制剂如为《中国药典》附录所载的剂型，则按《中国药典》附录各有关制剂通则下规定的检查项目进行检查，未收载者可参照《中国药典》制剂通则要求制定和检查。微生物限度检查按《中国药典》附录微生物限度检查法进行。对有害物质包括重金属、砷盐等应严格检查。如重金属及有害元素的检查方法和结果、有机溶剂残留量、大孔树脂残留物等检查方法和限度。对某些制剂原料中易混淆异物的应建立检查项目。

④含量测定：说明含测指标和方法确定的依据、测定样品的批次、含量限度制定及依据等。凡新制剂均应建立含量测定项目或限度试验。制剂中的君药、贵重药味及能反映内在质量的则应首先建立含量测定项目；毒剧药更应重点研究制定含量测定方法和限度。若主药建立含量测定确有困难（经试验研究证明），也可选择处方已知成分或能反映内在质量的指标成分建立含量测定。如因成品测定干扰较大并确证干扰无法排除而难以测定的，可测定与其化学结构母核相似，分子量相近，总类成分的含量测定作为控制项目，但必须具有针对性和控制质量的意义。含量限度应积累相当数据后制定，可规定按标示量的正负百分数，或下限不得低于多少含量；毒剧药还应规定上限，可以“mg/片”或“mg/丸”表示，或百分数表示。目前，对新药一般要求至少要有一个含量测定。说明对照品的来源及纯度。非法定来源的对照品尚需简述结构确证的研究与结果。

（2）质量标准起草说明

质量标准起草说明为研究质量标准的详尽技术资料，对质量标准中各项收载内容应逐项说明。对检测项目实验应重点详尽说明，如检测方法、原理、实验条件的选择、方法考查中各项数据和依据等。

对于研究中曾经做过的检验方法不成熟，尚待完善或试验失败暂不能收载的有关情况均应记述于起草说明中，以反映研究的实际工作和结果。

资料项目16——样品检验报告书

样品检验报告书是指对申报样品的自检报告书（样品的抽样量至少应为全检需要量的3倍）。临床研究前报送资料时一般需提供3批样品的自检报告。应注意加盖公章或质检专用章。

资料项目17——药物稳定性研究的试验资料及文献资料

简述稳定性考察结果，包括考察样品的批次、时间、方法、拟定的贮藏条件、考察指标、考察结果、直接接触药品的包装材料和容器，评价产品的稳定性。制剂稳定性研究按照《中国药典》稳定性试验指导原则进行。观察样品至少要有3批，所用包装应是拟在市场上销售采用的包装。可采用室温留样观察法和加速试验法两种方法考察，但主要应是室温下观察，申报资料中应说明观察方法、试验条件、考察指标、数据及图谱、结果与结论。申报临床时，至少要有3个月的室温留样观察结果。

资料项目18——直接接触药品的包装材料和容器的选择依据及质量标准

简述研制品种所采用包装材料的理由及依据，说明相关包装材料的研究资料，并附包装材料的质量标准。

（三）药理毒理研究资料

资料项目19——药理毒理研究资料综述

从安全性、有效性方面对所申报品种的药理、毒理研究资料进行综述，包括主要药效学、急性毒性、长期毒性的各项试验及试验结果。要求简要、明确、全面。

资料项目20——主要药效学试验资料及文献资料

简要说明所选择的实验模型及其适用于受试物功能主治的依据，重点描述主要药效学试验结果。试验结果可按照先主要、后次要，先体内、后体外试验的顺序，主要包括：动物、剂量组别（给药途径、时间、频次、剂量，相当于临床人用量的倍数关系等）、阳性组设立及主要试验结果等。若有相应的国内外文献报道，简要描述主要文献结果。现代中药复方制剂必须要做与功能主治有关的主要药效学试验，试验的深度可视具体情况而定。凡方法成熟又能体现疗效的应尽力做，以反映方药的作用及作用机制；如目前尚无可靠方法，或方法难以实施，可用临床资料或有价值的文献资料代替。

药效学研究主要是发现和确定新药的药理作用，因此所用的实验动物、试验场地及试验者都必须符合规定。各项试验所用药品的处方、工艺、剂型和给药途径必须和拟进行临床试验的药品一致；所采用的药品应是工艺成熟、质量稳定可控的中试产品。要求必须用两种方法证明药物的作用，要有阳性对照和阴性对照，实验数据必须进行统计学处理，以保证实验结果科学、合理、可靠。中药新制剂的药效研究应根据主治而不是功能来选择药理试验，以整体动物试验为主，离体器官及体外实验是次要的。具体研究方法有主要针对病的，有主要针对证的，也可以针对病、证结合的。总之，研究方法不一定是最新的，最先进的，但一定要是公认的可靠的方法。

资料项目 22——急性毒性试验资料及文献资料

分别简要描述不同种属动物或不同给药途径下所进行的急性毒性试验，包括动物、给药剂量（与临床拟用剂量的倍数关系）和给药途径。对试验结果的描述应包括：毒性表现（何种毒性反应及程度、是否有毒效关系、出现毒性的最低剂量或毒性出现时间、持续时间及恢复时间）、死亡情况（死亡出现时间、死亡前动物表现、死亡后解剖及病理检查情况）、肉眼及病理检查情况，半数致死量（LD_{50}）或最大耐受量（MTD）。尽量描述性别差异及毒性靶器官。现代中药复方制剂必须做急性毒性试验。若该复方制剂处方组成符合中医药理论，有一定的临床应用经验，一般情况下，可采用一种动物，按拟临床给药途径进行急性毒性反应的观察。如因受试药物的浓度或体积限制预计一次给药无法测出 LD_{50}时，可做一次或一日内最大耐受量试验；外用药可先做局部吸收试验，如证明较安全，可不做全身性毒性试验。

急性毒性试验应重点关注给药后的毒性反应，强调对结果的综合分析，提示在其他安全性试验、临床试验、质量控制方面应注意的问题。

资料项目 23——长期毒性试验资料及文献资料

分别描述不同种属动物（如啮齿类及非啮齿类）的长期毒性试验，包括动物种属、剂量组别（相当于临床拟用量的倍数）、给药途径、给药周期、主要观察指标及主要试验结果（如一般表现、体重、进食量、心电图变化、血液学、尿常规、血生化、骨髓象、脏器重量或系数、组织病理学检查；动物死亡情况，包括死亡前表现、死亡动物的检测结果；以及其他需要特殊观察指标的结果）等。明确无毒剂量、中毒剂量及毒性靶器官，量效及时效关系。试验连续给药期一般是临床用药期的 2 倍以上。给药途径要和临床给药途径相一致。如大鼠长期毒性试验结果无明显毒性，可免做犬的长期毒性试验。

（四）临床研究资料

资料项目 29——临床试验资料综述

简述拟选择适应病症的病因、病机、治疗等研究现状及存在的主要问题，说明有关文献综述检索工具、查询范围（包括时间）。简述与国内外已上市同类品种比较，申请注册药物的特点和拟临床定位。简述处方来源，处方中君、臣、佐、使及各自功用（如非按照中医理论组方，可略），明确处方中是否含有毒性药材及十八反、十九畏等配伍禁忌；如有临床应用经验，还应简述原临床适应病症、用法、用量、疗程、疗效及效应特点、安全性情况。

资料项目 30——临床研究计划与研究方案

药物临床研究是一个有逻辑、有步骤的过程，早期研究结果应用于指导后期临床研究设计。本资料应明确临床试验各期的研究目的，概述Ⅰ期和Ⅱ期临床试验方案要点。现代中药复方制剂的临床试验计划，要根据中医理论，结合临床实践经验，突出中医特色，充分运用现代科学方法、手段来全面设计。对病例选择标准和疗效判定标准，凡全国有统一标准的都应采用统一标准；如无统一标准的可以自定标准，但要科学、合理、同行公认。一般应以住院观察为主（特殊的可例外）。采用随机盲法对照观察，阳性对照药一定要是公认的、疗效确切的中药或西药。试验组观察病例不少于100例+300例；对照组病例至少要100例。观察的医院至少有3个以上有条件的大医院，每个医院观察病例应不少于30例，在申报资料中要说明承担临床试验的医院及病例分配数。临床试验组长单位必须由国家指定的新药临床药理研究基地担任，凡参加临床试验的单位也应是新药临床药理研究基地。

资料项目31——临床研究者手册

临床研究者手册包括临床研究前已有的临床方面的资料，如处方组成、功能主治、用中医药理论阐述适应病症的病因、病机、治法与方解；临床研究前已有的非临床方面的资料，如工艺研究资料、质量标准研究资料、稳定性研究资料、急性毒性试验研究资料、长期毒性试验研究资料、药效学试验研究资料等。

以上系现代中药复方制剂申报临床研究必须报送的资料，具体内容见相关技术要求。

二、申报过程

（一）送审

研制单位根据自己所研制的新药按不同类别要求，填写《药品注册申请表》《药品研制情况表》，连同规定的各项申报资料及样品一并报送省级食品药品监督管理局药品注册处，药品注册处按规定组织专人进行研究现场考察、原始记录审查，省级药品检验所进行样品及质量标准复核、申报资料初审工作等。

（二）核查

省、自治区、直辖市食品药品监督管理局对申报新药的以下三个方面进行检查：

1. 现场考察

省、自治区、直辖市食品药品监督管理局受理新药申报后，组织专家和管理人员对申报者研究工作试验条件现场进行考察，并填写《药品研制情况核查报告表》。现场考察的内容：

（1）管理制度制定与执行情况。

（2）研制设备、仪器情况：药学、药理毒理等研究现场的设备、仪器能否满足研究所需，与《药品研制现场情况报告表》注明的是否一致，并对设备型号、性能、使用记录等进行考察。

（3）试制与研究记录。

（4）药品研究现场及试制条件与有关规定是否相符合。

（5）原料购进、使用情况。

（6）样品试制及留样情况，配合核查稳定性试验正在进行中的样品。

（7）各项委托研究合同及有关证明性文件。

（8）在现场考察过程中，申请注册品种的研制人员及样品保管员等均应在岗，并能解答检查人员提出的相关问题。

2. 审查原始记录

组织专家审查试验记录。重点考查：①试验记录的规范性；②记录与申报资料的吻合程度；③试验记录的原始性、准确性及真实性。

3. 复核

在完成以上考查并符合要求后才同意受理。由药品注册处通知研究单位将全套资料和样品送省药检所，对药学部分技术资料进行审查和对样品进行复核，并向申请者发出收费通知，申请者凭此通知交纳审批费。

申请者向省药检所送检时须报送以下资料和样品：①省、自治区、直辖市食品药品监督管理局通知省药检所对该新药进行复核的函。②全套申报资料（1 套）。③新药样品一批。样品量应是全检量的三倍。④研究临床用药品质量标准时采用的对照品或对照药材。如属于《中国药典》附录中收载的可用中国药品生物制品检定院提供的对照品或对照药材，申请者可不提供；否则，申请者应负责提供，并附上对照品或对照药材的质量标准。⑤研究临床用药品质量标准时采用的阴性对照品。

省药检所收到申请者送审的资料和样品后，即按关于新药质量标准复核的收费通知，同时开始对药学部分技术资料进行审查和对样品进行复核。在复核过程中，省药检所有权要求申请者对不明确的地方做出解释，并可以对质量标准提出修改意见，以保证检测方法的专属性和灵敏性。

省药检所复核后签发复核报告，包括：①申报项目的复核结果与意见；②复核检验报告书；③核定临床研究用药品质量标准。

（三）申报

国家食品药品监督管理总局药品注册司实施邮寄药品注册资料的申报方式。

在邮寄申报资料之前，申请者先将申请表电子文件用电子邮件发送国家食品药品监督管理总局药品注册司受理办公室国家局药品注册受理的专用邮箱，在“申请人申报受理情况”查询栏目内，输入申请表的“数据核对码”，确认申请表成功接受后，再将申报资料寄出。如未能确认收到，还须重新发送。

所发送的申请表电子文件，其数据核对码应与所申报品种资料内申请表的数据核对码一致，否则视为无效。

国家食品药品监督管理总局收到申请表、申报资料后即向初审单位发出收审回执，同时抄送申请者，并向申请者发出收取审批费的通知，并组织药学、医学和其他学科技术人员，对新药进行技术审评，必要时可以要求申请人补充资料、提供药物实样。认为符合规定的，发给“药物临床试验批件”；不符合规定者，发给“审批意见通知书”，并说明理由。

凡经审评同意临床研究的，申请者要按批件要求召开临床协作会，参加临床研究的医院都应参加该会，研究制定临床实施方案，开始临床研究工作。临床研究方案要报省药品监督管理局备案。

第二节　新药证书及批准文号的申报资料撰写整理要求及申报过程

一、申报资料的撰写整理要求

（一）申报资料的要求

在原临床申报资料基础上，根据新药所属类别，按《药品注册管理办法》的规定和相关技术指导原则，将新增加的申报资料进行整理，准备报送。现以第六类中药复方制剂为例，按《药品注册管理办法》的规定及相关技术指导原则，按照申报资料编号顺序，分别对新增的申报资料要求介绍如下：

申报资料4——对主要研究结果的总结及评价

包括药学、药理毒理研究的总结与评价及临床试验结果与评价。

（1）药学研究结果的总结及评价：简述临床研究期间完成的药学研究结果。明确临床研究前后工艺的一致性。若有改变，需说明改变的内容及依据。简述质量标准内容及拟定的含量限度。明确临床研究前后的质量标准是否一致。如有改变，需说明改变的内容及依据。简述稳定性研究方法及结果。说明拟定的有效期。

（2）药理毒理研究结果的总结及评价：简述临床研究期间完成的药理毒理研究结果。根据药效学试验结果，简述其药理作用。简述安全性试验得出的对临床试验安全性观察具有参考价值的结论，临床研究前预计的不良反应及重点观察的毒副作用或监测指标，以及对特殊人群的关注等。

（3）临床研究结果的总结及评价：说明临床试验组长单位、临床试验参加单位数目、临床试验时间。简述试验主要目的，随机、对照、盲法的设计与实施，诊断标准、纳入标准和排除标准关键内容，观察指标，疗效标准和评价方法，给药途径、剂量、给药次数、疗程和有关合并用药的规定，数据管理及统计分析评价。影响疗效评价主要因素的组间均衡性分析。简述临床试验有效性结果，应综合考虑以下因素：①受试人群特征：包括人口统计学特征，疾病分级、其他潜在的重要变异、排除人群、特殊人群，讨论受试人群和上市后可能用药人群的区别；②病例入选情况，疾病演变与研究观察周期，研究终点的选择是否合理；③研究结果的临床价值和意义。描述临床试验安全性结果，特别注意不能肯定与试验药物无关的不良事件及其程度和转归。简述试验过程中存在的问题及对试验结果的影响。若有不同期或阶段的临床试验，需要考虑不同试验的联系和区别，可围绕适应证结合受试药物的特点，分析试验设计、结果之间的相关性，体现药品研发过程中认识新事物的规律。研究结果要求简要、明确、全面，并在药学、药理毒理、临床研究结果基础上，整体评价药品的有效性和安全性。还包括临床批件号、获准时间及对遗留问题的解决情况等。

申报资料5——药品说明书样稿、起草说明及最新参考文献

药品使用说明书样稿及起草说明，简述说明书中【药品名称】、【成分】、【性状】、【药理作用】、【功能与主治】、【用法与用量】、【不良反应】、【禁忌】、【注意事项】、【规格】、【贮藏】、【包装】、【有效期】、【生产企业】、【批准文号】等内容，还包括有关药品安全性、有效性方面的最新参考资料。药品说明书只能实事求是地根据研究资料编写，不能夸大其词。中药复方新制剂要突出中医理论，不能只用现代医学去说明。

申报资料 6——包装、标签设计样稿

需明确内包装材料，说明是否提供了包装材料的注册证和质量标准，并评价是否符合要求。设计样稿包括内包装标签、直接接触内包装的外包装标签样稿及大包装标签样稿。特殊药品和外用药品的标志必须在包装及使用说明上明确表示。药品包装材料应和稳定性研究时采用的包装一致，标签应根据《药品包装、标签和说明书管理规定》内容设计，包括【药品名称】、【批准文号】、【成分】、【功能与主治】、【用法与用量】、【禁忌】、【规格】、【贮藏】、【批号】、【生产厂家】等。

申报资料 15——生产用药品原料（药材）和成品的质量标准及起草说明，并提供对照品及有关资料

明确质量标准与临床前是否一致，在审批同意临床用药品质量标准基础上根据审批时提出的意见，研制单位应进一步完善提高。申报生产时的工艺应与临床试验研究用药的工艺相一致。一旦批准临床试验，处方、工艺等都不允许再做变动。申报生产时，生产工艺最少应达到中试程度，以检验大量生产的产品是否符合质量标准的规定；同时对药品质量标准和半成品质量标准进行完善，使质量标准既能控制药品的质量，又符合大生产的实际情况。制定出生产用药品质量标准和起草说明书。说明改变的内容、理由及依据。简述质量标准内容。说明含量测定的批次、拟定的含量限度及确定依据。

申报资料 16——样品检验报告书

样品检验报告书是指对申报样品的自检报告。要求连续生产至少 3 批样品（中试规模）；按申报生产药品质量标准草案对三批样品进行质量检验和卫生标准检验，并出具药品检验报告书（样品每批数量至少应为全检需要量的 3 倍）。药品检验报告书应加盖质量检验专用章。

申报资料 17——药物稳定性研究的试验资料及文献资料

简述稳定性研究情况，包括考察样品的批次、时间、方法（室温、加速）、拟定的贮藏条件、考察指标、考察结果、直接接触药品的包装材料和容器等有关研究资料及文献资料。拟定的有效期及确定依据。药品的稳定性试验，考察时间为一年半至两年，个别品种因稳定性较差，又为临床用药需要，考察时间可为一年。药物稳定性试验，至少进行 3 批以上样品观察。药物稳定性试验样品所用的包装应是拟在市场上销售采用的包装。

申报资料 29——临床试验资料综述

本部分内容为支持新药生产上市的所有临床试验资料的概要式总结。临床试验报告应作为重点内容。临床试验报告的主要内容应包括：目的、一般资料、病例选择、试验方法、治疗措施、观察与判断指标、疗效判断、试验结果、典型病例、对剔除及脱落或发生严重不良事件病例的分析和说明、讨论、疗效和安全性结论。应根据本次试验结果，对新药的功能主治、适应范围、给药方案、疗程、疗效、安全性、不良反应（包括处理方法）、禁忌、注意等做出结论。需要提供临床试验设计、试验过程、试验结果的重要内容，还需在此基础上，根据其临床意义及数理统计结果，对新药的特点、有效性、安全性做出客观评价。

申报资料30——临床研究计划与方案

简述试验设计方法、试验例数；简述受试者选择标准；阐述疗效指标，明确主要疗效指标；阐述疗效评价方法及依据等内容。现代中药复方制剂的临床试验计划，要根据中医理论，结合临床实践经验，突出中医特色，充分运用现代科学方法、手段来全面设计。对病例选择标准和疗效判定标准，凡全国有统一标准的都应采用统一标准；如无统一标准的可以自定标准，但要科学、合理、同行公认。一般应以住院观察为主（特殊的可例外）。采用随机盲法对照观察，阳性对照药一定要是公认的、疗效确切的中药或西药。试验组观察病例不少于100例+300例，对照组病例至少要100例。观察的医院至少有3个以上有条件的大医院，每个医院观察病例应不少于30例，在申报资料中要说明承担临床试验的医院及病例分配数。临床试验组长单位必须由国家食品药品监督管理总局指定的国家药品临床研究基地担任，凡参加临床试验的单位也应是国家药品临床研究基地。

申报资料31——临床研究者手册

临床研究者手册包括临床研究前已有的临床方面的资料，如处方组成、功能主治、用中医药理论阐述适应病症的病因、病机、治法与方解；临床研究前已有的非临床方面的资料，如工艺研究资料、质量标准研究资料、稳定性研究资料、急性毒性试验研究资料、长期毒性试验研究资料、药效学试验研究资料等。

申报资料32——知情同意书样稿、伦理委员会批准件

提供临床试验研究单位的知情同意书样稿及伦理委员会批准件。

申报资料33——临床试验报告

临床试验报告的主要内容应包括：题目、摘要、目的、病例选择、试验方法、疗效判断、一般资料、试验结果、典型病例，对剔除、脱落或发生严重不良事件病例的分析和说明，讨论，疗效和安全性结论。最后列出试验设计者、临床总结者、各临床负责人员的姓名、专业、职称及课题主要研究者签字、日期、各临床研究单位盖章等。在总结报告的讨论中应当根据本次试验结果，对新药的功能主治、适应范围、给药方案、疗程、疗效、安全性、不良反应（包括处理方法）、禁忌、注意等做出结论。并根据其临床意义及数理统计结果，对新药的特点做出客观评价。

以上是第六类中药复方制剂申报生产必须报送的资料，具体内容见相关技术要求。

（二）申报资料的体例要求

申报过程中，为了让申报资料具有完整性和规范性，申报资料应符合以下要求：

1. 字体、字号、字体颜色、行间距离及页边距离

（1）字体：中文，宋体；英文，Times New Roman。

（2）字号：中文不小于小四号字，表格不小于五号字；申报资料封面加粗四号；申报资料目录小四号，脚注五号字。英文不小于12号字。

（3）字体颜色：黑色。

(4) 行间距离及页边距离

行间距离：单倍。

纵向页面：左边距离不小于2.5cm，上边距离不小于2.0cm，其他边距不小于1.0cm。

横向页面：上边距离不小于2.5cm，右边距离不小于2.0cm，其他边距不小于1.0cm。

页眉和页脚：信息在上述页边距内显示，保证文本在打印或装订中不丢失信息。

2. 纸张规格

申报资料使用国际标准A4型（297mm×210mm）规格，纸张重量80g，纸张全套双面或全套单面打印，内容应完整、清楚，不得涂改。

3. 纸张性能

申报资料文件材料的载体和书写材料应符合耐久性要求。

4. 加盖印章

除《药品注册申请表》、相关受理文件及检验机构出具的检验报告外，申报资料应逐个封面加盖申请人印章（多个申请人联合申报的，应加盖所有申请人印章），封面与骑缝处加盖临床研究基地有效公章，封面印章应加盖在文字处。加盖的印章应符合国家有关用章规定，并具法律效力。

（三）申报资料的整理规范要求

申报过程中，纸质申报资料的体例设置必须与申报格式电子文档相一致。申报资料的体例与整理规范应符合以下要求：

1. 申报资料封面

(1) 申报资料袋封面：①档案袋封面注明申请分类、注册分类、药品名称、本袋所属第×套第×袋每套共×袋、原件/复印件联系人、联系电话、申请单位名称。②申报资料袋封面（档案袋）应采用国家局统一格式（条码信息）的封面。③多规格的品种为同一册申报资料时，申报资料袋封面，需显示多规格的条形码的受理号（同一封面）。

(2) 申报资料项目封面：①每项资料加“封面”，每项资料封面上注明药品名称、资料项目编号、项目名称、申请机构、联系人姓名、电话、地址。②右上角注明资料项目编号，左上角注明注册分类。③各项资料之间应当使用明显的区分标志。

2. 申报资料目录

申报资料首页为申报资料项目目录，目录中申报资料项目按《药品注册管理办法》中“附件”顺序排列。

3. 申报资料内容

(1) 总体要求

①每套资料装入申请表、省级食品药品监督管理局的审查意见表、受理通知单、现场考察报告意见、药品补充申请所需检验部门复核的检验报告书，并应当是相应的原件。

②复印件应当与原件完全一致，应当由原件复制并保持完整、清晰。

③申报资料中同一内容（如药品名称、申请人名称、申请人地址等）的填写应前后一致。

④报送国家食品药品监督管理总局的药品注册申报资料为三套，其中两套为完整的资

料，并至少一套为原件；另一套为申报资料项目中的第一部分综述资料。药品补充申请资料为两套，其中一套为原件。

⑤外文资料应翻译成中文。

（2）具体要求

①整理排序：省局受理文件；核查报告、生产现场检查报告、药品注册检验报告；申请表；申报资料（顺序同申报资料目录）装订成册的文件材料排列文字在前，照片及图谱在后。有译文的外文资料，译文在前，原文在后。

②编写页号：装订成册的文件材料均以有书写内容的页面编写页号；《药品注册管理办法》附件 2 格式提交的申报资料，按申报资料项目号分别应用阿拉伯数字从 1 起依次编号。提交的申报资料，按照模块分别应用阿拉伯数字从 1 起依次编号。单面书写的文件材料在其正中编写页号；双面书写的文件材料，正面与背面均在其正中编写页号。图样页号编写在标题栏外。

③整理装订：按资料分类（综述资料、药学研究资料、药理毒理研究资料、临床试验资料）顺序，分别打孔装订成册；装订成册的申报资料内不同幅面的文件材料要折叠为统一幅面，破损的要先修复幅面，一般采用国际标准 A4 型（297mm×210mm）纸；每册申报资料的厚度不大于 300 张。

④整理装袋：申报资料的整理形式按照综述资料、药学研究资料、药理毒理研究资料、临床试验资料的资料分类单独整理装袋，不得合并装袋；当单专业研究申报资料无法装入同一个资料袋时，可用多个资料袋进行分装，并按本专业研究资料目录有序排列，同一资料项目编号的研究资料放置在同一资料袋中，确保每袋资料间完整的逻辑关系。

4. 照片资料的整理

（1）将照片与文字说明一起固定在芯页上，芯页的规格为 297mm×210mm。

（2）根据照片的规格、画面和说明的字数确定照片固定位置。

（3）照片必须固定在芯页正面（装订线右侧）。

（4）装订成册的申报资料内的芯页以 30 页左右为宜。

5. 补充资料的整理

申请人提交补充资料，应按《补充资料通知》的要求和内容逐项顺序提供，并附提交补充资料说明、《补充资料通知》（原件或复印件）。具体整理要求同申报资料。

二、申报过程

（一）资料的送审

申请者根据自己所研究的新药，按不同类别的要求，填写《药品注册申请表》《药品研制情况申请表》，连同规定的各项申报资料一并送省、自治区、直辖市食品药品监督管理局药品注册处，经初步审查，认为各项资料齐全，基本符合要求后，由药品注册处通知申请者将全套研究资料和样品送省药检所，对药学部分进行审查，并对样品进行复核，并发出收费通知，交纳审批费。申请者在向省药检所送检时需报送以下资料和样品：①省、自治区、直辖市食品药品监督管理局通知省药检所对该新药进行复核的函。②规定的全套申报资料（1套）。③样品3批，每批样品量应是一次检验量的3倍。④研究生产用药品质量标准时采用的对照品或对照药材。如属于《中国药典》附录中收载的，可用中国药品生物制品检定院所提供的对照品或对照药材，申请者可不提供，否则，申请者应负责提供并附上对照品或对照药材的质量标准。⑤研究生产用药品质量标准时采用的阴性对照品。

（二）复核

省药检所在收到申请者送审的资料和样品后，开始对药学部分技术资料进行审查和对样品进行复核。复核完毕，出具报告书，包括复核意见、对样品的复核报告书和核准的“生产用药品质量标准”。

（三）申报

国家食品药品监督管理总局药品注册司实施邮寄药品注册资料的申报方式。

在邮寄申报资料之前，申请者先将申请表电子文件用电子邮件发送国家食品药品监督管理总局药品注册司受理办公室国家局药品注册受理的专用邮箱，在“申请人申报受理情况”查询栏目内，输入申请表的“数据核对码”，确认申请表成功接受后，再将申报资料寄出。如未能确认收到，还需重新发送。

所发送的申请表电子文件，其数据核对码应与所申报品种资料内申请表的数据核对码一致，否则视为无效。

国家食品药品监督管理总局收到申请表、申报资料后即向初审单位发出收审回执，同时抄送申请者，并向申请者发出收取审批费的通知，并转交给药品审评中心组织评审。国家食品药品监督管理总局收到申报资料后，应当进行全面审评，必要时可以要求申请人补充资料，认为符合规定的，发给《药品注册批件》和新药证书；申请人已持有《药品生产许可证》并具备该药品相应生产条件的，可以同时发给药品批准文号。认为不符合规定的，发给《审批意见通知件》，并说明理由。

附件：药品研究实验记录暂行规定

第一条　为加强对药品研究的监督管理，保证药品研究实验记录真实、规范、完整，提高药品研究的质量，根据《中华人民共和国药品管理法》《国家档案法》及药品申报和审批中的有关要求，制定本规定。

第二条　凡在我国为申请药品临床研究或生产上市而从事药品研究的机构，均应遵循本规定。

第三条　药品研究实验记录是指在药品研究过程中，应用实验、观察、调查或资料分析等方法，根据实际情况直接记录或统计形成的各种数据、文字、图表、声像等原始资料。

第四条　实验记录的基本要求：真实、及时、准确、完整，防止漏记和随意涂改。不得伪造、编造数据。

第五条　实验记录的内容通常应包括实验名称、实验目的、实验设计或方案、实验时间、实验材料、实验方法、实验过程、观察指标、实验结果和结果分析等内容。

（一）实验名称：每项实验开始前应首先注明课题名称和实验名称，需保密的课题可用代号。

（二）实验设计或方案：实验设计或方案是实验研究的实施依据。各项实验记录的首页应有一份详细的实验设计或方案，并由设计者和（或）审批者签名。

（三）实验时间：每次实验须按年月日顺序记录实验日期和时间。

（四）实验材料：受试样品和对照品的来源、批号及效期，实验动物的种属、品系、微生物控制级别、来源及合格证编号，实验用菌种（含工程菌）、瘤株、传代细胞系及其来源，其他实验材料的来源和编号或批号，实验仪器设备名称、型号，主要试剂的名称、生产厂家、规格、批号及效期，自制试剂的配制方法、配制时间和保存条件等。实验材料如有变化，应在相应的实验记录中加以说明。

（五）实验环境：根据实验的具体要求，对环境条件敏感的实验，应记录当天的天气情况和实验的微小气候（如光照、通风、洁净度、温度及湿度等）。

（六）实验方法：常规实验方法应在首次实验记录时注明方法来源，并简述主要步骤。改进、创新的实验方法应详细记录实验步骤和操作细节。

（七）实验过程：应详细记录研究过程中的操作，观察到的现象，异常现象的处理及其产生原因，影响因素的分析等。

（八）实验结果：准确记录计量观察指标的实验数据和定性观察指标的实验变化。

（九）结果分析：每次（项）实验结果应做必要的数据处理和分析，并有明确的文字小结。

（十）实验人员：应记录所有参加实验研究的人员。

第六条　实验记录用纸

（一）实验记录必须使用本研究机构统一专用的带有页码编号的实验记录本或科技档案专用纸。记录用纸（包括临床研究用病历报告表）的幅面，由研究单位根据需要设定。

（二）计算机、自动记录仪器打印的图表和数据资料，临床研究中的检验报告书、体检表、知情同意书等应按顺序粘贴在记录本或记录纸或病历报告表的相应位置上，并在相应处注明实验日期和时间；不宜粘贴的，可另行整理装订成册并加以编号，同时在记录本相应处注明，以便查对。

（三）实验记录本或记录纸应保持完整，不得缺页或挖补；如有缺、漏页，应详细说明原因。

第七条　实验记录的书写

（一）实验记录本（纸）竖用横写，不得使用铅笔。实验记录应用字规范，字迹工整。

（二）常用的外文缩写（包括实验试剂的外文缩写）应符合规范。首次出现时必须用中文加以注释。实验记录中属译文的应注明其外文名称。

（三）实验记录应使用规范的专业术语，计量单位应采用国际标准计量单位，有效数字的取舍应符合实验要求。

第八条　实验记录不得随意删除、修改或增减数据。如必须修改，须在修改处画一斜线，不可完全涂黑，保证修改前记录能够辨认，并应由修改人签字，注明修改时间及原因。

第九条　实验图片、照片应粘贴在实验记录的相应位置上，底片装在统一制作的底片袋内，编号后另行保存。用热敏纸打印的实验记录，须保留其复印件。

第十条　实验记录应妥善保存，避免水浸、墨污、卷边，保持整洁、完好、无破损、不丢失。

第十一条　实验记录的签署、检查和存档

（一）每次实验结束后，应由实验负责人和记录人在记录后签名。

（二）课题负责人或上一级研究人员要定期检查实验记录，并签署检查意见。

（三）每项研究工作结束后，应按归档要求将药品研究实验记录整理归档。

第十五章　中药新药的知识产权保护及技术转让

第一节　中药新药的知识产权保护

中药作为中华民族的历史、文化瑰宝，在我国有悠久的应用历史，是中华民族优秀传统文化的重要组成部分，是中国人民数千年来丰富实践经验的积累和集体智慧的结晶，具有特定的文化内涵。目前，面对当前中药产业化、现代化、国际化的发展趋势，尤其是我国加入 WTO 后，在新的“游戏规则”下，为了保证我国中药，尤其是中药产业在 21 世纪经济全球一体化背景下能够得到持续、快速和健康的发展，必须加强知识产权的保护，深入研究和加快制定具有中国特色的中药知识产权保护策略，具有极为重要的理论和实际意义。

中药知识产权是指人们在中药的研究、生产、经营等活动中依法取得的权利。目前，在我国，对中药知识产权常采用以下几种保护方案：①行政保护（如新药保护、中药品种保护）；②申请专利保护；③商业秘密保护；④利用其他法律法规的规定进行保护，如商标权保护。

一、行政保护

行政保护主要有新药保护、中药品种保护两种方式。

（一）新药保护

新药保护是新药在监测期内的保护，虽然客观上起到一定期限的保护作用，但其本意是从考察药品的安全性和有效性出发的。其依据是《药品注册管理办法》。

国家食品药品监督管理总局根据保护公众健康的要求，可以对批准生产的新药品种设立监测期。监测期自新药批准生产之日起计算，最长不得超过 5 年。监测期内的新药，国家食品药品监督管理总局不批准其他企业生产、改变剂型和进口。

在保护期内的新药，未得到新药证书（正本）拥有者的技术转让，任何单位和个人不得仿制生产，药品监督管理部门也不得受理审批。在保护期内的中药一类新发现中药材，如非原研制单位申报的新药中含有该药材，应按规定进行技术转让后，再申报新药，否则该新药申请不予受理。在非常情况下，为了公共利益的目的，国家食品药品监督管理总局可以做出许可他人生产的决定。

新药在保护期内，其他生产企业不得在同品种药品使用说明书中增加该药新批准的适应证。新药的保护期自国家食品药品监督管理总局批准颁发的第一个新药证书之日算起。新药保护期满，新药保护自行终止。

用进口原料药在国内首次生产的制剂或改变剂型，在保护期内，如国内有研制同一原料药及其制剂的，仍可按规定程序进行新药申报。

新药研究单位在取得新药证书后两年内无特殊理由既不生产也不转让的，经查实后，由国家食品药品监督管理总局撤销对该新药的保护并予以公告，其他单位即可向国家食品药品监督管理总局申请生产该新药。

若有多家单位分别拥有同一品种的新药证书，在保护期内，只要有一家企业正常生产，则不能撤销对该新药的保护。

申报已撤销保护的新药应参照申请仿制药品的程序办理。对申报资料的基本要求为：质量标准不得低于原研制药品的质量标准；原料药应符合相应新药的规定要求；国家食品药品监督管理总局在审评中认为有必要时，可增加对某些研究项目的要求。该申请被批准后，生产企业要继续考查药品质量并完成试行质量标准的转正工作。

（二）中药品种保护

中药品种保护是按照《中药品种保护条例》申请中药保护品种进行保护。其依据是《中药品种保护条例》。

1. 实行中药品种保护制度的意义与作用

（1）提高中药质量，促进中药事业的发展。中药品种保护政策的实施，提高中药品种的质量，保护中药生产企业的合法权益，促进中药事业的发展，鼓励研制开发临床有效的中药品种，培育了一批领军企业，促进了中药走向国际化，从而提升了中药的国际竞争力。

（2）培育中药企业和中药名牌产品。中药品种保护政策，保护了中药生产企业的合法权益，是企业发展的推动力，促进了名优产品的健康发展，培育了许多中药知名企业和名牌产品。

（3）保护药材资源的持续发展。药材好，药才好。优质的药材不仅是“道地”药材，还要符合 GAP 规范。

（4）为中药企业的发展提供了空间。中药品种保护政策，保护了中药企业创新能力的建设，促进了中药现代化，保护名优产品市场，保障了利润，促进企业积极投入资金进行创新药物的研制与开发。

（5）提高了中药企业的市场竞争能力。《中药品种保护条例》在提高中药品种的质量和科技含量、增强中药品种在国内外市场的竞争能力、规范中药的生产和市场流通秩序、避免低水平重复等方面都具有重要的现实意义。

2. 中药保护品种等级的划分

受保护的中药品种，必须是列入国家药品标准的品种。经国务院卫生行政部门认定，列为省、自治区、直辖市药品标准的品种，也可以申请保护。受保护的中药品种分为一级、二级。

符合下列条件之一的中药品种，可以申请一级保护：①对特定疾病有特殊疗效的；②相当于国家一级保护野生药材物种的人工制成品；③用于预防和治疗特殊疾病的。

符合下列条件之一的中药品种，可以申请二级保护：①符合本条例第六条规定的品种或者已经解除一级保护的品种；②对特定疾病有显著疗效的；③从天然药物中提取的有效物质及特殊制剂。

3. 申请办理中药品种保护的程序

符合中药保护相关规定的中药品种，可以向所在地省、自治区、直辖市中药生产经营主管部门提出申请，经中药生产经营主管部门签署意见后转送同级卫生行政部门，由省、自治区、直辖市卫生行政部门初审签署意见后，报国务院卫生行政部门。特殊情况下，中药生产企业也可以直接向国家中药生产经营主管部门提出申请，由国家中药生产经营主管部门签署意见后转送国务院卫生行政部门，或者直接向国务院卫生行政部门提出申请。

国务院卫生行政部门委托国家中药品种保护审评委员会负责对申请保护的中药品种进行审评。国家中药品种保护审评委员会应当自接到申请报告书之日起六个月内做出审评结论。

根据国家中药品种保护审评委员会的审评结论，由国务院卫生行政部门征求国家中药生产经营主管部门的意见后决定是否给予保护。批准保护的中药品种，由国务院卫生行政部门发给《中药保护品种证书》。

4. 中药保护品种的保护期限

中药一级保护品种分别为三十年、二十年、十年，中药二级保护品种为七年。

中药一级保护品种的处方组成、工艺制法，在保护期限内由获得《中药保护品种证书》的生产企业和有关的药品生产经营主管部门、卫生行政部门及有关单位和个人负责保密，不得公开。

中药一级保护品种因特殊情况需要延长保护期限的，由生产企业在该品种保护期满前六个月，依照本条例第九条规定的程序申报。延长的保护期限由国务院卫生行政部门根据国家中药品种保护审评委员会的审评结果确定；但是，每次延长的保护期限不得超过第一次批准的保护期限。

中药二级保护品种在保护期满后可以延长七年。申请延长保护期的中药二级保护品种，应当在保护期满前六个月，由生产企业依照本条例第九条规定的程序申报。

5. 中药品种保护申报资料项目

（1）《中药品种保护申请表》。

（2）证明性文件，包括药品批准证明文件（复印件），初次保护申请企业还应提供其为原研企业的相关证明资料；《药品生产许可证》及《药品 GMP 证书》（复印件）；现行国家药品标准、说明书和标签实样；专利权属状态说明书及有关证明文件。

（3）申请保护依据与理由综述。

（4）批准上市前的研究资料，包括临床、药理毒理和药学资料，药学资料包括工艺、质量标准资料。

（5）批准上市后的研究资料，包括不良反应监测情况及质量标准执行情况等相关资料。

初次保护申请和同品种保护申请还提供按国家食品药品监督管理总局批准上市及颁布标准时提出的有关要求所进行的研究工作总结及相关资料。

(6) 拟改进提高计划与实施方案，延长保护期申请还应提供品种保护后改进提高工作总结及相关资料；如涉及修改标准、工艺改进及修订说明书等注册事项的，还应提供相关批准证明文件。

二、专利保护

专利保护是根据《中华人民共和国专利法》申请专利保护。其依据是《中华人民共和国专利法》。

(一) 与专利保护有关的专业术语

专利权：是指由国家专利主管机关（国家知识产权局）授予申请人在一定期限内对其发明创造所享有的独占实施的专有权。

发明：是指对产品、方法或者其改进所提出的新的技术方案。

实用新型：是指对产品的形状、构造或者其结合所提出的适于实用的新的技术方案。

外观设计：是指对产品的形状、图案或者其结合，以及色彩与形状、图案的结合所做出的富有美感并适于工业应用的新设计。

新颖性：是指该发明或者实用新型不属于现有技术；也没有任何单位或者个人就同样的发明或者实用新型在申请日以前向国务院专利行政部门提出过申请，并记载在申请日以后公布的专利申请文件或者公告的专利文件中。

创造性：是指与现有技术相比，该发明具有突出的实质性特点和显著的进步，该实用新型具有实质性特点和进步。

实用性：是指该发明或者实用新型能够制造或者使用，并且能够产生积极效果。

(二) 专利权的特点

1. 专有性

专有性也称独占性，它是指专利权人对其发明创造所享有的独占性的制造、使用、销售、许诺销售和进口其专利产品的权利。此外，一项发明创造只能被授予一项专利权。

2. 地域性

地域性是指一个国家授予的专利权只在该国法律管辖的范围内有效，对其他国家没有任何效力。

3. 时间性

时间性是指专利权只在法律规定的时间内有效，期限届满后，专利权即告终止，在专利权有效期内，若专利权人不按时缴纳专利年费或声明提前放弃专利权，则该专利权提前终。

(三) 专利保护的目的

为了保护专利权人的合法权益，鼓励发明创造，推动发明创造的应用，提高创新能力，促进科学技术进步和经济社会发展。

（四）专利保护期限

发明专利权的期限为二十年，实用新型专利权和外观设计专利权的期限为十年，均自申请日起计算。

（五）专利保护的规则

专利保护是不同于新药保护的，这主要表现在以下几个方面：

1. 唯一性或垄断性

既然专利是用来确定技术的产权，所以它必须清晰明确，具有唯一性。当然，申请人为两个以上的法人时，它们可以共同拥有一项专利技术的产权。

2. 抢先性

专利法第9条规定，“两个以上的申请人分别就同样的发明创造申请专利的，专利权授予最先申请的人”。

3. 范围性

专利所保护的是技术方案，而且是含有关键技术的技术方案，包括了优选特征组成的最佳技术方案和各种含有关键技术的其他改进方案组成的范围。专利保护是解决某一技术问题的技术方案，所以一个产品中会包含多项专利。可见专利保护不同于新药保护，新药保护的是最佳药品，包括固定组分、固定用量、固定剂型和固定制备方法。与新药保护的固定用量和固定剂型相比，专利保护的范围更大。虽然专利公开了，但却隐藏了最佳疗效的最佳配方的技术诀窍。

4. 公开性

专利的公开是全球性的。在其他任何国家的任何语言公开的相同技术方案，在任何国家的专利局申请专利都无法获得批准。即使审查员因为看不到所公开的资料而授权，任何人都可以在后续的无效程序中将专利权取消。

5. 局限性

专利所确认的产权不是永久的，专利保护期过后，产权也就消失。所以不去抓紧时间将专利技术产业化，知识产权将随着时间慢慢流失。另外，公开前在其他国家没有申报专利的技术在该国家也是没有自主的知识产权的。

6. 先进性

专利所确认的技术都是对本领域普通技术人员非显而易见的。任何可以预期的技术方案都得不到专利的确认和保护。所以专利的保护是有选择性的，不是具有新颖性的发明就都可以获得专利保护，例如中药新药中的第四类剂型改进中，如果只是将汤剂改为口服液，这种改进就是中药制剂领域中所容易想到的常规技术，不能受到保护。

7. 维权性

专利产权在法律上作为一种私权，是需要自己通过向法院起诉侵权人来维护自己的利益。这不同于任何行政保护，如新药保护由政府监管部门强制执行。所以专利的维权是由专利权人自己进行的，不能依赖任何政府部门。这就要求中药企业建立自己的法律办公室，以开展维权行为。

8. 超前性

目前，随着我国已经融入全球化的市场竞争之中，药品领域的竞争战线正在前移到产品的研究开发阶段，甚至是基础研究阶段。新药保护远远不能适应这种新形势，因为新药保护必须经过漫长的基础研究阶段、临床研究阶段后才能获得。专利保护的申请则没有这些限制。它甚至可以在中药新药开发基础研究阶段、组方阶段就可以申请保护，当然在工艺研究阶段、剂型研究阶段、质量标准研究阶段、稳定性研究阶段也可以随着科研的突破性发现而随时申请保护，这将避免在新药的基础研究和临床研究完成之后申请专利已经被别人抢先申报专利的现象发生。所以，专利是具有超前性的。

9. 商业性

尽管专利保护的是技术，但其目的是为获取效益。所以没有市场的技术申请专利保护是没有意义的。这一点，在专利的经费设置上充分表现出来。专利法规定专利申请必须缴纳申请费、审查费，专利授权后，还必须缴纳年费，并且年费是每三年递增的。试想一项专利技术如果没有市场，不能获得效益，每年申请人还必须为该专利向专利局缴纳费用，任何经营者都会放弃专利费用的缴纳，同时专利保护也将消失。

（六）怎样申请中药的专利保护

中药作为药品，主要包括活性成分、剂型和医疗用途。对中药产品的专利保护就要从这三方面进行。中药的活性成分包括中药材、复方制剂中提取的有效成分，从中药材、天然药物中提取的有效部位，中药复方中提取的有效部位群，中药复方。中药的剂型主要包括具体中药的剂型改进。中药的医疗用途主要包括已知中药品种或中药材的第二用途的开发。中药专利保护常见的有如下几类。

1. 中药复方专利保护

中药复方专利保护是中药保护中的一个重要内容，可以申请专利对复方的处方进行保护。但中药复方的成分复杂，难以鉴定，在中药的专利保护方面存在不少认识和操作上的问题，所以中药复方专利保护的申请，复方药味越少越好，不仅保护范围大而且可以隐藏技术诀窍。

2. 中药提取物的专利保护

这里所指的中药提取物就是中药有效部位或有效部位群。其特点就是它们都是非单一化学成分并且含量不低于50%。在专利中遇到的问题是无法清楚定义，这时常常借助于制备方法加以描述，使得专利保护范围容易受到制备方法的影响。检测的困难为侵权判定带来问题。所以，尽管有效部位或有效部位群的科技含量较高，但专利保护的力度较弱。对单味药的有效部位经常采用用途专利加以间接保护，将有效部位的提取方法作为技术诀窍加以保护。上面已经提到，从有效部位中分离出有效成分的专利保护在前，含有该有效成分的有效部位专利将受到前者的制约，相反，如果有效部位的专利在前，有效成分的专利在后就不构成侵权。

3. 中药材的专利保护

在中药新药中包括了四类中药材，它们分别是：第一类是中药材的人工制品、新发现的中药材，第二类是中药材新的药用部位、中药材以人工方法在体内的制取物，第三类是从国外引种或引进养殖的习用进口药材，第四类是国内异地引种和野生变家养的动植物药材。

虽然专利法第 25 条第 4 项规定，“动物和植物品种不予保护”，而中药材一般都是动植物品种，但是我们可以通过保护中药材的新用途或第二医疗用途来间接地保护新发现的中药材和中药材新的药用部位或者已知中药材，并且大多数都是基础专利；通过保护中药材的制备方法来保护中药材的人工制品和中药材以人工方法在体内的制取物。采用动植物品种保护条例，保护从国外引种或引进养殖的习用进口药材和国内异地引种和野生变家养的动植物药材。

4. 原产地域中药材保护

原产地域产品保护制度是我国的称呼，在国际上又称为原产地名称权保护制度或地理标志保护制度，是指利用产自特定地域的原材料，按照传统工艺在特定地域内生产的，质量、特色或者声誉在本质上取决于原产地域地理特征，并依照《原产地域产品保护规定》经审核批准以原产地域进行命名的产品。它是 20 世纪以来世界上多数国家为有效保护本国的特色产品而采取的重要制度体系，也是世界贸易组织的“与贸易有关的知识产权协议”（TRIPS 协议）中所认可的通行保护规则。原产地名称包括的基本含义为：原产地名称必须是实际存在，是地理名称。它可以是一国的名称，也可以是某一地区的名称，我国的许多“道地药材”就可按此规定进行保护，如杭白菊、焦作怀山药、焦作怀地黄、焦作怀牛膝等。

5. 中药材新品种保护

中药材植物新品种，是指经过人工培育的或者对发现的野生中药材植物加以开发和利用，具备新颖性、特异性、一致性和稳定性并有适当命名的中药材植物品种。为了鼓励培育和使用中药材植物新品种，促进中药的发展，可根据《中华人民共和国植物新品种保护条例》对中药材植物新品种进行保护。

6. 中药制剂的保护

首先考虑的是对新制剂的保护，也可对具体中药材的制剂保护或者中药的制备工艺、解决制剂稳定性的方法等进行保护。

7. 中药新药之外的专利保护

除了中药新药的专利保护之外，专利的保护范畴还可以扩展到中药炮制品及其方法、药品的有效成分的含量测定方法等工业上具有实用性的主题。

（七）专利的审批

专利的审批就是专利保护范围的审批，授予专利权就是批准权利要求书所描述的保护范围，专利权人在权利要求书所限定的范围内拥有自主的权利。所以获得专利容易，获得最大保护范围的专利权难。有专利权不见得就能够保护住技术核心，只有获得以技术核心为主的最大保护范围才有可能使自己的技术得到真正的保护。因为，专利保护的范围是以申请人提出为准，所以，对专利了解不深刻的申请人往往意识不到专利的真正含义，以获得狭窄的专利权而沾沾自喜，实际上根本保护不住自己的技术。由于这种法律撰写的复杂性，所以，专利代理人在其申请过程中需要发挥其作用。考察一名专利代理人的水平不是是否使专利申请获得授权，而是获得了多大保护范围的专利权。专利权保护范围的大小主要看独立权利要求所描述的范围，因为它是在权利要求书的同类权利要求中特征最少、保护范围最大的权利要求。一般按照权利要求的前半句可以区分为物质独立权利要求、方法独立权利要求和用途独立权利要求，也就是要求保护的主题。

专利权利要求描述的保护范围的审批，首先要按照专利法实施细则的规定，判断权利要求是否包括了实现发明目的的所有必要技术特征，这是最低限制；其次权利要求所描述的技术方案必须符合实用性、新颖性和创造性，这是第二种要求；最后要看专利要求所描述的范围是否得到说明书的支持，这是第三种要求。只有完全符合上述三种要求的权利要求才能被批准。权利要求描述的范围越大，技术特征越少，其丧失新颖性的可能性就越大。

（八）专利审批程序

依据专利法，发明专利申请的审批程序包括受理、初审、公布、实审及授权五个阶段。实用新型或者外观设计专利申请在审批中不进行早期公布和实质审查，只有受理、初审和授权三个阶段。

发明、实用新型和外观设计专利的申请、审查流程图如下（图 15－1）：

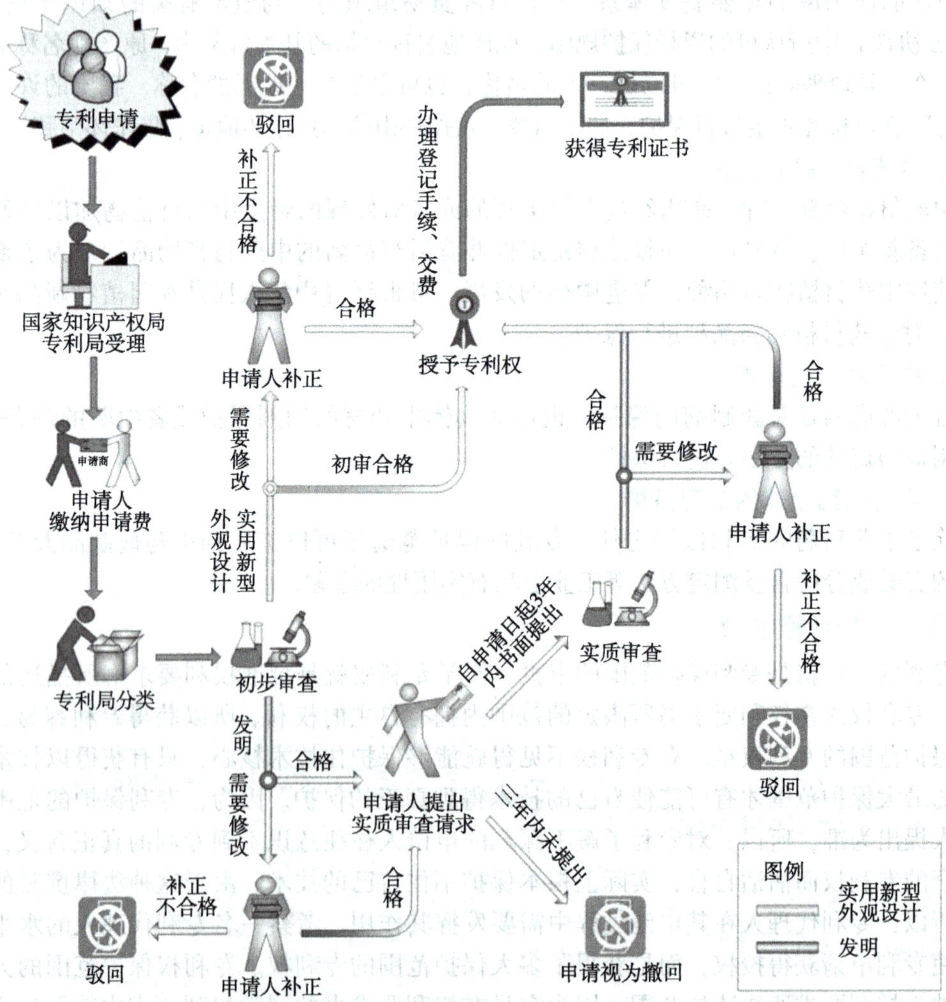

图 15－1　专利申请、审查流程图

（九）中药专利的侵权判断

权利要求书保护范围的解释是由法院做出的，它以权利要求书所限定的范围具体到权利要求中描述范围的技术特征为标准。侵权判断常用下列方法：①特征分析法：将权利要求的完整地划分出特征，含有全部特征的都属于其保护范围。否则不然。②等同原则：是指被控侵权产品或方法和权利要求相比，二者只有一些非实质性的区别，以基本相同的手段，实现基本相同的功能，达到基本相同的目的。确定等同时必须考虑这一成分在专利权利要求里的作用、含量、功能及该成分和其他成分组合时所产生的特性。确定等同的一个重要因素是所属领域的普通技术人员是不是认识到了这两种技术特征可以相互替换。

按照权利要求的保护范围，我们可以将专利划分为基础专利和从属专利两类。我们所说的原创性发明指的就是基础专利。可以说，基础专利往往控制了一个特定领域的发展。基础专利一般是物质专利，在中药领域中包括有效成分、复方组合物，此外还包括用途专利。

由于药品是一种特殊的商品，常常受到政府部门的特殊监管，只有申报政府监管部门的生产许可得以批准才可以生产销售，而新药申报资料包括了详尽的处方、剂型和生产工艺及各种药理和临床试验，所以这使得药品领域的专利侵权判断操作简单化，只需要将新药申报资料所描述的特定处方、特定剂型或特定生产工艺与权利要求书所描述的范围进行比较判断，就极其容易地得出是否侵权的结论。

总之，中国加入 WTO 后，中药企业和科研院所再不能忽视专利，只有尽快熟悉专利的保护规则，深入研究专利，熟练运用专利，才能在应对国际化竞争的挑战中有效保护中药的知识产权，中药企业才能在国际医药市场中占有一席之地。

三、商业秘密保护

从中药领域的技术特征看，商业秘密保护是中药知识产权保护的重要方式之一。我国许多知名的商标都是用商业秘密保护其知识产权，如云南白药等。商业秘密保护的侧重点也主要是针对中药配方和中药炮制技术。传统的保密是我国中药行业上千年发展史中进行自我保护所采用的传统手段，如以秘方的形式加以保护，保密措施是“家系独传”“传子不传女”等。这种方式是非常行之有效的保护措施，但有一定的局限性，应当作为知识产权保护的点缀和补充。但是商业秘密保护是不能做到彻底和有效的，因为药品审批的程序多、时间长、信息化程度高，加之从企业研发人员流动性考虑，技术秘密保护存在很大难度。

四、利用其他法律法规的规定进行保护

利用其他法律法规的保护如商标权保护。中药企业常把药品的原料或药品的功能注册为商标，如“前列康”“镇脑宁”等。我国《商标法》第 6 条（6）明确规定，不得使用直接表示商品的质量、主要原料、功能、用途、重量、数量及其他特点的文字、图形作为商标。在商标方面，目前我国大多数中药企业持有商标数很少，甚至只有一个国内注册商标，并常常是一个商标使用于多个品种。这与国外的一些医药企业相比，有很大的差距。比如，在日本，生产汉方药物的武田药品株式会社在国内外拥有的注册商标已达 7000 多件，每年还有近 300 个申请。还有的企业将商标放在药品包装极不显著的位置，难以发挥商标的标

识营销作用。另外，在驰名商标保护方面，“同仁堂”是我国第一件驰名商标。到目前为止，我国中药企业的驰名商标仍比较少，“洋中药”挟国际品牌对我国中药企业形成包围之势，因此，大力发展中药品牌已是中药行业最为紧迫的课题。

第二节 中药新药的技术转让

一、新药技术转让的含义及依据

新药技术转让系指《新药证书》持有者，按照已经批准的生产工艺和质量标准，将生产技术转让给其他药品生产企业，由受让药品生产企业申请药品批准文号的注册过程。其主要依据是《药品技术转让注册管理规定》。

二、新药技术转让的相关规定

国家食品药品监督管理总局根据医疗需求，宏观控制新药技术转让的品种和数量。对已有多家生产，能满足医疗需要的品种，可停止受理转让申请。

对于简单改变剂型的新药，原则上不再受理新药技术转让的申请；对其他类别的新药，若申报生产该新药的单位超过3家时，亦不再受理转让的申请。

新药技术转让应在新药试行质量标准转正后方可申请。不具备生产条件的科研单位，在新药标准试行期内可申请转让。

新药证书（正本）拥有者转让新药时，必须将全部技术及资料无保留地转给受让单位，并保证受让单位独自试制出质量合格的连续3批产品。

若干单位联合研究的新药，申请新药技术转让时，其各项转让活动须经新药证书共同署名单位一同提出申请与签订转让合同。

接受新药技术转让的生产企业必须取得“药品生产企业许可证”和“药品GMP证书”。

新药技术转让应由新药证书（正本）拥有单位申请办理。转让申请最迟应在新药保护期满前6个月提出。

新药技术转让注册申请获得批准之日起，受让方应当继续完成转让方原药品批准证明文件中载明的有关要求，例如药品不良反应监测和Ⅳ期临床试验等后续工作。

三、新药技术转让的申报资料要求及其说明

1. 药品批准证明文件及附件

（1）《新药证书》所有原件。

（2）药品批准证明性文件及其附件的复印件，包括与申请事项有关的本品各种批准文件，如药品注册批件、补充申请批件、药品标准颁布件、修订件等。附件指上述批件的附件，如药品质量标准、说明书、标签样稿及其他附件。

2. 证明性文件

（1）转让方《药品生产许可证》及其变更记录页、营业执照复印件。转让方不是药品生产企业的，应当提供其机构合法登记证明文件复印件。受让方《药品生产许可证》及其变更记录页、营业执照的复印件。

（2）申请制剂的，应提供原料药的合法来源证明文件，包括原料药的批准证明文件、药品质量标准、检验报告书、原料药生产企业的营业执照、《药品生产许可证》、《药品生产质量管理规范》认证证书、销售发票、供货协议等复印件。

（3）直接接触药品的包装材料和容器的《药品包装材料和容器注册证》或者《进口包装材料和容器注册证》复印件。

（4）转让方和受让方位于不同省、自治区、直辖市的，应当提交转让方所在地省、自治区、直辖市食品药品监督管理部门对新药技术转让的审核意见。

（5）对于已经获准药品委托生产的，应提交食品药品监督管理部门同意注销委托生产的相关证明性文件。

（6）转让方拟转让品种如有药品批准文号，应提交注销该文号申请。

3. 新药技术转让合同原件

4. 受让方药品说明书和标签样稿及详细修订说明

5. 药学研究资料

药学研究资料应当符合《药品注册管理办法》中药、天然药物注册分类及申报资料要求、化学药品注册分类及申报资料要求、生物制品注册分类及申报资料要求“药学研究资料”的一般原则，并遵照以下要求：

（1）工艺研究资料的一般要求：详细说明生产工艺、生产主要设备和条件、工艺参数、生产过程、生产中质量控制方法与转让方的一致性，生产规模的匹配性，并同时提供转让方详细的生产工艺、工艺参数、生产规模等资料。根据《药品注册管理办法》和有关技术指导原则等要求，对生产过程工艺参数进行验证的资料。

（2）原料药制备工艺的研究资料：详细说明生产工艺、生产主要设备和条件、工艺参数、生产过程、生产中质量控制方法与转让方的一致性，生产规模的匹配性，并同时提供转让方详细的生产工艺、工艺参数、生产规模等资料。

根据《药品注册管理办法》和有关技术指导原则等要求，对生产过程工艺参数进行验证的资料。

（3）制剂处方及生产工艺研究资料：除了遵照工艺研究资料的一般要求之外，资料中还应详细说明药品处方的一致性，并提供转让方详细的处方资料。

（4）质量研究工作的试验资料：①对转让方已批准的质量标准中的检查方法进行验证，以确认已经建立起的质量控制方法能有效地控制转让后产品的质量。②根据原料药的理化性质和（或）剂型特性，选择适当的项目与转让方原生产的药品进行比较性研究，重点证明技术转让并未引起药品中与药物体内吸收和疗效有关的重要理化性质和指标的改变，具体可参照相关技术指导原则中的有关研究验证工作进行。

如研究发现生产的样品出现新的杂质等，需参照杂质研究的技术指导原则研究和分析杂质的毒性。

(5) 样品的检验报告书：对连续生产的3批样品按照转让方已批准的质量标准进行检验合格。

(6) 药材、原料药、生物制品生产用原材料、辅料等的来源及质量标准、检验报告书：注意说明与转让方原使用的药材、原料药、生物制品生产用原材料、辅料的异同，以及重要理化指标和质量标准的一致性。

(7) 药物稳定性研究资料：对生产的3批样品进行3~6个月加速试验及长期留样稳定性考察，并与转让方药品稳定性情况进行比较。对药品处方、生产工艺、主要工艺参数、原辅料来源、生产规模等与转让方保持严格一致的，可无需提交稳定性试验资料，其药品有效期以转让方药品有效期为准。

(8) 直接接触药品的包装材料和容器的选择依据及质量标准：直接接触药品的包装材料和容器一般不得变更。

(9) 上述内容如发生变更，参照相关技术指导原则进行研究，并提供相关研究资料。

四、新药技术转让的申请及审批

新药证书（正本）拥有单位申请技术转让时，须向所在地省级食品药品监督管理部门提交新药技术转让的申报资料，经审查合格后转报国家食品药品监督管理总局，由国家食品药品监督管理总局审核同意后核发给注明受让单位名称的新药证书（副本）。

接受技术转让的生产企业在取得新药证书（副本）后，应在转让单位指导下完成试制样品的工作，并将申请生产的报告、全套技术资料、试制样品自检报告及新药证书（副本）报至所在地省级药品监督管理部门。

省级食品药品监督管理总局应对受让单位生产条件、样品试制现场进行考察，填写考察表，并通知省食品药品检验所对受让单位现场抽样连续3批样品并进行检验（生物制品的检验由中国食品药品检定研究院负责）。省级食品药品监督管理部门将审核意见、申请报告、新药证书（副本）（复印件）、试制现场考察报告、检验报告书、该新药通过国家食品药品监督管理总局审评的资料转报至国家食品药品监督管理总局，经审核符合要求的，由国家食品药品监督管理总局核发给批准文号。

主要参考文献

[1] 李均．最新药品注册精讲[M]．2版．北京：化学工业出版社，2008.
[2] 马荣斌．医学统计学[M]．北京：人民卫生出版社，2009.
[3] 周仁郁．中医药统计学[M]．北京：中国中医药出版社，2008.
[4] 何雁，马志庆．医药数理统计[M]．北京：科学出版社，2009.
[5] 向楠．中药临床药理学[M]．北京：中国医药科技出版社，2010.
[6] 陈奇．中药药理研究方法学[M]．2版．北京：人民卫生出版社，2006.
[7] 张里千．正交法与应用数学[M]．北京：科学出版社，2009.
[8] 李志西，杜双奎．实验优化设计与统计分析[M]．北京：科学出版社，2010.
[9] 谢秀琼．中药新制剂开发与应用[M]．北京：人民卫生出版社，2002.
[10] 任露泉．实验设计及其优化[M]．北京：科学出版社，2009.
[11] 曾昭君．均匀设计及其应用[M]．北京：中国医药科技出版社，2005.
[12] 董方言．现代实用中药新剂型新技术[M]．北京：人民卫生出版社，2001.
[13] 李仪奎．中药药理实验方法学[M]．2版．上海：上海科学技术出版社，2006.
[14] 刘桂芬．医学统计学[M]．北京：中国协和医科大学出版社，2007.
[15] 顾祖维．现代毒理学概论[M]．北京：化学工业出版社，2005.
[16] 刘喜生．包装材料学[M]．长春：吉林大学出版社，1997.
[17] 骆光林．包装材料[M]．北京：印刷工业出版社，1996.
[18] 尹章伟．包装材料、容器与选用[M]．北京：化学工业出版社，2003.
[19] 谢秀琼．中药新制剂开发与应用[M]．北京：人民卫生出版社，1994.
[20] 曹岚．中药新药研制与申报[M]．南昌：江西高校出版社，2009.
[21] 李志宁．药品包装质量管理技术[M]．北京：中国医药科技出版社，2009.
[22] 潘松年．包装工艺学[M]．北京：印刷工业出版，2004.
[23] 柯贤文．功能性包装材料[M]．北京：化学工业出版社，2004.
[24] 陈磊．包装设计[M]．北京：中国青年出版社，2006.
[25] 谢秀琼．中药新制剂开发与应用[M]．3版．北京：人民卫生出版社，2006.
[26] 李若宇．双夏胶囊的制备及质量标准的研究[D]．北京：北京中医药大学，2009.
[27] 钟华．杞黄颗粒的药学部分研究[D]．成都：成都中医药大学，2007.
[28] 高红．复方党参黄芪注射剂的初步研究[D]．沈阳：沈阳药科大学，2006.
[29] 殷金龙．中药三类新药暴贝止咳口服液的研制[D]．长春：吉林大学，2007.
[30] 林桂涛，徐男，盛华刚，等．复方蟾酥镇痛巴布膏剂基质配方研究[J]．中国实

验方剂学杂志，2011，17（18）：19－21.
[31] 李计萍．中药新药稳定性研究的现状及思考[J]．世界科学技术：中医药现代化，2004，6（5）：25－28.
[32] 李计萍．中药注册申请中的问题[J]．中国医药技术与市场，2004，4（1）：5－7.
[33] 刘方针．常见统计资料分析方法的选择[J]．黑龙江医药科学，2010，33（2）：98.
[34] 张博恒．外科临床研究中常用的统计分析方法[J]．中国实用外科杂志，2010，30（1）：21－24.
[35] 李永红．医学研究中列联表资料统计分析方法的选择[J]．医学信息学，2007，20（12）：2028－2030.
[36] 郭增军，苏纪兰，王开，等．丹参提取工艺的实验研究[J]．西北药学杂志，2002，17（2）：62－63.
[37] 苏乐群，顾卫平，张曼红，等．元胡止痛分散片的制备工艺研究[J]．中成药，2006，28（10）：1417－1420.